普通高等学校土建类“十二五”应用型规划教材

土力学与地基基础

主　编　刘传孝
副主编　杨　飞　卢军燕　王华敬
　　　　唐华瑞　杨崇豪

黄河水利出版社
·郑州·

内 容 提 要

本书比较系统地阐述了土力学的基本理论，拓展了其在工程设计领域的应用，详细介绍了地基基础的基本原理，可用于指导地基处理与基础设计。全书共分12章，分别为绪论、土的物理性质及工程分类、土中水的运动规律、土的压缩性与地基沉降计算、土的抗剪强度与地基承载力、土压力理论、土坡稳定分析、土的动力特性、岩土工程勘察、天然地基上浅基础设计、桩基础、地基处理与质量检验。各章均附思考题和习题，便于自学。

本书可作为水利水电工程、土木工程、结构工程、道路桥梁与渡河工程及交通工程等专业的教学用书，并可供相关领域的广大科技工作者及工程师参考。

图书在版编目(CIP)数据

土力学与地基基础/刘传孝主编. —郑州：黄河水利出版社，2011.4 （2014.6 修订重印）
普通高等学校土建类"十二五"应用型规划教材
ISBN 978-7-5509-0011-0

Ⅰ.①土… Ⅱ.①刘… Ⅲ.①土力学②地基-基础（工程） Ⅳ.①TU4

中国版本图书馆CIP数据核字(2011)第050358号

策划编辑：李洪良　　电话：0371-66024331　　E-mail：hongliang0013@163.com

出 版 社：黄河水利出版社
地址：河南省郑州市顺河路黄委会综合楼14层　　邮政编码：450003
发行单位：黄河水利出版社
发行部电话：0371-66026940、66020550、66028024、66022620(传真)
E-mail：hhslcbs@126.com
承印单位：黄河水利委员会印刷厂
开本：787 mm×1 092 mm　1/16
印张：18.5
字数：428千字
版次：2011年4月第1版　　印次：2014年6月第2次印刷

定价：38.00元

前　言

随着科学技术的迅猛发展，土力学理论与地基基础技术愈发显得重要。在地基与基础的设计中必须同时满足地基的强度和变形两个主要条件。土的物理性质、土中水的运动规律等直接影响到土的压缩性及其抗剪强度等工程力学特性，进而决定了地基沉降的科学计算方法，以及地基承载力的工程应用。本书以古典土压力理论为基础，指导挡土墙的设计，将土压力理论应用于土坡稳定分析等一般工程问题的处理；研究土的动力响应，提出地基土的振动液化等问题的防治措施。进行岩土工程勘察是工程师设计优良方案的基本依据。贯彻基础与上部结构共同作用的理念，考虑土—地基—基础的协同作用，以相关规范、标准为前提，进行浅基础和桩基础等深基础的设计。最后本书介绍了地基土工程性状的改善措施，以及地基处理后的工程质量检验方法。

在本书的编撰过程中，参阅了大量优秀的同类教材，力求重点突出、注重实用、深入浅出。为了便于自学，本书的主要章节均设置了相应的例题，章末附有思考题和习题。

本书的编写人员及分工如下：山东农业大学刘传孝编写绪论及第 8 章；河南理工大学万方科技学院杨飞编写第 1 章；山东农业大学王华敬编写第 2、3、5、6 章；河南理工大学万方科技学院卢军燕编写第 4、7 章；河南理工大学万方科技学院杨崇豪编写第 9 章；河南理工大学万方科技学院唐华瑞编写第 10 章；华北水利水电学院周敏编写第 11 章。董涛及研究生张加旺、贺加栋、黄东辰等参与了大量的资料收集与整理工作。

限于作者水平，书中不当之处在所难免，敬请读者朋友提出宝贵意见。

作　者

2014 年 3 月

目 录

0 绪 论

0.1 土力学与地基基础学科发展简史

新石器时代,人类已经开始建造原始的地基基础,历史以来积累了丰富的地基处理经验,诸如万里长城、大运河、赵州桥、古宫殿、古寺庙及古塔等建筑,基础坚固,留存至今。

1773 年,法国科学家库仑(Coulomb)发表了著名的滑动楔体理论,1776 年发表了土的抗剪强度理论,指出黏性土的强度由黏聚力和摩擦力两部分组成,根据试验创立了著名的土的抗剪强度的库仑定律和土压力理论。

1857 年,英国科学家朗肯(Rankine)假定挡土墙后土体为均匀的半无限空间体,应用塑性理论来解土压力问题,提出了又一种土压力理论。

1885 年,法国科学家布辛奈斯克(Boussinesq)在研究半无限空间体表面作用有集中力情况下,提出了土中应力的解析解,是竖直分布荷载下应力计算的基础。

1922 年,瑞典科学家费伦纽斯为解决铁路滑坡,完善了土坡稳定分析圆弧法。

1925 年,美国土力学家太沙基发表了第一部土力学专著,使土力学成为一门独立的学科。

1936 年起,每隔 4 年召开一次国际土力学和基础工程会议,各地区也召开了类似的专业会议。

1955 年,毕肖普(Bishop)提出了在土坡稳定计算中考虑竖向条间力的方法,应用有效强度指标计算土坡稳定性。

20 世纪 50 年代后期,詹布(Janbu)与摩根斯坦(Morgenstern)等相继提出了考虑条间力、滑动面取任意形状的土坡稳定计算方法,在强度理论、强度计算等方面进一步发展了莫尔-库仑准则。

近年来,由于土木工程建设的需要,尤其是计算技术和手段的引入,使得土力学与基础工程学科得到了快速发展。目前,已经可以把变形和强度问题统一起来进行分析,并可考虑土的非线性应力应变性状。基础工程和地基处理技术,无论在理论上还是在施工技术方面,发展前景都很广阔。

0.2 土力学与地基基础课程的性质

土力学是一门以土体作为研究对象,研究与土的工程问题有关的学科,属于岩土工程学科的重要组成部分,是工程力学与地质学有机结合的边缘学科;基础工程则是土力学理论在土木工程中的具体应用。因此,土力学与地基基础是土木工程学科的重要专业基础课,是岩土工程学科的重要专业课。

首先要明确土力学与地基基础学科的基本概念。

地基 承受建筑物基础、上部结构及回填土荷载的土层或岩层。

基础 建筑物整体结构的地下部分，其作用是将上部荷载扩散、传递给地基。

土力学 用力学的基本原理和土工测试技术，研究土的物理性质以及所受外力发生变化时土的应力、变形、强度和渗透等特性及其规律的一门学科，即研究土的工程性质和在力系作用下土体性状的学科。由于土具有复杂的工程特性，在解决土工问题时尚不能像其他力学学科一样具备系统的理论和严谨的数学公式，必须借助经验、现场试验和室内试验，并辅以理论计算，因此土力学是一门强烈依赖于实践的学科，它研究土的本构关系以及土与结构物相互作用的规律，即土的应力、应变、强度和时间这四个变量之间的内在关系。

土力学与地基基础是一门实践性和理论性均较强的课程。由于地基土形成的自然条件各异，其性质千差万别，不同地区的土有不同的特性，即使是同一地区的土，其特性在水平方向和深度方向也可能存在较大的差异。所以，一个最优的地基基础设计方案更依赖于完整的地质、地基土资料和符合实际情况的周密分析。注重调查、加强勘探测试、加强实践、采用信息并积累经验，地基土的工程特性是可知的。注重对经典力学理论的借鉴和经验的系统化，便形成了地基基础设计的理论工具。

同时，土力学与地基基础课程具有知识更新周期较短的特点，随着建筑、交通等相关行业的迅速发展，该学科不断面临新的问题，如基础型式的创新、地下空间的开发、软土地基的处理、新的土工合成材料的应用等，导致新技术、新理论不断涌现，且往往是实践领先于理论，并促使理论不断更新和完善。

0.3 土力学与地基基础课程的任务

土力学与地基基础学科所要经常面对的问题，包括建筑物倾斜、地基下沉、地基滑动、地基溶蚀、地基液化、地基基础冻胀、基础开裂、基槽变位滑动、土坡滑动及墙体开裂等。土力学与地基基础课程的主要任务是为土木工程专业的学生比较全面、深入地讲述土体的三相理论、变形理论、强度理论、渗透理论及其在工程中应用的基本原理和基本方法。课程的具体任务包括：

第1章，土的物理性质及工程分类：讨论土的物质组成及其定性、定量描述的方法，包括土的三相组成、土的三相指标，黏性土的界限含水量、砂土的密实度和土的工程分类。

第2章，土中水的运动规律：介绍土中水的毛细现象、土的冻胀，达西渗流定律以及渗透力引起的破坏，有效应力原理，介绍二维流网的基本方程及其特征。

第3章，土的压缩性与地基沉降计算：首先学习土的自重应力和土中附加应力的计算，之后研究土的压缩性，掌握衡量土的压缩性的指标、应力历史对沉降的影响，介绍分层总和法的计算方法以及规范上介绍的沉降计算方法，最后介绍太沙基一维固结理论。

第4章，土的抗剪强度与地基承载力：了解地基强度的意义与土的强度在工程中的应用、土的抗剪强度的来源与影响因素，掌握测定土的抗剪强度的各种方法与应用，掌握土的极限平衡条件的概念。计算地基的临塑荷载、临界荷载和极限荷载，掌握其物理意义和工程应用。

第5章，土压力理论：主要介绍土压力的类型、计算方法以及挡土墙的设计，掌握静止土压力、主动土压力、被动土压力的形成条件、基本概念，掌握各种条件下挡土墙朗肯和库仑土压力理论的计算方法，初步具备将土压力理论应用于一般工程问题的能力。

第6章，土坡稳定分析：掌握人工土坡和天然土坡的概念，了解土坡失稳的原因，重点学习和掌握无黏性土和黏性土土坡稳定性分析，熟悉和掌握边坡稳定分析的总应力法和有效应力法。

第7章，土的动力特性：基于动荷载及土动力特性的基本概念，阐述在动荷载作用下砂性土振动液化和土的击实性，了解动荷载作用下土的变形和强度特征，掌握砂性土振动液化的形成机制、影响因素、判别方法及防治措施。

第8章，岩土工程勘察：了解岩土工程勘察的目的、内容和方法，了解岩土工程勘察报告文字与图表的内容及应用。

第9章，天然地基上浅基础设计：熟悉地基基础的设计原则、基础选型与基础埋置深度的确定，掌握地基承载力特征值的确定、基础底面积的确定、地基持力层和软弱下卧层承载力的验算，掌握钢筋混凝土墙下条形基础、柱下独立基础和条形基础的设计，了解筏形基础和箱形基础的设计，了解地基基础与上部结构共同作用的概念。

第10章，桩基础：了解桩基础和深基础的特点及适用条件，了解桩的类型，掌握单桩竖向承载力等的设计，介绍多种类型的其他深基础。

第11章，地基处理与质量检验：掌握各种地基加固、补强等技术措施，改善地基土的工程性状，以满足工程要求。掌握地基处理措施实施后的工程质量检验手段与方法。

在地基与基础设计中必须同时满足地基的强度条件和地基的变形条件，建筑物的安全使用才会有保障。

0.4 地基基础工程实例

意大利比萨斜塔是举世闻名的建筑物倾斜的典型实例，如图0-1所示。

意大利比萨斜塔的塔身呈圆筒形，1～6层由优质的大理石砌成，顶部7～8层采用砖和轻石料。塔身每层都有精美的圆柱与花纹图案，是一座宏伟而精致的艺术品。1590年，伽利略曾在此塔上做落体实验，创建了物理学上著名的自由落体定律。斜塔成为世界上最珍贵的历史文物，吸引着无数来自世界各地的游客。

1173年9月8日，意大利比萨斜塔动工，至1178年建至第4层中部、高度约29 m时，因塔身明显倾斜而停工。94年后的1272年复工，经6年时间，建完第7层，高48 m，再次停工，中断82年。1360年再次复工，至1370年竣工。全塔共8层，高55 m。

历史以来，意大利比萨斜塔向南倾斜，南北两端沉降差1.80 m，塔顶偏离中心线达5.27 m，倾斜5.5°，成为危险建筑。据此，意大利比萨斜塔于1990年被封闭。

为拯救这座标志性建筑，意大利政府成立了由14名专家组成的拯救委员会，于1990年开始，耗资4 000万美元，历时约17年，于2007年6月27日宣布拯救工程取得巨大成功。

图 0-1　意大利比萨斜塔

按照设计，工人们首先用钢缆和 600 t 铅块对塔身进行了加固，之后在比萨斜塔的北侧移走 70 t 土体，使塔身向北侧倾斜。处理效果是：比萨斜塔当前的塔顶中心点偏离垂直线的距离比施工前减少 45 cm，回归至 1838 年时的倾斜角度。

意大利比萨斜塔地处历史上入海河口的冲刷沉积层，其地基持力层为粉砂，下面为粉土和黏土层，地基柔软，易于沉降，是其倾斜的主要原因。

第 1 章　土的物理性质及工程分类

学习指导

本章主要讨论土的物质组成及其定性、定量描述的方法，包括土的三相组成、土的三相指标，黏性土的界限含水量、砂土的密实度和土的工程分类。

学习目标

了解土的成因和组成；掌握土的物理性质指标；熟练掌握无黏性土和黏性土的物理状态及指标；掌握土的工程分类原则，土的类别与其工程特性的关系。

学习重点

土的物理性质和土的物理性质指标的计算方法，能够根据土的工程分类原则准确判断土的工程类别。

1.1　土的组成、结构及构造

土是由岩石经过物理风化和化学风化作用后的产物，由固体颗粒和颗粒之间的孔隙组成，孔隙又被水和气体充满，因此土是由固体颗粒、水和空气组成的三相体系，通常称为土的三相组成。土颗粒与颗粒之间的互相联结或架叠构成土的骨架，当土骨架的孔隙全部被水充满时，这种土称为饱和土；当土骨架的孔隙仅含空气时，这种土称为干土。这两种特殊土均为二相体系。大部分地面以下地下水位以上一定深度内的土，孔隙中既有水又有空气，为三相体系土，亦称为湿土。

研究表明，随着三相物质即固体颗粒、水和空气的质量及体积的比例不同，土的性质也将发生很大的变化。

1.1.1　土的组成

1.1.1.1　土的固相

土的固相物质包括无机矿物颗粒和有机质，是构成土的骨架最基本的物质，称为土粒。对土粒应从土的矿物成分、黏土矿物的晶体结构、土的颗粒大小及颗粒级配来描述。

1) 土的矿物成分

形成土粒的矿物成分主要取决于成土母岩的矿物及其风化作用的类型。土中的矿物成分可以分为原生矿物和次生矿物两大类。原生矿物是指岩浆在冷凝过程中形成的矿物，如石英、长石、云母等，经物理风化作用形成土粒，土粒通常由一种或几种原生矿物组成，其颗粒一般较粗，多呈浑圆形、块状或板状，吸附水的能力弱，其属性与成土母岩相同，性质比较稳定，无塑性。次生矿物是由原生矿物经过风化作用后形成的新矿物，如三氧化二铝、三氧化二铁、次生二氧化硅、黏土矿物(包括蒙脱石、伊利石和高岭石)以及碳酸盐等,其成分与母岩完全不同。由于次生矿物构成的土粒极细,且多呈片状或针状,其性质较不稳定,有较强的吸附水能力,含水率的变化易引起体积胀缩,具塑性。

2)黏土矿物的晶体结构

黏土矿物是次生矿物中数量最多的一种,是由各种硅酸盐矿物分解形成的含水铝硅酸盐矿物,其颗粒都极细小,是黏粒组中的主要矿物成分。黏土矿物种类繁多,其结构可分为晶体和非晶体两大类,以晶体矿物为主,非晶体矿物很少。所谓晶体,是指原子、离子在空间有规律的排列,不同的几何排列形式称为晶体结构,组成晶体结构的最小单元称为晶胞。黏土矿物晶胞构成的土粒主要由硅－氧四面体和铝(镁)－氢氧八面体两种基本结构单元组成。硅－氧四面体由一个硅原子与四个氧原子组成,硅原子在四面体的中心,氧原子在四面体的顶点,硅原子与各氧原子之间的距离相等,见图 1-1(a)。

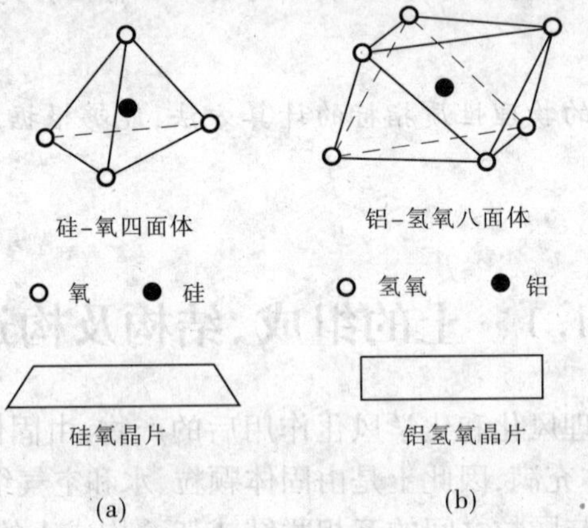

图 1-1　黏土矿物的晶片

四面体底面的每个氧原子为相邻两个单元内的硅原子所共有。正因为有这种共有的原子,才组成了具有六边形底面的硅片。铝－氧八面体的六个顶点为氢氧原子团,铝原子居于八面体中央,如图 1-1(b)所示。当每个氢氧离子为两个相邻单元内的铝原子所共用时,就组成铝片。

高岭石是长石风化的产物,由一层硅－氧四面体和一层铝－氢氧八面体相互叠加而成(1∶1型晶胞)。蒙脱石则为两层四面体中间夹一层八面体组成一个晶胞(2∶1型晶胞),晶胞之间的联结力很弱,水分子极易进入,故有遇水膨胀的特性。伊利石同蒙脱石一样,也是三层结构,所不同的是晶胞之间有钾(钠)离子存在,故联结力较强,如图 1-2 所示。

不同的黏土矿物都是由以上两种基本结构单元组成的,只是具有不同的组成形式而已。有时中心原子会被其他原子置换,其结构形式不变,但其物理化学性质将发生变化,形成不同的矿物,这种现象叫做同像转换作用。

3)土的颗粒大小及颗粒级配(粒度成分)

土粒的大小与成土矿物之间存在着一定的相互关系,因此土粒大小在某种程度上反映土粒性质上的差异。土是自然界的产物,由无数大小不同的土粒组成,土粒的大小称为粒度。要逐个研究土粒的大小是不可能的,也没有必要,工程上常把工程性质相近的土粒

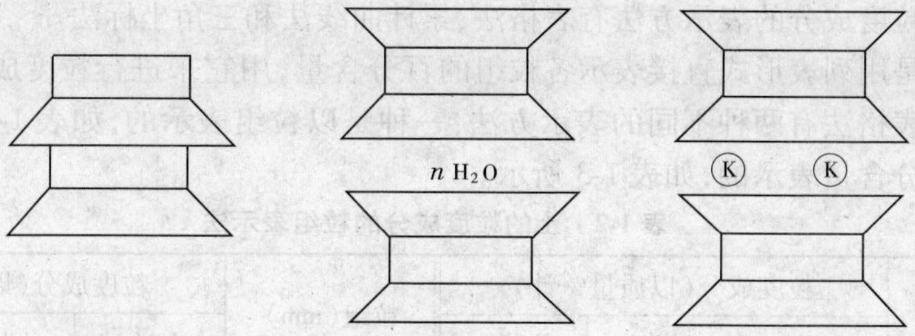

(a) 高岭石　(b)蒙脱石　(c) 伊利石

图 1-2　黏土矿物的构造单位

合并为组，称为粒组，并给以常用名称。用不同粒径颗粒的相对含量来描述土的颗粒组成情况，这种指标称为粒度成分。

a. 土的粒组划分

粒组间的分界线是人为划定的，划分时应使粒组界限与粒组性质的变化相适应，并按一定的比例递减关系划分粒组的界限值。工程上广泛采用的粒组有漂石、卵石、砾、砂、粉粒、黏粒等。

对粒组的划分，各个国家，甚至一个国家中的各个部门都有不同的规定。我国《土的工程分类标准》(GB/T 50145—2007)和《水利水电工程土工试验规程》(DL/T 5355—2006)中的粒组划分标准相同，可参见表 1-1。

表 1-1　粒组划分与名称

粒组划分与名称			粒径 d 的范围(mm)
巨粒	漂石(块石)		$d>200$
	卵石(碎石)		$200\geqslant d>60$
粗粒	砾(圆砾、角砾)	粗砾	$60\geqslant d>20$
		中砾	$20\geqslant d>5$
		细砾	$5\geqslant d>2$
	砂	粗砂	$2\geqslant d>0.5$
		中砂	$0.5\geqslant d>0.25$
		细砂	$0.25\geqslant d>0.075$
细粒	粉粒		$0.075\geqslant d>0.005$
	黏粒		$d\leqslant 0.005$

b. 土的粒度成分及其表示方法

土的粒度成分是指土中各种不同粒组的相对含量(以干土质量的百分比表示)，它可用以描述土中不同粒径土粒的分布特征，又称土的颗粒级配。土的级配好坏将直接影响到土的工程性质。

常用的粒度成分的表示方法有表格法、累计曲线法和三角坐标法。

表格法是用列表形式直接表示各粒组的百分含量,用它来进行粒度成分的分类是十分方便的。表格法有两种不同的表示方法:一种是以粒组表示的,如表1-2所示;另一种是以累计百分含量表示的,如表1-3所示。

表1-2 土的粒度成分的粒组表示法

粒组(mm)	粒度成分(以质量%计)			粒组(mm)	粒度成分(以质量%计)		
	土样a	土样b	土样c		土样a	土样b	土样c
10~5	—	25.0	—	0.10~0.075	9.0	4.6	14.4
5~2	1.1	20.0	—	0.075~0.01	—	8.1	37.6
2~1	6.0	12.3	—	0.01~0.005	—	4.2	11.1
1~0.5	16.4	8.0	—	0.005~0.001	—	5.2	18.9
0.5~0.25	41.5	6.2	—	<0.001	—	1.5	10.0
0.25~0.10	26.0	4.9	8.0	—	—	—	—

表1-3 土的粒度成分的累计百分含量表示法

粒径 d_i(mm)	粒度成分(以质量%计)			粒径 d_i(mm)	粒度成分(以质量%计)		
	土样a	土样b	土样c		土样a	土样b	土样c
10	—	100.0	—	0.10	9.0	23.6	92.0
5	100.0	75	—	0.075	—	19.0	77.6
2	98.9	55	—	0.01	—	10.9	40.0
1	92.9	42.7	—	0.005	—	6.7	28.9
0.5	76.5	34.7	—	0.001	—	1.5	10.0
0.25	35.0	28.5	100.0	—	—	—	—

累计曲线法是最常用的粒度成分表示方法,它是一种图示的方法,通常用半对数纸绘制,横坐标(按对数比例尺)表示某一粒径,纵坐标表示小于某一粒径的土粒的累计百分含量,如图1-3所示。

由累计曲线不仅可以直观地判断土中各粒组的分布情况以及土的连续性,还可以根据曲线的坡度陡缓判断土的级配好坏。如图1-3所示,曲线a表示级配连续的土,绝大部分是由砂粒组成的,曲线的坡度较陡,可知粒径分布范围较窄,组成土的颗粒比较均匀;而曲线b表示级配连续的土,由各种粒组的土粒组成,曲线的坡度较缓,可知该土粒径分布范围较广,组成土的颗粒是极不均匀的;曲线c仍为级配连续的土,是主要由细颗粒组成的黏性土,土中砂粒极少,曲线的坡度较陡,粒径分布范围较窄;曲线d呈台阶形,表示该土缺失中粒径,为级配不连续。

在累计曲线上,可确定两个描述土的级配的指标。

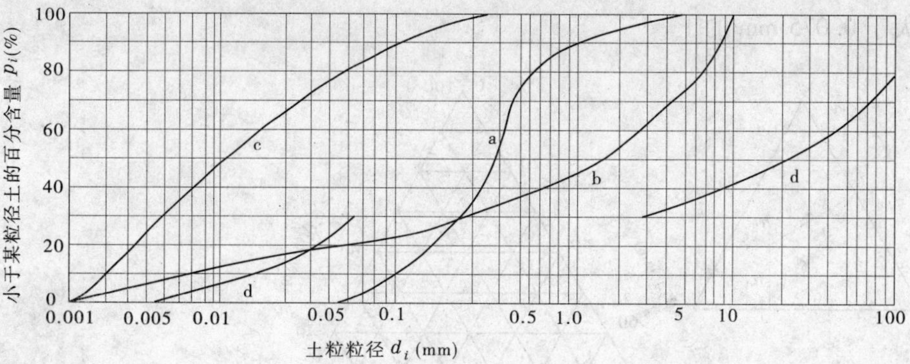

图 1-3　土粒的累计曲线

不均匀系数：

$$C_u = \frac{d_{60}}{d_{10}} \tag{1-1}$$

曲率系数：

$$C_c = \frac{d_{30}^2}{d_{60}d_{10}} \tag{1-2}$$

式中的 d_{10}、d_{30}、d_{60} 分别相当于累计百分含量为 10%、30% 和 60% 的粒径，d_{10} 称为有效粒径，d_{60} 称为限制粒径。

从定义可知，不均匀系数 C_u 反映大小不同粒组的分布情况，C_u 越大，表示粒组分布范围越大。一般认为，$C_u<5$ 的土称为均粒土，级配不良；$C_u>10$ 的土级配良好。但如 C_u 过大，表示可能缺失中间粒径，属不连续级配，故单独用 C_u 来确定土的级配情况是不够的，需同时考查累计曲线的整体形状，即兼顾曲率系数值。

工程上认为，同时满足不均匀系数 $C_u>5$ 与曲率系数 $C_c=1\sim3$ 两个条件时，土为良好级配土；若不能同时满足，则为级配不良土。

三角坐标法可用来表达三种粒组的含量。三角形坐标是由等边三角形组成的，如图 1-4所示。在几何上已知等边三角形内任一点到三角形各边的垂直距离之和为一常数，等于三角形之高。如取三角形的高 $H=100\%$，h_1 为黏土颗粒的含量，h_2 为砂土颗粒的含量，h_3 为粉土颗粒的含量。其中 m 点即表示土中黏粒、粉粒及砂粒的百分含量分别为 23.0%、47.0% 和 30.0%。在道路工程、水利工程中，三角坐标法是常用的方法。

c. 颗粒分析试验

测定土中各粒组颗粒质量所占该土总质量的百分数，确定粒径分布范围的试验，称为土的颗粒分析试验。该试验用以了解土的颗粒级配，供土的工程分类及判别土的工程性质之用。对于粗粒土可以采用筛分法，而对于细粒土（粒径小于 0.075 mm）则必须用沉降分析法测定其粒度成分，当土中粗细粒兼有时，则可两种方法联合使用。

筛分法是利用一套不同孔径的标准筛，筛子的孔径分别为 20、10、5、2、1、0.5、0.25、0.1、0.075 mm，将这套孔径不同的筛子，按从上至下筛孔逐渐减小放置，将事先称过质量的烘干土样放在依次叠好的最上面一层筛中，置于振筛机上充分振摇，把各种粒组分离出来并称出留在各级筛子上的土粒质量。如图 1-5 所示。该方法适用于粒径小于等于 60 mm 且大于 0. 075 mm 的土。

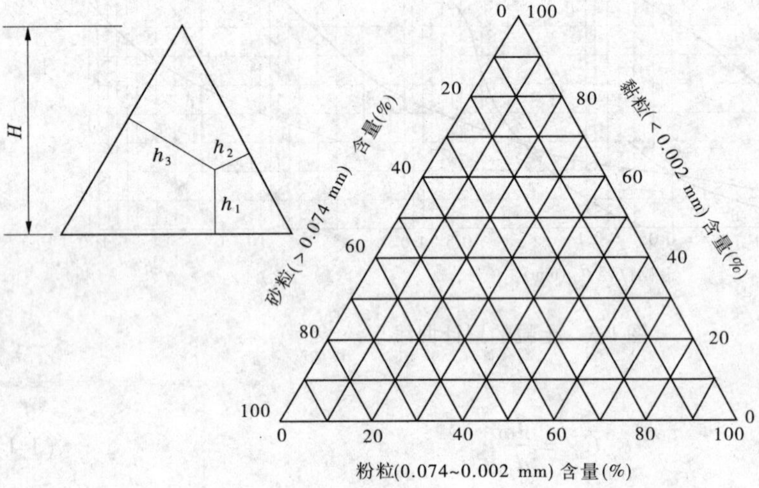

图 1-4　粒组含量的三角坐标法

图 1-5　振筛机

沉降分析法是根据土粒在悬液中沉降的速度与粒径的平方成正比的司笃克斯(Stokes)公式,来确定各粒组相对含量的方法。实际上,土粒并不是球形颗粒,因此用该公式计算的并不是实际土粒的尺寸,而是与实际土粒有相同沉降速度的理想球体的直径,称为水力直径。

用沉降分析法测定粒度成分,如图 1-6 所示。

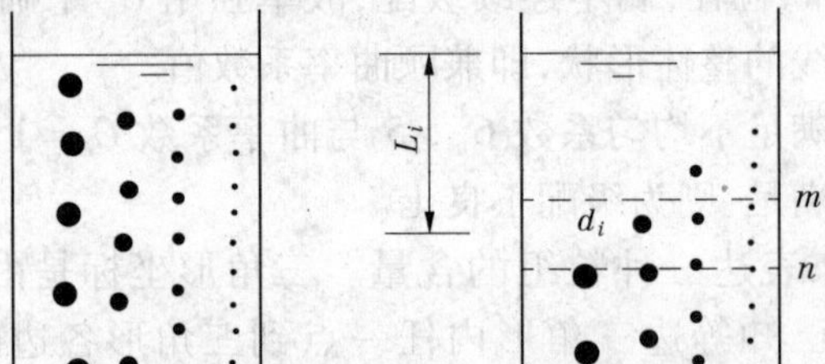

图 1-6　土粒沉降分析法

将一定质量(m_s)的干土制成一定体积(V)的悬液,在搅拌均匀并停止搅拌时开始计时,经一定时间(t_i)在液面下某个深度(L_i)测定该深度处悬液的浓度(ρ_i)。根据司笃克斯公式，在此深度处的最大粒径（d_i）及小于等于此粒径的土粒质量（m_{si}）可由下式求得：

$$d_i = 1.126\sqrt{\frac{L_i}{t_i}} \tag{1-3}$$

$$m_{si} = 100\frac{\rho_i - \rho_w}{\rho_s - \rho_w}\rho_s \tag{1-4}$$

式中　ρ_s——土粒的密度；

ρ_w——水的密度。

悬液中粒径小于等于 d_i（mm）的土粒质量 m_{si} 占土粒总质量 m_s 的累计百分比 p_i（以%表示）为：

$$p_i = \frac{m_{si}}{m_s} \tag{1-5}$$

在不同的时间间隔测定悬液的密度，就可以得到不同的粒径及其对应的累计百分含量的对应数据。

沉降分析时测定悬液密度的方法有两种，即密度计法和移液管法。密度计是用以测定液体密度的一种仪器，对于不均匀的液体，从密度计读出的密度只表示浮泡形心处的液体密度，式（1-3）中的 L_i 是由液面至浮泡形心的距离。移液管法是用一种特定的装置在一定深度处吸出一定量的悬液，用烘干的方法求出其密度。上述两种方法都可以求出土粒的粒径（d_i）和累计百分含量（p_i）。

1.1.1.2　土的液相

土中水可以处于液态、固态或气态，其类型和数量对土的状态和性质都有重大影响。土中水在不同作用下处于不同的状态，除了一部分以结晶水的形式紧紧吸附于固体颗粒的晶格内部外，大部分以液体的形式存在。从工程性质上分析，结晶水是矿物的一部分，建筑工程中所讨论的土中水，主要是以液体形式存在的。按照水与土相互作用程度的强弱，可将土中水分为结合水和自由水两大类。工程上对土中水的分类如表 1-4 所示。

表 1-4　工程上土中水的类型

水的类型		主要作用力
结合水		物理化学力
自由水	毛细管水	表面张力及重力
	重力水	重力

1）结合水

自然界中，黏土颗粒表面通常带负电荷，在土粒形成的电场范围内，极性分子的水和水溶液中的阳离子，在静电引力的作用下，被牢牢地吸附在土颗粒周围，形成一层不能自由移动的水膜，这种水称为结合水。在土粒形成的范围内，由于距离土颗粒表面的远近不同，水分子和水化离子的活动状态及表现性质也不同。根据水分子受到静电引力作用的大小，结合水又可分为强结合水和弱结合水，如图 1-7 所示。结合水因受到表面引力的控制而不服从静水力学规律，其冰点低于 0 ℃。

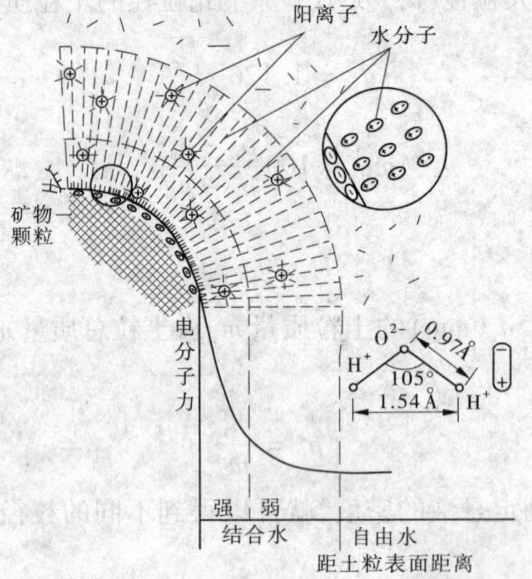

图 1-7　黏土矿物颗粒和水分子的相互作用

强结合水在最靠近土颗粒表面处，静电引力把极性水分子和水化离子牢固地吸附在颗粒表面，形成固定层。强结合水中水分子和水化离子排列非常紧密，以致其密度大于 1 g/cm³，并有过冷现象，即温度降到 0 ℃以下不发生冻结的现象；强结合水的性质近于固体，没有溶解能力，不能传递静水压力，具有极大的黏滞性、弹性和抗剪强度，只有加热到 105 ℃左右时才能逸出。

弱结合水是指位于强结合水的外围水膜中的水。它虽在距离土粒表面较远的地方，但仍受到一定程度的静电引力作用，占结合水膜的大部分，呈黏滞体状态。弱结合水不能传递静水压力，且由于引力降低，水分子的排列不如强结合水紧密。弱结合水可能从较厚水膜或浓度较低处缓慢地迁移到较薄的水膜或浓度较高处，这种运动与重力无关。当土中含有较多的弱结合水时，即表现为高塑性、易胀缩性、低强度和高压缩性。

结合水在土中的含量主要取决于土的比表面积的大小，所谓比表面积，是指单位体积（或单位质量）土颗粒的总表面积。黏土矿物的颗粒很细，比表面积大，吸附结合水的数量多。黏粒中大量存在的结合水，使粒间透水的有效孔隙大为缩小，甚至全部充满，这是黏性土透水性差的一个重要原因。由于黏粒之间存在结合水，颗粒互不接触，使黏粒具有滑移的可能；同时，相邻土粒间的结合水因受到颗粒引力的吸附，使颗粒间具有一定的联结强度，这就是黏性土具有黏性和可塑性的物理本质。

砂粒、砾石等颗粒粗，比表面积小，孔隙大，孔隙中水大部分为自由水，结合水的数量可忽略不计。

2）自由水

存在于颗粒表面电场影响范围外的孔隙中的水称为自由水。它的性质和普通水一样，能传递静水压力和溶解盐类，冰点为 0 ℃。按其移动所受作用力的不同，自由水分为毛细水和重力水。

毛细水不仅受到重力的作用，还受到表面张力的支配，能沿着土的细孔隙从潜水面上升到一定的高度。毛细水存在于地下水位以上的透水层中。根据毛细水带形成的条件和分布状况,可分为毛细上升水带(正常毛细水带)、毛细网状水带和毛细悬挂水带。毛细上升水对于公路路基土的干湿状态及建筑物的防潮有重要影响。

稍湿砂的砂粒接触面间存在一些毛细水,由于土粒表面的湿润作用,使毛细水形成弯液面,毛细水的弯液面和土粒接触处的表面引力反作用于土粒上,使土粒之间由于这种毛细压力而挤紧,土呈现出黏聚现象,这种力称为毛细黏聚力,也称假黏聚力,如图 1-8 所示。当砂土干燥时,颗粒间没有孔隙水,或砂土浸没在水中时,孔隙被水充满,孔隙水不存在弯液面,这两种情况都不存在毛细水压力。

重力水是在土孔隙中受重力作用能自由流动的水,具有一般液态水的共性,存在于地下水位以下的透水层中。重力水在孔隙中流动时,能产生动水压力,带走土中细颗粒,对基坑开挖、排水等方面产生较大的影响;地下水位以下的土粒受水的浮力作用,使土的应力状态发生变化,在土力学计算中应当考虑这种渗流及浮力的作用力。

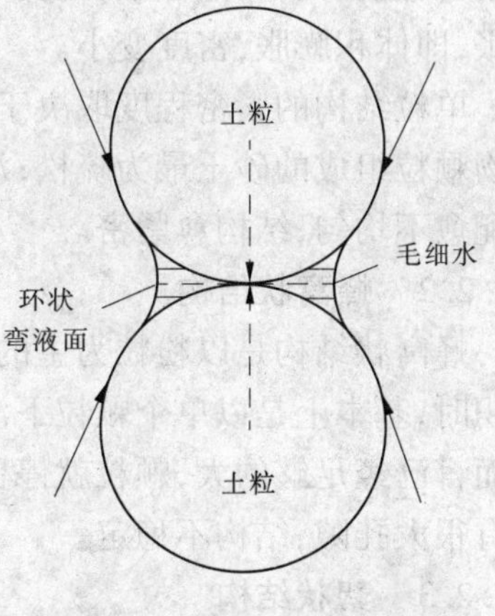

图 1-8　毛细压力示意图

1.1.1.3　土的气相

土的气相是指充填在土孔隙中的气体,有两种存在形式:一种与大气相通;另一种封闭在土孔隙中,与大气隔绝。

与大气连通的气体存在于接近地表的土孔隙中,成分与空气相似,其含量与孔隙体积大小及孔隙被填充的程度有关,当土受到外力作用时,这种气体很快从孔隙中挤出,对土的工程性质没有多大的影响。在细粒土中常存在着与大气隔绝的封闭气泡,成分可能是空气、水汽或天然气等,在压力作用下这种气体不易排出,可被压缩或溶解于水中,而当压力减小时,气泡会恢复原状或重新游离出来。封闭气体对土的工程性质有很大的影响,如由于封闭气体的存在,降低了土的透水性,增大了土的弹性和压缩性等。

含气体的土称为非饱和土,非饱和土的工程性质研究已成为土力学的一个新分支。

1.1.2　土的结构

土的结构是指土颗粒的大小、形状、表面特征、相互排列及其连接关系的综合特征。

土的结构是在成土的过程中逐渐形成的,它反映了土的成分、成因和年代对土的工程性质的影响。土的结构按其颗粒的排列和联结可分为如图 1-9 所示的几种基本类型。

1.1.2.1　单粒结构

单粒结构是无黏性土的结构特征,由较粗的碎石颗粒、砾石颗粒和砂颗粒在自重的作用下沉积而成。土粒间没有联结力存在,或联结力非常微弱,因此土的密实程度受沉积条件影响。如洪水冲积形成的砂层或砾石层一般较疏松,由于孔隙大,土的骨架不稳定,当结构受到荷载作用时,特别是在振动荷载作用下,土粒易于移动,趋于更加稳定的状态,同时产生较大的变形,这种土不宜做天然地基;而土粒在波浪的反复冲击推动作用下,其结

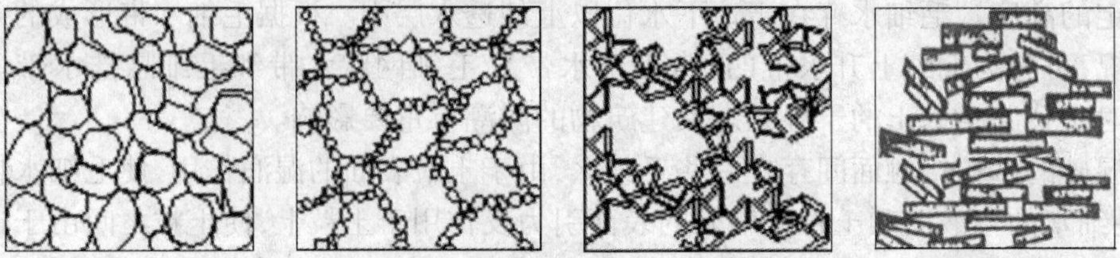

图 1-9　土的结构的基本类型

构紧密，强度大，压缩性小，是良好的天然地基。但密实单粒结构在剪应力作用下会发生剪胀，即体积膨胀，密度变小。

单粒结构的紧密程度取决于矿物成分、颗粒形状、粒度成分及级配的均匀程度。片状矿物颗粒组成的砂土最为疏松；浑圆矿物颗粒组成的土比带棱角的容易趋向密实；土粒的级配愈不均匀，结构愈紧密。

1.1.2.2　蜂窝状结构

蜂窝状结构是以粉粒为主的土的结构特征。粒径为 0.05 ~ 0.005 mm 的土粒在水中沉积时，基本上是以单个颗粒下沉，当碰上已沉积的土粒时，由于土粒间的引力相对自重力而言已经足够的大，颗粒就停留在最初的接触点上不再下沉，形成蜂窝状结构。此结构具有很大孔隙，结构不稳定。

1.1.2.3　絮状结构

絮状结构是黏土颗粒特有的结构特征，粒径小于 0.005 mm 的黏粒在水中处于悬浮状态，不能靠自重下沉，当这些悬浮在水中的黏土颗粒被带到电解质浓度较大的环境中时，黏粒的排斥力因电荷中和而破坏，互相聚集成以边－边、面－边的接触方式的絮状集合体，因自重增大而下沉，形成大孔隙的絮状结构。

具有蜂窝状结构和絮状结构的土，因存在大量的细微孔隙，所以渗透性小，压缩性大，强度低；土粒间联结力较弱，受到扰动时，土粒接触点可能脱离，导致结构强度损失，强度迅速下降，而后随时间增长，强度还会逐渐恢复。这类土颗粒间的联结力往往由于长期的压密作用和胶结作用而得到加强。

1.1.2.4　分散结构

分散结构也是黏土颗粒组成的细粒土特有的结构之一。当黏粒在淡水中下沉时，由于水中阳离子含量低，黏土表面的吸着水层厚度大，土粒间表现出净斥力占优势。黏粒大多呈单粒状态下沉到水底。由于稳定的需要，片状土粒间相互接近于平行排列，粒间以面－面接触为主，形成分散结构。

土的结构形成以后，当外界条件变化时，土的结构会发生变化。例如，土层在上覆土层作用下压密固结时，结构会趋于更紧密的排列；卸载时土体的膨胀（如钻探取土时土样的膨胀或基坑开挖时基底的隆起）会松动土的结构；当土层失水干缩或介质变化时，盐类结晶胶结能增强土粒间的联结；在外力作用下（如施工时对土的扰动或压应力的长期作用）会弱化土的结构，破坏土粒原来的排列方式和土粒间的联结，使絮状结构变为平行的重塑结构，降低土的强度，增大压缩性。因此，在取土试验或施工过程中都必须尽量减少对土的扰动，避免破坏土的原状结构。

1.1.3　土的构造

在同一土层中的物质成分和颗粒大小等都相近的各部分之间的相互关系的特征称为土的构造。土的构造是土层的层理、裂隙及大孔隙等宏观特征，又称为宏观结构。土的构造通常分为层理构造、分散构造、结核状构造和裂隙状构造。

层理构造是指土粒在沉积过程中，由于不同阶段沉积作用不同，因此沉积的物质成分、颗粒大小不同，沿垂直方向呈层状分布，常见的有水平层理构造和交错层理构造。层理构造是细粒土的一个重要特征。

分散构造是指土层颗粒间无大的差别，分布均匀，性质相近，常见于厚度较大的粗粒土。如砂、卵石层为分散构造。

结核状构造是指在细粒土中掺有粗颗粒或各种结核，如含礓石的粉质黏土、含砾石的冰碛土等。其工程性质取决于细粒土部分。

裂隙状构造是指土体中有很多不连续的小裂隙，有的硬塑与坚硬状态的黏土为此种构造。裂隙的存在大大降低了土体的强度，增强了透水性，工程性质差。

1.2　土的物理性质指标

土的三相组成各部分的质量和体积之间的比例关系，随着各种条件的变化而改变。例如，地下水位的升高或降低，都将改变土中水的含量；经过压实的土，其孔隙体积将减小。这些变化都可以通过土的物理性质指标的具体数字反映出来。这些指标直接反映了土的状态和物理力学性质，是评价土的工程性质的最基本的物理性质指标，也是工程地质勘察报告中不可缺少的基本内容。所以，掌握土的物理性质指标对土的认识有重要意义。

1.2.1　土的物理性质指标与三相简图

土的三相物质在体积和质量上的比例关系称为三相比例指标，包括密度、含水量、土粒比重、孔隙比、孔隙率、饱和度、干密度、饱和密度和浮密度。其中有 3 个指标通过试验直接测定得到，称为试验指标；另外 6 个指标通过换算公式得到，称为换算指标。

土颗粒、水和气体是混杂在一起的，为分析问题方便，便于理解各指标的定义，设想将三部分分别集中起来，采用图 1-10 所示的三相图来表示土的组成，推导土的三相比例指标。图 1-10(c)中土样的总体积为 V，为三相物质体积之和，土中空气的体积为 V_a，水的体积为 V_w，土粒的体积为 V_s；土样的总质量为 m，土中空气的质量为 m_a、水的质量为 m_w、土粒的质量为 m_s，由于空气的质量可以忽略，故土样的质量 m 可表示为水和土粒质量之和 $m_w + m_s$。

1.2.2　试验指标及其测定方法

通过试验直接测定的指标有土的密度(或重度)、土粒比重和含水量。

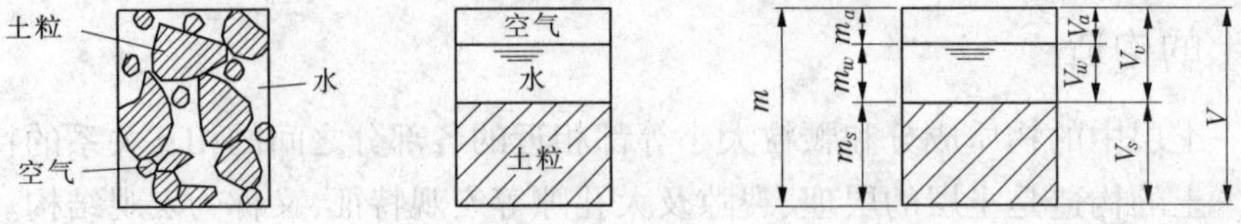

图 1-10　土的三相简图

1.2.2.1　**土的密度 ρ 与重度 γ**

天然状态下单位体积土的质量称为土的湿密度，即天然密度，简称密度，其表达式为：

$$\rho = \frac{m}{V} \quad (\mathrm{t/m^3}\ 或\ \mathrm{g/cm^3}) \tag{1-6a}$$

当采用国际单位制计算重力 W 时，与密度相对应的指标为重度，是指单位体积土的重力。其表达式为：

$$\gamma = \frac{W}{V} = \frac{mg}{V} = \rho g \quad (\mathrm{kN/m^3}) \tag{1-6b}$$

式中　g——重力加速度。

天然状态下，土的密度值变化范围较大，一般介于 1.80～2.20 g/cm^3，若土较软则介于 1.20～1.80 g/cm^3，有机质含量高或塑性指数大的极软黏性土可降至 1.20 g/cm^3 以下。

土密度的常用测定方法包括环刀法、蜡封法、灌水法和灌砂法。粗粒土原状土取样比较困难，通常用灌水法或灌砂法在现场直接测定土的密度，即根据试样最大粒径确定现场试坑的尺寸并挖坑，试坑挖成后，用天平称从试坑中挖出的土的质量，然后往试坑中灌入标准砂或水(若灌水，需在试坑内铺一层塑料薄膜，防止水渗漏)，换算出试坑的体积，也就是土样的体积，根据式(1-6a)求出土的密度。环刀法是室内测定土密度的试验方法，适用于细粒土，将一质量和容积都已知的环刀垂直切入土中，取出后用削土刀削平土样两端，用天平测定土样的质量，环刀的容积即土样的体积，代入公式便可求出土的密度。

1.2.2.2　**土粒比重 G_s**

土粒的重量与同体积 4 ℃时纯水的重量之比称为土粒比重，其表达式为：

$$G_s = \frac{W_s}{\gamma_w V_s} = \frac{\gamma_s}{\gamma_w} \tag{1-7}$$

式中　γ_w——纯水在 4 ℃时的重度；

γ_s——土粒重度，定义为 $\gamma_s = \frac{W_s}{V_s}$。

土粒比重可由比重试验求得，是一个无量纲指标。土粒密度主要取决于土矿物成分，不同土类的土粒密度变化幅度不大，一般介于 2.6～2.8，在有经验的地区可按经验值选用。

1.2.2.3　**土的含水量 ω**

土中水的质量 m_w 与固体(土粒)质量 m_s 之比称为土的含水量，用百分数来表示，其表达式为：

$$\omega = \frac{m_w}{m_s} \times 100\% \tag{1-8}$$

含水量 ω 是标志土的湿度的一个重要物理指标。天然土层的含水量变化范围很大，其大小与土类、埋藏条件及所处的自然地理环境有关。一般干的粗砂含水量接近于零，而饱和砂土含水量可达 40%；坚硬黏性土的含水量可小于 30%，而饱和软黏土（如淤泥）的含水量可达 60% 或更大。一般说来，对于同一类土（尤其是细粒土），土的含水量越高，其力学性质越差；土颗粒越粗，含水量对土的性质的影响越小。

土的含水量通常通过烘干法测定，先称小块原状土样的湿土质量，然后置于烘箱内维持 100 ~ 105 ℃烘至恒重，再称干土质量，湿、干土质量之差与干土质量的比值，就是土的含水量。

1.2.3　换算指标

换算指标包括土的干密度（干重度）、饱和密度（饱和重度）、浮密度（浮重度）、孔隙比、孔隙率和饱和度。

1.2.3.1　干密度 ρ_d

单位体积土体中土粒的质量称为干密度，其表达式为：

$$\rho_d = \frac{m_s}{V} \tag{1-9}$$

干密度的数值一般介于 1.40 ~ 1.70 g/cm³。干密度的大小能反映土体的密实程度，干密度越大，土越密实，强度就越高，水稳定性也越好，工程中常以干密度作为填土夯实质量的控制指标。

1.2.3.2　土的饱和密度 ρ_{sat}

土的孔隙中全部充满水时单位体积土体的总质量称为土的饱和密度，其表达式为：

$$\rho_{sat} = \frac{m_s + V_v\rho_w}{V} \tag{1-10}$$

土的饱和密度的数值一般介于 1.8 ~ 2.2 g/cm³。

干密度或饱和密度乘以重力加速度 g 变换为干重度或饱和重度。

1.2.3.3　浮重度 γ' 与浮密度 ρ'

地下水位以下单位体积土体的有效重量称为浮重度，即扣除浮力以后的土粒重量与土的总体积之比（又称为有效重度），其表达式为：

$$\gamma' = \frac{W_s - \gamma_w V_s}{V} \tag{1-11}$$

根据重度与密度的关系，浮重度除以重力加速度 g 即可得到浮密度。浮密度的表达式为：

$$\rho' = \frac{\gamma'}{g} = \frac{m_s - \rho_w V_s}{V} = \rho_{sat} - \rho_w \tag{1-12}$$

从上述四种土的密度或重度的定义可知，同一土样各种密度或重度大小关系如下：

$$\rho_{sat} \geqslant \rho \geqslant \rho_d > \rho'$$
$$\gamma_{sat} \geqslant \gamma \geqslant \gamma_d > \gamma'$$

1.2.3.4 土的孔隙比 e

土中孔隙的体积 V_v 与土粒的体积 V_s 之比称为土的孔隙比，以小数计，其表达式为：

$$e = \frac{V_v}{V_s} \tag{1-13}$$

孔隙比是反映土颗粒间紧密程度的指标之一，其数值愈小，说明土粒之间联结愈紧密；反之，则愈疏松。工程上孔隙比是判断无黏性土密实程度的指标之一。

1.2.3.5 土的孔隙率 n

土中孔隙的体积 V_v 与土的总体积 V 之比称为土的孔隙率，常用百分数表示，其表达式为：

$$n = \frac{V_v}{V} = \frac{e}{1+e} \times 100\% \tag{1-14}$$

孔隙率同样也是反映土颗粒间的紧密程度的指标之一。

1.2.3.6 土的饱和度 S_r

土孔隙中水的体积 V_w 与孔隙体积 V_v 之比称为土的饱和度，常用百分数表示，其表达式为：

$$S_r = \frac{V_w}{V_v} \times 100\% \tag{1-15}$$

饱和度反映了土的孔隙被水所充填的程度。当 $S_r = 100\%$ 时，说明土的孔隙完全被水充满，土体是完全饱和的；而当 $S_r = 0$ 时，表明土是完全干燥的。根据饱和度的大小可以把砂土划分为稍湿土、潮湿土和饱和土，如图 1-11 所示。

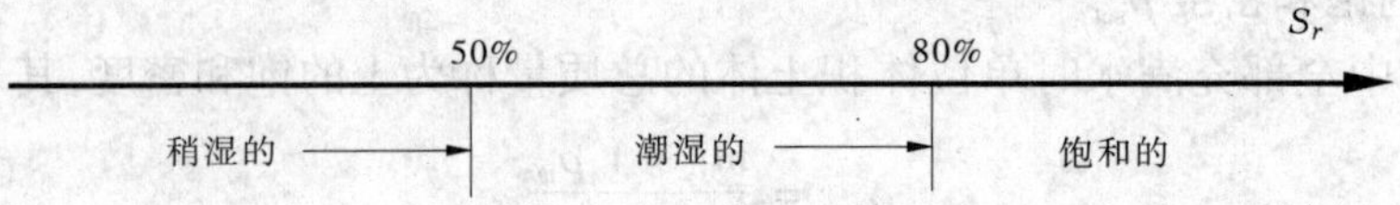

图 1-11 砂土的划分标准

1.2.4 三相指标之间的换算关系

对于土的物理性质指标，已知其中任意 3 个，通过换算可以求出其余的 6 个。为了便于理解，可在三相草图的基础上假定 $V_s = 1$，根据定义得到各部分的体积和质量，$V_v = e$，$V = 1 + e$，$m_s = G_s\rho_w V_s = G_s\rho_w$，$m_w = \omega m_s = \omega G_s\rho_w$，$m = m_w + m_s = (1+\omega)G_s\rho_w$，$V_w = \dfrac{m_w}{\rho_w} = \omega G_s$，并将数值标注在相应的位置上，得到三相指标换算图，如图 1-12 所示。三相指标换算图用于推导各物理性质指标之间的关系。

推导：

$$\rho = \frac{m}{V} = \frac{(1+\omega)G_s\rho_w}{1+e} \tag{1-16}$$

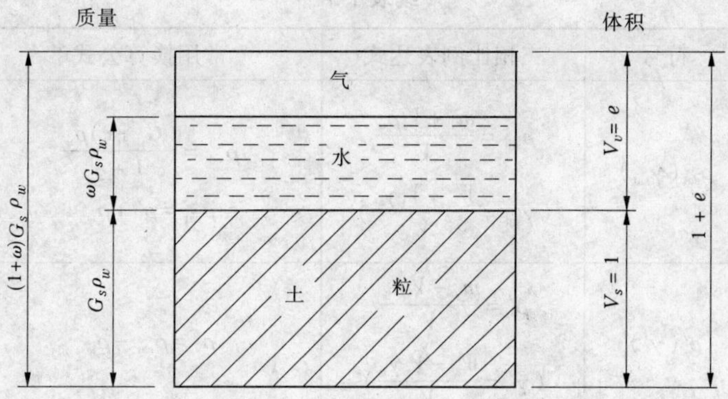

图 1-12　土的三相指标换算图

$$\rho_d = \frac{m_s}{V} = \frac{G_s\rho_w}{1+e} = \frac{\rho}{1+\omega} \tag{1-17}$$

换算得：

$$e = \frac{(1+\omega)G_s\rho_w}{\rho} - 1 \tag{1-18}$$

$$n = \frac{V_v}{V} = \frac{e}{1+e} \tag{1-19}$$

$$S_r = \frac{V_w}{V_v} = \frac{\omega G_s}{e} \tag{1-20}$$

$$\rho_{\text{sat}} = \frac{m_s + V_v\rho_w}{V} = \frac{G_s\rho_w + e\rho_w}{1+e} = \frac{(G_s+e)\rho_w}{1+e} \tag{1-21}$$

$$\rho' = \frac{m_s - V_s\rho_w}{V} = \frac{G_s\rho_w - \rho_w}{1+e} = \frac{(G_s-1)\rho_w}{1+e} \tag{1-22}$$

$$\rho' = \frac{m_s - V_s\rho_w}{V} = \frac{m_s + V_v\rho_w - V\rho_w}{V} = \rho_{\text{sat}} - \rho_w \tag{1-23}$$

常见土的三相比例指标换算公式列于表 1-5。

表 1-5　土的三相比例指标换算公式

名称	符号	三相比例表达式	常用换算公式	单位
土粒比重	G_s	$G_s=\frac{\gamma_s}{\gamma_w}=\frac{\rho_s}{\rho_w}$	$G_s=\frac{(1+e)\rho_d}{\rho_w}$	无量纲
含水量	ω	$\omega=\frac{m_w}{m_s}$	$\omega=\frac{S_r e}{G_s}$	无量纲
密度(重度)	$\rho(\gamma)$	$\rho=\frac{m}{V}$　$(\gamma=\frac{W}{V})$	$\rho=\frac{(1+\omega)G_s\rho_w}{1+e}$	g/cm^3 (kN/m^3)
干密度 (干重度)	$\rho_d(\gamma_d)$	$\rho_d=\frac{m_s}{V}$　$(\gamma_d=\frac{W_s}{V})$	$\rho_d=\frac{\rho}{1+\omega}$　$\rho_d=\frac{G_s\rho_w}{1+e}$	g/cm^3 (kN/m^3)

续表 1-5

名称	符号	三相比例表达式	常用换算公式	单位
饱和密度（饱和重度）	$\rho_{sat}(\gamma_{sat})$	$\rho_{sat}=\dfrac{m_s+V_v\rho_w}{V}$ $\left(\gamma_{sat}=\dfrac{W_s+V_v\gamma_w}{V}\right)$	$\rho_{sat}=\dfrac{(G_s+e)\rho_w}{1+e}$ $\rho_{sat}=\rho'+\rho_w$	g/cm^3 (kN/m^3)
浮密度（浮重度）	$\rho'(\gamma')$	$\rho'=\dfrac{m_s-V_s\rho_w}{V}$ $\left(\gamma'=\dfrac{W_s-V_s\gamma_w}{V}\right)$	$\rho'=\rho_{sat}-\rho_w$	g/cm^3 (kN/m^3)
孔隙比	e	$e=\dfrac{V_v}{V_s}$	$e=\dfrac{(1+\omega)G_s\rho_w}{\rho}-1=\dfrac{\rho_s}{\rho_d}-1$ $e=\dfrac{n}{1-n}$ $e=\dfrac{\omega G_s}{S_r}$	无量纲
孔隙率	n	$n=\dfrac{V_v}{V}$	$n=\dfrac{e}{1+e}$	无量纲
饱和度	S_r	$S_r=\dfrac{V_w}{V_v}$	$S_r=\dfrac{\omega G_s}{e}$	无量纲

【例题 1-1】 已知土粒比重为 2.72，饱和度为 37%，孔隙比为 0.95，当饱和度提高到 60% 时每立方米的土应加多少水？

解：由 $V_v=eV_s=V-V_s$，每立方米土体的土粒体积为：

$$V_s=\frac{V}{1+e}=\frac{1}{1+0.95}=0.513(\mathrm{m}^3)$$

$$V_v=eV_s=0.95\times0.513=0.487(\mathrm{m}^3)$$

当 $S_r=37\%$ 时，$$V_w=S_rV_v=0.37\times0.487=0.180(\mathrm{m}^3)$$

当 $S_r=60\%$ 时，$$V'_w=S_rV_v=0.6\times0.487=0.292(\mathrm{m}^3)$$

$$\Delta V_w=0.292-0.180=0.112(\mathrm{m}^3)$$

故应加水，$$\Delta W_w=\gamma_w\Delta V_w=1.12\ \mathrm{kN}$$

【例题 1-2】 某原状土样的密度为 1.85 g/cm^3，含水量为 34%，土粒比重为 2.71，计算该土样的孔隙比 e、有效密度 ρ' 和饱和度 S_r。

解：将 ρ、ω 和 G_s 代入公式：

$$e=\frac{G_s(1+\omega)\rho_w}{\rho}-1=0.96$$

$$\rho'=\frac{G_s-1}{1+e}\rho_w=0.87\ \mathrm{g/cm^3}$$

$$S_r=\frac{\omega G_s}{e}=0.96$$

1.3　土的物理状态指标

1.3.1　无黏性土的密实度

无黏性土一般是指碎石(类)土和砂(类)土。这两类土中一般黏粒含量甚少,不具有可塑性,呈单粒结构。这两类土的物理状态主要取决于土的密实程度。无黏性土呈密实状态时,强度较高,是良好的天然地基;呈松散状态时则是一种软弱地基,在振动作用下,饱和的粉砂、细砂还可能发生液化。对无黏性土评价的关键问题是正确地划分其密实度,孔隙比、相对密实度和标准贯入锤击数都是描述土的密实程度的定量指标。

1.3.1.1　孔隙比

用孔隙比来判断无黏性土的密实度十分简单易懂,而且对同一种土,孔隙比小的相对一定较密实,意义也十分明了。用孔隙比对无黏性土的密实程度划分见表 1-6。

表 1-6　用孔隙比判断无黏性土的密实度

土的名称	土的密实度			
	密实	中密	稍密	松散
砾砂、粗砂、中砂	$e \leqslant 0.6$	$0.6 < e \leqslant 0.75$	$0.75 < e \leqslant 0.85$	$e > 0.85$
细砂、粉砂	$e \leqslant 0.7$	$0.7 < e \leqslant 0.85$	$0.85 < e \leqslant 0.95$	$e > 0.95$

但是对不同的无黏性土,特别是定名相同而级配不同的无黏性土,用孔隙比作其密实度判据时,常会产生下述问题:颗粒均匀、级配不良的某无黏性土,在一定外力作用下可能已经不能进一步被压缩了(已经达到了其最密实状态);但与其定名相同、级配良好、孔隙比与之相比较小的无黏性土,却又有可能在该外力作用下被进一步压实(该土并未达到最密实状态)。显然,孔隙比用做密实度判断依据无法正确反映此类情况下无黏性土的密实状态。

1.3.1.2　相对密实度

由上面分析得知,无黏性土的密实程度并不完全取决于孔隙比,而在很大程度上还取决于土的级配情况。为了同时考虑孔隙比和级配的影响,引入了土相对密实度的概念,用以判断无黏性土的密实度。

土的相对密实度是指无黏性土的最大孔隙比和天然孔隙比的差值与最大孔隙比和最小孔隙比的差值之比,用符号 D_r 表示,其数学表达式为:

$$D_r = \frac{e_{max} - e}{e_{max} - e_{min}} \tag{1-24}$$

当无黏性土处于最密实状态时,其孔隙比称为最小孔隙比,用 e_{min} 表示,用振密法测定;当无黏性土处于最疏松状态时的孔隙比则称为最大孔隙比,用 e_{max} 表示,用松砂器法测定。

从式(1-24)可以看出:D_r 越大,土越密实;D_r 越小,土越松散。根据砂土的相对密实度可以按表 1-7 将砂土划分为密实、中密和松散三种密实度。

表 1-7　砂土密实度划分标准

密实度	密实	中密	松散
相对密实度	1.0 ~ 0.67	0.67 ~ 0.33	0.33 ~ 0

1.3.1.3　标准贯入试验

为了有效避免采取原状砂样的困难以及天然孔隙比 e 的测量困难，在现行的规范中均按原位标准贯入试验击数 N 划分砂土密实度。划分标准见表 1-8（GB 50021—2001）。

表 1-8　砂土密实度分类

标准贯入锤击数 N	密实度	标准贯入锤击数 N	密实度
$N \leqslant 10$	松散	$15 < N \leqslant 30$	中密
$10 < N \leqslant 15$	稍密	$N > 30$	密实

碎石土的密实度可按重型（圆锥）动力触探试验击数 $N_{63.5}$ 和 N_{120} 划分。划分标准见表 1-9和表 1-10。

表 1-9　碎石土密实度按 $N_{63.5}$ 分类

重型动力触探锤击数 $N_{63.5}$	密实度	重型动力触探锤击数 $N_{63.5}$	密实度
$N_{63.5} \leqslant 5$	松散	$10 < N_{63.5} \leqslant 20$	中密
$5 < N_{63.5} \leqslant 10$	稍密	$N_{63.5} > 20$	密实

注：本表适用于平均粒径等于或小于 50 mm，且最大粒径小于 100 mm 的碎石土。对于平均粒径大于 50 mm 或最大粒径大于 100 mm 的碎石土，可用超重型动力触探或野外观察鉴别。

表 1-10　碎石土密实度按 N_{120} 分类

重型动力触探锤击数 N_{120}	密实度	重型动力触探锤击数 N_{120}	密实度
$N_{120} \leqslant 3$	松散	$11 < N_{120} \leqslant 14$	密实
$3 < N_{120} \leqslant 6$	稍密	$N_{120} > 14$	很密
$6 < N_{120} \leqslant 11$	中密		

【例题 1-3】　某砂土样的密度为 1.74 g/cm³，含水量为 20%，土粒比重为 $G_s = 2.65$，最大干密度 $\rho_{d\max} = 1.67$ g/cm³，最小干密度为 $\rho_{d\min} = 1.39$ g/cm³，计算该土样的孔隙比 e、饱和度 S_r 和相对密实度 D_r，并判断其密实度。

解：由 $e = \dfrac{G_s(1+\omega)\rho_w}{\rho} - 1$ 得：　$e = 0.83$

$$S_r = \frac{\omega G_s}{e} = 0.64$$

由 $\rho_d = \dfrac{G_s\rho_w}{1+e}$ 得：

$$e_{max} = \frac{G_s\rho_w}{\rho_{dmin}} - 1 = 0.91$$

$$e_{min} = \frac{G_s\rho_w}{\rho_{dmax}} - 1 = 0.59$$

$$D_r = \frac{e_{max} - e}{e_{max} - e_{min}} = 0.25$$

故该土样的密实状态为松散状态。

1.3.2　黏性土的稠度及状态

在生活中经常可以看到这样的现象，雨天土路泥泞不堪，车辆驶过形成深深的车辙，而在天晴以后随时间延长土路会变得异常坚硬。这种现象说明土的工程性质与它的含水量有着十分密切的关系，因此需要定量地加以研究。

1.3.2.1　黏性土的状态及界限含水量

随着含水量的改变，黏性土将经历不同的物理状态。当含水量很大时，土是一种黏滞流动的液体即泥浆，称为流动状态；随着含水量逐渐减少，黏滞流动的特点渐渐消失而显示出塑性，土体可塑成任何形状而不发生裂缝，并在外力解除以后能保持已有的形状而不恢复原状，称为可塑状态；当含水量继续减少时，土的可塑性逐渐消失，从可塑状态变为半固体状态；当含水量很小时，土的体积不再随含水量的减少而减小了，这种状态称为固体状态。

黏性土从一种状态变到另一种状态的含水量分界点称为界限含水量。流动状态与可塑状态间的分界含水量称为液限 ω_L，可塑状态与半固体状态间的分界含水量称为塑限 ω_P，半固体状态与固体状态间的分界含水量称为缩限 ω_s。

塑限 ω_P 是用搓条法测定的。把塑性状态的土在毛玻璃板上用手搓条，在缓慢的、单方向的搓动过程中土膏内的水分渐渐蒸发，如搓到土条的直径为 3 mm 左右时断裂为若干段，则此时的含水量即为塑限 ω_P。搓条法受人为因素影响较大，因而成果不稳定。利用锥式液塑限仪联合测定液限、塑限，实践证明可以取代搓条法。

液限 ω_L 可采用碟式液限仪或锥式液限仪测定。在欧美国家，大多采用碟式液限仪测定液限，如图 1-13 所示。

试验时，将土膏分层填在圆碟内，表面刮平，用刻槽刮刀在土膏中刮出一条底宽 2 mm 的槽，然后以每秒 2 次的速度转动摇柄，使圆碟上抬 10 mm 并自由落下，记录槽闭合长度为 13 mm 时的下落次数，同时测定土膏的含水量；改变土膏的含水量分别测定槽闭合长度为 13 mm 时的不同下落次数；含水量和下落次数在对数坐标纸上呈线性关系，将内插

图 1-13　碟式液限仪

得到下落 25 次时的土膏含水量定义为液限。

也可用平衡锥式液限仪测定液限,如图 1-14 所示。

平衡锥重为 76 g,锥角为 30°。试验时使平衡锥在自重作用下沉入土膏,当 5 s 内正好沉入规定深度时的含水量即为液限 ω_L。对应液限的沉入深度,按规范不同有两种标准:一种标准是取 76 g 圆锥仪下沉深度 10 mm 作为液限指标,但这与碟式液限仪测得结果不一致;另一种标准是取 76 g 圆锥仪下沉深度 17 mm 作为液限指标,这与碟式液限仪测出的液限值相当。

目前的液塑限联合测定法用液塑限联合测定仪,如图 1-15 所示。

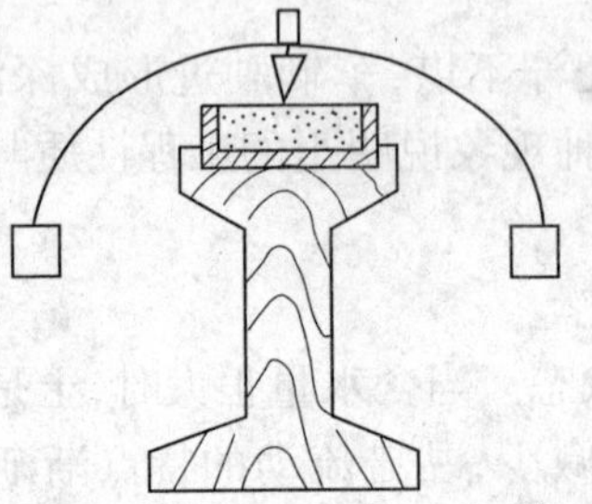

图 1-14　平衡锥式液限仪

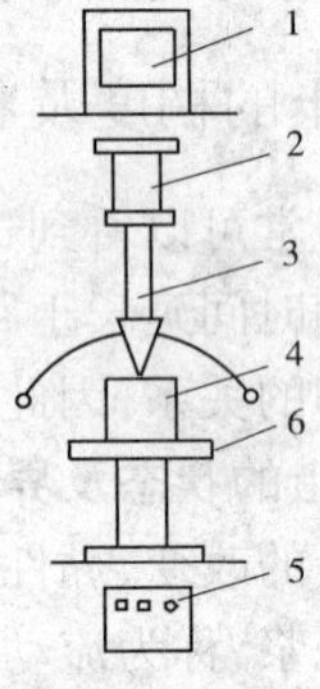

1—显示屏;2—电磁铁;3—带标尺的圆锥仪;
4—试样杯;5—控制开关;6—升降座

图 1-15　液塑限联合测定仪示意图

对不同含水量的黏性土试样进行若干次试验(一般为 3 组),并按测定结果在双对数坐标纸上作出圆锥入土深度与含水量的关系曲线,见图 1-16,之后根据平衡圆锥沉入深度与液限、塑限的对应关系得到液限和塑限。

根据大量试验资料,此关系曲线接近于一根直线;试验结果与圆锥仪法和搓条法测得的液限、塑限进行比较,对应于圆锥体入土深度为 10 mm 和 2 mm 时土样的含水量分别为土的液限和塑限。

1.3.2.2　**黏性土的可塑性指标**

可塑性是黏性土区别于砂土的重要特征。可塑性的大小用土处在塑性状态的含水量变化范围来衡量,从液限到塑限含水量的变化范围愈大,土的可塑性愈好。这个范围称为塑性指数 I_P,塑性指数用液限和塑限之差的百分数值(去掉百分号)表示:

$$I_P = \omega_L - \omega_P \tag{1-25}$$

塑性指数与土中结合水的含量、土的颗粒组成、矿物成分以及土中水的离子成分和浓度等因素有关。一般来说,黏土矿物可能具有的结合水含量越高,I_P 值越大;水中高价阳离子浓度增加时,土粒表面吸附的反离子层的厚度变薄,结合水含量相应减少,I_P 值越小,反之则越大。因此,塑性指数综合反映了影响黏土特性的各种因素,广泛应用于土的工程分类和评价。

液性指数 I_L 是表示天然含水量与界限含水量相对关系的指标,其表达式为:

$$I_L = \frac{\omega - \omega_P}{\omega_L - \omega_P} \tag{1-26}$$

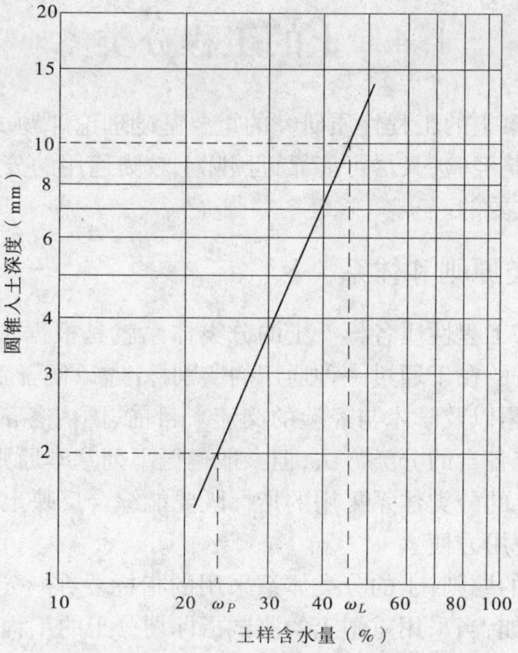

图 1-16　圆锥入土深度与含水量的关系

可塑状态的土的液性指数在 0 到 1 之间，液性指数越大，表示土越软；液性指数大于 1 的土处于流动状态；液性指数小于 0 的土则处于固体状态或半固体状态。

黏性土的状态可根据液性指数 I_L 分为坚硬、硬塑、可塑、软塑和流塑，见表 1-11。

表 1-11　按液性指数值确定黏性土状态

I_L 值	$I_L \leqslant 0$	$0 < I_L \leqslant 0.25$	$0.25 < I_L \leqslant 0.75$	$0.75 < I_L \leqslant 1.0$	$1.0 < I_L$
状态	坚硬	硬塑	可塑	软塑	流塑

值得注意的是，液限和塑限都是土样在完全扰动的情况下测得的，因此它只能反映天然结构已破坏的重塑土的物理状态界限含水量。它们反映黏土颗粒与水的相互作用，但并不完全反映具有结构性的黏土体与水的关系，以及作用后表现出的物理状态。因此，保持天然结构的原状土，在其含水量达到液限以后，并不处于流动状态。这同时也说明，在含水量相同的情况下，原状土要比重塑土坚硬。

【例题 1-4】　已知黏性土的密度 $\rho_s = 2.75\ g/cm^3$，液限为 40%，塑限为 22%，饱和度为 0.98，孔隙比为 1.15，试计算塑性指数、液性指数及确定黏性土的状态。

解：根据液限和塑限可以求得塑性指数为 18，土的含水量及液性指数可由下式求得：

$$\omega = \frac{e\gamma_w S_r}{\gamma_s} = \frac{1.15 \times 10 \times 0.98}{27.5} = 41\%$$

$$I_L = \frac{\omega - \omega_P}{\omega_L - \omega_P} = \frac{0.41 - 0.22}{0.40 - 0.22} = 1.06$$

$I_L > 1$，故此黏性土为流塑状态。

1.4 土的工程分类

土的工程分类是从事土的工程性质研究的重要基础理论课题。研究制定一个既反映我国土质条件和多年建筑经验,又尽可能靠近国际上较为通用的分类标准,并切实可行的土的工程分类,是十分重要的。

1.4.1 土的工程分类原则和体系

自然界的土类众多,工程性质各异。土的分类体系就是根据土的工程性质差异将土划分成一定的类别,其目的在于通过一种通用的鉴别标准,以便于工程师在不同土类间作有价值的比较、评价、积累以及学术与经验的交流。目前,国内各部门也都根据各自的用途特点和实践经验,制定各自的分类方法,但一般遵循下列基本原则。

一是简明的原则:土的分类体系采用的指标既要能综合反映土的主要工程性质,又要求其测定方法简单,且使用方便。

二是工程特性差异的原则:土的分类体系采用的指标要在一定程度上反映不同类工程用土的不同特性。例如,当采用重塑土的测试指标划分土的工程性质差异时,对于粗粒土,其工程性质取决于土粒的个体颗粒特征,所以常采用粒度成分指标进行工程分类;对于细粒土,其工程性质则采用反映土粒与水相互作用的可塑性指标。而当考虑土的结构性对土工程性质差异的影响时,根据土粒的集合体特征,采用以成因、地质年代为基础的分类原则。因为土作为整体的存在,是自然历史的产物,土的工程性质随其成因与形成年代不同而有显著差异。

目前,国内外有两大类土的工程分类体系:一是建筑工程系统的分类体系——侧重于把土作为建筑地基和环境,故以原状土为基本对象。因此,对土的分类除考虑土的组成外,很注重土的天然结构性,即土粒联结与空间排列特征。例如,《建筑地基基础设计规范》(GB 50007—2011)地基土的分类和《岩土工程勘察规范》(GB 50021—2001)(2009年版)土的分类。二是工程材料系统的分类体系——侧重于把土作为建筑材料,用于路堤、土坝和填土地基等工程,故以扰动土为基本对象,注重土的组成,不考虑土的天然结构性。例如,《土的工程分类标准》(GB/T 50145—2007)工程用土的分类、《公路土工试验规程》(JTG E 40—2007)和《水电水利工程土工试验规程》(DL/T 5355—2006)土的工程分类。

我国的分类方法迄今为止尚未统一,不同的部门根据各自的行业特点建立了各自的分类标准。一般对粗粒土主要按颗粒组成进行分类,细粒土则按塑性图分类。

1.4.2 《土的工程分类标准》(GB/T 50145—2007)中土的工程分类

在国际上,土的统一分类系统(Unified Soil Classification System)来源于美国A·卡萨格兰特(Casagrande,1942)提出的一种分类法体系(属于材料工程系统的分类)。卡氏分类体系在第二次世界大战时美国军用机场工程中得到应用。第二次世界大战后,美国与国家开垦局联合修订了该方法(1952)。其主要特点是充分考虑了土的粒度成分和塑性指标,即粗粒土土粒的个体特征和细粒土土粒与水的相互作用。这种方法采用了扰动土的测试指标，对于天然土作为地基或环境时，忽略了土粒的集合体特征（土的结构性）。因此，无法考虑土的成因、年代对工程性质的影响，是这种方法存在的缺陷。

在我国，为了统一工程用土的鉴别、定名和描述，同时也便于对土性状作出一般定性的评价，制定了《土的工程分类标准》（GB/T 50145—2007）。它的分类体系基本上采用与卡氏相似的分类原则，所采用的简便易测的定量分类指标最能反映土的基本属性和工程性质，也便于电子计算机的资料检索。土的总分类体系列于图 1-17 中。

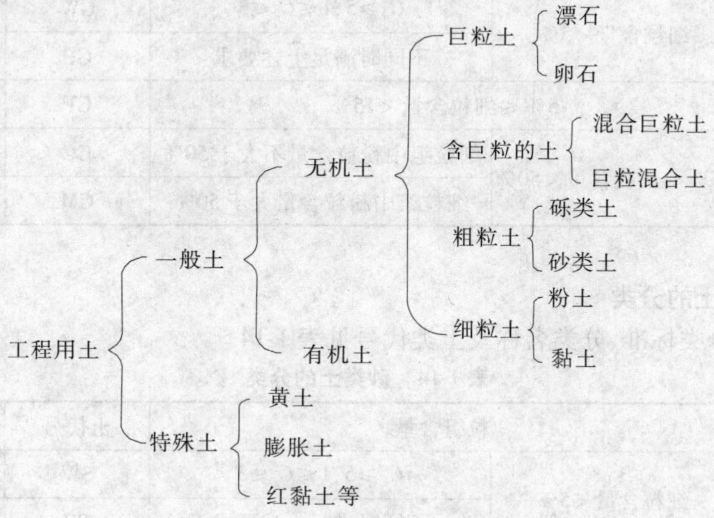

图 1-17　土的总分类体系

我国《土的工程分类标准》（GB/T 50145—2007）中土的工程分类中把土作为扰动土处理。按颗粒级配和塑性指数划分为巨粒类土、砾类土、砂土和黏性土。

1.4.2.1　巨粒类土的分类

巨粒类土的分类标准、分类名称及土类代号见表 1-12。

表 1-12　巨粒类土的分类

土类	粒组含量		土代号	土名称
巨粒土	巨粒含量 >75%	漂石含量大于卵石含量	B	漂石（块石）
		漂石含量不大于卵石含量	Cb	卵石（碎石）
混合巨粒土	50% <巨粒含量≤75%	漂石含量大于卵石含量	BS1	混合土漂石（块石）
		漂石含量不大于卵石含量	CbS1	混合土卵石（碎石）
巨粒混合土	15% <巨粒含量≤50%	漂石含量大于卵石含量	S1B	漂石（块石）混合土
		漂石含量不大于卵石含量	S1Cb	卵石（碎石）混合土

注：巨粒混合土可根据所含粗粒或细粒的含量进行细分。

试样中巨粒组含量不大于 15% 时，可扣除巨粒，按粗粒类土或细粒类土的相应规定分类；当巨粒对土的总体性状有影响时，可将巨粒计入砾粒组进行分类。

1.4.2.2 砾粒类土的分类

试样中粗粒组含量大于50%的土称粗粒类。砾粒组含量大于砂粒组含量的土称砾类土，砾粒组含量不大于砂粒组含量的土称砂类土。

砾粒类土的分类标准、分类名称及土类代号见表1-13。

表1-13 砾粒类土的分类

土类	粒组含量		土代号	土名称
砾	细粒含量<5%	$C_u \geqslant 5, 1 \leqslant C_c \leqslant 3$	GW	级配良好砾
		不同时满足上述要求	GP	级配不良砾
含细粒土砾	5%≤细粒含量<15%		GF	含细粒土砾
细粒土质砾	15%≤细粒含量<50%	细粒组中粉粒含量不大于50%	GC	黏土质砾
		细粒组中粉粒含量大于50%	GM	粉土质砾

1.4.2.3 砂类土的分类

砂类土的分类标准、分类名称及土类代号见表1-14。

表1-14 砂类土的分类

土类	粒组含量		土代号	土名称
砂	细粒含量<5%	$C_u \geqslant 5, 1 \leqslant C_c \leqslant 3$	SW	级配良好砂
		不同时满足上述要求	SP	级配不良砂
含细粒土砂	5%≤细粒含量<15%		SF	含细粒土砂
细粒土质砂	15%≤细粒含量<50%	细粒组中粉粒含量不大于50%	SC	黏土质砂
		细粒组中粉粒含量大于50%	SM	粉土质砂

1.4.2.4 细粒类土的分类

试样中细粒组土的含量不小于50%的土称为细粒类土。粗粒组含量不大于25%的土称为细粒土，粗粒组含量大于25%且不大于50%的土称为含粗粒细粒土，有机质含量小于10%且不小于5%的土称有机质土。

细粒类土根据塑性图分类，见图1-18。

细粒类土的分类标准、分类名称及土类代号见表1-15。

表1-15 细粒类土的分类

土的塑性指标在塑性图中的位置		土代号	土的名称
$I_P \geqslant 0.73(\omega_L - 20)$和$I_P \geqslant 7$	$\omega_L \geqslant 50\%$	CH	高液限黏土
	$\omega_L < 50\%$	CL	低液限黏土
$I_P < 0.73(\omega_L - 20)$和$I_P < 4$	$\omega_L \geqslant 50\%$	MH	高液限黏粉土
	$\omega_L < 50\%$	ML	低液限粉土

注：黏土—粉土过渡区（CL－ML）的土可按相邻土层的类别细分。

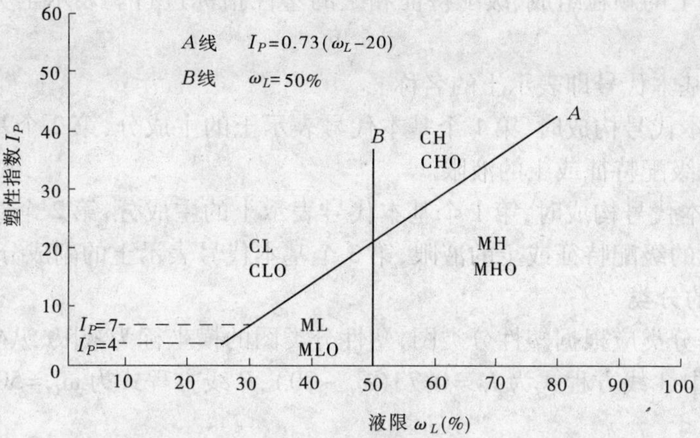

图 1-18　塑性图

注:1. 图中横坐标为土的液限 ω_L,纵坐标为塑性指数 I_P;2. 图中的液限为用碟式仪测定的含水量或用质量 76 g、锥角为 30°的液限仪锥尖入土深度 17 mm 对应的含水量;3. 图中虚线之间区域为黏土—粉土过渡区。

含粗粒的细粒土应根据所含细粒土的塑性指标在塑性图中的位置及所含粗粒的类别,按下列规定划分:

粗粒中砾粒含量大于砂粒含量,称含砾细粒土,应在细粒土代号后加 G;

粗粒中砾粒含量不大于砂粒含量,称含砂细粒土,应在细粒土代号后加 S;

有机质土应在相应的细粒土土类代号后加 O。

1.4.3　《水电水利工程土工试验规程》(DL/T 5355—2006)

《水电水利工程土工试验规程》(DL/T 5355—2006)规定,本分类方法适用于水电水利工程用土的分类和命名。

土类的基本名称和代号应符合下列规定:

漂石(块石)	$B(B_a)$
卵石(碎石)	$Cb(Cb_a)$
砾(圆砾、角砾)	G
含砾	g
砂	S
含砂	s
粉土	M
黏土	C
细粒土(粉土、黏土合称)	F
混合土	S1
级配良好	W
级配不良	P
高液限	H
低液限	L

土的分类根据土的颗粒组成、级配特征和土的塑性指标进行。表示土类的代号构成应符合下列规定：

(1)仅有 1 个基本代号即表示土的名称。

(2)由 2 个基本代号构成时,第 1 个基本代号表示土的主成分,第 2 个基本代号表示土的副成分或土的级配特征或土的液限。

(3)由 3 个基本代号构成时,第 1 个基本代号表示土的主成分,第 2 个基本代号表示土的混合成分或土的级配特征或土的液限,第 3 个基本代号表示土的副成分或次要成分。

1.4.3.1　细粒土的分类

细粒土的基本分类应根据塑性分类图,塑性分类图的横坐标为液限、纵坐标为塑性指数,见图 1-19。图中 A 线方程式为 $I_P = 0.73(\omega_L - 20)$,$B$ 线方程式为 $\omega_L = 50\%$,C 线方程式为 $I_P = 10$。

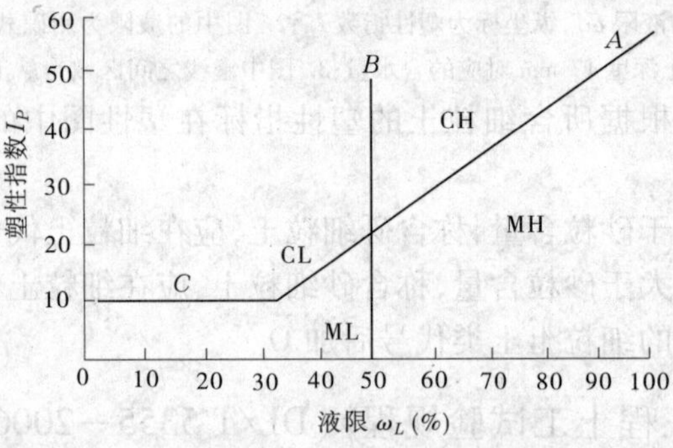

图 1-19　塑性分类图

细粒土的基本分类和定名见表 1-16。

表 1-16　细粒土的基本分类和定名

土的塑性指标在塑性图中的位置		土的名称	土代号
塑性指数 I_P	液限 ω_L		
$I_P \geqslant 0.73(\omega_L - 20)$ 和 $I_P \geqslant 10$	$\omega_L \geqslant 50\%$	高液限黏土	CH
	$\omega_L < 50\%$	低液限黏土	CL
$I_P < 0.73(\omega_L - 20)$ 和 $I_P < 10$	$\omega_L \geqslant 50\%$	高液限黏粉土	MH
	$\omega_L < 50\%$	低液限黏粉土	ML

1.4.3.2　巨粒类土的分类

试样中巨粒组含量大于 75% 的土称为巨粒土,试样中巨粒组含量大于 50% 且小于或等于 75% 的土称为混合巨粒土,试样中巨粒含量大于 15% 且小于或等于 50% 的土称为巨粒混合土。巨粒组中,漂石(块石)含量大于卵石(碎石)含量的土为漂石(块石),卵石

(碎石)含量大于或等于漂石(块石)含量的土为卵石(碎石)。

试样中巨粒组含量小于或等于 15% 时,可剔除巨粒组后,按粗粒类土或细粒类土的规定进行分类和定名。

巨粒类土的基本分类和定名见表 1-17。

表 1-17　巨粒类土的基本分类和定名

土类	粗粒组含量		土名称	土代号
巨粒土	巨粒含量 >75%	漂石(块石) > 卵石(碎石)	漂石(块石)	$B(B_a)$
		漂石(块石) ≤ 卵石(碎石)	级配不良砾	$Cb(Cb_a)$
混合巨粒土	50% < 巨粒含量 ≤ 75%	漂石(块石) > 卵石(碎石)	混合土漂石(块石)	$B(B_a)S1$
		漂石(块石) ≤ 卵石(碎石)	混合土卵石(碎石)	$Cb(Cb_a)S1$
巨粒混合土	15% < 巨粒含量 ≤ 50%	漂石(块石) > 卵石(碎石)	漂石(块石)混合土	$S1B(B_a)$
		漂石(块石) ≤ 卵石(碎石)	卵石(碎石)混合土	$S1Cb(Cb_a)$

当细粒土含量对巨粒类土的性质产生影响时,巨粒类土应作进一步细分。细粒组含量等于或大于 5% 且小于 15% 时称为含细粒巨粒类土,在其代号后加 F;细粒组含量等于或大于 15% 且小于 50% 时称为细粒质巨粒类土,在其代号后加细粒组的基本代号 C 或 M。

1.4.3.3　粗粒类土的分类

试样中粗粒组含量大于 50% 的土称为粗粒类土。粗粒类土中,砾粒组含量大于砂粒组含量的土称为砾类土,砂粒组含量大于或等于砾粒组含量的土为砂类土。

砾类土的分类和定名见表 1-18。

表 1-18　砾类土的分类和定名

土类	细粒组含量及名称		级配特征	土名称	土代号
砾	细粒含量 ≤ 5%		$C_u > 5, C_c = 1 \sim 3$	级配良好砾	GW
			不同时满足上述要求	级配不良砾	GP
含细粒土砾	5% < 细粒含量 ≤ 15%			含细粒土砾	GF
细粒土质砾	15% < 细粒含量 ≤ 50%	黏土		黏土质砾	GC
		粉土		粉土质砾	GM

砂类土的分类和定名见表1-19。

表1-19　砂类土的分类和定名

土类	细粒组含量及名称		级配特征	土名称	土代号
砂	细粒含量≤5%		$C_u>5, C_c=1\sim3$	级配良好砂	SW
			不同时满足上述要求	级配不良砂	SP
含细粒土砂	5%＜细粒含量≤15%			含细粒土砂	SF
细粒土质砂	15%＜细粒含量≤50%	黏土		黏土质砂	SC
		粉土		粉土质砂	SM

1.4.3.4　细粒类土的分类

试样中细粒组含量等于或大于50%的土称为细粒类土。

细粒类土中,粗粒组含量大于15%且小于或等于30%时称为含粗粒细粒类土。粗粒组中砾粒组含量大于砂粒组含量时称为含砾细粒土,在细粒类土代号后加g;粗粒组中砂粒组含量大于或等于砾粒组含量时称为含砂细粒土,在细粒类土代号后加s。

细粒类土中,试样中粗粒组含量大于30%且小于或等于50%的土称为粗粒质细粒类土。粗粒组中砾粒组含量大于砂粒组含量时称为砾质细粒类土,在细粒类土代号后加G;粗粒组中砂粒组含量大于或等于砾粒组含量时称为砂质细粒类土,在细粒类土代号后加S。

1.4.4　《岩土工程勘察规范》(GB 50021—2001)(2009年版)

《岩土工程勘察规范》(GB 50021—2001)(2009年版)分类体系考虑划分标准时,注重土的天然结构特性和强度,并始终与土的主要工程特性——变形和强度特征紧密联系。因此,首先考虑了按沉积年代和地质成因划分,同时将某些特殊形成条件和特殊工程性质的区域性特殊土与普通土区别开来。

1.4.4.1　按沉积年代和地质成因划分

地基土按沉积年代可分为:

(1)老沉积土。第四纪晚更新世Q3及其以前沉积的土,一般呈超固结状态,具有较高的结构强度。

(2)新近沉积土。第四纪全新世中近期沉积的土,一般呈欠固结状态,结构强度较低。

根据地质成因土可划分为残积土、坡积土、洪积土、冲积土、淤积土、冰积土和风积土等。具有一定工程区域和工程意义,且具有特殊成分、状态和结构特征的土称为特殊土。它分为湿陷性土、红黏土、软土、混合土、填土、冻土、膨胀土、盐渍土和污染土。

土根据有机质含量可分为无机土、有机质土、泥炭质土和泥炭,见表1-20。

表 1-20　土根据有机质含量分类

分类名称	有机质含量 W_u	现场鉴别特征	说明
无机土	$W_u<5\%$		
有机质土	$5\%\leqslant W_u\leqslant 10\%$	深灰色,有光泽,味臭,除腐殖质外还含少量完全分解的动植物体,浸水后出现气泡,干燥后体积收缩	1. 如现场能鉴别或有地区经验时,可不作有机质含量测定; 2. 当 $\omega>\omega_L$,$1.0\leqslant e<1.5$ 时称淤泥质土;当 $\omega>\omega_L$,$e\geqslant 1.5$ 时称淤泥
泥炭质土	$10\%<W_u\leqslant 60\%$	深灰或黑色,有腥臭味,能看到未完全分解的植物结构,浸水后体胀,易崩解,有植物残渣浮于水中,干缩现象明显	可根据地区特点和需要按 W_u 细分类: 弱泥炭质土($10\%<W_u\leqslant 25\%$); 中泥炭质土($25\%<W_u\leqslant 40\%$); 强泥炭质土($40\%<W_u\leqslant 60\%$)
泥炭	$W_u>60\%$	除有泥炭质土特征外,结构松散,土质很轻,暗无光泽,干缩现象极为明显	

注:有机质含量 W_u 按灼失量试验确定。

1.4.4.2　按颗粒级配和塑性指标划分

按颗粒级配和塑性指标可划分为碎石土、砂土、粉土和黏性土。

粒径大于 2 mm 的颗粒含量超过总质量的 50% 的土称为碎石土。根据颗粒级配和颗粒形状可将碎石土分为漂石、块石、卵石、碎石、圆砾和角砾。分类标准见表 1-21。

表 1-21　碎石土分类

土的名称	颗粒形状	颗粒级配
漂石	圆形及亚圆形为主	粒径大于 200 mm 的颗粒质量超过总质量的 50%
块石	棱角形为主	
卵石	圆形及亚圆形为主	粒径大于 20 mm 的颗粒质量超过总质量的 50%
碎石	棱角形为主	
圆砾	圆形及亚圆形为主	粒径大于 2 mm 的颗粒质量超过总质量的 50%
角砾	棱角形为主	

注:定名时应根据颗粒级配由大到小以最先符合者确定。

粒径大于 2 mm 的颗粒含量不超过总质量的 50%,且粒径大于 0.075 mm 的颗粒含量超过总质量的 50% 的土称为砂土。根据颗粒级配可将砂土分为砾砂、粗砂、中砂、细砂和粉砂,分类标准见表 1-22。

粉土介于砂土和黏性土之间,塑性指数 $I_P\leqslant 10$,粒径大于 0.075 mm 的颗粒含量不超过总质量 50% 的土。根据黏粒含量的多少可分为砂质粉土和黏质粉土,见表 1-23。

表 1-22　砂土分类

土的名称	颗粒级配
砾砂	粒径大于 2 mm 的颗粒质量占总质量的 25% ~50%
粗砂	粒径大于 0.5 mm 的颗粒质量超过总质量的 50%
中砂	粒径大于 0.25 mm 的颗粒质量超过总质量的 50%
细砂	粒径大于 0.075 mm 的颗粒质量超过总质量的 85%
粉砂	粒径大于 0.075 mm 的颗粒质量超过总质量的 50%

注:定名时应根据颗粒级配由大到小以最先符合者确定。

表 1-23　粉土分类

土的名称	颗粒级配
砂质粉土	粒径小于 0.005 mm 的颗粒含量不超过总质量的 10%
黏质粉土	粒径小于 0.005 mm 的颗粒含量超过总质量的 10%

塑性指数大于 10 的土称为黏性土。根据塑性指数可分为粉质黏土和黏土,见表 1-24。

表 1-24　黏性土分类

土的名称	塑性指数
粉质黏土	$10 < I_P \leqslant 17$
黏土	$I_P > 17$

注:塑性指数由相应 76 g 圆锥体沉入土样中深度为 10 mm 时测定的液限计算而得。

思考题

1-1　什么是土的三相体系? 土的各相系对土的状态和性质有何影响?

1-2　土的粒径分哪几组? 各粒组的工程性质有什么不同?

1-3　何谓土的颗粒级配? 简述级配曲线在工程上的用途。

1-4　试述土中水的类型及其特征。

1-5　何谓土的结构? 土的结构类型一般有哪几种? 何谓土的构造? 土的构造类型一般有哪些?

1-6　无黏性土最主要的物理状态指标是什么? 用孔隙比、相对密实度和标准贯入试验锤击数来划分密实度各有何优缺点?

1-7　黏性土最主要的物理特征是什么? 何谓塑限? 如何测定? 何谓液限? 如何测定?

1-8　塑性指数的定义和物理意义是什么? I_P 大小与土颗粒粗细有何关系?

1-9　何谓液性指数? 如何应用液性指数来评价土的工程性质?

习　题

1-1　试证明以下关系式：

(1)$\rho = \frac{(1+\omega)\rho_s}{1+e}$　　(2)$\rho_d = \frac{\rho}{1+\omega}$　　(3)$S_r = \frac{\omega G_s}{e}$　　(4)$\rho' = \rho_{sat} - \rho_w$

1-2　有一完全饱和的原状土样切满于容积为 21.7 cm^3 的环刀内，称得总质量为 72.49 g，经 105 ℃烘干至恒重为 61.28 g，已知环刀质量为 32.54 g，土粒比重为 2.72，试求该土样的密度、含水量、干密度及孔隙比。

1-3　某原状土样的密度为 1.85 g/cm^3，含水量为 34%，土粒比重为 2.71，试求该土样的饱和密度、有效密度、饱和重度和有效重度。

1-4　某砂土土样的密度为 1.77 g/cm^3，含水量为 9.8%，土粒比重为 2.67，烘干后测定最小孔隙比为 0.461，最大孔隙比为 0.943，试求孔隙比 e 和相对密实度 D_r，并评定该砂土的密实状态。

1-5　某一完全饱和黏性土试样的含水量为 30%，土粒比重为 2.73，液限为 33%，塑限为 17%，试求孔隙比、干密度和饱和密度，并按塑性指数和液性指数定出该黏性土的分类名称和软硬状态。

第 2 章 土中水的运动规律

学习指导

本章主要介绍土中水的毛细现象、土的冻胀，达西渗流定律以及渗透力引起的破坏，有效应力原理，以及二维流网的基本方程及其特征。

学习目标

通过本章的学习，学会分析由于土中的水引起的毛细、冻胀现象，掌握达西渗流定律及其适用性、土的渗透系数及其影响因素。通过室内试验测定渗透系数，掌握土的有效应力原理，并应用于分析工程问题。

学习重点

达西渗流定律及其适用性，土的有效应力原理，绘制二维流网并利用流网为工程服务。

2.1 土中水的毛细现象与土的冻融

土中水并非处于静止不变的状态，而是在运动着的。土中水的运动原因和形式很多，例如在重力的作用下，地下水的流动（土的渗透性问题），在土中附加应力作用下孔隙水的排出（土的固结问题），由于表面现象产生的水分移动（土的毛细现象），在土颗粒的分子引力作用下结合水的移动（如冻结时土中水分的移动），由于孔隙水溶液中离子浓度的差别产生的渗附现象等。土中水的运动将对土的性质产生影响，在许多工程实践中碰到的问题，如水利工程中的土坝和闸基、建筑物基础施工中开挖的基坑等，以及流砂、冻胀、软土地基固结、渗流时的边坡稳定以及水库的渗漏等，都与土中水的运动有关。

地下水的运动影响工程建筑的设计以及使用安全，因此工程建设中必须对土中水的运动规律、水对土的工程性质的影响进行研究。

2.1.1 毛细现象

毛细现象是指发生在气、液、固三相界面上，土中的水在表面张力的作用下，沿着细的孔隙向上或其他方向移动的现象，这种细微孔隙中的水被称为毛细水，如图 2-1 所示。毛细水会引起路基的冻害，引起房屋的地下室过分潮湿，毛细现象引起的盐渍化会对基础中的钢筋混凝土产生腐蚀等，对土的工程性质会产生不良影响。

毛细水产生的原因有：第一，水与空气的分界面上存在着表面张力，而液体总是力图缩小自己的表面积，以便表面自由能变得最小。这也就是一滴水珠总是成为球状的原因。第二，毛细管管壁的分子和水分子之间有引力作用，这个引力使与管壁接触部分的水面呈

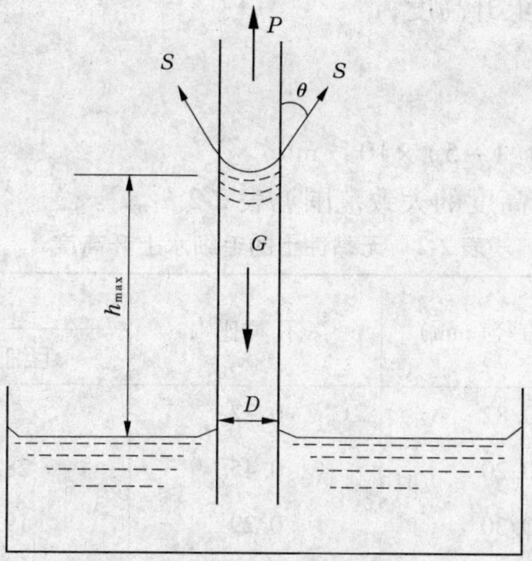

图 2-1　毛细管中水柱的上升

向上的弯曲状，这种现象称为湿润现象。而毛细管的直径较细，湿润现象使毛细管内水面的弯液面互相连接，形成了内凹的弯液面状，如图 2-1 所示。这时，水柱的表面积增加了。由于管壁与水分子之间的引力很大，它又会促使管内的水柱升高，从而改变弯液面形状，缩小表面积，降低了表面自由能。但当水柱升高而改变了弯液面的形状时，管壁与水之间的湿润现象又会使水柱面恢复为内凹的弯液面状。这样的重复使毛细管内的水柱上升，直到升高的水柱重力和管壁与水分子间的引力所产生的上举力平衡。

毛细水的理论上升高度为：

$$h_c = \frac{4\sigma}{D\gamma_w} \tag{2-1}$$

式中　D——毛细管直径；

γ_w——水的重度；

σ——水的表面张力，见表 2-1。

表 2-1　水与空气间的表面张力 σ 值

温度(℃)	-5	0	5	10	15	20	30	40
表面张力 σ(dyn/cm)	76.4	75.6	74.9	74.2	73.5	72.8	71.2	69.6

注：1 dyn/cm = 1×10^{-3} N/m。

从式(2-1)中知，毛细水的上升高度与毛细管直径成反比，毛细管越细，毛细水上升高度越大。实际上，在天然土层中，毛细水的上升高度是不能简单地直接用式(2-1)计算的。因为土中的孔隙是不规则的，与圆柱状的毛细管根本不同，使得天然土层中的毛细现象比毛细管的情况要复杂得多。例如，假定黏土颗粒直径为 0.000 5 mm，那么这种均匀黏粒堆积起来的孔隙直径，由式(2-1)计算可得毛细水上升高度最大达 300 m，这是根本不可能的，实际上的毛细水上升不过数米而已。因而，海森(A. Hazen)提出了下面的经验公式：

$$h_0 = \frac{C}{ed_{10}} \tag{2-2}$$

式中 h_0——毛细水实际上升高度；

d_{10}——土的有效粒径；

e——土的孔隙比；

C——系数，一般为$(1\sim5)\times10^{-5}\ m^2$。

无黏性土毛细水上升高度的大致范围见表 2-2。

表 2-2 无黏性土的毛细水上升高度

土名称	颗粒直径(mm)	孔隙比	毛细水头(cm)	
			毛细升高	饱和毛细水头
粗砾	0.82	0.27	5.4	6
砂砾	0.20	0.45	28.4	20
细砾	0.30	0.29	19.5	20
粉砾	0.06	0.45	106.0	69
粗砂	0.11	0.27	82	60
中砂	0.03	0.36	165.5	112
细砂	0.02	0.48~0.66	239.6	120
粉土	0.006	0.95~0.93	359.2	180

由表 2-2 可见，砾类与粗砂，毛细水上升高度很小；细砂和粉土，不仅毛细水高度大，而且上升速度也快，即毛细现象严重。但对于黏性土，由于结合水膜的存在，将减小土中孔隙的有效直径，使毛细水在上升时受到很大阻力，故上升速度很慢。

毛细压力可用图 2-2 来说明。

图中两个土粒 A、B 的接触面上有一些毛细水，由于土粒表面的湿润作用，使毛细水形成弯液面。在水和空气的分界面上产生的表面张力总是沿着弯液面切线方向作用的，它促使两个土粒互相靠近，在土粒的接触面上产生了一个压力，这个压力称为毛细压力 P_k，也称为毛细黏聚力，它随含水量的变化时有时无。如干燥的砂土是松散的，颗粒间没有黏结力；而在潮湿砂中有时可挖成直立的坑壁，短期内不会坍塌；但当砂土被水淹没时，表面张力消失，坑壁便会倒塌。这就是毛细黏聚力的生成与消失所造成的现象。了解了毛细压力的特性后，在工程实践中可以解决一些问题。

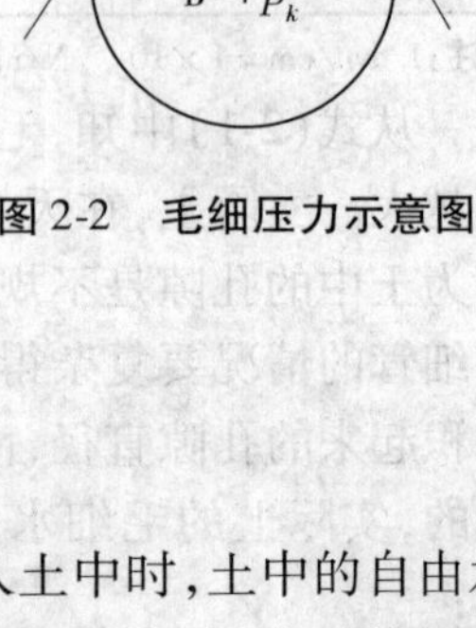

图 2-2 毛细压力示意图

2.1.2 土的冻胀

地面下一定深度的水温，随大气温度而改变。当大气负温传入土中时，土中的自由水首先冻结成冰晶体，随着气温的继续下降，弱结合水的最外层也开始冻结，使冰晶体逐渐扩大。这样，使冰晶体周围土粒的结合水膜减薄，土粒就产生剩余的分子引力；另外，由于结合水膜的减薄,使得水膜中的离子浓度增加,产生了渗透压力(即当两种水溶液的浓度不同时,会在它们之间产生一种压力差,使浓度较小的溶液中的水向浓度较大的溶液渗流)。在这两种引力作用下,下卧未冻结区水膜较厚处的弱结合水,被吸引到水膜较薄的冻结区,并参与冻结,使冰晶体增大,而不平衡引力却继续存在。假使下卧未冻结区存在着水源(如地下水距冻结区很近)及适当的水源补给通道(即毛细通道),能够源源不断地补充到冻结区来,那么未冻结区的水分(包括弱结合水和自由水)就会不断地向冻结区迁移和积聚,使冰晶体不断扩大,在土层中形成冰夹层,土体随之发生隆起,即冻胀现象。这种冰晶体的不断增大,一直要到水源的补给断绝后才停止。当土层解冻时,土中积聚的冰晶体融化,土体随之下陷,即出现融陷现象。土的冻胀现象和融陷现象是季节性冻土的特性,亦即土的冻胀性。

可见,冻胀和融陷对工程都产生不利影响,特别是高寒地区,当发生冻胀时,使路基隆起,柔性路面鼓包、开裂,刚性路面错缝或折断;若在冻土上修建了建筑物,冻胀将引起建筑物的开裂、倾斜甚至使轻型构筑物倒塌。而发生融陷后,路基土在车辆反复碾压下,轻者路面变得松软,重者路面翻浆;也会使房屋、桥梁、涵管发生大量下沉或不均匀下沉,引起建筑物的开裂破坏。

从上述土冻胀的机理分析中可以看到,土的冻胀现象是在一定条件下形成的。影响冻胀的因素有下列三方面:

(1)土的因素。冻胀现象通常发生在细粒土中,特别是粉砂、粉土、粉质黏土和粉质亚砂土等,冻结时水分迁移积聚最为强烈,冻胀现象严重。这是因为这类土具有较显著的毛细现象,毛细水上升高度大,上升速度快,具有较通畅的水源补给通道。同时,这类土的颗粒较细,表面能大,土粒矿物成分亲水性强,能持有较多结合水,从而能使大量结合水迁移和积聚。相反,黏土虽有较厚的结合水膜,但毛细孔隙很小,对水分迁移的阻力很大,没有通畅的水源补给通道,所以其冻胀性较上述土类为小。

砂砾等粗颗粒土没有或具有很少量的结合水,孔隙中自由水冻结后,不会发生水分的迁移和积累,同时由于砂砾无毛细现象,因而不会发生冻胀。所以,在工程实践中常在地基或路基中换填砂土,以防治冻胀。

(2)水的因素。前面已指出,土层发生冻胀的原因是水分的迁移和积聚所致。因此,当冻结区附近地下水位较高,毛细水上升高度能够达到或接近冻结线,使冻结区能得到外部水源的补给时,将发生比较强烈的冻胀现象。因而,可以分为开敞型冻胀和封闭型冻胀两种类型,前者是在冻结过程中有外来水源补给的,后者是在冻结过程中没有外来水分补给的。开敞型冻胀往往在土层中形成很厚的冰夹层,产生强烈冻胀,而封闭型冻胀,土中冰夹层薄,冻胀量也小。

(3)温度的因素。当气温骤降且冷却强度很大时,土的冻结面迅速向下推移,即冻结速度很快。这时,土中弱结合水及毛细水还来不及向冻结区迁移就在原地冻结成冰,毛细通道也被冰晶体所堵塞。这样,水分的迁移和积聚不会发生,在土层中看不到冰夹层,只有散布于土孔隙中的冰晶体,这时形成的冻土一般无明显的冻胀。如气温缓慢下降,冷却强度小,但负温持续的时间较长,则就能促使未冻结区水分不断地向冻结区迁移和积聚,在土中形成冰夹层,出现明显的冻胀现象。

上述三方面的因素是土层发生冻胀的三个必要条件,结论是:在持续负温作用下,地下水位较高处的粉砂、粉土、粉质黏土等土层常具有较大的冻胀危害。因此,我们可以根据影响冻胀的三个因素,采取相应的防治陈胀的工程措施。其主要措施是,将构筑物基础底面置于当地冻结深度(可查有关规范)以下,以防止冻害的影响。

2.2 土的渗透性

土是具有孔隙的介质。当土作为水工建筑物地基或直接用来筑土坝挡水时,在水头差的作用下,水会透过土体发生流动,如图 2-3 所示,这一现象称为渗透;而土允许水透过的性能称为土的渗透性。

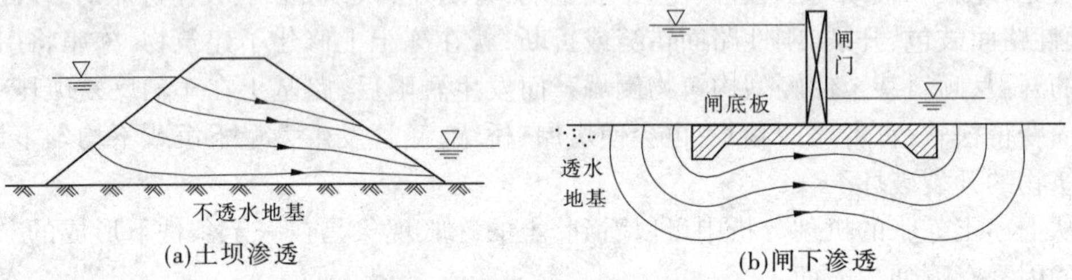

图 2-3 闸坝渗透示意图

水在土中的渗透(渗流):一方面会引起渗漏,造成水量损失;另一方面还可能引发管涌、滑坡等稳定问题。国内外的调查资料表明,由于渗流冲刷破坏失事的土坝高达 40%,而与渗流密切相关的滑坡破坏也占 15% 左右,由此可见渗流对建筑物的影响作用很大。

影响土体渗透性的因素很多,主要有土的粒度成分及矿物成分、土的结构构造和土中气体等。

(1)土的粒度成分及矿物成分的影响。土的颗粒大小、形状及级配影响土中孔隙大小及其形状,从而影响土的渗透性。土粒越细、越浑圆、越均匀,渗透性就越大。砂土中含有较多粉土或黏性土颗粒时,其渗透性就会大大降低。

土中含有亲水性较强的黏土矿物或有机质时,因为结合水膜厚度较厚,会阻塞土的孔隙,土的渗透性降低,因此土的渗透性还和水中交换阳离子的性质有关系。

(2)土的结构构造的影响。天然土层通常不是各向同性的,因此不同方向土的渗透性也不同。如黄土具有竖向大孔隙,所以竖向渗透系数要比水平向大得多。在黏性土中,如果夹有薄的粉砂层,它在水平方向的渗透系数要比竖向大得多。

(3)土中气体的影响。当土孔隙存在密闭气泡时,会阻塞水的渗流,从而降低了土的渗透性。这种密闭气泡有时是由于溶解于水中的气体分离出来而形成的,故水的含气量也影响土的渗透性。

总之,对于粗粒土,主要因素是颗粒大小、级配、密度、孔隙比以及土中封闭气泡的存在;对于黏性土,则更为复杂。黏性土中所含矿物、有机质以及黏土颗粒的形状、排列方式等都影响其渗透性。水温对土的渗透性也有影响,故常将所测得的渗透系数换算成水温为 20 ℃时的标准渗透系数。对于大量的中小型工程,可参考有关规范、文献提供的经验数据。

2.2.1　达西定律

由于土体中的孔隙的形状和大小极不规则，因而水在其中的渗透是一种十分复杂的水流现象。人们用和真实水流属于同一流体的、充满整个含水层（包括全部的孔隙和土颗粒所占据的空间）的假想水流代替在孔隙中流动的真实水流来研究水的渗透规律。这种假想水流具有以下性质：

（1）通过任意断面的流量与真实水流通过同一断面的流量相等。

（2）在某一断面上的水头应等于真实水流的水头。

（3）在土体体积内所受到的阻力应等于真实水流所受到的阻力。

1856 年，法国工程师达西（H. Darcy）利用图 2-4 所示的试验装置，对均质砂土进行了大量的试验研究，得出了层流条件下的渗透规律：水在土中的渗透速度与试样两端面间的水头损失成正比，而与渗透路径的长度成反比，即

$$v = \frac{q}{A} = ki = k\frac{\Delta h}{L} \tag{2-3}$$

式中　v——断面平均渗透流速，cm/s；

q——单位时间的渗出水量，cm^3/s；

A——垂直于渗流方向试样的截面面积，cm^2；

k——反映土的渗透性大小的比例常数，称为土的渗透系数，cm/s；

i——水力梯度或水力坡降，表示沿渗流方向单位长度上的水头损失，无量纲；

Δh——试样上下两断面间的水头损失，cm 或 m；

L——渗径长度，cm 或 m。

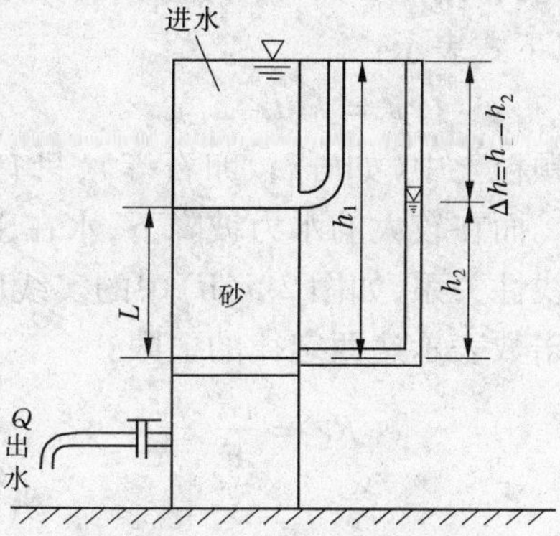

图 2-4　达西渗透试验装置

式（2-3）就是后人所称的达西渗透定律，由此式所算出的 v 是断面假想水流的平均流速，它比水在孔隙中的实际流速小。它们之间的关系为：

$$v = v'n = v'\frac{e}{1+e} \tag{2-4}$$

式中　v——按式（2-3）求得的假想平均流速；

v'——通过土体孔隙的实际平均流速；

n、e——土的孔隙率和孔隙比（假定面积孔隙率与体积孔隙率相等）。

为了简便，在工程设计中，除特别指出外，通常都指假想平均流速。

2.2.2　达西定律的适用条件

由式(2-3)可知，对于给定的砂土，其渗透速度与水头损失成正比，如图2-5(a)中的线①所示，而与渗径长度成反比。

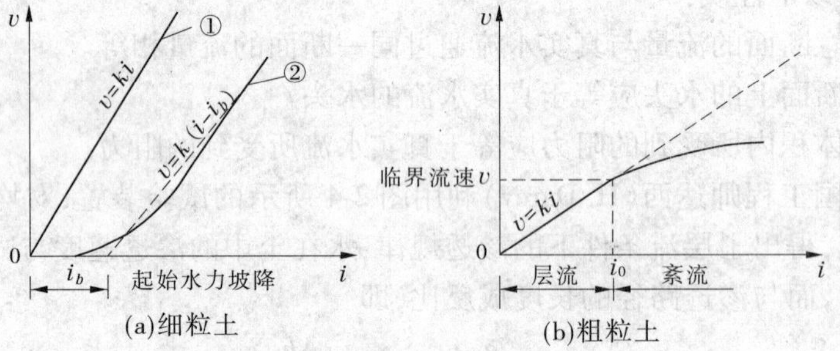

图2-5　土的渗透速度与水力坡降的关系

但是，对于黏性很强的密实黏土，不少学者的试验表明，这类土的渗透规律偏离达西定律，为不通过原点的曲线，这是由于密实的黏土所含的吸着水具有较大的黏滞阻力。因此，只有水力坡降达到某一数值，如图2-5(a)中的②里的 i_b，克服了吸着水的黏滞阻力以后，才能发生渗透。将这一开始发生渗透时的水力坡降称为黏性土的起始水力坡降；一些试验资料表明，黏性土不但存在起始水力坡降，而且当水力坡降超过起始水力坡降后，渗透速度与水力坡降的规律仍偏离达西定律，而呈非线性关系，如图2-5(a)中的②中的实线所示。但为了实用上的方便，常用图2-5(a)中的②中的虚直线来描述密实黏土的渗透速度与水力坡降的关系，并以下式表示：

$$v = k(i - i_b) \tag{2-5}$$

另外，试验也表明，在粗颗粒土中（如砾石、卵石等），只有在小的水力坡降下，此类土的渗透规律才符合达西定律。而在较大的水力坡降下，水在土中的流动即进入紊流状态，渗透速度与水力坡降不符合线性关系，如图2-5(b)中的实线所示。

也有人用水力学中的雷诺数表示达西定律的上限：

$$Re = \frac{vd}{\nu} \tag{2-6}$$

式中　v——渗透流速；

d——土颗粒的直径，常用平均直径 d_{50}，有时也用有效直径 d_{10} 表示；

ν——水的运动黏滞性。

但由于颗粒的形状、排列情况以及孔隙率的不同，没有一个十分明确的分界点，作为达西定律上限的雷诺数 Re 在1～10之间。

总之，虽然在较大的水力坡降下，粗颗粒的砂砾石的较快流动，或在黏土中的微小流动，都不满足达西定律，但在工程应用上，由于和整个渗流场相比，这些超过达西定律上下限的局部区域经常是不大的，而且大多数自然状态的土中的渗流均能符合层流规律或偏离不远，故为了计算简便，一般仍可按照达西定律处理问题。

2.2.3　渗透系数的测定

式(2-3)表明渗透系数 k 是当 $i=1$ 时的渗透速度，因此渗透系数是反映土的透水性能强弱的一个重要指标，常用它来计算堤坝和地基的渗流量，分析堤防和基坑开挖边坡逸出点的渗透稳定，以及作为透水强弱的标准和选择坝体填筑土料的依据。如坝基土层按透水强弱划分时，可分为：

(1)强透水层，$k>10^{-1}\sim10^{-2}$ cm/s；

(2)中等透水层，$k=10^{-2}\sim10^{-5}$ cm/s；

(3)弱透水层，$k<10^{-5}\sim10^{-6}$ cm/s。

在选择筑坝土料时，总是将渗透系数较小的土($k<10^{-5}\sim10^{-6}$ cm/s)用于填筑坝体的防渗部位，而将渗透系数较大的土填筑坝体的其他部位。

然而，渗透系数只能通过试验直接测定。试验可在实验室或现场进行。一般地说，现场试验比室内试验得到的结果要准确些，因此对于重要工程常需进行现场测定。

实验室常用的方法有常水头法和变水头法。前者适用于粗粒土(砂质土)，后者适用于细粒土(黏质土和粉质土)。

2.2.3.1　常水头法

常水头法是在整个试验过程中，水头保持不变，其试验装置如图 2-4 所示。

设试样的厚度即渗径长度为 L，截面面积为 A，试验时的水头差为 Δh，这三者在试验前可以直接量出或控制。试验中只要用量筒和秒表测出在某一时段 t 内流经试样的水量 Q，即可求出该时段内单位时间通过土体的流量 q，将 q 代入达西公式(2-3)中，即可得到土的渗透系数：

$$k=\frac{QL}{A\Delta ht} \tag{2-7}$$

式中各指标的含义同式(2-3)。

2.2.3.2　变水头法

黏性土由于渗透系数很小，流经试样的水量很少，难以直接准确量测，因此采用变水头法。此法是在整个试验过程中，水头是随着时间而变化的，其试验装置如图 2-6 所示。

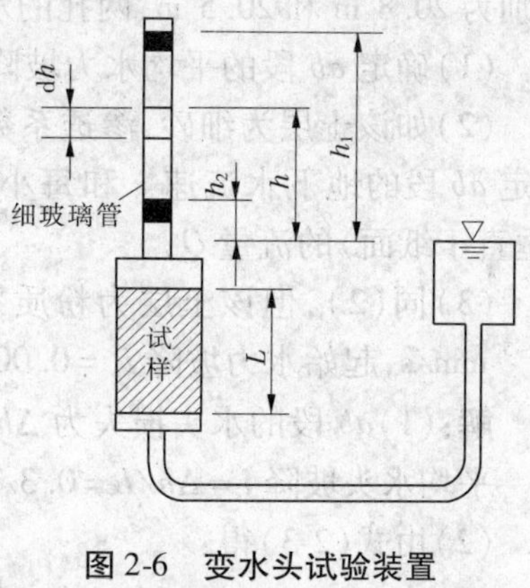

图 2-6　变水头试验装置

试样的一端与玻璃管相连，在试验过程中测出某一时段 t 内($t=t_2-t_1$)细玻璃管中水位的变化，就可根据达西定律求出土的渗透系数：

$$k=2.3\frac{aL}{At}\lg\frac{h_1}{h_2} \tag{2-8}$$

式中　a——细玻璃管内部的截面面积；

h_1、h_2——时刻 t_1、t_2 对应的水头差。

试验时只需测出某一时段 t 两端点对应的水位，即可求出渗透系数。

2.2.3.3　现场抽水试验

对于粗粒土或成层土，室内试验时不易取到原状样，或者土样不能反映天然土层的层次或土颗粒排列情况，这时现场试验得到的渗透系数将比室内试验准确。具体的试验原理和方法参阅水文地质方面的有关书籍。

不同土的渗透系数变化范围汇总于表2-3。

表2-3　不同土的渗透系数变化范围

土的种类	渗透系数 k(cm/s)
卵、砾石	$>10^{-1}$
砂、砂砾混合物	$10^{-3}\sim10^{-1}$
粉土	$10^{-4}\sim10^{-3}$
粉质黏土	$10^{-6}\sim10^{-5}$
黏土	$\leqslant10^{-7}$

【例题2-1】　设做变水头渗透试验的黏土试样的截面面积 A 为30 cm²，厚度为4 cm，渗透仪细玻璃管的内径为0.4 cm，试验开始时的水头差为165 cm，经过时段5 min25 s观察得水头差为150 cm，试验时的水温为20 ℃，试求试样的渗透系数。

解：细玻璃管的截面面积 $a=\frac{\pi d^2}{4}=\frac{3.14\times0.4^2}{4}=0.125\,6(\text{cm}^2)$

$A=30\ \text{cm}^2, L=4\ \text{cm}, t=5\times60+25=325(\text{s}), h_1=165\ \text{cm}, h_2=150\ \text{cm}$

将以上数据代入式(2-8)中：

$$k=2.3\frac{aL}{At}\lg\frac{h_1}{h_2}=2.3\times\frac{0.125\,6\times4}{30\times325}\times\lg\frac{165}{150}=4.91\times10^{-6}(\text{cm/s})$$

所以，试样在20 ℃时的渗透系数为 4.91×10^{-6} cm/s。

【例题2-2】　如图2-7所示，观测孔 a、b 的水位标高分别为20.8 m和20.5 m，两孔的水平距离为20 m。

(1)确定 ab 段的平均水力坡降 i；

(2)如该土层为细砂，渗透系数 $k=4\times10^{-2}$ mm/s，试确定 ab 段的地下水流速 v 和每小时通过1 m² 截面面积(垂直于纸面)的流量 Q；

(3)同(2)，但该土层为粉质黏土，渗透系数 $k=4\times10^{-5}$ mm/s，起始水力坡降 $i_b=0.005$。

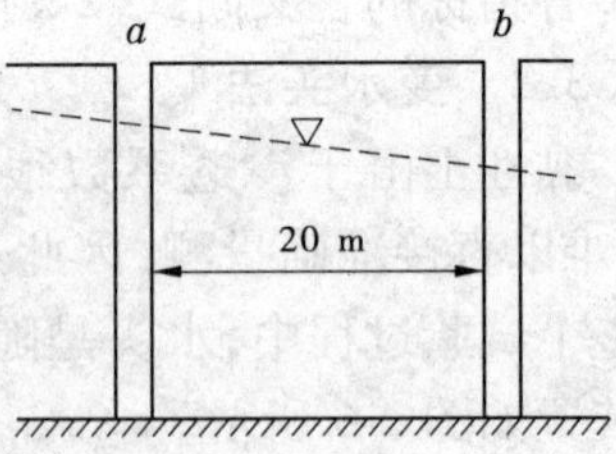

图2-7　例题2-2

解：(1) ab 段的水头损失为 $\Delta h=20.8-20.5=0.3$(m)，渗流路径 $L=20$ m，所以：

平均水头坡降 $i=\Delta h/L=0.3/20=0.015$

(2)由式(2-3)得：

$$v=ki=4\times10^{-2}\times0.015=6.0\times10^{-4}(\text{mm/s})$$

$$Q=qt=vAt=6.0\times10^{-4}\times1\times10^{6}\times60\times60=216\times10^{4}(\text{mm}^3)=2.16\times10^{-3}(\text{m}^3)$$

(3)因为是粉质黏土，所以适用式(2-5)：

$$v = k(i - i_b) = 4 \times 10^{-5} \times (0.015 - 0.005) = 4 \times 10^{-7}(\text{mm/s})$$

$$Q = qt = vAt = 4 \times 10^{-7} \times 1 \times 10^{6} \times 60 \times 60 = 144 \times 10(\text{mm}^3) = 1.44 \times 10^{-6}(\text{m}^3)$$

2.2.4　层状地基渗透系数的测定

土是在漫长的地质年代中形成的,因此天然形成的土往往是由渗透性不同的土层所组成的。对于与土层层面平行和垂直的简单渗流情况,当各土层的渗透系数和厚度已知时,可求出整个土层与层面平行和垂直的平均渗透系数,作为进行渗流计算的依据。

2.2.4.1　与层面平行的渗流

图 2-8(a)是在渗流场中截取的渗径长度为 L 的一段与层面平行的渗流区域,各土层的水平向渗透系数分别为 $k_1, k_2, \cdots, k_n$,厚度分别为 $H_1, H_2, \cdots, H_n$,总厚度为 H。

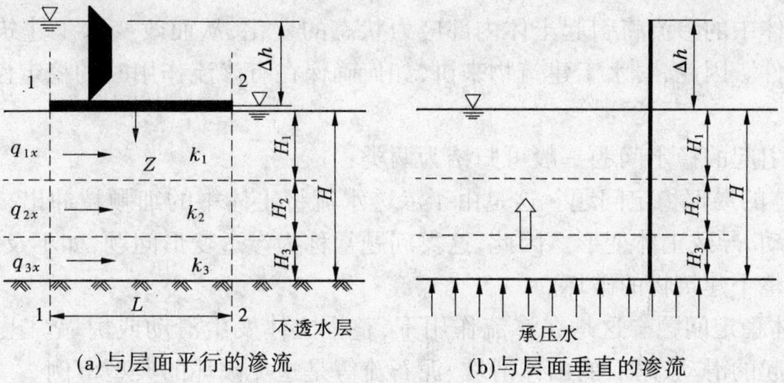

图 2-8　成层土渗流情况

若通过各土层的渗流量分别为 $q_{1x}, q_{2x}, \cdots, q_{nx}$,根据通过整个土层的总渗流量 Q_x 应为各土层渗流量之和,得到整个土层与层面平行的平均渗透系数为:

$$k_x = \frac{1}{H}\sum_{i=1}^{n} k_i H_i \tag{2-9}$$

2.2.4.2　与层面垂直的渗流

对于与层面垂直的渗流,如图 2-8(b)所示,可用类似的方法求解。设通过各土层的渗流量为 $q_{1z}, q_{2z}, \cdots, q_{nz}$,根据水流连续定理,通过整个土层的总渗流量 Q_z 必等于通过各土层的渗流量,根据上下两个断面的水头损失等于各土层的水头损失之和,得到整个土层与层面垂直的平均渗透系数为:

$$k_z = \frac{H}{\dfrac{H_1}{k_1} + \dfrac{H_2}{k_2} + \cdots + \dfrac{H_n}{k_n}} = \frac{H}{\sum\limits_{i=1}^{n}\left(\dfrac{H_i}{k_i}\right)} \tag{2-10}$$

由式(2-9)和式(2-10)可知,对于成层土,如果各土层的厚度大致相近,而渗透性却相差悬殊,与层面平行的渗透系数 k_x 将取决于最透水土层的厚度和渗透性,并可近似地表示为:

$$k_x = \frac{k'H'}{H} \tag{2-11}$$

式中　k'、H'——最透水土层的渗透系数和厚度。

而与层面垂直的平均渗透系数 k_z 将取决于最不透水土层的厚度和渗透性，并可近似地表示为：

$$k_z = \frac{k''H}{H''} \tag{2-12}$$

式中　k''、H''——最不透水土层的渗透系数和厚度。

因此，成层土与层面平行的平均渗透系数 k_x 总是大于与层面垂直的平均渗透系数 k_z。

2.3　渗流力及渗流稳定分析

水在土体中的渗流将引起土体内部应力状态的变化，从而改变水工建筑物地基或土坝的稳定条件。因此，对水工建筑物来讲，如何确保在有渗流作用时的稳定性是个非常重要的课题。

渗流所引起的稳定问题一般可归结为两类：

（1）土体的局部稳定问题。这是由于渗透水流将土体中的细颗粒冲出、带走，或局部土体产生移动，导致土体变形。因此，这类问题常称为渗透变形问题，如不及时加以纠正，同样会酿成整个建筑物的破坏。

（2）整体稳定问题。这是在渗流作用下，整个土体发生滑动或坍塌。土坝（堤）在水位降落时引起的滑动、雨后的山体滑坡、泥石流等是这类破坏的典型事例。

本节重点介绍土体的局部稳定问题，即渗透变形破坏。

2.3.1　渗透力

由前面的渗流试验知，水在土体中流动时会引起水头损失。这表明水在土中流动会引起能量的损失，这是由于水在土体孔隙中流动时，试图带动土颗粒而引起能量消耗。根据作用力与反作用力，土颗粒阻碍水流流动，给水流以作用力，那么水流也必然给土颗粒以某种拖曳力，我们将渗透水流施加于单位土体内土粒上的拖曳力称为渗透力。

由于土中渗流速度一般极小，流动水体的惯性力可以忽略不计，根据土粒骨架受力的平衡条件，渗流作用于土样的总渗透力应和土样中土粒骨架对水流的阻力大小相等、方向相反，而渗流作用于土骨架上单位体积的力，即渗透力为：

$$j = \gamma_w i \tag{2-13}$$

从式（2-13）可知，渗透力的大小与水力坡降成正比，其作用方向与渗流（或流线）方向一致，是一种体积力，常以 kN/m^3 计。

从上述分析知，在有渗流的情况下，由于渗透力的存在，将使土体内部受力情况（包括大小和方向）发生变化。一般地说，这种变化对土体的整体稳定是不利的。但是，对于渗流中的具体部位应作具体分析。例如图 2-9 中的 1 点，由于渗透力与重力方向一致，渗透力促使土颗粒压密，强度提高，对稳定起着有利的作用；2、3 两点的渗透力方向与重力方向近乎正交，使土粒有向下游方向移动的趋势，对稳定是不利的；4 点的渗透力与重力方向相反，对稳定最为不利，特别是当向上的渗透力大于土体的有效重力时，土粒将被水流冲出，造成流土破坏，如不及时加以防治，将会引起整个建筑物的失事。

【例题 2-3】 某基坑在细砂层中开挖，经施工抽水，待水位稳定后，实测水位情况如图 2-10 所示。据场地勘察报告提供：细砂层饱和重度 $\gamma_{sat}=19.2\ kN/m^3$，$k=5.5\times10^{-3}$ cm/s，试求渗透水流的平均流速和渗流力。

解：

$$i=\frac{5.5-3.0}{10}=0.25$$

$$v=ki=5.5\times10^{-3}\times0.25=1.375\times10^{-3}(cm/s)$$

由式(2-13)得渗透力：

$$j=\gamma_w i=9.8\times0.25=2.45(kN/m^3)$$

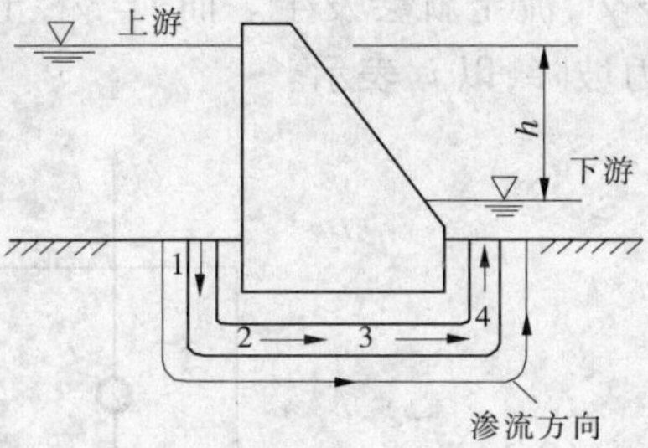

图 2-9　坝下渗流

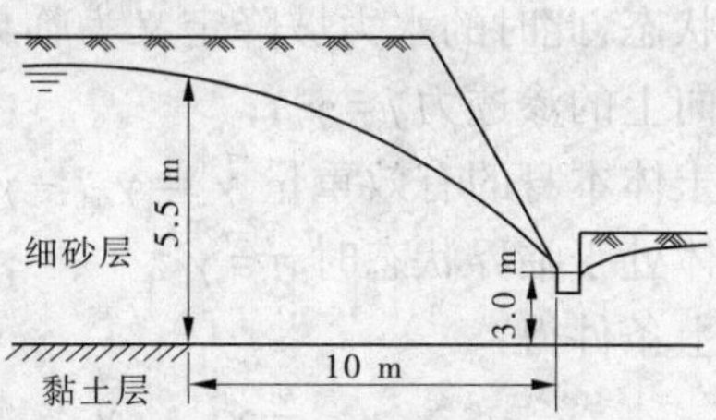

图 2-10　基坑开挖示意图

2.3.2　渗透变形破坏形式

从前面对渗流的分析可知，地基或某些结构物（如土坝等）的土体中发生渗流后，土中的应力状态将发生变化，建筑物的稳定条件也将发生变化。由渗流作用而引起的变形破坏形式，根据土的颗粒级配和特性、水力条件、水流方向和地质情况等因素，通常有流土、管涌、接触流失和接触冲刷四种形式。流土和管涌发生在同一土层中，接触流土和接触冲刷发生在成层土中。

2.3.2.1　流土

正常情况下，土体中各个颗粒之间都是相互紧密结合的，并具有较强的制约力。但在向上渗流作用下，局部土体表面会隆起或颗粒群同时发生移动而流失，这种现象称为流土。如前述图 2-9 中所示，它主要发生在地基或土坝下游渗流逸出处，而不发生于土体内部。基坑或渠道开挖时所出现的流砂现象是流土的一种常见形式。流土常发生在颗粒级配均匀的细砂、粉砂和粉土等土层中，在饱和的低塑性黏性土中，当受到扰动时，也会发生流土。

图 2-11 表示河堤下游渗流逸出处，由于堤外水位高涨，局部覆盖层被水流冲溃，使得逸出处的土层自重减轻，或者由于堤内水位突然上升，浸润线上的上游流入点与下游出逸点的水力坡降骤然增大，渗透力大大超过逸出点处的有效重力而发生流土。所以，在发生水灾时，通常在渗流逸出处加盖压重或设反滤层，或在建筑物下游设置减压井、减压沟等，使渗透水流有畅通的出路。有关这方面的论述，请参阅水工结构课程。

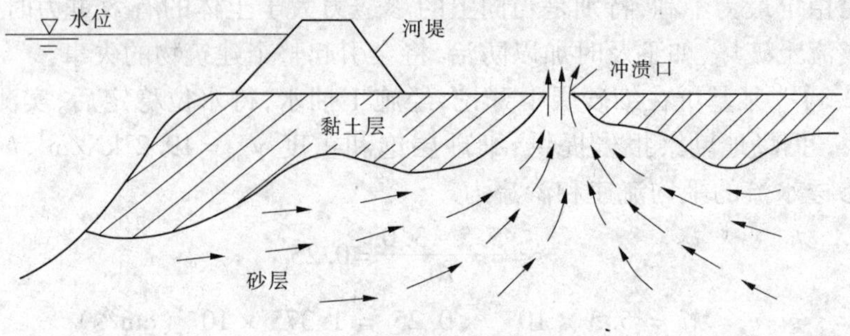

图 2-11　堤坝下游的渗流破坏

由流土的定义知,流土多发生在向上渗流的情况下。而此时渗透力的方向与渗流方向一致。如图 2-12 所示的受力分析知,一旦 $j > \gamma'$,流土就会发生。而 $j = \gamma'$,土体处于流土的临界状态,此时的水力坡降定义为临界水力坡降,以 i_{cr} 表示。

竖直向上的渗透力 $j = \gamma_w i$;

单位土体本身的有效重量 $\gamma' = \gamma_{sat} - \gamma_w$;

当土体处于临界状态时,$j = \gamma'$。

由以上条件得:

$$i_{cr} = \frac{\gamma'}{\gamma_w} = \frac{\gamma_{sat} - \gamma_w}{\gamma_w} = \frac{\gamma_{sat}}{\gamma_w} - 1 \tag{2-14}$$

此外,若 $\gamma' = \rho' \times 9.80 = \frac{(G_s - 1)\rho_w}{1 + e} \times 9.80 = \gamma_w (G_s - 1)(1 - n)$ 表示,则:

$$i_{cr} = (G_s - 1)(1 - n) \tag{2-15}$$

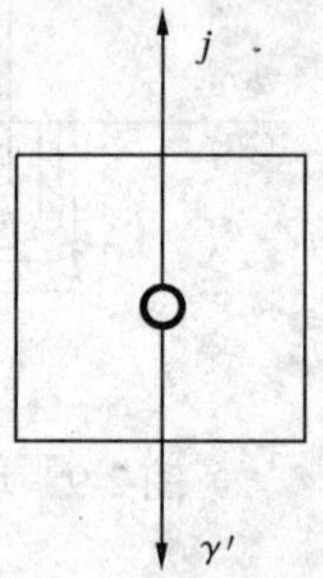

图 2-12　渗流逸出处单位土体的受力情况

这是临界水力坡降的另一表示方式。从式(2-15)可知,流土的临界水力坡降取决于土的物理性质。当土粒比重和孔隙率已知时,土的临界水力坡降是一定值,一般为 0.8～1.2。

流土一般发生在渗流的逸出处,因此只要将渗流逸出处的水力坡降,即逸出坡降 i_e 求出,就可判别流土的可能性:当 $i_e < i_{cr}$ 时,土处于稳定状态;当 $i_e = i_{cr}$ 时,土处于临界状态;当 $i_e > i_{cr}$ 时,土处于流土状态。渗流逸出处的水力坡降通常是把渗流逸出处的流网网格的平均水力坡降作为逸出坡降,具体求解参见后述流网的应用。

在设计时,为保证建筑物的安全,通常将逸出坡降限制在容许坡降[i]之内,即

$$i_e < [i] = \frac{i_{cr}}{F_s} \tag{2-16}$$

式中　F_s——安全系数,常取 1.5～2.0,对水工建筑物的危害较大时取 2.0,对于特别重要的工程可取 2.5。

2.3.2.2　管涌

在渗流力的作用下,土中的细颗粒在粗颗粒形成的孔隙中被移去并被带出,在土体内形成贯通的渗流管道,这种现象称为管涌,如图 2-13 所示。

开始时土体中的细颗粒沿渗流方向移动并不断流失,继而较粗颗粒发生移动,从而在

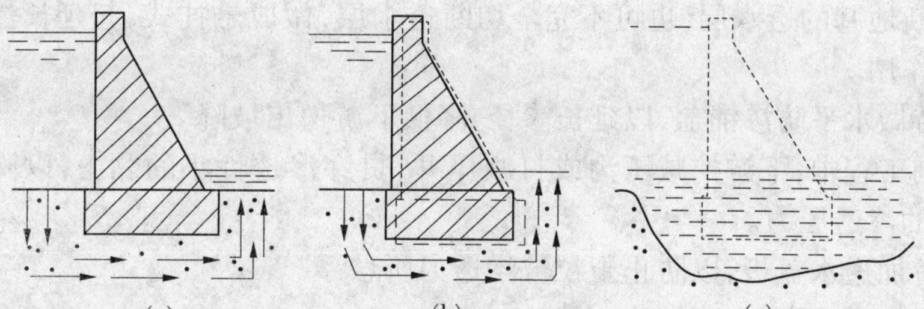

图 2-13　坝基管涌失事示意图

土体内部形成管状通道，带走大量砂粒，最后堤坝被破坏。管涌发生的部位可以在渗流逸出处，也可以在土体内部。它主要发生在砂砾中，必须具备两个条件：一个条件是几何条件，土中粗颗粒所形成的孔隙必须大于细颗粒的直径，一般不均匀系数 $C_u>10$ 的土才会发生管涌，这是必要条件；另一个条件是水力条件，渗流力大到能够带动细颗粒在粗颗粒形成的孔隙中运动，可用管涌的临界水力坡降来表示，它标志着土体中的细颗粒开始流失，表明水工建筑物或地基某处出现了薄弱环节。南京水利科学研究院在总结国内外试验研究的基础上，应用作用在单个颗粒上的渗透力与颗粒在水中自重相平衡的原理，得到了发生管涌的临界水力坡降计算公式：

$$i_{cr}=\frac{42d_3}{\sqrt{\frac{k}{n^3}}} \tag{2-17}$$

式中　k——土的渗透系数，cm/s；

d_3——占总土重 3% 的土粒粒径，mm；

n——土的孔隙率(%)。

式(2-17)也是《水力发电工程地质勘察规范》(GB 50287—2006)中推荐的计算临界水力坡降的方法。

综合而言，发生管涌的临界水力坡降的理论计算至今尚不成熟，一般可参照表 2-4 来设计。

表 2-4　砂砾料的临界水力坡降变化范围

水力坡降	渗透破坏形式			
	流土		管涌	
	$C_u\leqslant5$	$C_u>5$	级配连续	级配不连续
临界水力坡降	0.8～1.0	1.0～1.5	0.2～0.4	0.1～0.3
容许水力坡降	0.4～0.5	0.5～0.8	0.15～0.25	0.1～0.2

通过理论分析可知，可以从增加渗流路径和减小渗流坡降两个方面采取措施，防治渗透引起的破坏。

对于流土的防治措施主要有：

(1)上游做垂直防渗帷幕，如混凝土防渗墙，打钢板桩可灌浆帷幕等。根据需要帷幕可以完全切断地基的透水层,也可不完全切断透水层,做成悬挂式,起延长渗径减小下游逸出坡降的作用。

(2)上游做水平防渗铺盖,以延长渗径、降低下游逸出坡降。

(3)水利工程中,下游挖减压沟或打减压井,贯穿渗透性小的黏土,以降低作用在黏性土层底面的渗透压力。

(4)下游加透水盖板,以防止土粒被渗透力所悬浮。

(5)土层加固处理,如冻结法。

防治管涌一般从两方面采取措施:

(1)改变水力条件,降低土层内部和渗流逸出处的坡降。如上游做防渗铺盖或打板桩等。

(2)改变几何条件。在渗流逸出部位铺设层间关系满足要求的反滤层,是防止管涌破坏的有效措施。反滤层一般是 1 ~3 层级配较为均匀的砂子和砾石层,用以防止基土被细颗粒带出,同时应具有较大的透水性,使渗流可以畅通。

【例题 2-4】 在前述图 2-4 中,已知水头差为 15 cm,试样长度为 30 cm,试求试样所受的渗透力是多少?若已知试样的 $G_s=2.75$,$e=0.63$,试问该试样是否会发生流土现象?

解:水头损失 $i=\dfrac{\Delta h}{L}=\dfrac{15}{30}=0.5$

渗透力 $j=\gamma_w i=9.8\times0.5=4.9(\text{kN/m}^3)$

该试样的临界水力坡降:

$$i_{cr}=\frac{G_s-1}{1+e}=\frac{2.75-1}{1+0.63}=1.07$$

因为 $i<i_{cr}$

故试样不会发生流土现象。

【例题 2-5】 某基坑开挖工程,如图 2-14 所示。开挖土层为均质的各向同性的黏土层,$G_s=2.72$,$e=0.63$,厚 15.32 m;黏土层下为均质的砂层,地下水位在地面以下 3 m 处。试问基坑不发生渗透破坏的最大开挖深度是多少?

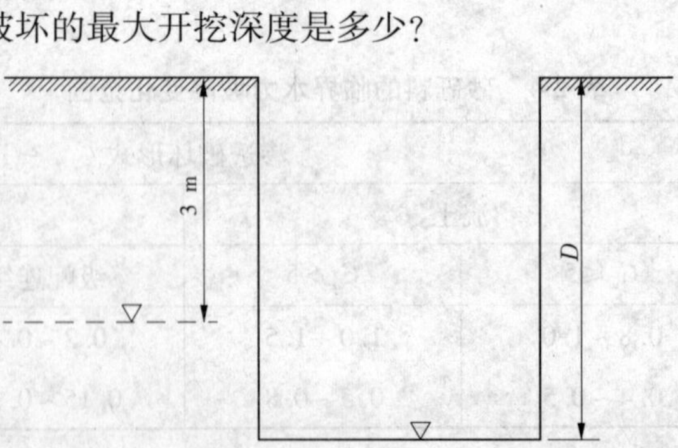

图 2-14 基坑开挖示意图

解:该黏土层的临界水力坡降 $i_{cr}=\dfrac{G_s-1}{1+e}=\dfrac{2.72-1}{1+0.63}=1.06$

设最大开挖深度为 D,则:

总水头差　　$\Delta h = (15.32 - 3) - (15.32 - D) = (D - 3)$　(m)

平均水力坡降　$i = \dfrac{\Delta h}{L} = \dfrac{D - 3}{15.32 - D}$

令 $i = i_{cr}$ 得　　$1.06 = \dfrac{D - 3}{15.32 - D}$

解得 $D = 9.34$ m

【例题 2-6】　问例题 2-3 中的基坑是否安全？

解：临界水力坡降：$i_{cr} = \dfrac{\gamma'}{\gamma_w} = \dfrac{\gamma_{sat} - \gamma_w}{\gamma_w} = \dfrac{\gamma_{sat}}{\gamma_w} - 1 = \dfrac{19.2}{9.8} - 1 = 1.96 - 1 = 0.96$

实际水力坡降为 $0.25 < 0.96$，所以基坑是安全的。

2.4　土的有效应力原理与孔隙水压力

在土中某点截取一水平截面，其面积为 A，截面上作用着应力 σ，如图 2-15 所示。

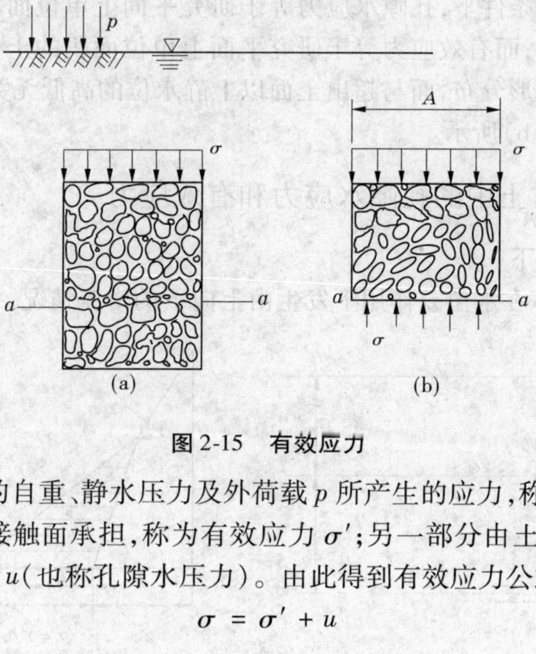

图 2-15　有效应力

σ 是由上面土体的自重、静水压力及外荷载 p 所产生的应力，称为总应力。该应力的一部分由土颗粒间的接触面承担，称为有效应力 σ'；另一部分由土体孔隙内的水及气体承受，称为孔隙水应力 u（也称孔隙水压力）。由此得到有效应力公式：

$$\sigma = \sigma' + u \tag{2-18}$$

2.4.1　静水条件下水平面上的孔隙水应力和有效应力

图 2-16(a) 为浸没在水下的饱和土体（以下均假定饱和土体在自重作用下压缩稳定）。

设土面至水面的距离为 h_1，土的饱和重度为 γ_{sat}，则土面下深度为 h_2 的 a—a 平面的总应力 σ 为：

$$\sigma = \gamma_w h_1 + \gamma_{sat} h_2 \tag{2-19}$$

孔隙水应力 u 为：

$$u = \gamma_w h_w = \gamma_w (h_1 + h_2) \tag{2-20}$$

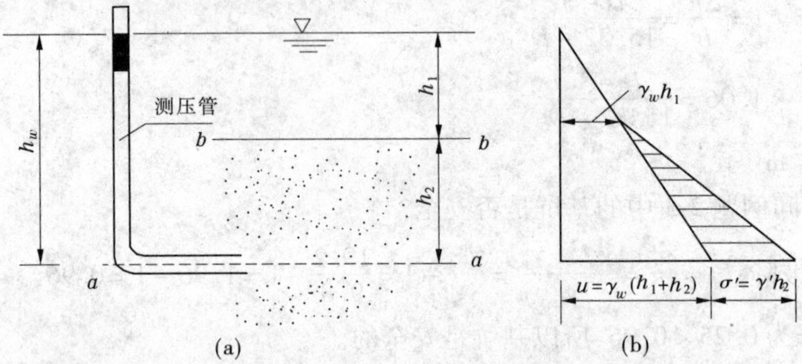

图 2-16　静水条件下的孔隙水应力和有效应力

则根据有效应力原理公式(2-18)，$a—a$ 平面上的有效应力为：

$$\sigma' = \sigma - u = (\gamma_w h_1 + \gamma_{sat} h_2) - \gamma_w (h_1 + h_2) = (\gamma_{sat} - \gamma_w) h_2 = \gamma' h_2 \quad (2\text{-}21)$$

由此可见，在静水条件下，孔隙水应力等于研究平面上单位面积的水柱重量，与水深成正比，呈三角形分布；而有效应力等于研究平面上单位面积的土柱的有效重量，与土层深度成正比，也呈三角形分布，而与超出土面以上静水位的高低无关。孔隙水应力和有效应力的分布如图 2-16(b)所示。

2.4.2　稳定渗流时土中的孔隙水应力和有效应力

2.4.2.1　渗流方向向下

图 2-17(a)为土体在水位差作用下发生由上向下的渗流情况。

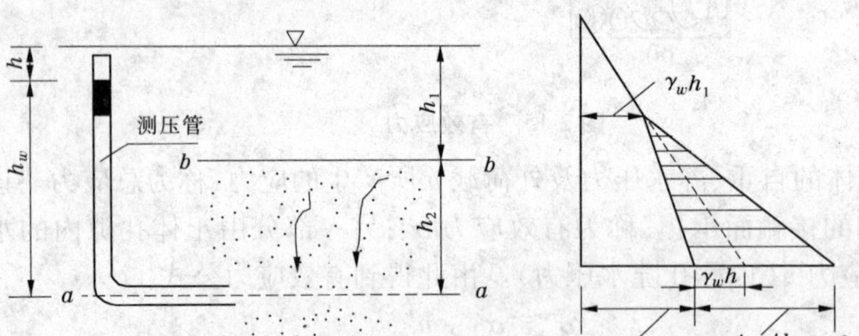

图 2-17　向下渗流时的孔隙水应力和有效应力

在土层表面 $b—b$ 上的孔隙水应力与静水情况相同，仍等于 $\gamma_w h_1$，而面 $a—a$ 上的孔隙水应力将因水头损失而减小，其值为：

$$u = \gamma_w h_w = \gamma_w (h_1 + h_2 - h) \quad (2\text{-}22)$$

式中　h——$b—b$ 面与 $a—a$ 面的水头差。

$a—a$ 面上的总应力不变，则 $a—a$ 面上的有效应力为：

$$\sigma' = \sigma - u = (\gamma_w h_1 + \gamma_{sat} h_2) - \gamma_w (h_1 + h_2 - h) = (\gamma_{sat} - \gamma_w) h_2 + \gamma_w h$$

$$= \gamma' h_2 + \gamma_w h = (\gamma' + \gamma_w \frac{h}{h_2}) h_2 = (\gamma' + \gamma_w i) h_2 \tag{2-23}$$

孔隙水应力和有效应力的分布见图 2-17(b)。

与静水情况相比，面 a—a 上的总应力不变而孔隙水应力减少 $\gamma_w h$，同时有效应力增加 $\gamma_w h$，也就是有效应力中增加了向下的渗流力，即向下的渗流有利于土体的稳定。

2.4.2.2　渗流方向向上

图 2-18(a)为土体在水位差作用下发生由下向上的渗流情况。

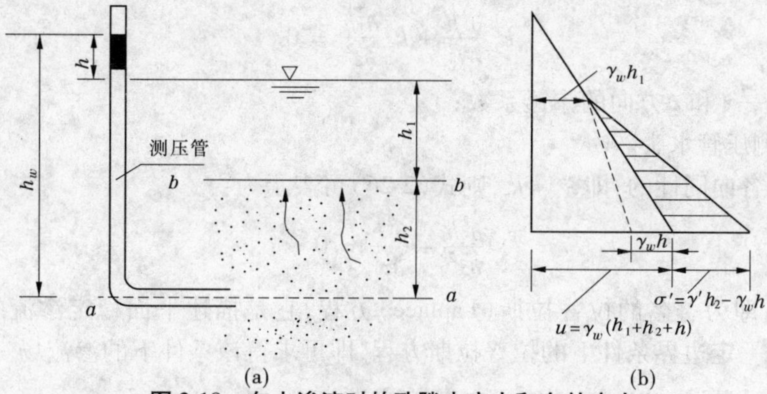

图 2-18　向上渗流时的孔隙水应力和有效应力

此时在土层表面 b—b 上的孔隙水应力与静水情况相同，仍等于 $\gamma_w h_1$，而面 a—a 上的孔隙水应力将因水头增加而增大，其值为：

$$u = \gamma_w h_w = \gamma_w (h_1 + h_2 + h) \tag{2-24}$$

式中　h——b—b 面与 a—a 面的水头差。

a—a 面上的总应力不变，则 a—a 面上的有效应力为：

$$\sigma' = \sigma - u = (\gamma_w h_1 + \gamma_{sat} h_2) - \gamma_w (h_1 + h_2 + h) = (\gamma_{sat} - \gamma_w) h_2 - \gamma_w h$$

$$= \gamma' h_2 - \gamma_w h = (\gamma' - \gamma_w \frac{h}{h_2}) h_2 = (\gamma' - \gamma_w i) h_2 \tag{2-25}$$

孔隙水应力和有效应力的分布见图 2-18(b)。

与静水情况相比，面 a—a 上的总应力不变而孔隙水应力增加了 $\gamma_w h$，同时有效应力减少 $\gamma_w h$，也就是说在总应力不变时，孔隙水应力和有效应力是此消彼长的关系。此外，在向上渗流的情况下，有效应力中减少了向上的渗流力，当式(2-25)中的 $\gamma' = \gamma_w i = j$ 时，有效应力为零，即流土发生的临界条件。这也说明流土发生的实质是土中的有效应力为零，因而向上的渗流不利于土体的稳定。

2.5　土的稳定渗流及其流网解法

前面介绍的渗流属简单边界条件下的单向渗流，只要渗透介质的渗透系数和厚度以及两端的水头或水头差已知，介质内的流动特性，例如测压管水头、渗透速度和水力坡降等均可根据达西定律确定。然而，在工程上遇到的渗流问题，边界条件要复杂得多，水流形态往往是二向的或三向的。例如，常见的闸坝地基的渗流和土坝地基的渗流，如前述

图 2-11所示。这时,介质内的流动特性常逐点不同,只能以微分方程的形式表示,然后根据边界条件进行求解。本节简要介绍二维渗流方程及流网。

2.5.1 平面稳定渗流基本方程

在渗流场内各运动要素(流速、流量、水位)不随时间变化的地下水运动,称为稳定渗流。假定水体不可压缩,则根据水流连续原理,单位时间内流入和流出微量单元体的水量应相等,从而得到二维渗流连续方程:

$$k_x \frac{\partial^2 h}{\partial x^2} + k_z \frac{\partial^2 h}{\partial z^2} = 0 \tag{2-26}$$

式中 k_x、k_z——x 和 z 方向的渗透系数;

h——测压管水头。

如果土是各向同性的,即 $k_x = k_z$,则式(2-26)可表示为:

$$\frac{\partial^2 h}{\partial x^2} + \frac{\partial^2 h}{\partial z^2} = 0 \tag{2-27}$$

式(2-27)即为著名的拉普拉斯(Laplace)方程,它是描述平面稳定渗流的基本方程式。通过求解一定边界条件下的拉普拉斯方程,即可求得该条件下的渗流场。

2.5.2 流网的绘制与应用

上述拉普拉斯方程表明,渗流场内任一点的水头是其坐标的函数,知道了水头分布,即可确定渗流场的其他特征。求解拉普拉斯方程一般有四类方法,即数学解析法、数值解法、电模拟法、图解法。其中,尤以图解法简便、快速,在工程中应用广泛。

2.5.2.1 流网的特征

流线是渗流场中某一瞬时的一条线,线上各水质点在此瞬时的流向均与此线相切。等水头线是表示势能或水头的等值线,即每一根等势线上的测压管水位都是齐平的。

渗流场内可以作出一系列等水头面和流面。在渗流场的某一典型剖面或切面上,由一系列等水头线与流线组成的网格称为流网。两条流线之间的区域叫流槽。它与管道相似,流进多少水量,也就流出多少水量,流槽中任一断面的流量是相等的。

对于各向同性渗流介质,由水力学知,流网具有下列特征:

(1)流线与等水头线互相正交。设想如果它们不正交,某一点渗流的方向与等水头线不垂直,则流速就能分解为垂直于等势线方向和沿着等水头线方向的两个分量。前面讲过,流动是由于势能不平衡,沿着等水头线各点的势能相等,就不可能有流动。也就是说,不可能有沿着等水头线的流速分量,那么流线只能与等水头线相垂直。

(2)流线与等水头线构成的各个网格的长宽比为常数。当长宽比为 1 时,网格为曲线正方形,这是最常见的一种流网。

(3)流网中任意相邻等水头线间的差值相等。

(4)流线与流线不能相交,等水头线之间也不能相交。

(5)各个流槽的渗流量相等。

由这些特征可知,流网中流线越密的部位流速越大,等水头线越密的部位水力坡降越大。

徒手绘制流网时,通常先绘出已知的等水头线和流线,例如:①地下水位线或者浸润线实际上就是一条流线,此处孔隙水应力为零,其总水头只包括位置水头;②静水位下的透水边界是一条等势线,其上各点的总水头相等,等于静水位的高程;③任何一条不透水边界就是一条流线;④地下水的渗出段,孔隙水应力为零,其总水头只包括位置水头,所以当它不为水平时,也为一条流线。

根据以上特征,大致绘出基坑开挖时板桩墙附近的流网图,如图 2-19 所示。

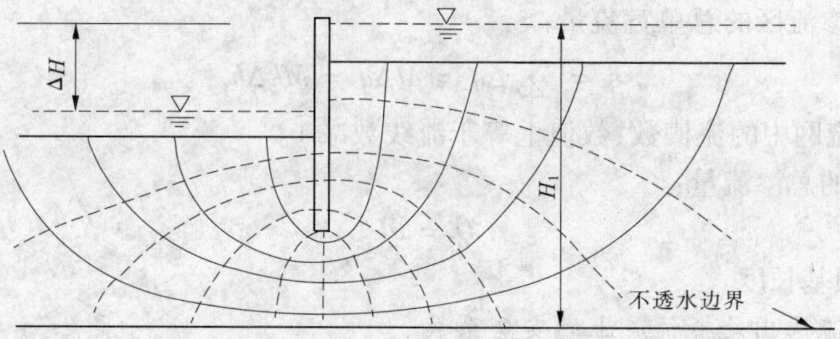

图 2-19　基坑开挖时板桩墙附近的流网图

2.5.2.2　流网的应用

1)求土层中各点的测压管水头、水力坡降和平均渗透力

根据流网特征可知,任意两相邻等水头线间的差值相等,即水头损失相等,从而算出相邻两条等水头线之间的水头损失 Δh,即

$$\Delta h = \frac{\Delta H}{N} = \frac{\Delta H}{n-1} \tag{2-28}$$

式中　ΔH——上、下游水位差,即水从上游流到下游的总水头损失;

N——等势线间隔数,$N = n - 1$;

n——等势线数。

则第 $i+1$ 条等势线处的总水头为:

$$h_i = H_1 - i \times \Delta H \tag{2-29}$$

对于网格中的点,可用内插法近似估计得到总水头。

那么第 i 网格的平均水力坡降为:

$$I = \frac{\Delta h}{L_i} \tag{2-30}$$

式中　L_i——第 i 个网格的长度,可根据比例量出。

由公式知,流网图上网格密集的地方,就是水力坡降最大的地方,所以此处是渗透流速最大处,这对采取何种工程措施防治渗透变形起着决定性作用。

2)孔隙水压力

渗流场中各点的孔隙水压力等于该点以上测压管中的水柱高度乘以水的重度 γ_w。应当注意,处于同一等水头线上的不同点,其测压管水头虽然相同,但由于其距基准面的距离不同,因而具有不同的孔隙水压力。

3)渗流速度

各点的水力坡降已知后,如果已知土层的渗透系数,即可由达西定律 $v = ki$ 求出各点的渗流速度,其方向与流线相切。

4)渗流量

流网中任意两相邻流线间的单宽流量 Δq 是相等的,因为:

$$\Delta q = vA = ki \cdot \Delta s \cdot 1.0 = k\frac{\Delta h}{\Delta l} \cdot \Delta s \tag{2-31}$$

当取 $\Delta l = \Delta s$ 时,$\Delta q = k\Delta h$,由于 Δh 是常数,故 Δq 也是常数。

通过坝下渗流区的总单宽流量:

$$q = \sum \Delta q = M\Delta q = Mk\Delta h \tag{2-32}$$

式中　M——流网中的流槽数,数值上等于流线数减 1。

通过坝底的总渗流量:

$$Q = qL \tag{2-33}$$

式中　L——坝基长度。

5)判断渗流逸出处抵抗流土的安全系数

若已知土的饱和重度为 20 kN/m³,计算流土的临界坡降为:

$$i_{cr} = \frac{\gamma_{sat} - \gamma_w}{\gamma_w} = \frac{20 - 9.8}{9.8} = 1.04$$

与式(2-30)计算出的实际坡降进行比较即可判定。下面以图 2-20 为例来说明流网的应用。

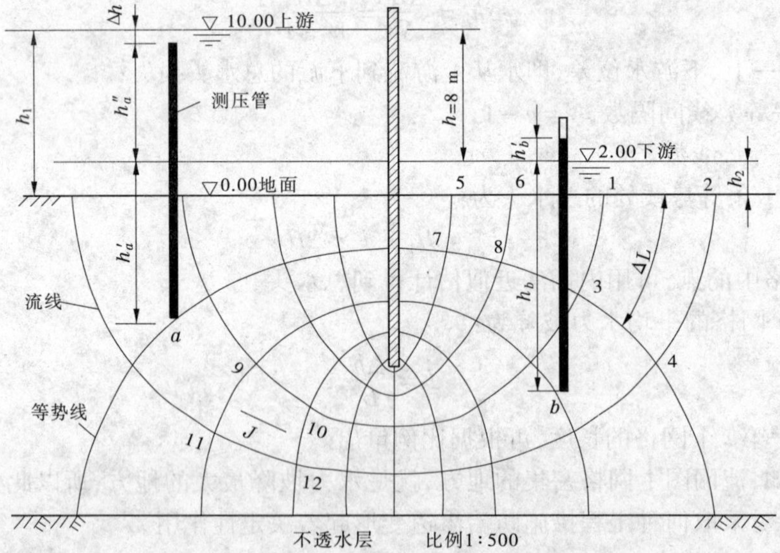

图 2-20　例 2-7 闸基下的渗流流网

【例题 2-7】　如图 2-20 所示,若地基土比重为 2.68,孔隙率为 38%,渗透系数为 5×10^{-4} mm/s,试求:

(1) a 点的孔隙水应力和有效应力；

(2)渗流逸出处 1—2 是否会发生流土？

(3)图中网格 9、10、11、12 上的渗透力是多少？

(4)求地基的单宽渗流量。

解：(1)本例中，$n=11$，$N=10$，$\Delta H=8$ m，故相邻两条等水头线之间的水头损失 $\Delta h=8/10=0.8$(m)。有了 Δh 就可以求出任意点的测压管水头。测压管水头等于位置水头与压强水头、流速水头之和。由于土中水的流速很小，可忽略流速水头，故测压管水头只取位置水头与压强水头之和。位置水头是测点相对于某基准面的位置高度，物理意义是单位重量液体相对于基准面的位置势能。压强水头表示测压管内液柱上升的高度，是单位重量液体所具有的压强势能。例如图 2-20 中的第二条等势线上的 a 点，以不透水层为基准面，其测压管水头为：

$$h_a = z_a + h_{ua} \tag{2-34}$$

其中：z_a 为位置水头，是不透水面至 a 点的垂直距离，可由图中得出约为 12 m；h_{ua} 为压强水头，$h_{ua}=h'_a+h''_a$，其中 h'_a、h''_a 分别计算如下：

由于 a 点位于第 2 条等势线上，所以测压管水位超过静水位的高度为：

$$h''_a = h - \Delta h = 8.00 - 0.80 = 7.20(\text{m})$$

从图上按比例量得 $h'_a=10.0$ m，所以 a 点的压强水头 $h_{ua}=7.20+10.0=17.20$(m)

代入式(2-34)得到 a 点的测压管水头约为 29.20 m。

而 a 点的孔隙水压力为 $u_a=h_{ua}\times\gamma_w=17.20\times9.8=168.56(\text{kN/m}^2)$

其中：a 点的静孔隙水压力为 $u'_a=h'_a\times\gamma_w=10\times9.8=98(\text{kN/m}^2)$

a 点的超静孔隙水压力为 $u''_a=h''_a\times\gamma_w=7.20\times9.8=70.56(\text{kN/m}^2)$

a 点的总应力为 $\sigma=\gamma_w h_1+\gamma_{\text{sat}}(h'_a-h_2)$（其中 $h_1=10$ m，$h_2=2$ m，见图 2-20）：

$$\gamma_{\text{sat}} = [G_s(1-n)+n]\gamma_w = [2.68\times(1-0.38)+0.38]\times9.8 = 20(\text{kN/m}^3)$$

所以，a 点的总应力 $\sigma=258$ kN/m^2。

根据有效应力原理公式(2-18)，得 a 点的有效应力：$\sigma'=\sigma-u_a=258-168.56=89.44$ (kN/m^2)

应当注意，处于同一等水头线上的不同点，其测压管水头虽然相同，但由于其距基准面的距离不同，因而具有不同的孔隙水压力。

(2)由图中量出渗流场 1、2、3、4 的平均长度，即流程 $\Delta l=8.0$ m，而任何一流场水头损失 $\Delta h=0.8$ m，故可求得该渗流场的平均水力坡降 $i=\dfrac{\Delta h}{\Delta l}=0.1$，进而求得其平均渗透力 $j=i\gamma_w=0.1\times9.8=0.98(\text{kN/m}^3)$，而此处土的有效重度 $\gamma'=\gamma_{\text{sat}}-\gamma_w=10.2\ \text{kN/m}^3>j$，所以不会发生流土（也可由临界水力坡降 $i_{cr}=(G_s-1)(1-n)=1.04>i=0.1$ 确定）。

(3)由图中量出渗流场 9、10、11、12 的平均长度，即流程 $\Delta l=5.0$ m，两流线间的平均距离 $b=4.4$ m，网格的水头损失为 0.8 m，则作用在该网格上的渗透力为：

$$J = jA = \gamma_w i\Delta l b = 9.8\times(0.8/5.0)\times5.0\times4.4 = 34.5(\text{kN/m})$$

(4)由式(2-32)：$q=\sum\Delta q=M\Delta q=Mk\Delta h$

其中 $M=5$，$\Delta h=0.8$ m，$k=5\times10^{-4}$ mm/s $=5\times10^{-7}$ m/s

所以 $q = 5 \times 5 \times 10^{-7} \times 0.8 = 2 \times 10^{-6}(m^2/s)$

思考题

2-1　土层中的毛细水带是怎样形成的？它有何特点？

2-2　毛细水上升的原因是什么？在哪种土中毛细现象最显著？为什么？

2-3　达西定律的适用条件是什么？其中的流速通常指什么流速？

2-4　何为水力坡降？何为起始水力坡降？何为临界水力坡降？

2-5　确定渗透系数的方法有哪几种？它们的适用条件是什么？

2-6　影响土的渗透性的因素主要有哪些？

2-7　何为渗透力？它是一种什么力？常见的渗透破坏形式有哪几种？试详细说明。

2-8　什么叫流网？流网具有哪些特征？流网在工程上有什么作用？

2-9　绘制流网的基本步骤是什么？等水头线上的各点具有相同的什么水头？是否具有相同的孔隙水应力？为什么？

习　题

2-1　某试样长 30 cm，其横截面面积为 103 cm^2，作用于试样两端的固定水头差为 90 cm，此时通过试样流出的水量为 120 cm^3/min，问该试样的渗透系数是多少？

2-2　设做变水头渗透试验的黏土试样的截面面积为 30 cm^2，厚度为 4 cm，渗透仪细玻璃管的内径为 0.4 cm，试验开始时的水位差为 145 cm，经时段 7 min25 s 观察得水位差为 130 cm，试验时的水温为 20 ℃，试求试样的渗透系数。

2-3　资料同图 2-20，试计算：

(1) 图中 b 点的测压管水头、孔隙水压力和有效应力各是多少？

(2) 靠近板桩的下游地面的流网的平均渗透力。

(3) 下游地面 5、6 发生流土的可能性如何？

2-4　某工程基槽开挖深 5 m，地下水位深 6 m，土的天然重度为 20 kN/m^3，饱和重度为 21 kN/m^3。地面以下 7 m 处有承压水，承压水头为 3.0 m。问基槽是否安全？

2-5　某土坝底宽为 160 m，坝上游正常蓄水位为 40 m，已知坝体为相对不透水体，坝基为粉砂土地，其土粒比重为 2.69，土体孔隙比为 0.90，若安全系数取 $K = 2.5$，问该坝基是否发生渗透破坏？

第 3 章　土的压缩性与地基沉降计算

学习指导

本章主要研究土的压缩性与地基的沉降计算。地基之所以会发生沉降，内因在于土具有压缩性，外因在于建筑物的荷载、地下水渗流、地震等作用下在地基土中产生的附加应力。

学习目标

首先学习土的自重应力和土中附加应力的计算；之后研究土的压缩性，掌握衡量土的压缩性的指标，应力历史对沉降的影响；介绍分层总和法的计算方法以及规范上介绍的沉降计算方法。由于软黏土的固结沉降与时间有关，最后掌握太沙基一维固结理论。

学习重点

自重应力计算、基底压力及不同荷载情况下基底附加压力的计算，压缩系数、压缩指数、侧限压缩模量、体积压缩系数的意义，地基最终沉降量计算和太沙基一维固结理论。

3.1　地基中的应力

3.1.1　地基中的自重应力

地基中的应力，按起因分为自重应力和附加应力。由土体本身的有效重量引起的应力称为自重应力。对于成土年代很久的土层，在漫长的地质历史时期，土体在自重应力作用下已经固结稳定，此时自重应力不再引起土的变形。而对于新近沉积的土层或近期人工吹填的土，自重作用下尚未完全固结，因而自重应力仍会引起土的固结变形。此外，地下水位骤降也会引起土的压缩。

3.1.1.1　均质地基土的自重应力

假定地基为具有水平表面的半无限弹性体，则在地基内任一水平面上和竖直面上仅作用有竖向的自重应力 σ_{cz} 和水平向的侧向应力 $\sigma_{cx}=\sigma_{cy}$，而作用面上的剪应力不存在。因此，在深度 z 处平面上，土体因自身重力产生的竖向应力 σ_{cz}（称竖向自重应力）等于单位面积上土柱体的重力 W，如图 3-1 所示。

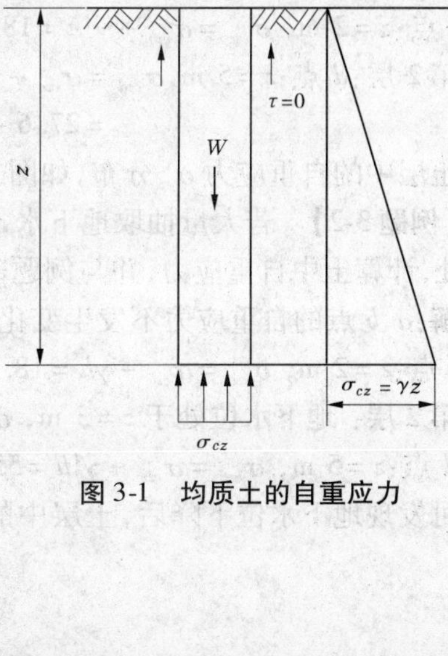

图 3-1　均质土的自重应力

在深度 z 处，土的自重应力为：

$$\sigma_{cz} = \gamma z \tag{3-1}$$

式中　γ——土的重度，地下水位以下的土层取

有效重度 γ'；

z——计算点的深度，m。

从式(3-1)可知，自重应力随深度 z 线性增加，呈三角形分布，如图 3-1 所示。

在土体自重作用下，土体在水平向具有侧向应力，任一点水平向侧向应力在环向相等，可用式(3-2)计算：

$$\sigma_{cx} = \sigma_{cy} = K_0\gamma z \tag{3-2}$$

式中 K_0——土的静止侧压力系数。

土的静止侧压力系数等于侧向有效应力与竖向有效应力之比，其数值与土的种类和固结情况有关，一般由试验测定。对于正常固结黏土，可按下列经验公式估算：

$$K_0 = 1 - \sin\varphi' \tag{3-3}$$

$$K_0 = 0.19 + 0.233\lg I_P \tag{3-4}$$

式中 φ'——土的有效内摩擦角；

I_P——按碟式液限仪测得的液限来计算得到的塑性指数。

3.1.1.2 成层地基土的自重应力

地基土通常为成层土。当地基为成层土体时，设各土层的厚度为 h_i，重度为 γ_i，则在深度 z 处土的自重应力计算公式为：

$$\sigma_{cz} = \gamma_1 h_1 + \gamma_2 h_2 + \cdots + \gamma_n h_n = \sum_{i=1}^{n}\gamma_i h_i \tag{3-5}$$

式中 n——从天然地面到深度 z 处的土层数。

但在地下水位以下，若埋有不透水层(如岩层只含结合水的坚硬黏土层)，由于不透水层中不存在水的浮力，故层面及层面以下的自重应力按上覆土层的水土总重计算，这样紧靠上覆层与不透水层界面上下的自重应力有突变，使层面处有两个自重应力值，见图 3-2。

【例题 3-1】 某土层及其物理性质指标如图 3-3 所示，地下水位在地表下 1 m，计算土中自重应力并绘出分布图。

解：第 1 层：a 点：$z=0$ m，$\sigma_{cz}=0$

b 点：$z=1$ m，$\sigma_{czb}=\gamma z=18.6\times1=18.6$(kPa)

c 点：$z=2$ m，$\sigma_{czc}=\sigma_{czb}+\gamma' h=18.6+(18.8-9.8)\times1=27.6$(kPa)

第 2 层：d 点：$z=5$ m，$\sigma_{czd}=\sigma_{czc}+\gamma' h_2=27.6+(18.4-9.8)\times3$

$=27.6+25.8=53.4$(kPa)

土层中的自重应力 σ_{cz} 分布，如图 3-3 所示。

【例题 3-2】 若大量抽取地下水，引起例题 3-1 中土层中的地下水位下降至地面以下 3 m 处，计算土中自重应力，并与例题 3-1 中的结果比较，能得出什么结论？

解：a、b 点的自重应力不发生变化。

c 点：$z=2$ m，$\sigma_{czc}=\sigma_{czb}+\gamma h=18.6+18.6\times1=37.2$(kPa)

第 2 层：地下水位处于 $z=3$ m，$\sigma_{czw}=\sigma_{czc}+\gamma h=37.2+18.1\times1=55.3$(kPa)

d 点：$z=5$ m，$\sigma_{czd}=\sigma_{czw}+\gamma' h=55.3+(18.4-9.8)\times2=55.3+17.2=72.5$(kPa)

可发现地下水位下降后，土层中的自重应力增大，此时可使土体产生压缩变形。目

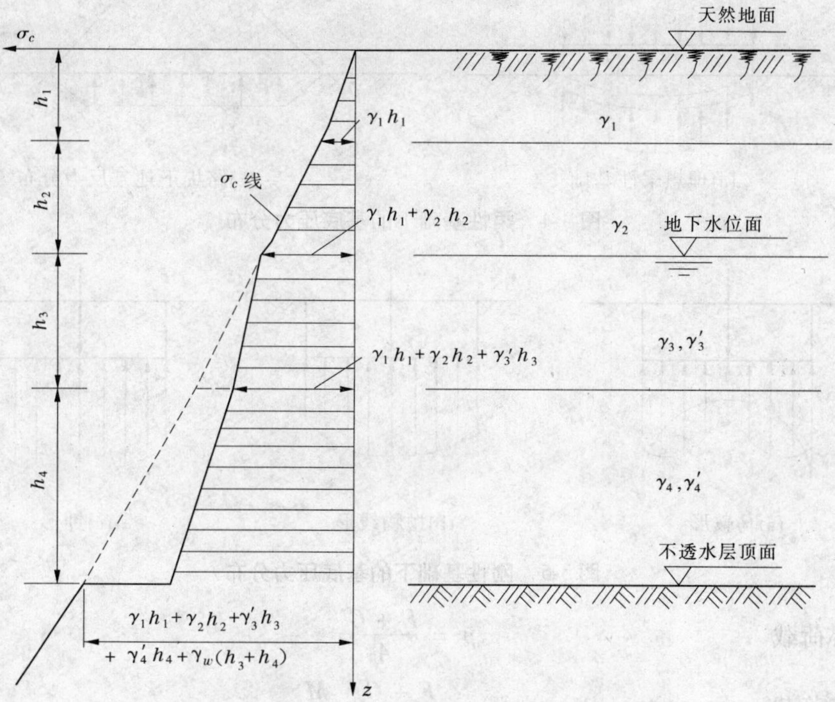

图 3-2　成层土中竖向自重应力沿深度的分布

前,一些城市大量抽取地下水,引起地面下沉就是由此引起的。

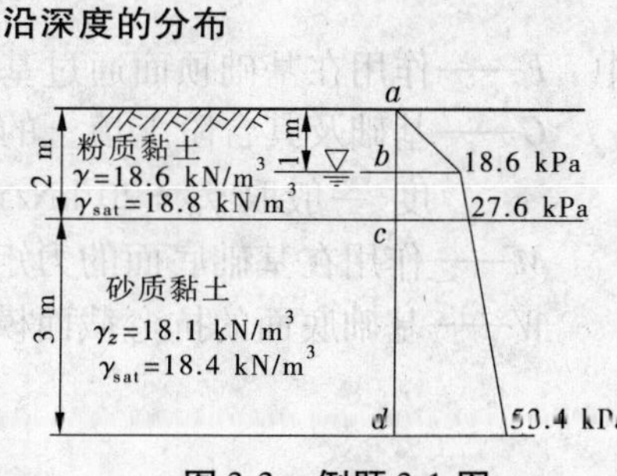

图 3-3　例题 3-1 图

3.1.2　地基中的附加应力

由于建筑物荷载等作用在地基中引起的附加应力是通过基础底面传递给地基的,因而首先在基础底面与地基之间产生接触压力,称为基底压力。它与地基作用于基础上的反力互为作用力与反作用力。

3.1.2.1　基底压力分布

影响基底压力的因素有基础(刚度、形状、尺寸、埋深等)、荷载(性质、大小、分布情况)以及地基土(性质、厚度、地下水位)等,导致基底压力的分布、强度也不同,如图 3-4、图 3-5 所示。

但根据弹性理论中圣维南原理,基底压力的具体分布形式对地基应力计算的影响仅局限于一定深度范围;超出此范围以后,地基中附加应力的分布将与基底压力的分布关系不大,而只取决于荷载的大小、方向和合力的位置。

3.1.2.2　基底压力的简化计算

实用上,通常将基底压力假设为线性分布情况,按下列公式进行简化计算:

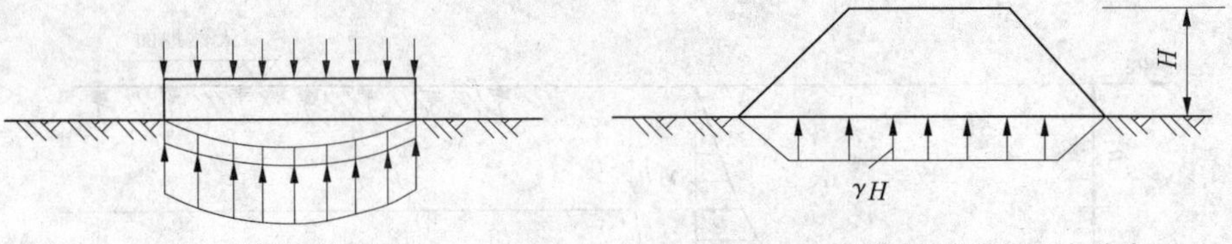

(a)理想柔性基础　　(b)路堤下地基反力分布

图 3-4　柔性基础下的基底压力分布

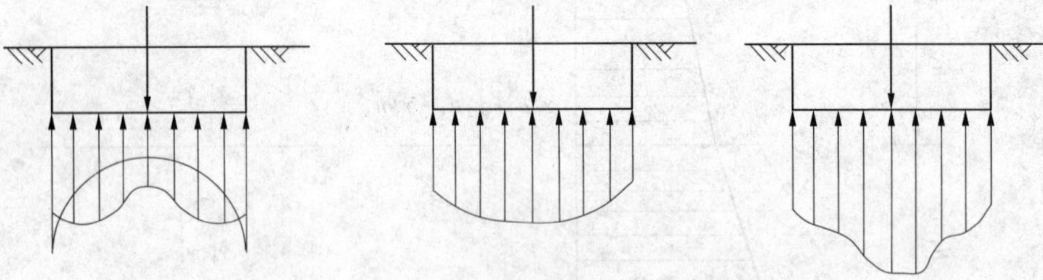

(a)马鞍形　　(b)抛物线形　　(c)钟形

图 3-5　刚性基础下的基底压力分布

中心荷载

$$p = \frac{F + G}{A} \tag{3-6}$$

偏心荷载

$$p_{\min}^{\max} = \frac{F + G}{A} \pm \frac{M}{W} \tag{3-7}$$

式中　F——作用在基础顶面通过基底形心的竖向荷载，kN；

G——基础及其台阶上填土的总重，kN，$G = \gamma_G Ad$，其中 γ_G 为基础和填土的平均重度，一般取 $\gamma_G = 20\ \mathrm{kN/m^3}$，地下水位以下取有效重度，$d$ 为基础埋置深度；

M——作用在基础底面的力矩，$M = (F + G)e$，e 为偏心距；

W——基础底面的抗弯截面模量。

$$W = \frac{bl^2}{6} \tag{3-8}$$

式中　l、b——基底平面的长边与短边尺寸。

将 W 的表达式代入式(3-7)得：

$$p_{\min}^{\max} = \frac{F + G}{lb}\left(1 \pm \frac{6e}{l}\right) \tag{3-9}$$

基底压力分布的简化计算，如图 3-6 所示：

(1)当 $e < l/6$ 时，基底地基反力呈梯形分布，$p_{\min} > 0$。

(2)当 $e = l/6$ 时，基底地基反力呈三角形分布，$p_{\min} = 0$。

(3)当 $e > l/6$ 时，荷载作用点在截面核心外，$p_{\min} < 0$，基底地基反力出现拉力。由于地基土不可能承受拉力，此时基底与地基土局部脱开，使基底地基反力重新分布。

根据偏心荷载与基底地基反力的平衡条件，地基反力的合力作用线应与偏心荷载作用线重合，得基底边缘最大地基反力 $p'_{\max}$ 为：

$$p'_{\max} = \frac{2N}{3\left(\frac{l}{2} - e\right)b}$$

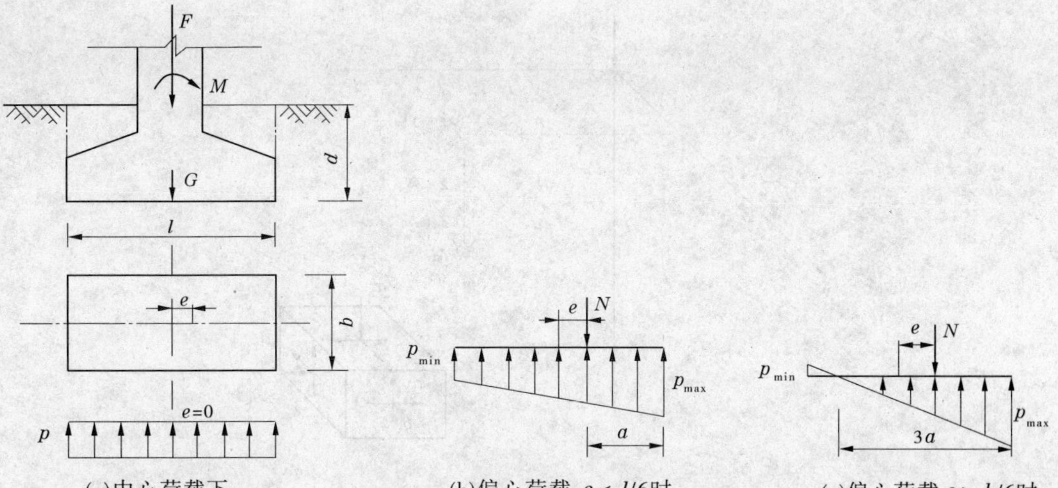

(a)中心荷载下　(b)偏心荷载 $e<l/6$时　(c)偏心荷载 $e>l/6$时

图 3-6　基底压力分布的简化计算

对于双向偏心荷载作用的矩形基底的基础,可按材料力学双向偏心受压公式计算。

3.1.2.3　基底附加压力

基础通常是埋置在天然地面下一定深度的。由于天然土层在自重作用下的变形已经完成,故只有超出基底处原有自重应力的那部分应力才使地基产生附加变形,使地基产生附加变形的基底压力称为基底附加压力 p_0(基底净压力)。因此,基底附加压力是上部结构和基础传到基底的地基反力与基底处原先存在于土中的自重应力之差,按下式计算:

$$p_0 = p - \sigma_c = p - \gamma d \tag{3-10}$$

式中　p——基底压力;

σ_c——基底处自重应力;

d——基础埋置深度,简称基础埋深,一般从天然地面算起,$d = h_1 + h_2 + \cdots$;

γ——基底标高以上天然土层按分层厚度的加权重度,基础底面在地下水位以下时,地下水位以下的土层用有效重度计算,$\gamma = (\gamma_1 h_1 + \gamma_2 h_2 + \cdots)/d$。

3.1.2.4　土中附加应力

土中的附加应力是由建筑物荷载所引起的应力增量,一般采用将基底附加压力当做作用在弹性半无限体表面上的局部荷载,用弹性理论求解的方法计算。

1)集中力作用下土中附加应力计算

在均匀的、各向同性的半无限弹性体表面作用一竖向集中力 Q 时,半无限体内任意点 M 的应力(不考虑弹性体的体积力)可由布辛奈斯克(法国人,J. Boussinesq) 解计算,如图 3-7 所示。

工程中常用的竖向正应力 σ_z 可表示成如下形式:

$$\sigma_z = \frac{3Q}{2\pi}\frac{z^2}{R^5} = \frac{3Q}{2\pi z^2}\frac{1}{\left[1+\left(\frac{r}{z}\right)^2\right]^{\frac{5}{2}}} = \alpha\frac{Q}{z^2} \tag{3-11}$$

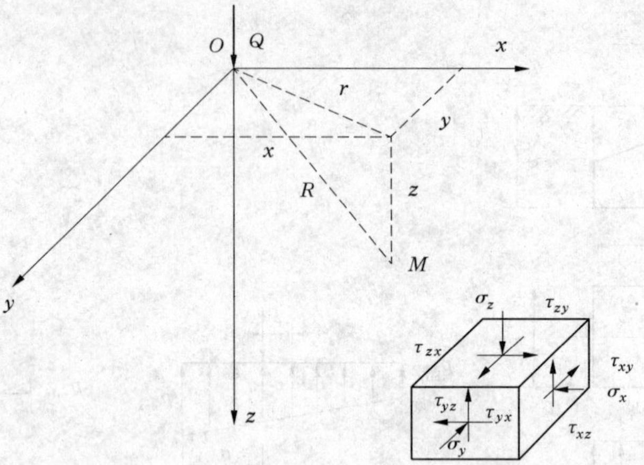

图 3-7　集中力作用下土中应力计算

式中:R 与应力系数 α 分别为:$R=\sqrt{x^2+y^2+z^2}$,$\alpha=\dfrac{3}{2\pi\left[1+\left(\dfrac{r}{z}\right)^2\right]^{\frac{5}{2}}}$。

α 是(r/z)的函数,可查表 3-1。

表 3-1　集中力作用于半无限表面时的竖向附加应力系数 α

r/z	α	r/z	α	r/z	α	r/z	α	r/z	α
0.00	0.477 5	0.50	0.273 3	1.00	0.084 4	1.50	0.025 1	2.00	0.008 5
0.05	0.474 5	0.55	0.246 6	1.05	0.074 4	1.55	0.022 4	2.20	0.005 8
0.10	0.465 7	0.60	0.221 4	1.10	0.065 8	1.60	0.020 0	2.40	0.004 0
0.15	0.451 6	0.65	0.197 8	1.15	0.581 0	1.65	0.017 9	2.60	0.002 9
0.20	0.432 9	0.70	0.176 2	1.20	0.051 3	1.70	0.016 0	2.80	0.002 1
0.25	0.410 3	0.75	0.156 5	1.25	0.045 4	1.75	0.014 4	3.00	0.001 5
0.30	0.384 9	0.80	0.138 6	1.30	0.040 2	1.80	0.012 9	3.50	0.000 7
0.35	0.357 7	0.85	0.122 6	1.35	0.035 7	1.85	0.011 6	4.00	0.000 4
0.40	0.329 4	0.90	0.108 3	1.40	0.031 7	1.90	0.010 5	4.50	0.000 2
0.45	0.301 1	0.95	0.095 6	1.45	0.028 2	1.95	0.009 5	5.00	0.000 1

从式(3-11)知,集中力作用下附加应力的分布特点为:

(1)附加应力 σ_z 呈轴对称分布。

(2)在集中力作用线上,$r=0$,$\alpha=3/(2\pi)$,当 $z=0$ 时,$\sigma_z\to\infty$,表明集中力作用点附近附加应力很大,同时也说明式(3-11)不适用于集中力作用处及其附近。因此,在选择应力计算点时,不能过于接近集中力作用点。当 $z\to\infty$ 时,$\sigma_z=0$,说明在集中力作用线上 σ_z 随深度增加而减小,见图 3-8 中的 A 线(虚线)。

(3)在某一水平面上,此时 z 为定值。当 $r=0$ 时,α 最大,随着 r 的增大,α 减小,σ_z 逐渐减小,见图 3-8 中的 B 线。

(4)在 $r>0$ 的某一圆柱面上,如图 3-8 中的 M 点下,当 $z=0$ 时,$\sigma_z=0$;随着 z 的增大,σ_z 从零逐渐增大,至某一深度时达到最大,以后又逐渐减小,M 点下的附加应力分布见图 3-8 中的 C 线。

(5)将地基中 σ_z 相同的点连接起来,可得到如图 3-9 所示的应力等值线,空间形状如泡状,称为应力泡。图中离集中力作用点越远处,附加应力越小,此现象称为应力扩散。

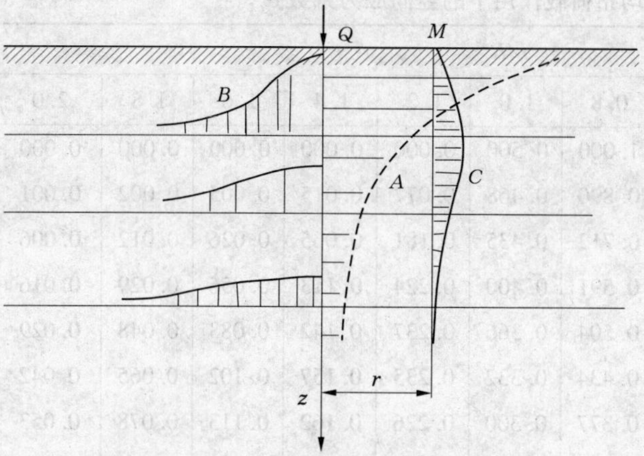

图 3-8　集中力作用下土中附加应力分布

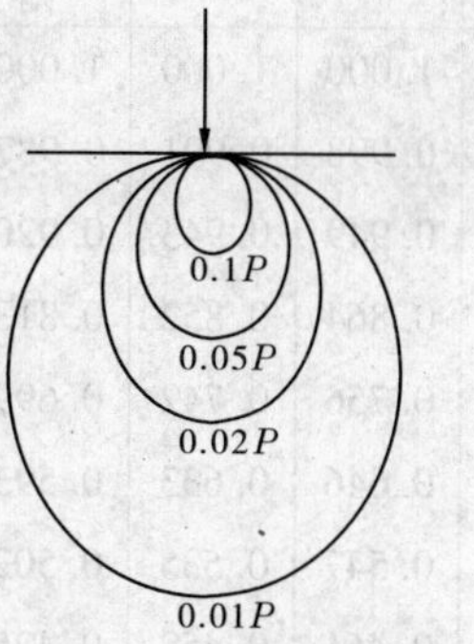

图 3-9　应力泡

若地基表面作用有若干集中力,可分别算出各集中力在地基中引起的附加应力,再根据叠加原理将它们相加,就得到了若干集中力共同作用在地基中产生的附加应力。

2)分布荷载作用时的土中应力计算

常见的地基中附加应力的计算分为空间问题和平面问题。空间问题通常有圆形基础受均布荷载、矩形基础受均布荷载和三角形荷载。

a. 空间问题

(1)圆形面积上作用均布荷载时土中竖向正应力的计算。

为了计算圆形面积上作用均布荷载 p 时土中任一点 $M(r,z)$ 的竖向正应力,可采用原点设在圆心 O 的极坐标(见图 3-10),由式(3-11)在圆面积范围内积分求得:

$$\sigma_z = \frac{3pz^3}{2\pi}\int_0^{2\pi}\int_0^{R}\frac{\rho \mathrm{d}\varphi \mathrm{d}\rho}{(\rho^2 + r^2 - 2\rho r\cos^2\varphi + z^2)^{\frac{5}{2}}} \tag{3-12}$$

式(3-12)可表达成简化形式:

$$\sigma_z = \alpha_c p \tag{3-13}$$

式中　R——圆面积的半径,m;

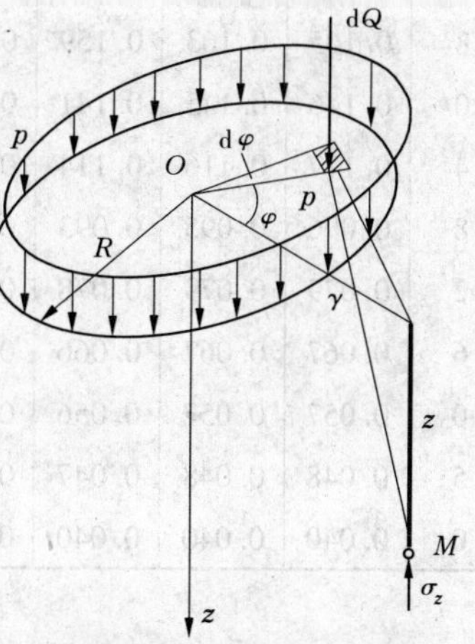

图 3-10　圆形面积均布荷载作用下土中应力分布

r——应力计算点 M 到 z 轴的水平距离，m；

α_c——应力系数。

α_c 是 (r/R) 及 (z/R) 的函数，当计算点位于圆形中心点下方时，其值为：

$$\alpha_c = 1 - \frac{1}{\left(\frac{R^2}{z^2} + 1\right)^{\frac{3}{2}}}$$

也可将此应力系数制成表格形式以备查用，见表 3-2。

表 3-2　圆形面积上均布荷载作用下的竖向应力系数 α_c

z/R	r/R										
	0	0.2	0.4	0.6	0.8	1.0	1.2	1.4	1.6	1.8	2.0
0.0	1.000	1.000	1.000	1.000	1.000	0.500	0.000	0.000	0.000	0.000	0.000
0.2	0.998	0.991	0.987	0.970	0.890	0.468	0.077	0.015	0.005	0.002	0.001
0.4	0.949	0.943	0.920	0.860	0.712	0.435	0.181	0.065	0.026	0.012	0.006
0.6	0.864	0.852	0.813	0.733	0.591	0.400	0.224	0.113	0.056	0.029	0.016
0.8	0.756	0.742	0.699	0.619	0.504	0.366	0.237	0.142	0.083	0.048	0.029
1.0	0.646	0.633	0.593	0.525	0.434	0.332	0.235	0.157	0.102	0.065	0.042
1.2	0.547	0.535	0.502	0.447	0.377	0.300	0.226	0.162	0.113	0.078	0.053
1.4	0.461	0.452	0.425	0.383	0.329	0.270	0.212	0.161	0.118	0.086	0.062
1.6	0.390	0.383	0.362	0.330	0.288	0.243	0.197	0.156	0.120	0.090	0.068
1.8	0.332	0.327	0.311	0.285	0.254	0.218	0.182	0.148	0.118	0.092	0.072
2.0	0.285	0.280	0.268	0.248	0.224	0.196	0.167	0.140	0.114	0.092	0.074
2.2	0.246	0.242	0.233	0.218	0.198	0.176	0.153	0.131	0.109	0.090	0.073
2.4	0.214	0.211	0.203	0.192	0.176	0.159	0.140	0.122	0.104	0.087	0.071
2.6	0.187	0.185	0.179	0.170	0.158	0.144	0.129	0.113	0.098	0.084	0.069
2.8	0.165	0.163	0.159	0.151	0.141	0.130	0.118	0.105	0.092	0.080	0.067
3.0	0.146	0.145	0.141	0.135	0.127	0.118	0.108	0.097	0.087	0.077	0.067
3.4	0.117	0.116	0.114	0.110	0.105	0.098	0.091	0.084	0.076	0.068	0.061
3.8	0.096	0.095	0.093	0.091	0.087	0.083	0.078	0.073	0.067	0.061	0.055
4.2	0.079	0.079	0.078	0.076	0.073	0.070	0.067	0.063	0.059	0.054	0.050
4.6	0.067	0.067	0.066	0.064	0.063	0.060	0.058	0.055	0.052	0.048	0.045
5.0	0.057	0.057	0.056	0.055	0.054	0.052	0.050	0.048	0.046	0.043	0.041
5.5	0.048	0.048	0.047	0.046	0.045	0.044	0.043	0.041	0.039	0.038	0.036
6.0	0.040	0.040	0.040	0.039	0.039	0.033	0.037	0.036	0.034	0.033	0.031

(2)矩形面积均布荷载作用下土中竖向应力计算。

矩形基础，长边为 l，短边为 b，当底面受到竖直均布荷载强度为 p（此处均指均布基底压力，下同）作用时，如图 3-11 所示。

基础角点下任意深度 M 处的竖向附加应力，可以利用式(3-11)在整个矩形面积内积分求得。

坐标系亦如图 3-11 所示，在矩形内取一面积单元 $\mathrm{d}x\mathrm{d}y$，微面积上的荷载为 $p\mathrm{d}x\mathrm{d}y$，则在角点下任意深度 z 处 M 点，由荷载 $p\mathrm{d}x\mathrm{d}y$ 引起的竖向附加应力可由下式求得：

$$\mathrm{d}\sigma_z = \frac{3p}{2\pi}\frac{z^3}{(x^2+y^2+z^2)^{5/2}}\mathrm{d}x\mathrm{d}y \qquad (3\text{-}14)$$

根据应力叠加原理，矩形均布荷载作用下角点下的附加应力可由式(3-14)在矩形面积上积分求得：

$$\sigma_z = \iint_A \mathrm{d}\sigma_z = \frac{3p}{2\pi}\int_0^b\int_0^l \frac{z^3}{(x^2+y^2+z^2)^{5/2}}\mathrm{d}x\mathrm{d}y = \alpha_a p \qquad (3\text{-}15)$$

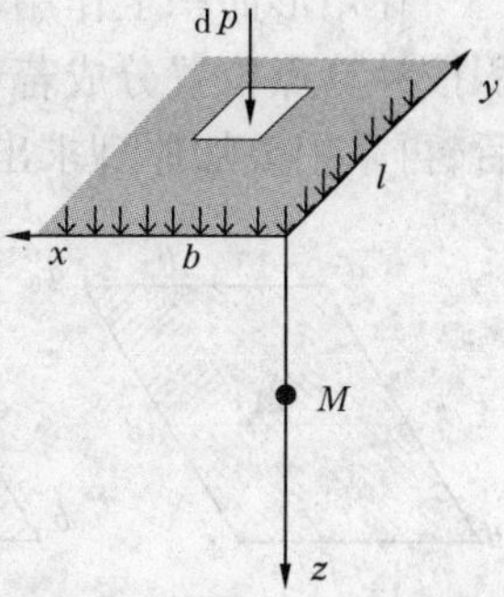

图 3-11　矩形面积均布荷载作用下土中竖向应力

式中：应力系数为：

$$\alpha_a = \frac{1}{2\pi}\left[\frac{mn(1+n^2+2m^2)}{\sqrt{1+m^2+n^2}(m^2+n^2)(1+m^2)} + \arctan\frac{n}{m\sqrt{1+m^2+n^2}}\right]$$

α_a 是 $n=l/b$ 和 $m=z/b$ 的函数，可由公式计算或由表 3-3 查得。

表 3-3　矩形面积上均布荷载作用时角点下的竖向应力系数 α_a

$m=z/b$	$n=l/b$									
	1.0	1.2	1.4	1.6	1.8	2.0	3.0	4.0	5.0	≥10
0	0.250	0.250	0.250	0.250	0.250	0.250	0.250	0.250	0.250	0.250
0.2	0.249	0.249	0.249	0.249	0.249	0.249	0.249	0.249	0.249	0.249
0.4	0.240	0.242	0.243	0.243	0.244	0.244	0.244	0.244	0.244	0.244
0.6	0.223	0.228	0.230	0.232	0.232	0.233	0.234	0.234	0.234	0.234
0.8	0.200	0.208	0.212	0.215	0.217	0.218	0.220	0.220	0.220	0.220
1.0	0.175	0.185	0.191	0.196	0.198	0.200	0.203	0.204	0.204	0.205
1.2	0.152	0.163	0.171	0.176	0.179	0.182	0.187	0.188	0.189	0.189
1.4	0.131	0.142	0.151	0.157	0.161	0.164	0.171	0.173	0.174	0.174
1.6	0.112	0.124	0.133	0.140	0.145	0.148	0.157	0.159	0.160	0.160
1.8	0.097	0.108	0.117	0.124	0.129	0.133	0.143	0.146	0.147	0.148
2.0	0.084	0.095	0.103	0.110	0.116	0.120	0.131	0.135	0.136	0.137
2.5	0.060	0.069	0.077	0.083	0.089	0.093	0.106	0.111	0.114	0.115
3.0	0.045	0.052	0.058	0.064	0.069	0.073	0.087	0.093	0.096	0.099
4.0	0.027	0.032	0.036	0.040	0.044	0.048	0.060	0.067	0.071	0.076
5.0	0.018	0.021	0.024	0.027	0.030	0.033	0.044	0.050	0.055	0.061
6.0	0.013	0.015	0.017	0.020	0.022	0.024	0.033	0.039	0.043	0.051
7.0	0.010	0.011	0.013	0.015	0.016	0.018	0.025	0.031	0.035	0.043
9.0	0.006	0.007	0.008	0.009	0.010	0.011	0.016	0.020	0.024	0.032
10.0	0.005	0.006	0.007	0.007	0.008	0.009	0.013	0.017	0.020	0.028

在矩形面积上作用均布荷载时，若要求计算非角点下的土中竖向应力，可先将矩形面积按计算点位置分成若干小矩形，如图 3-12 所示。在计算出小矩形角点下土中竖向应力后，再采用叠加原理求出计算点的竖向应力 σ_z 值。这种计算方法一般称为角点法。

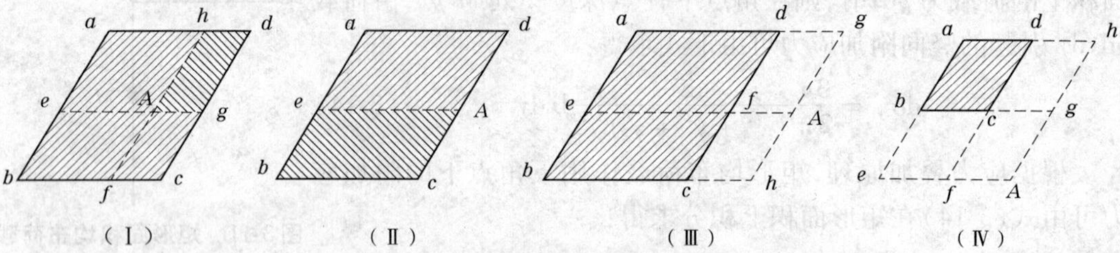

图 3-12　角点法计算土中任意点的竖向应力

图 3-12 中的（Ⅰ）矩形面积中的 A 点下的附加应力为：

$$\sigma_{zA} = \sigma_{zahAe} + \sigma_{zbfAe} + \sigma_{zAgdh} + \sigma_{zfcgA}$$

（Ⅱ）矩形面积中的 A 点下的附加应力为：

$$\sigma_{zA} = \sigma_{zadAe} + \sigma_{zbcAe}$$

（Ⅲ）矩形面积中的 A 点下的附加应力为：

$$\sigma_{zA} = \sigma_{zagAe} + \sigma_{zbhAe} - \sigma_{zAgdf} - \sigma_{zfchA}$$

（Ⅳ）矩形面积中的 A 点下的附加应力为：

$$\sigma_{zA} = \sigma_{zahAe} - \sigma_{zbgAe} - \sigma_{zdhAf} + \sigma_{zcgAf}$$

【例题 3-3】　有一矩形底面基础（$abcd$），如图 3-13 所示，$b=4$ m，$l=6$ m，其上作用均布荷载 $p_0=100$ kPa，用角点法计算矩形基础外 k 点下深度 $z=6$ m 处的竖向附加应力。

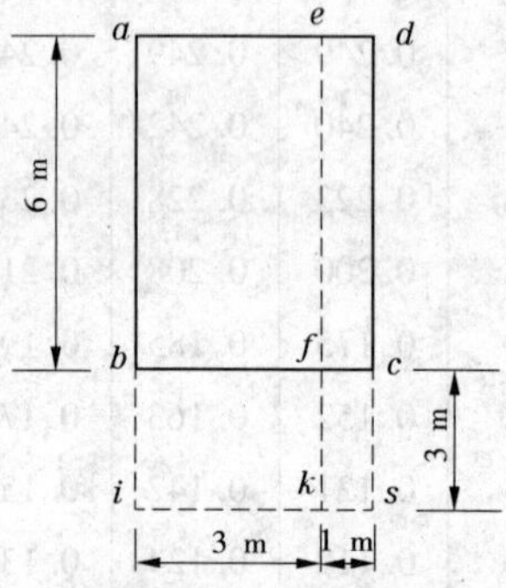

图 3-13　例题 3-3 图

解：$z=6$ m

$$\sigma_{zk} = \sigma_{ziaek} + \sigma_{zsdek} - \sigma_{zibfk} - \sigma_{zscfk}$$

对于矩形 $iaek$，$l=9$ m，$b=3$ m

$l/b=3$，$z/b=2$，$\alpha_a=0.131$

对于矩形 $sdek$，$l=9$ m，$b=1$ m

$l/b=9$，$z/b=6$，$\alpha_a=0.051$

对于矩形 $ibfk$，$l=3$ m，$b=3$ m

$l/b=1$，$z/b=2$，$\alpha_a=0.084$

对于矩形 $scfk$，$l=3$ m，$b=1$ m

$l/b=3$，$z/b=6$，$\alpha_a=0.033$

$\sigma_{zk}=100\times(0.131+0.051-0.084-0.033)=100\times0.065=6.5$（kPa）

应用角点法应注意以下几点：

①要使计算点属于所划分的每一个矩形的角点；

②划分矩形的总面积应等于原有的受荷面积；

③查表时，所有分块矩形都是长边为 l，短边为 b。

(3)矩形面积上作用三角形分布荷载时土中竖向应力计算。

当地基表面作用矩形面积($l \times b$)三角形分布荷载时,为计算荷载为零的角点下的竖向应力值 σ_z,可将坐标原点取在荷载为零的角点上,相应的竖向应力值 σ_z 可用下式计算:

$$\sigma_z = \alpha_t p \tag{3-16}$$

式中:应力系数 α_t 是 $n = l/b$ 和 $m = z/b$ 的函数,即

$$\alpha_t = \frac{mn}{2\pi}\left[\frac{1}{\sqrt{m^2 + n^2}} - \frac{m^2}{(1 + m^2)\sqrt{1 + m^2 + n^2}}\right]$$

其值也可由相应的应力系数表 3-4 查得。

表 3-4　矩形面积上三角形分布荷载作用时压力为零角点下的竖向应力系数 α_t

$m = z/b$	$n = l/b$							
	0.2	0.6	1.0	1.4	1.8	3.0	8.0	10.0
0	0.000 0	0.000 0	0.000 0	0.000 0	0.000 0	0.000 0	0.000 0	0.000 0
0.2	0.023 3	0.029 6	0.030 4	0.030 5	0.030 6	0.030 6	0.030 6	0.030 6
0.4	0.026 9	0.048 7	0.053 1	0.054 3	0.054 6	0.054 8	0.054 9	0.054 9
0.6	0.025 9	0.056 0	0.065 4	0.068 4	0.069 4	0.070 1	0.070 2	0.070 2
0.8	0.023 2	0.055 3	0.068 8	0.073 9	0.075 9	0.077 3	0.077 6	0.077 6
1.0	0.020 1	0.050 8	0.066 6	0.073 5	0.076 6	0.079 0	0.079 6	0.079 6
1.2	0.017 1	0.045 0	0.061 5	0.069 8	0.073 8	0.077 4	0.078 3	0.078 3
1.4	0.014 5	0.039 2	0.055 4	0.064 4	0.069 2	0.073 9	0.075 2	0.075 3
1.6	0.012 3	0.033 9	0.049 2	0.058 6	0.063 9	0.069 7	0.071 5	0.071 5
1.8	0.010 5	0.029 4	0.045 3	0.052 8	0.058 5	0.065 2	0.067 5	0.067 5
2.0	0.009 0	0.025 5	0.038 4	0.047 4	0.053 3	0.060 7	0.063 6	0.063 6
2.5	0.006 3	0.018 3	0.028 1	0.036 2	0.041 9	0.051 4	0.054 7	0.054 8
3.0	0.004 6	0.013 5	0.021 4	0.028 0	0.033 1	0.041 9	0.047 4	0.047 6
5.0	0.001 8	0.005 4	0.008 8	0.012 0	0.014 8	0.021 4	0.029 6	0.030 1
7.0	0.000 9	0.002 8	0.004 7	0.006 4	0.008 1	0.012 4	0.020 4	0.021 2
10.0	0.000 5	0.001 4	0.002 4	0.003 3	0.004 1	0.006 6	0.012 8	0.013 9

注意,这里 b 值不是指基础的宽度,而是指三角形荷载分布方向的基础边长,如图 3-14 所示。

b. 平面问题

(1)线形均布荷载作用下土中附加应力计算。

地基表面作用有线形均布荷载 $\bar{p}$,如图 3-15 所示,求地基中任意点的附加应力。

在线荷载上取微元 dy,其上荷载 $\bar{p}dy$ 可看成集中力,将它在 M 点引起的附加应力在长度上积分,即得线荷载作用下地基中任意点的附加应力的弗拉曼(Flamant)解。

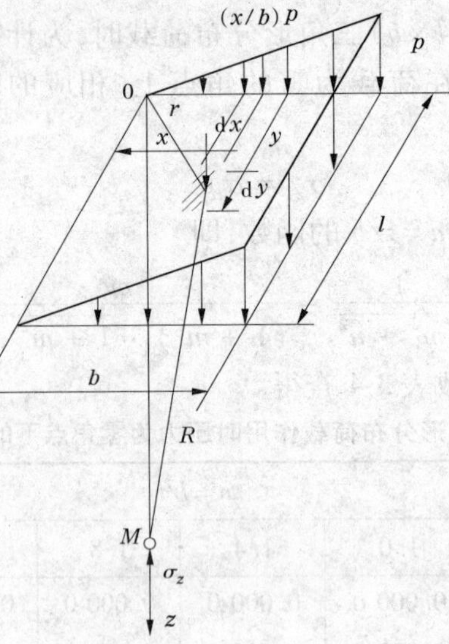

图 3-14 矩形面积三角形荷载作用下土中应力计算

$$\sigma_z = \frac{3\bar{p}}{2\pi}\int_{-\infty}^{+\infty}\frac{z^3}{(x^2+y^2+z^2)^{5/2}}\mathrm{d}y = \frac{2\bar{p}z^3}{\pi(x^2+z^2)^2} \tag{3-17}$$

(2)均布条形分布荷载下土中应力计算。

对路堤、堤坝以及长宽比 $l/b \geqslant 10$ 的条形基础，均可视做平面应变问题进行处理（在实际应用上，有时 $l/b \geqslant 5$ 时也可按平面问题计算，其精确度也是足够的）。

如图 3-16 所示，在土体表面作用分布宽度为 b 的均布条形荷载 p 时，土中任一点 M 的竖向应力 σ_z 可由式(3-17)在荷载分布宽度 b 范围内积分得到：

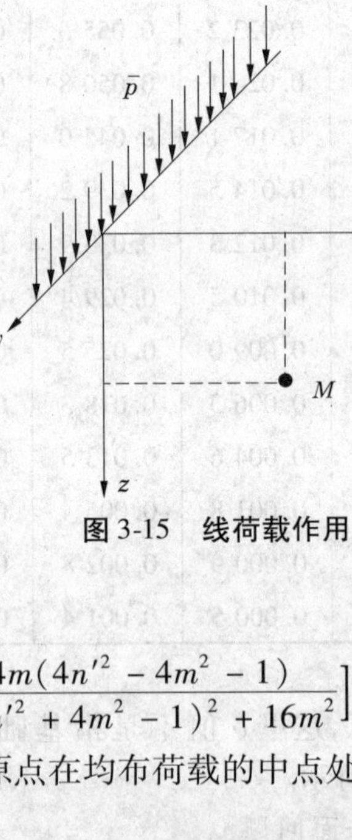

图 3-15 线荷载作用

$$\sigma_z = \alpha_u p \tag{3-18}$$

式中应力系数 α_u 是 $n' = x/b$ 及 $m = z/b$ 的函数：

$$\alpha_u = \frac{p}{\pi}\left[\left(\arctan\frac{1-2n'}{2m} + \arctan\frac{1+2n'}{2m}\right) - \frac{4m(4n'^2-4m^2-1)}{(4n'^2+4m^2-1)^2+16m^2}\right]$$

应力系数 α_u 也可由表 3-5 查得，注意此时坐标轴的原点在均布荷载的中点处。

(3)三角形分布荷载作用在条形基底上。

如图 3-17 所示，三角形分布荷载作用于条形基底上，同样可以通过积分方法得到基底下任意点 M 处的附加应力 σ_z：

$$\sigma_z = \alpha_T p \tag{3-19}$$

式中：α_T 为附加应力系数，可由 $n' = x/b$ 及 $m = z/b$ 查表 3-6 得到。p 为三角形分布荷载的最大值，坐标原点在三角形分布荷载为 0 处。

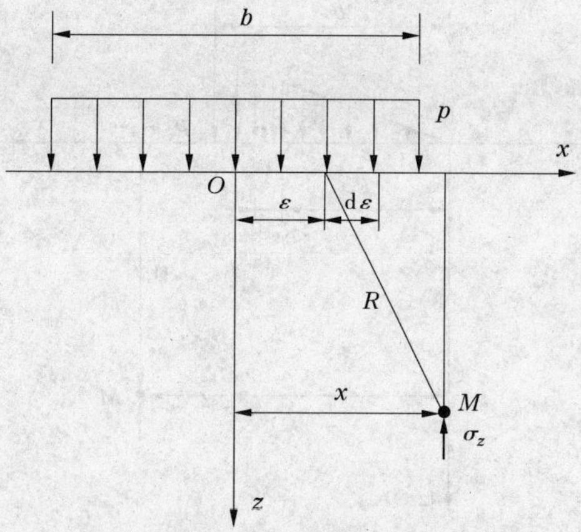

图 3-16　均布条形荷载作用

表 3-5　均布条形荷载作用时的竖向应力系数 α_u

$m=z/b$	$n'=x/b$					
	0	0.25	0.50	1.00	1.50	2.00
0	1.00	1.00	0.50	0	0	0
0.25	0.96	0.90	0.50	0.02	0	0
0.50	0.82	0.74	0.48	0.08	0.02	0
0.75	0.67	0.61	0.45	0.15	0.04	0.02
1.00	0.55	0.51	0.41	0.19	0.07	0.03
1.25	0.46	0.44	0.37	0.20	0.10	0.04
1.50	0.40	0.38	0.33	0.21	0.11	0.06
1.75	0.35	0.34	0.30	0.21	0.13	0.07
2.00	0.31	0.31	0.28	0.20	0.13	0.08
3.00	0.21	0.21	0.20	0.17	0.14	0.10
4.00	0.16	0.16	0.15	0.14	0.12	0.10
5.00	0.13	0.13	0.12	0.12	0.11	0.09
6.00	0.11	0.10	0.10	0.10	0.10	—

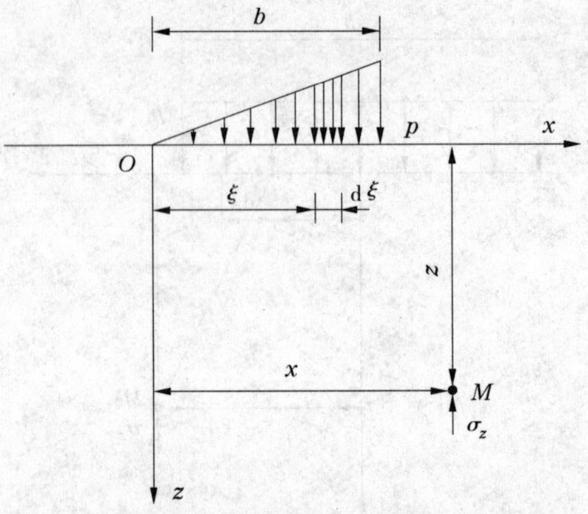

图 3-17　三角形分布荷载作用在条形基底上

表 3-6　三角形分布荷载在条形基底上土中附加应力系数 α_T

$m=z/b$	$n'=x/b$						
	-1.00	-0.50	0.00	0.50	1.00	1.50	2.00
0	0	0	0	0.50	0.50	0	0
0.25	0	0.001	0.075	0.480	0.424	0.015	0.003
0.50	0.003	0.023	0.127	0.410	0.353	0.056	0.017
0.75	0.016	0.042	0.153	0.335	0.293	0.108	0.024
1.00	0.025	0.061	0.159	0.275	0.241	0.129	0.045
1.50	0.048	0.096	0.145	0.200	0.185	0.124	0.062
2.00	0.061	0.092	0.127	0.155	0.153	0.108	0.069
3.00	0.064	0.080	0.096	0.104	0.104	0.090	0.071
4.00	0.060	0.067	0.075	0.085	0.075	0.073	0.060
5.00	0.052	0.057	0.059	0.063	0.065	0.061	0.051

【例题 3-4】　某基础如图 3-18 所示，宽 15 m，长 160 m，受竖直荷载 1 500 kPa/m，弯矩 $M=750$ kN·m，基础边荷载可忽略，计算距基础中心 3.75 m 的 C 点下的 15 m 内附加应力沿深度的分布（位于偏心一侧）。

解：求基底压力。

基础受单向偏心荷载作用，偏心距：

$$e=\frac{M}{F+G}=\frac{750}{1\,500}=0.5(\text{m})$$

因 $l/b=160/15>10$，可视为条形基础，取长度方向每延米值进行计算。

基底两端压力为：

$$p_{\min}^{\max}=\frac{F+G}{b}\left(1\pm\frac{6e}{b}\right)=\frac{1\,500}{15}\times\left(1\pm\frac{6\times0.5}{15}\right)=\frac{120}{80}\ (\text{kPa})$$

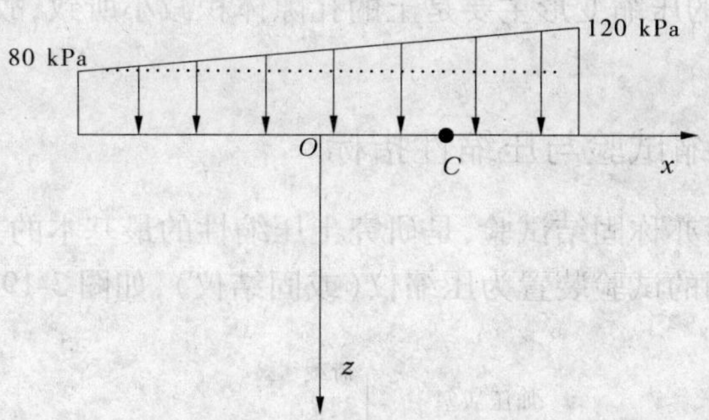

图 3-18　例题 3-4 图

求 C 点下附加应力：将基底梯形分布荷载分解为一个 $p_t=40$ kPa 的三角形荷载和一个 $p=80$ kPa 的均布荷载，计算 C 点以下 z 为 0.15 m、1.5 m、3.0 m、6.0 m、9.0 m、12.0 m 和 15.0 m，如表 3-7 所示。

表 3-7　附加应力计算表

z(m)	z/b	均布荷载 $p=80$ kPa（$x/b=3.75/15$）		三角形荷载 $p_t=40$ kPa（$x/b=11.25/15$）		总附加应力
		α_u	$\sigma_1=\alpha_u p$	α_T	$\sigma_2=\alpha_T p_t$	$\sigma=\sigma_1+\sigma_2$
0.15	0.01	0.999	80.0	0.750	30.0	110.0
1.5	0.1	0.988	79.0	0.737	29.5	108.5
3.0	0.2	0.936	74.9	0.682	27.3	102.2
6.0	0.4	0.797	63.8	0.534	21.4	85.2
9.0	0.6	0.697	55.8	0.421	16.8	72.6
12.0	0.8	0.586	46.9	0.343	13.7	60.6
15.0	1.0	0.511	40.9	0.286	11.4	52.3

要注意的是，土是三相体，具有明显的各向异性和非线性特征。为简便起见，目前计算土中应力的方法仍采用弹性理论公式，将地基土视做均匀的、连续的、各向同性的半无限体，这种假定同土体的实际情况有差别，不过其计算结果尚能满足实际工程的要求。

由前面的分析知，土中自重应力的计算可归纳为 $\sigma_c = \sum \gamma_i h_i$，而土中附加应力的计算可归纳为公式 $\sigma_z = \alpha p_0$。

3.2　土的压缩性及压缩性指标

3.2.1　土的压缩性

土在压力作用下体积缩小的特性称为土的压缩性。土是由气、液、固三相组成的，土的压缩包括三方面：①土中水和气体从孔隙中排出，孔隙体积缩小；②固体土颗粒的压缩；③土中水和气体被压缩。在一般工程压力（100 ~ 600 kPa）作用下，②和③的压缩变形极小,可以忽略不计。土的压缩变形主要是土的孔隙体积减小所致,故土体的变形常用孔隙比的变化来衡量。

3.2.2 土的室内压缩试验与压缩性指标

土的室内压缩试验亦称固结试验,是研究土压缩性的最基本的方法。

室内压缩试验采用的试验装置为压缩仪(或固结仪),如图 3-19 所示。

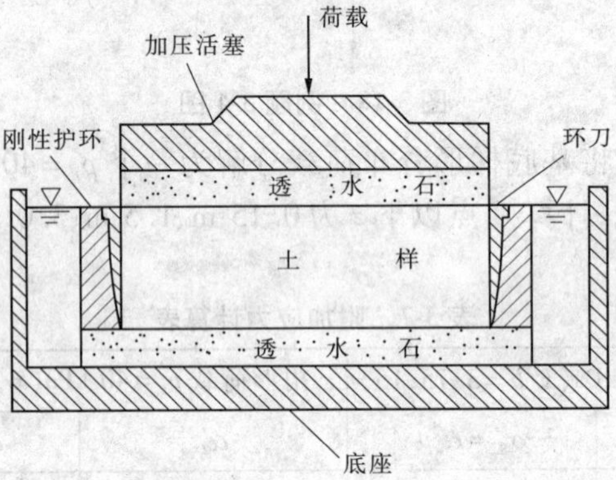

图 3-19 压缩仪示意图

试验时将切有土样的环刀置于刚性护环中,由于金属环刀及刚性护环的限制,使得土样在竖向压力作用下只能发生竖向变形,而无侧向变形,故又称侧限压缩试验。在土样上下放置的透水石是土样受压后排出孔隙水的两个界面。压缩过程中竖向压力通过刚性板施加给土样,土样产生的压缩量可通过百分表量测。常规压缩试验通过逐级加荷进行试验,常用的分级加荷量 p 为 50 kPa、100 kPa、200 kPa、300 kPa 和 400 kPa。

根据压缩过程中土样变形与土的三相指标的关系,可以导出试验过程孔隙比 e 与压缩量 H 的关系,即 $e = e_0 - \dfrac{\Delta H}{H_0}(1 + e_0)$。所以,得到各级荷载 p 下对应的孔隙比 e,从而可绘制出土样压缩试验的 $e \sim p$ 曲线及 $e \sim \lg p$ 曲线等,得到土的压缩性指标。

3.2.2.1 压缩系数 a

通常,可将常规压缩试验所得的 e、p 数据采用普通直角坐标绘制成 $e \sim p$ 曲线,如图 3-20 所示。

设压力由 p_1 增至 p_2,相应的孔隙比由 e_1 减小到 e_2,当压力变化范围不大时,可将 M_1M_2 一小段曲线用割线来代替,用割线 M_1M_2 的斜率来表示土在这一段压力范围内的压缩性,即

$$a = \tan\alpha = \frac{\Delta e}{\Delta p} = \frac{e_1 - e_2}{p_2 - p_1} \tag{3-20}$$

式中 a——压缩系数,MPa^{-1}。

压缩系数愈大,土的压缩性愈高。从图 3-20 还可以看出,压缩系数 a 值与土所受的荷载大小有关。《建筑地基基础设计规范》(GB 50007—2011)中,采用 100 ~ 200 kPa 压力区间内对应的压缩系数 a_{1-2} 来评价土的压缩性,即

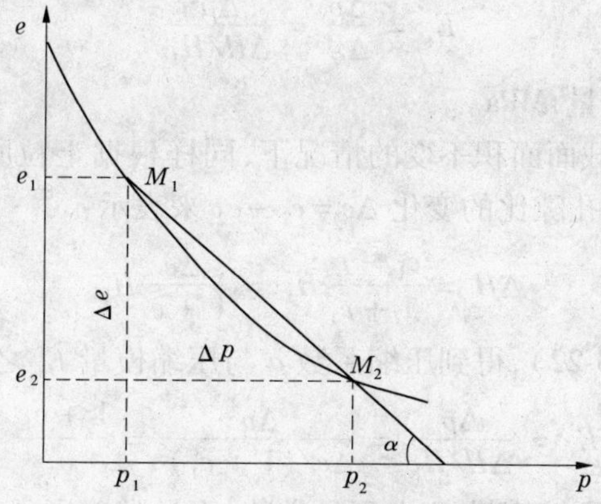

图 3-20　$e \sim p$ 曲线确定压缩系数

$a_{1-2} < 0.1\ \text{MPa}^{-1}$	属低压缩性土
$0.1\ \text{MPa}^{-1} \leqslant a_{1-2} < 0.5\ \text{MPa}^{-1}$	属中压缩性土
$a_{1-2} \geqslant 0.5\ \text{MPa}^{-1}$	属高压缩性土

3.2.2.2　压缩指数 C_c

采用半对数的直角坐标，就得到了 $e \sim \lg p$ 曲线，见图 3-21。

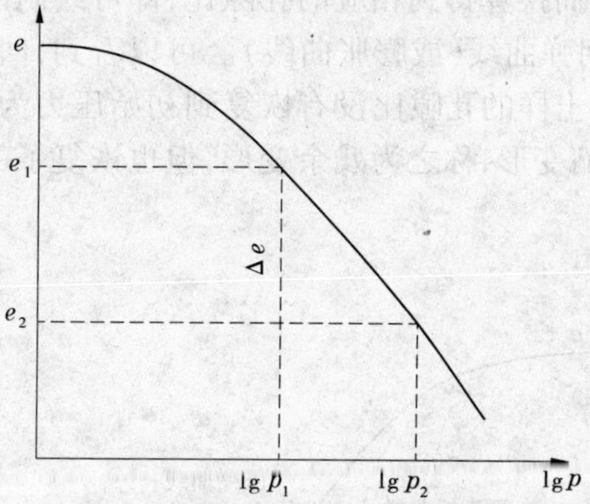

图 3-21　$e \sim \lg p$ 曲线确定压缩指数

在 $e \sim \lg p$ 曲线中，当压力较大时，曲线接近直线。将 $e \sim \lg p$ 曲线直线段的斜率用 C_c 来表示，称为压缩指数，它是无量纲量：

$$C_c = \frac{e_1 - e_2}{\lg p_2 - \lg p_1} = \frac{e_1 - e_2}{\lg \dfrac{p_2}{p_1}} \tag{3-21}$$

C_c 值越大，土的压缩性越高，低压缩性土的 C_c 值一般小于 0.2，高压缩性土的 C_c 值一般大于 0.4。

3.2.2.3　压缩模量 E_s

根据 $e \sim p$ 曲线，可以得到侧限压缩指标——侧限压缩模量，简称压缩模量，用 E_s 来表示。其定义为土在完全侧限的条件下竖向应力增量与相应的应变增量的比值：

$$E_s = \frac{\Delta p}{\Delta \varepsilon} = \frac{\Delta p}{\Delta H / H_1} \tag{3-22}$$

式中　E_s——侧限压缩模量，MPa。

在无侧向变形，即横截面面积不变的情况下，同样根据土粒所占高度不变的条件，土样变形量 ΔH 可用相应的孔隙比的变化 $\Delta e = e_1 - e_2$ 来表示：

$$\Delta H = \frac{e_1 - e_2}{1 + e_1} H_1 = \frac{\Delta e}{1 + e_1} H_1 \tag{3-23}$$

将式(3-23)代入式(3-22)，得到压缩系数 a 与压缩模量 E_s 之间的关系：

$$E_s = \frac{\Delta p}{\Delta H / H_1} = \frac{\Delta p}{\Delta e / (1 + e_1)} = \frac{1 + e_1}{a} \tag{3-24}$$

同压缩系数 a 一样，压缩模量 E_s 也不是常数，而是随着压力大小而变化的。因此，在运用到沉降计算中时，比较合理的做法是根据实际竖向应力的大小，在压缩曲线上取相应的孔隙比计算这些指标。

3.2.2.4　回弹指数 C_e

常规的压缩曲线是在试验中连续递增加压获得的，如果加压到某一值 p_i（相应于图3-22中曲线上的 b 点）后不再加压，而是逐级进行卸载直至零，并且测得各卸载等级下土样回弹稳定后的高度，进而换算得到相应的孔隙比，即可绘制出卸载阶段的关系曲线，如图中 bc 曲线所示，称为回弹曲线（或膨胀曲线）。可以看到，回弹曲线不与初始加载的曲线 ab 重合，卸载至零时，土样的孔隙比没有恢复到初始压力为零时的孔隙比 e_0。这就显示了土残留了一部分压缩变形，称之为残余变形，但也恢复了一部分压缩变形，称之为弹性变形。

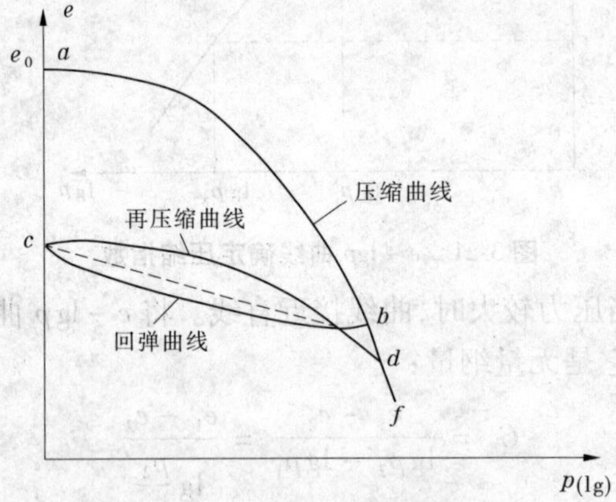

图 3-22　土的回弹—再压缩曲线

若接着重新逐级加压，则可测得土样在各级荷载作用下再压缩稳定后的孔隙比，相应地可绘制出再压缩曲线，如图 3-22 中 cdf 曲线所示。可以发现其中 df 段像是 ab 段的延续，犹如其间没有经过卸载和再压的过程一样。卸载段和再压缩段的平均斜率称为回弹指数或再压缩指数 C_e。通常 $C_e \ll C_c$，一般黏性土的 $C_e \approx (0.1 \sim 0.2) C_c$。

3.2.3 现场载荷试验及变形模量

3.2.3.1 现场载荷试验方法

现场载荷试验是在现场通过千斤顶逐级对置于地基土上的载荷板施加荷载，观测记录沉降随时间的发展以及稳定时的沉降量 s，将上述试验得到的各级荷载与相应的稳定沉降量绘制成 $p\sim s$ 曲线，即获得了地基土载荷试验的结果。

根据提供反力的方式不同，分为地锚反力架法和堆载反力架法。图3-23为堆载反力架法，图3-24为地基土现场载荷试验 $p\sim s$ 曲线。

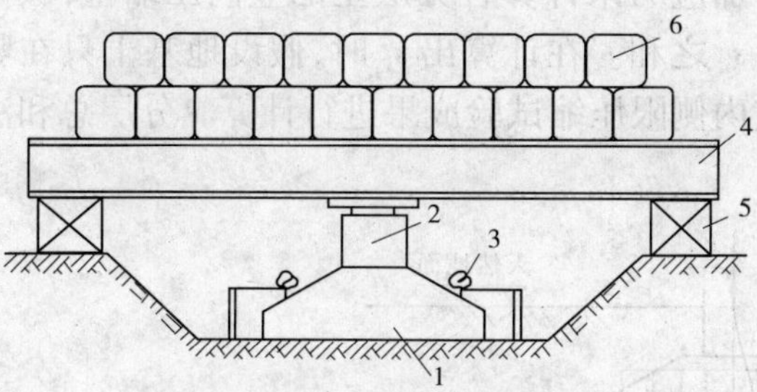

1—载荷板；2—千斤顶；3—百分表；4—平台；
5—枕木；6—堆重

图3-23 地基土现场载荷试验堆载反力架法

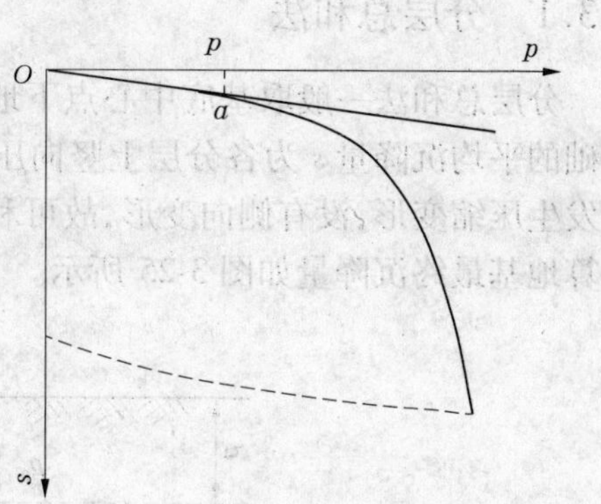

图3-24 地基土现场载荷试验 $p\sim s$ 曲线

3.2.3.2 地基变形模量

在 $p\sim s$ 曲线中，当荷载 p 小于某数值时，荷载 p 与载荷板沉降之间基本呈直线关系。在这段直线关系内，可根据弹性理论计算沉降的公式反求地基的变形模量 E_0：

$$E_0 = \frac{pb(1-\mu^2)}{s}w \tag{3-25}$$

式中 p——直线段的荷载强度，kPa；

s——相应于荷载 p 的载荷板下沉量；

b——载荷板的宽度或直径；

μ——土的泊松比，砂土可取0.2～0.25，黏性土可取0.25～0.45；

w——沉降影响系数，对刚性载荷方形板取0.88，圆形板取0.79。

从理论上可以得到压缩模量与变形模量之间的换算关系：

$$E_0 = \beta E_s \tag{3-26}$$

式中，$\beta = 1 - \frac{2\mu^2}{1-\mu} = 1 - 2\mu K_0$。

式(3-26)给出了变形模量与压缩模量之间的理论关系，由于 $0\leqslant\mu\leqslant0.5$，所以 $0\leqslant\beta\leqslant1$。

由于土体不是完全弹性体，加上两种试验的影响因素较多，使得理论关系与实测关系有一定差距。实测资料表明，E_0 与 E_s 的比值并不像理论得到的在0～1之间变化，而可能出现 E_0/E_s 超过1的情况，且土的结构性越强或压缩性越小，其比值越大。

土的弹性模量要比变形模量、压缩模量大得多，可能是它们的十几倍或者更大。

3.3　地基沉降的计算方法

在建筑设计中，为判断地基变形是否超出允许的范围，需计算建筑物建成后产生的最终沉降量，估计建筑物可能产生的最大沉降量、沉降差和倾斜度。地基变形稳定后的沉降量称为地基的最终沉降量。国内常用的计算方法有分层总和法、《建筑地基基础设计规范》推荐的方法和弹性力学公式等。

3.3.1　分层总和法

分层总和法一般取基底中心点下地基附加应力来计算各分层土的竖向压缩量，认为基础的平均沉降量 s 为各分层上竖向压缩量 s_i 之和。在计算出 s_i 时，假设地基土只在竖向发生压缩变形，没有侧向变形，故可利用室内侧限压缩试验成果进行计算。分层总和法计算地基最终沉降量如图 3-25 所示。

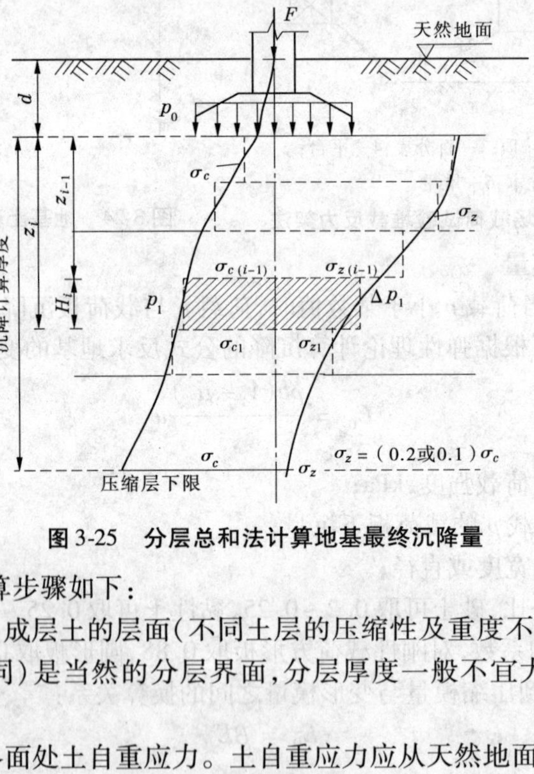

图 3-25　分层总和法计算地基最终沉降量

分层总和法的计算步骤如下：

(1)地基土分层。成层土的层面(不同土层的压缩性及重度不同)及地下水面(水面上下土的有效重度不同)是当然的分层界面，分层厚度一般不宜大于 0.4b(b 为基底宽度)。

(2)计算各分层界面处土自重应力。土自重应力应从天然地面起算。

(3)计算各分层界面处基底中心下竖向附加应力。

(4)确定地基沉降计算深度(或压缩层厚度)。一般取地基附加应力等于自重应力的 20%(即 $\sigma_z/\sigma_c=0.2$)深度处作为沉降计算深度的限值；若在该深度以下为高压缩性土，则应取地基附加应力等于自重应力的 10%(即 $\sigma_z/\sigma_c=0.1$)深度处作为沉降计算深度的限值。

(5)计算各分层土的压缩量 Δs_i：

$$\Delta s_i = \frac{\Delta e_i}{1+e_{1i}}H_i = \frac{e_{1i}-e_{2i}}{1+e_{1i}}H_i \tag{3-27}$$

式中　H_i——第 i 分层土的厚度；

e_{1i}——土的压缩曲线上对应于第 i 分层土上下层面自重应力值平均值 p_{1i} 的孔隙比，$p_{1i}=\dfrac{\sigma_{c(i-1)}+\sigma_{ci}}{2}$；

e_{2i}——对应于第 i 分层土自重应力平均值 p_{1i} 与上下层面附加应力值的平均值 p_i 之和 p_{2i}，从土的压缩曲线上得到的孔隙比，$\Delta p_i=\dfrac{\sigma_{z(i-1)}+\sigma_{zi}}{2}$，$p_{2i}=p_{1i}+\Delta p_i$。

(6)叠加计算基础的平均沉降量：

$$s = \sum_{i=1}^{n}\Delta s_i \tag{3-28}$$

式中　n——沉降计算深度范围内的分层数。

【例题 3-5】　墙下条形基础宽度为 2.0 m，传至地面的荷载为 100 kN/m，基础埋置深度为 1.2 m，地下水位在基底以下 0.6 m，如图 3-26 所示，地基土的室内压缩试验 e、p 数据如表 3-8 所示，用分层总和法求基础中点的沉降量。

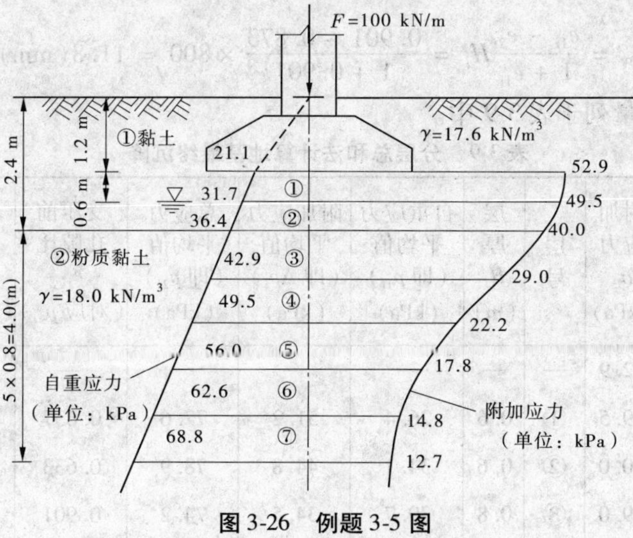

图 3-26　例题 3-5 图

表 3-8　地基土的室内压缩试验 e、p 数据

荷载(kPa)		0	50	100	200	300
孔隙比	黏土①	0.651	0.625	0.608	0.587	0.570
	粉质黏土②	0.978	0.889	0.855	0.809	0.773

解：(1)地基分层。

考虑分层厚度不超过 $0.4b=0.8$ m 以及地下水位，基底以下厚 1.2 m 的黏土层分成两层，层厚均为 0.6 m，其下粉质黏土层分层厚度均取为 0.8 m。

(2)计算自重应力。

计算分层处的自重应力,地下水位以下取有效重度进行计算。

计算各分层上下界面处自重应力的平均值,作为该分层受压前所受侧限竖向应力 p_{1i},各分层点的自重应力值及各分层的平均自重应力值见图 3-26 及表 3-9 。

(3)计算竖向附加应力。

基底平均附加应力为:

$$p_0 = \frac{100 \times 1.0 + 20 \times 1.0 \times 1.2 \times 2.0}{2.0 \times 1.0} - 1.2 \times 17.6 = 52.9(\text{kPa})$$

查条形基础竖向应力系数表(见表 3-5),可得应力系数 α_u 及计算各分层点的竖向附加应力,并计算各分层上下界面处附加应力的平均值,见图 3-26 及表 3-9。

(4)将各分层自重应力平均值和附加应力平均值之和作为该分层受压后的总应力 p_{2i}。

(5)确定压缩层深度。

一般可按 $\sigma_z/\sigma_c = 0.2$ 来确定压缩层深度,在 $z = 4.4$ m 处,$\sigma_z/\sigma_c = 14.8/62.5 = 0.237 > 0.2$,在 $z = 5.2$ m 处,$\sigma_z/\sigma_c = 12.7/69.0 = 0.184 < 0.2$,所以压缩层深度可取为基底以下 5.2 m。

(6)计算各分层的压缩量。

例如第③层:

$$\Delta s_3 = \frac{e_{1i} - e_{2i}}{1 + e_{1i}} H_i = \frac{0.901 - 0.873}{1 + 0.901} \times 800 = 11.8(\text{mm})$$

各分层的压缩量列于表 3-9 中。

表 3-9 分层总和法计算地基最终沉降

分层点	深度 z_i (m)	自重应力 σ_c (kPa)	附加应力 σ_z (kPa)	层号	层厚 H_i (m)	自重应力平均值(即 p_{1i})(kPa)	附加应力平均值(即 Δp_i)(kPa)	总应力平均值(即 p_{2i})(kPa)	受压前孔隙比 e_{1i}(对应 p_{1i})	受压后孔隙比 e_{2i}(对应 p_{2i})	分层压缩量 Δs_i (mm)
0	0	21.1	52.9	—	—	—	—	—	—	—	—
1	0.6	31.7	49.5	①	0.6	26.4	51.2	77.6	0.637	0.616	7.7
2	1.2	36.4	40.0	②	0.6	34.1	44.8	78.9	0.633	0.615	6.6
3	2.0	42.9	29.0	③	0.8	39.7	34.5	74.2	0.901	0.873	11.8
4	2.8	49.5	22.2	④	0.8	46.2	25.6	71.8	0.896	0.874	9.3
5	3.6	56.0	17.8	⑤	0.8	52.8	20.0	72.8	0.887	0.874	5.5
6	4.4	62.6	14.8	⑥	0.8	59.3	16.3	75.6	0.883	0.872	4.7
7	5.2	68.8	12.7	⑦	0.8	65.7	13.8	79.5	0.878	0.869	3.8

(7)计算基础平均最终沉降量。

$$s = \sum_{i=1}^{7} \Delta s_i = 7.7 + 6.6 + 11.8 + 9.3 + 5.5 + 4.7 + 3.8 = 49.4(\text{mm})$$

3.3.2　应力面积法

3.3.2.1　计算原理

应力面积法是国家标准《建筑地基基础设计规范》(GB 50007—2011)中推荐使用的一种计算地基最终沉降量的方法,故又称为规范方法。应力面积法一般按地基土的天然分层面划分计算土层,引入土层平均附加应力的概念,通过平均附加应力系数将基底中心以下地基中 $z_{i-1} \sim z_i$ 深度范围的附加应力,按等面积原则化为相同深度范围内矩形分布时的分布应力大小,再按矩形分布应力情况计算土层的压缩量,各土层压缩量的总和即为地基的计算沉降量。理论上地基的平均沉降量可表示为:

$$s' = \sum_{i=1}^{n} \Delta s_i' = \sum_{i=1}^{n} \frac{p_0}{E_{si}}(z_i \bar{\alpha}_i - z_{i-1}\bar{\alpha}_{i-1}) \tag{3-29}$$

式中　n——沉降计算深度范围划分的土层数;

p_0——基底附加压力;

$\bar{\alpha}_i$、$\bar{\alpha}_{i-1}$——平均竖向附加应力系数,对于矩形面积上均布荷载作用时角点下的平均竖向附加应力系数,可从表 3-3 查得;

$\bar{\alpha}_i p_0$、$\bar{\alpha}_{i-1} p_0$——将基底中心以下地基中 $z_{i-1} \sim z_i$ 深度范围的附加应力,按等面积化为相同深度范围内矩形分布时分布应力的大小。

3.3.2.2　沉降计算经验系数 ψ_s

为提高计算准确度,规范规定按式(3-29)计算得到的沉降 s' 尚应乘以一个沉降计算经验系数 ψ_s。ψ_s 定义为根据地基沉降观测资料推算的最终沉降量 s 与由式(3-29)计算得到的 s' 之比,一般根据地区沉降观测资料及经验确定,也可按表 3-10 查取。

表 3-10　沉降计算经验系数 ψ_s

基底附加压力	E_s(MPa)				
	2.5	4.0	7.0	15.0	20.0
$p_0 \geq f_{ak}$	1.4	1.3	1.0	0.4	0.2
$p_0 \leq 0.75 f_{ak}$	1.1	1.0	0.7	0.4	0.2

综上所述,应力面积法的地基最终沉降量计算公式为:

$$s = \psi_s s' = \psi_s \sum_{i=1}^{n} \frac{p_0}{E_{si}}(z_i \bar{\alpha}_i - z_{i-1}\bar{\alpha}_{i-1}) \tag{3-30}$$

3.3.2.3　沉降计算深度的确定

《建筑地基基础设计规范》(GB 50007—2011)规定,沉降计算深度 z_n 由下列要求确定:

$$\Delta s_n' \leq 0.025 \sum_{i=1}^{n} \Delta s_i' \tag{3-31}$$

式中　$\Delta s_n'$——自试算深度向上 Δz 厚度范围的压缩量(包括考虑相邻荷载的影响),Δz 的取值按表 3-11 确定。

表 3-11　Δz 的取值

b(m)	$b \leqslant 2$	$2 < b \leqslant 4$	$4 < b \leqslant 8$	$b > 8$
Δz(m)	0.3	0.6	0.8	1.0

若确定的沉降计算深度下部仍有较软弱土层时，应继续向下计算，同样至满足式(3-31)为止。

当无相邻荷载影响，基础宽度在 1 ~ 30 m 范围内时，地基沉降计算深度也可按下列简化公式计算：

$$z_n = b(2.5 - 0.4\ln b) \tag{3-32}$$

式中　b——基础宽度。

在计算深度范围内存在基岩时，z_n 取至基岩表面。

【例题 3-6】　设基础底面尺寸为 4.8 m × 3.2 m，埋深为 1.5 m，传至地面的中心荷载 $F = 1\ 800$ kN，地基的土层分层及各层土的侧限压缩模量（相应于自重应力至自重应力加附加应力段）如图 3-27 所示，持力层的地基承载力特征值为 $f_{ak} = 180$ kPa，用应力面积法计算基础中点的最终沉降。

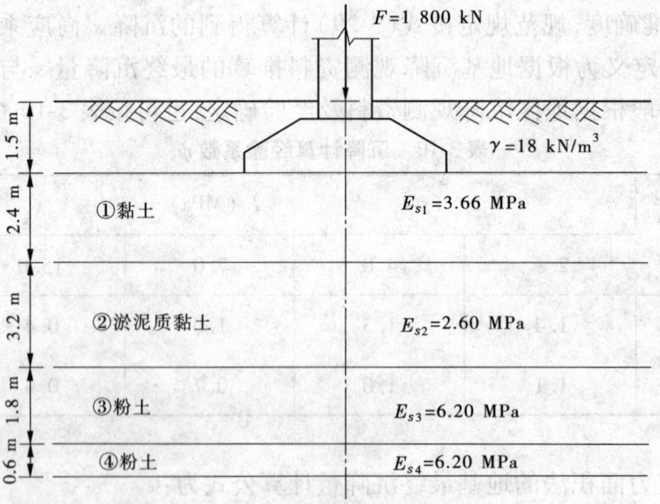

图 3-27　例题 3-6 图

解：(1)基底附加压力为：

$$p_0 = \frac{F + G}{A} - \gamma d = \frac{1\ 800 + 4.8 \times 3.2 \times 1.5 \times 20}{4.8 \times 3.2} - 18 \times 1.5 = 120(\text{kPa})$$

(2)取计算深度为 8 m，计算过程见表 3-12，计算沉降量为 123.4 mm。

表 3-12　应力面积法计算地基最终沉降

z (m)	l/b	z/b	$\bar{\alpha}$	$z\bar{\alpha}$	$z_i\bar{\alpha}_i - z_{i-1}\bar{\alpha}_{i-1}$	E_{si} (MPa)	s_i' (mm)	s' (mm)
0.0	1.5	0/1.6 = 0.0	4 × 0.250 0 = 1.000 0	0.000				
2.4	1.5	2.4/1.6 = 1.5	4 × 0.210 8 = 0.843 2	2.024	2.024	3.66	66.4	66.4
5.6	1.5	5.6/1.6 = 3.5	4 × 0.139 2 = 0.556 8	3.118	1.094	2.60	50.5	116.9
7.4	1.5	7.4/1.6 = 4.625	4 × 0.114 5 = 0.458 0	3.389	0.271	6.20	5.2	122.1
8.0	1.5	8.0/1.6 = 5.0	4 × 0.108 0 = 0.432 0	3.456	0.067	6.20	1.3 ≤ 0.025 × 123.4	123.4

(3)确定沉降计算深度 z_n。

根据 $b = 3.2$ m 查表 3-11，可得 $\Delta z = 0.6$ m，相应于往上取 Δz 厚度范围(即 7.4 ~ 8.0 m 深度范围)的土层计算沉降量为 1.3 mm ≤ 0.025 × 123.4 = 3.085(mm)，满足要求，故沉降计算深度可取为 8 m。

(4)确定修正系数 ψ_s。

$$\bar{E}_s = \frac{\sum_{i=1}^{n} A_i}{\sum_{i=1}^{n} A_i / E_{si}}$$

$$= \frac{p_0(z_n\bar{\alpha}_n - 0 \times \bar{\alpha}_0)}{p_0\left[\frac{z_1\bar{\alpha}_1 - 0 \times \bar{\alpha}_0}{E_{s1}} + \frac{z_2\bar{\alpha}_2 - z_1 \times \bar{\alpha}_1}{E_{s2}} + \frac{z_3 \times \bar{\alpha}_3 - z_2\bar{\alpha}_2}{E_{s3}} + \frac{z_4\bar{\alpha}_4 - z_3 \times \bar{\alpha}_3}{E_{s4}}\right]}$$

$$= \frac{p_0 \times 3.456}{p_0\left(\frac{2.024}{3.66} + \frac{1.094}{2.60} + \frac{0.271}{6.20} + \frac{0.067}{6.20}\right)} = 3.36(\text{MPa})$$

由于 $p_0 \leqslant 0.75 f_{ak} = 135$ kPa，查表 3-10 内插得：$\psi_s = 1.04$。

(5)计算基础中点最终沉降量 s。

$$s = \psi_s s' = \psi_s \sum_{i=1}^{4} \frac{p_0}{E_{si}}(z_i\bar{\alpha}_i - z_{i-1}\bar{\alpha}_{i-1}) = 1.04 \times 123.4 = 128.3(\text{mm})$$

3.4　饱和黏性土地基沉降与时间的关系

3.4.1　工程背景

饱和黏性土地基在建筑物荷载作用下要经过相当长时间才能达到最终沉降，并不是瞬时完成的。为了建筑物的安全与正常使用，对于某些重要或特殊的建筑物，应在工程实践和分析研究中掌握沉降与时间关系的规律性，这是因为较快的沉降速率对建筑物有较大的危害。例如，在第四纪一般黏性土地区，一般的四五层以上的民用建筑物的允许沉降仅 10 cm 左右,沉降超过此值就容易产生裂缝;而沿海软土地区,沉降的固结过程很慢,建筑物能够适应地基的变形。因此,类似建筑物的允许沉降量可达 20 cm 甚至更大。

碎石土和砂土的压缩性小而渗透性大,在受荷后固结稳定所需的时间很短,可以认为在外荷载施加完毕时,其固结变形就已经基本完成。饱和黏性土与粉土地基在建筑物荷载作用下需要经过相当长时间才能达到最终沉降,例如厚的饱和软黏土层,其固结变形需要几年甚至几十年才能完成。因此,工程中一般只考虑黏性土和粉土的变形与时间的关系。

3.4.2 饱和土的有效应力原理

作用于饱和土体内某截面上总的正应力由两部分组成:一部分为孔隙水压力 u,它沿着各个方向均匀作用于土颗粒上,其中由孔隙水自重引起的称为静水压力,由附加应力引起的称为超静孔隙水压力(通常简称为孔隙水压力);另一部分为有效应力 σ',它作用于土的骨架(土颗粒)上,其中由土粒自重引起的即为土的自重应力,由附加应力引起的称为附加有效应力。饱和土中总应力与孔隙水压力、有效应力之间存在如下关系:

$$\sigma = \sigma' + u \tag{3-33}$$

式(3-33)称为饱和土的有效应力公式,加上有效应力在土中的作用,可以进一步表述成如下的有效应力原理:

(1)饱和土体内任一平面上受到的总应力等于有效应力与孔隙水压力之和。

(2)土的强度的变化和变形只取决于土中有效应力的变化。

3.4.3 太沙基的一维渗流固结理论

太沙基(K. Terzaghi,1925)一维固结理论可用于求解一维有侧限应力状态下,饱和黏性土地基受外荷载作用发生渗流固结过程中任意时刻的土骨架及孔隙水的应力分担量,如大面积均布荷载下薄压缩层地基的渗流固结等。

3.4.3.1 基本假设

(1)土是均质、各向同性和完全饱和的。

(2)土粒和水是不可压缩的。

(3)土层的压缩和土中水的渗流只沿竖向发生,是单向(一维)的。

(4)土中水的渗流服从达西定律,且土的渗透系数 k 和压缩系数 a 在渗流过程中保持不变。

(5)外荷载是一次瞬时施加的。

饱和土的一维渗流固结过程中有效应力和孔隙水应力的变化,如图 3-28 所示。

3.4.3.2 一维固结微分方程

根据固结过程中孔隙水的排出量与土体积的压缩量相等,得到太沙基一维固结微分方程,可表示为如下形式:

$$\frac{\partial u}{\partial t} = C_v \frac{\partial^2 u}{\partial^2 z} \tag{3-34}$$

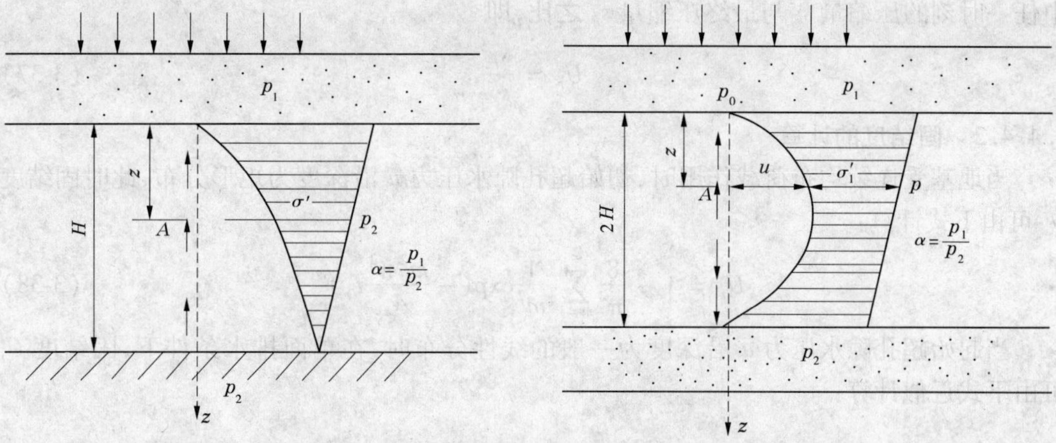

(a)单面排水情况　　(b)双面排水情况

图 3-28　固结过程中两种应力随时间与深度的分布

式中　C_v——土的竖向固结系数,cm^2/s,其值为 $C_v=\dfrac{k(1+e_0)}{a\gamma_w}=\dfrac{kE_s}{\gamma_w}$

k、a、e_0、E_s——渗透系数、压缩系数、土的初始孔隙比和侧限压缩模量。

上述固结微分方程可以根据土层渗流固结的初始条件与边界条件求出其特解:

当 $t=0$ 时,$0\leqslant z\leqslant H$ 处,$u=\sigma_z=p_0$;

当 $0<t\leqslant\infty$ 时,$z=0$ 处(透水面),$u=0$;

当 $0\leqslant t\leqslant\infty$ 时,$z=H$ 处(不透水面),$\partial u/\partial z=0$;

当 $t=\infty$ 时,$0\leqslant z\leqslant H$ 处,$u=0$。

根据以上条件用分离变量法可求得式(3-34)的一个解为:

$$u(z,t)=\frac{4}{\pi}\sigma_z\sum_{m=1}^{\infty}\frac{1}{m}\exp\left(-\frac{m^2\pi^2}{4}T_v\right)\sin\frac{m\pi z}{2H} \tag{3-35}$$

式中　m——奇正整数(1,3,5,…);

H——孔隙水的最大渗径,单面排水条件下为土层厚度,双面排水条件下为土层厚度之半;

T_v——时间因数,即 $T_v=\dfrac{C_v t}{H^2}$。

3.4.4　固结度

3.4.4.1　固结度基本概念

土层在固结过程中,t 时刻土层各点土骨架承担的有效应力图面积与起始超孔隙水压力(或附加应力)图面积之比,称为 t 时刻土层的固结度,用 U_t 表示,即

$$U_t=\frac{\text{有效应力图面积}}{\text{起始超孔隙水压力图面积}}=1-\frac{t\text{时刻超孔隙水压力图面积}}{\text{起始超孔隙水压力图面积}} \tag{3-36}$$

由于土层的变形取决于土中有效应力，故土层的固结度又可表述为土层在固结过程中任一时刻的压缩量 s_t 与最终压缩量 s_c 之比，即

$$U_t = \frac{s_t}{s_c} \tag{3-37}$$

3.4.4.2 固结度的计算

当地基受连续均布荷载作用时，初始超孔隙水压力 u 沿深度为矩形分布，此时固结度 U_t 可由下式计算：

$$U_t = 1 - \frac{8}{\pi^2}\sum_{m=1}^{\infty}\frac{1}{m^2}\exp\left(-\frac{m^2\pi^2}{4}T_v\right) \tag{3-38}$$

当起始超孔隙水压力 u 沿深度为一般的线性分布时，在单面排水条件下，固结度 U_t 可由下式近似计算：

$$U_t = 1 - \frac{32\left(\frac{\pi}{2}\alpha - \alpha + 1\right)}{\pi^3(1+\alpha)}\exp\left(-\frac{\pi^2}{4}T_v\right)$$

式中　α——排水面附加应力 σ_z' 与不排水面附加应力 σ_z'' 的比值，即 σ_z'/σ_z''。

实际工程中，作用于饱和土层中的起始超静水压力（另一方面也是有效应力）分布情况比较复杂，但实用上可以足够准确地把实际上可能遇到的起始超静水压力近似地分为以下 5 种情况处理：

(1) $\alpha=1$，应力图形为矩形。适用于土层已在自重应力作用下固结，基础底面积较大而压缩层较薄的情况。

(2) $\alpha=0$，应力图形为三角形。这相当于大面积新填土饱和时由于土本身自重应力引起的固结；或者土层由于地下水位大幅度下降，在地下水位变化范围内，自重应力随深度增加的情况。

(3) $\alpha<1$，适用于土层在自重作用下尚未固结，又在其上修建建筑物基础的情况。

(4) $\alpha=1$，基底面积小，土层厚，土层底面附加应力已接近 0 的情况。

(5) $\alpha>1$，土层厚度大于基础宽度的一半，附加应力随深度增加而减小，但土层底面处的附加应力大于 0。

以上情况均系单面排水，当边界条件为双面排水时，则不论土层中的附加应力如何分布，一律按 $\alpha=1$ 计算。

为便于实际使用，对应不同的 α 值，将其 $U_t \sim T_v$ 关系制成图表，以供查用。

3.4.4.3 固结度计算的工程应用

在地基固结分析中，通常有三类问题：一是已知土层固结条件时可求出某一时间对应的固结度，从而计算出相应的地基沉降量 s_t；二是推算达到某一固结度（或某一沉降量 s_t）所需的时间 t；三是根据前一阶段测定的沉降—时间曲线，推算以后的沉降—时间关系。

【例题 3-7】 有一黏土层，厚为 10 m，上下两面均可排水。现从黏土层中心取样后切取一厚为 2 cm 的试样，放入固结仪做固结试验（上下均有透水石），在某一级固结压力作用下，测得其固结度达到 80% 所需的时间为 10 min，问该黏土层在同样固结压力（即上下均布固结压力）作用下达到同一固结度所需的时间为多少？若黏土层必为单面排水，所

需时间又为多少？

解：已知黏土层厚为 $H_1=10$ m，试样厚度 $H_2=2$ cm，达到固结度 80% 所需的时间为 $t_2=10$ min，设黏土层达到 80% 固结度所需的时间为 t_1，由于土的性质和固结度均相同，因而由 $C_{v1}=C_{v2}$ 及 $T_{v1}=T_{v2}$ 的条件可得：

$$\frac{t_1}{\left(\frac{H_1}{2}\right)^2}=\frac{t_2}{\left(\frac{H_2}{2}\right)^2}$$

于是
$$t_1=\frac{H_1^2}{H_2^2}t_2=\frac{1\ 000^2}{2^2}\times 10=2\ 500\ 000(\text{min})=1\ 736(\text{d})$$

当黏土层改为单面排水时，其所需时间为 t_3，则由 T_v 相同的条件得：

$$\frac{t_3}{H_1^2}=\frac{t_1}{\left(\frac{H_1}{2}\right)^2}$$

$$t_3=4t_1=4\times 1\ 736=6\ 944(\text{d})$$

从上可知，在其他条件相同的情况下，单面排水所需的时间为双面排水的 4 倍。

思考题

3-1　地基中自重应力的分布有什么特点？

3-2　为什么自重应力和附加应力的计算方法不同？

3-3　影响基底压力的因素有哪些？

3-4　目前根据什么假设计算地基中的附加应力？这些假设是否合理可行？

3-5　为什么可以说土的压缩变形实际上是土的孔隙体积的减小？

3-6　为何有了压缩系数还要定义压缩模量？

3-7　计算地基最终沉降量的分层总和法与应力面积法的主要区别有哪些？二者的实用性如何？

3-8　饱和土的太沙基一维固结理论假定条件有哪些？

3-9　土的固结与哪些因素有关？

习　题

3-1　如图 3-29 给出的资料，计算并画出地基中的自重应力沿深度的分布曲线。如果地下水因某种原因突然下降至高程 35 m 处（地下水位下降时细砂层成为非饱和土层，其重度为 17.8 kN/m³，黏土层及粉质黏土层因其渗透性小，来不及排水，它们的含水情况不变）。问此时地基中的自重应力有何改变？请用图表示（$\gamma_w=10$ kN/m³）。

3-2　一荷载板 1 m×1 m，一柱基底面 3 m×3 m，一片筏基础底面 20 m×20 m，如果它们的基底附加压力均为 150 kPa，问三个基础下，中心轴上附加应力 $\sigma_z=30.12$ kPa 的深度各为多少？其结果说明了什么？

3-3　某饱和黏土层厚10 m,在大面积均布荷载 $p=120$ kPa 作用下,土层的初始孔隙比 $e=1.0$,压缩系数 $a=0.3\ \text{MPa}^{-1}$,渗透系数 $k=18$ mm/a。按黏土层在双面或单面排水条件下分别求:

(1)加荷一年时的沉降量;

(2)沉降量达140 mm所需的时间。

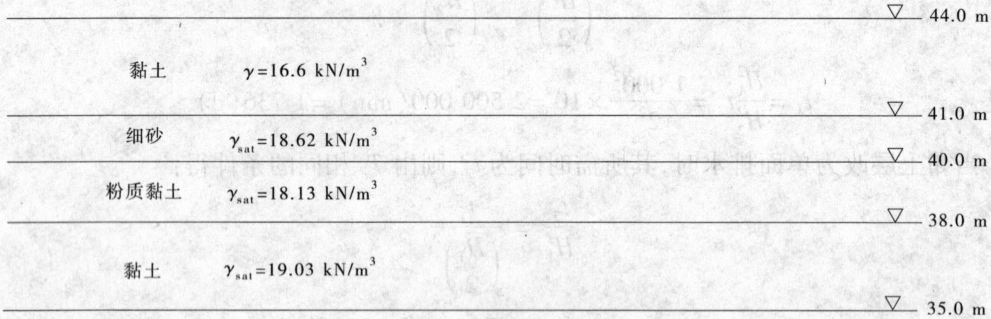

图3-29　习题3-1图

第 4 章　土的抗剪强度与地基承载力

学习指导

为了对建筑地基的稳定性进行力学分析和计算，需要深入研究土的强度问题。

学习目标

了解土的抗剪强度的来源、影响因素、测试方法和指标的取值，研究土的极限平衡理论和土的极限平衡条件，掌握地基受力状况和确定地基承载力的途径。

学习重点

土的抗剪强度试验方法，土的极限平衡条件与地基承载力的确定。

4.1　土的抗剪强度与极限平衡条件

4.1.1　土的抗剪强度

由于土颗粒本身的强度远大于颗粒间的连接强度，致使土体在外力作用下颗粒沿接触处互相错动而剪切破坏，即工程实践和室内试验均证实的土的破坏多数属于剪切破坏。

1776 年，法国科学家库仑通过一系列砂土剪切试验，提出砂土和黏性土的抗剪强度的表达式：

$$\tau_f = \sigma\tan\varphi \tag{4-1}$$

$$\tau_f = c + \sigma\tan\varphi \tag{4-2}$$

式中　τ_f——剪切破坏面上的剪应力，即土样的剪切强度，kPa；

σ——破坏面上的法向应力，kPa；

c——土的黏聚力；

φ——土的内摩擦角。

式(4-1)和式(4-2)即为著名的库仑抗剪强度定律，式中 c、φ 称为土的抗剪强度指标。该定律表明，土的抗剪强度是剪切面上的法向总应力 σ 的线性函数。同时，从该定律可知：对于无黏性土，其抗剪强度仅仅是粒间的摩擦力；而对于黏性土，其抗剪强度由黏聚力和摩擦力两部分构成。

抗剪强度的摩擦力 $\sigma\tan\varphi$ 主要来自两方面：一是滑动摩擦，即剪切面土粒间表面的粗糙所产生的摩擦作用；二是咬合摩擦，即土粒间互相嵌入所产生的咬合力。因此，抗剪强度的摩擦力除与剪切面上的法向总应力有关外，还与土的原始密度、土粒的形状、表面的粗糙程度以及级配等因素有关。抗剪强度的黏聚力一般由土粒之间的胶结作用和电分子引力等因素所形成。因此，黏聚分量通常与黏粒含量、矿物成分、含水量、土的结构等因素密切相关。而 c、φ 是决定土的抗剪强度的两个重要指标，随试验方法和土样的排水条件等不同而有较大差异。

4.1.2　土的极限平衡条件

4.1.2.1　土中一点的应力状态

当土中某点任一方向的剪应力 τ 达到土的抗剪强度时,称该点处于极限平衡状态。因此,若已知土体的抗剪强度 τ_f,则只要求得土中某点各个面上的剪应力 τ 和法向应力 σ,即可判断土体所处的状态。从土体中任取一单元体,如图 4-1 所示。

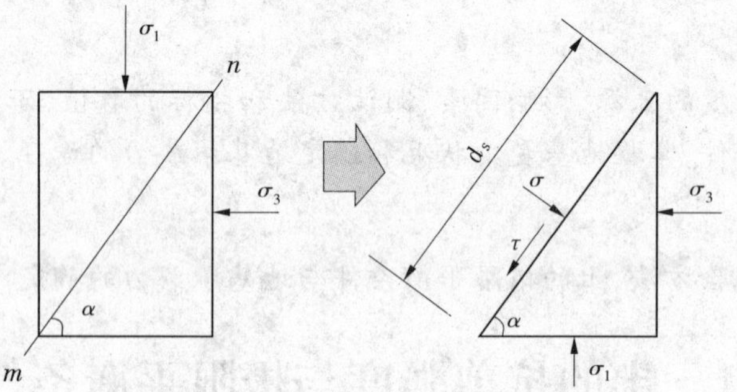

图 4-1　土中一点应力状态力学分析图

设作用在该单元体上的大、小主应力分别为 σ_1 和 σ_3,在单元体内与大主应力作用面成任意角 α 的 mn 平面上,有正应力 σ 和剪应力 τ。为建立 σ、τ 与 σ_1、σ_3 之间的关系,取楔形脱离体,根据楔形体静力平衡条件可得:

水平方向　$\sigma_3 d_s \sin\alpha - \sigma d_s \sin\alpha + \tau d_s \cos\alpha = 0$

竖直方向　$\sigma_1 d_s \cos\alpha - \sigma d_s \cos\alpha - \tau d_s \sin\alpha = 0$

所以:

$$\sigma = \frac{1}{2}(\sigma_1 + \sigma_3) + \frac{1}{2}(\sigma_1 - \sigma_3)\cos 2\alpha \tag{4-3}$$

$$\tau = \frac{1}{2}(\sigma_1 - \sigma_3)\sin 2\alpha \tag{4-4}$$

在 $\sigma \sim \tau$ 坐标系中,按一定比例沿 σ 轴截取 σ_3 和 σ_1,以 D 点($\frac{\sigma_1 + \sigma_3}{2}$,0)为圆心、$\frac{\sigma_1 - \sigma_3}{2}$ 为半径作圆,即为摩尔应力圆,如图 4-2 所示。

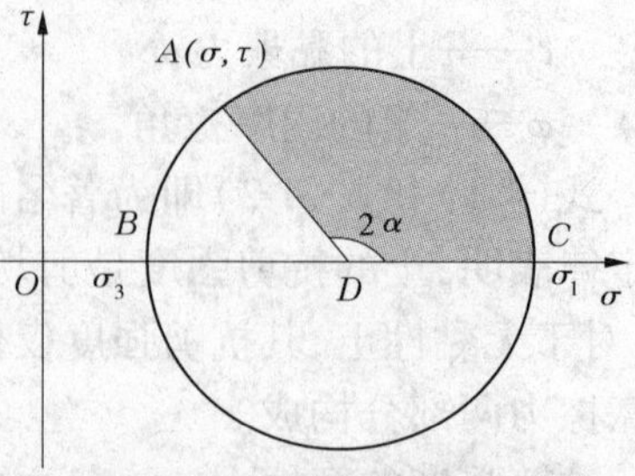

图 4-2　摩尔应力圆

摩尔应力圆圆周上某点的坐标表示土中该点相应某个面上的正应力和剪应力,该面与大主应力作用面的夹角,等于弧 CA 所含圆心角的一半。由图可见,最大剪应力 $\tau_{\max} = \frac{1}{2}(\sigma_1 - \sigma_3)$,其作用面与大主应力 σ_1 作用面的夹角 $\alpha = 45°$。

在 $\sigma \sim \tau$ 坐标系中,将抗剪强度包线与描述土体中某点的摩尔应力圆同时绘出,二者的相对位置关系分为三种:

(1)摩尔应力圆与抗剪强度包线相离:表明通过该点的任何平面上的剪应力都小于抗剪强度,即 $\tau < \tau_f$,所以该点处于弹性平衡状态。

(2)摩尔应力圆与抗剪强度包线相切:表明该点所代表的平面上的剪应力等于抗剪强度,即 $\tau = \tau_f$,该点处于极限平衡状态。

(3)摩尔应力圆与抗剪强度包线相割:表明过该点的相应于割线所对应弧段代表的平面上的剪应力,均已超过土的抗剪强度,即 $\tau > \tau_f$,无数点所代表的平面已被剪坏。这种应力状态是不可能存在的,因为在任何物体中的应力都不可能超过其强度值。

土的极限平衡条件即是 $\tau = \tau_f$ 时应力之间的关系,故与抗剪强度包线相切的摩尔应力圆被称为极限摩尔应力圆。

4.1.2.2　土的极限平衡条件

黏性土的抗剪强度包络线与极限摩尔应力圆的关系,如图 4-3 所示。

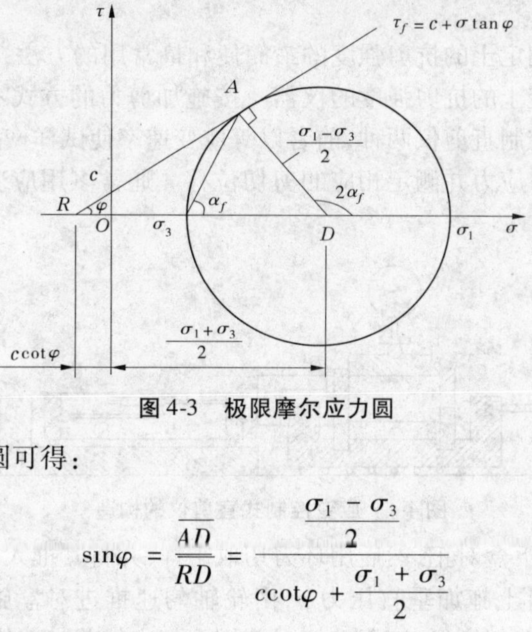

图 4-3　极限摩尔应力圆

由极限摩尔应力圆可得:

$$\sin\varphi = \frac{\overline{AD}}{\overline{RD}} = \frac{\dfrac{\sigma_1 - \sigma_3}{2}}{c\cot\varphi + \dfrac{\sigma_1 + \sigma_3}{2}}$$

由此推出土的极限平衡条件为:

$$\sigma_1 = \sigma_3\tan^2(45° + \frac{\varphi}{2}) + 2c\tan(45° + \frac{\varphi}{2}) \tag{4-5}$$

或

$$\sigma_3 = \sigma_1\tan^2(45° - \frac{\varphi}{2}) - 2c\tan(45° - \frac{\varphi}{2}) \tag{4-6}$$

和

$$\alpha_f = \frac{1}{2}(90° + \varphi) = 45° + \frac{\varphi}{2}$$

对无黏性土,可将 $c = 0$ 代入式(4-5)、式(4-6),由此得简化形式为:

$$\sigma_1 = \sigma_3\tan^2\left(45° + \frac{\varphi}{2}\right) \tag{4-7}$$

$$\sigma_3 = \sigma_1\tan^2\left(45° - \frac{\varphi}{2}\right) \tag{4-8}$$

式(4-5)~式(4-8)统称为摩尔-库仑强度理论,由该理论所描述的土体极限平衡状态可知,土的剪切破坏并不是由最大剪应力$\tau_{max}=\frac{\sigma_1-\sigma_3}{2}$所控制的,即剪破面并不产生于最大剪应力面,而是与最大剪应力面成$\frac{\varphi}{2}$的夹角。

4.2 土的抗剪强度试验方法

确定土的抗剪强度的试验称为剪切试验。剪切试验的方法有多种,在实验室内常用的有直接剪切试验、三轴剪切试验和无侧限抗压强度试验,现场原位测试有十字板剪切试验等。

4.2.1 直接剪切试验

直接剪切试验是测定土的抗剪强度的最简便和最常用的方法,直接剪切仪(直剪仪)是最早使用的一种测定土的抗剪强度的仪器。按施加剪力的方式不同,直剪仪可分为应变控制直剪仪和应力控制直剪仪两种,前者以等应变速率使试样产生剪切位移直至剪破,后者是分级施加水平剪应力并测定相应的剪切位移。通常多用应变控制直剪仪,其构造如图4-4所示。

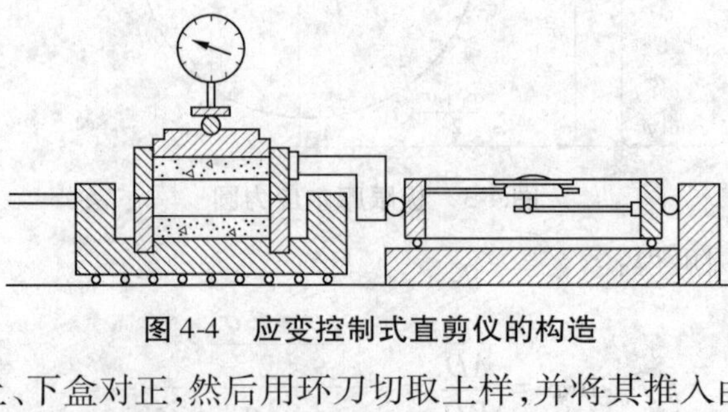

图4-4 应变控制式直剪仪的构造

试验时首先将上、下盒对正,然后用环刀切取土样,并将其推入由上、下盒构成的剪切盒中。通过加压系统对土施加垂直压力p,由轮轴匀速推进对盒施加剪应力,使试样沿上、下盒水平触面产生剪切变形,直至破坏。剪切面相应的剪应力值由与上盒接触的量力环的变形值推算。

在剪切过程中,每隔一固定时间间隔测记量环中百分表读数,直至剪损。根据计算的剪应力τ与剪切位移Δl的值,可绘制出一定法向应力σ条件下的剪应力—剪切位移关系曲线,如图4-5所示。

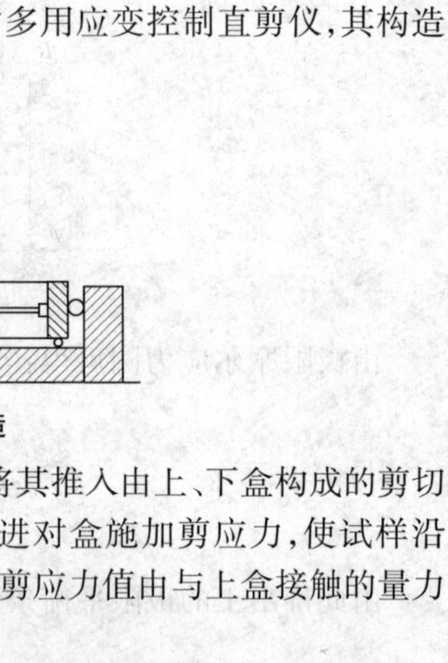

图4-5 剪应力—剪切位移关系曲线

较密实的黏土及密砂土的$\tau\sim\Delta l$线具有明显峰值,如图4-5中曲线1,其峰值即为破坏强度τ_f。对于软黏土和松砂,其$\tau\sim\Delta l$曲线常不出现峰值,如图4-5中曲线2,此时可按某一剪切变形量作为控制破坏标准,如可以规定以相对稳定值b点的剪应力作

为抗剪强度 τ_f。

图 4-5 中曲线 1 表明出现峰值后，峰后强度随应变增大而降低，此为应变软化特征。曲线 2 无峰值出现，强度随应变增大而趋于某一稳定值，称为应变硬化特征。

要通过直剪试验确定某种土的抗剪强度，通常取四个试样，分别施加不同的垂直压力 σ 进行剪切试验，求得相应的抗剪强度 τ_f。将 τ_f 与 σ 绘制于直角坐标系中，即得该土的抗剪强度包线，如图 4-6 所示。强度包线与 σ 轴的夹角即为内摩擦角 φ，在 τ 轴上的截距即为土的黏聚力 c。绘制图 4-6 中的抗剪强度包线时必须注意纵横坐标的比例一致。

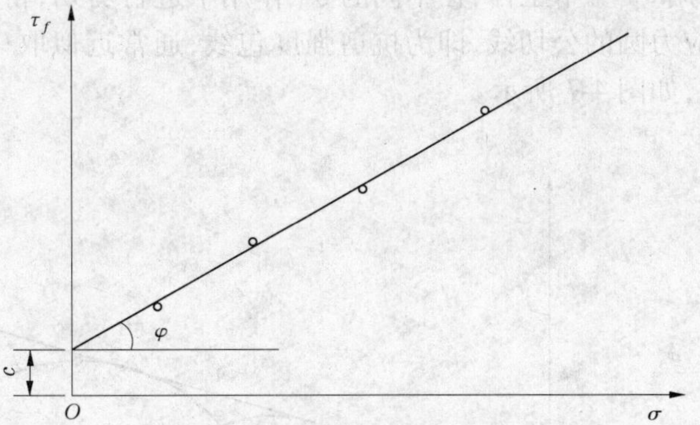

图 4-6　抗剪强度包线

直接剪切试验的优点是仪器构造简单、传力明确、操作方便、试样薄、固结快、省时，仪器刚度大而不可能发生横向变形，仅根据竖向变形量就可计算试样体积的变化。这些优点使直剪仪至今还被广泛应用。

直剪试验仪的缺点是所受外力状态比较简单，试样内的应力状态又比较复杂，应力、应变分布不均匀。剪切破坏面事先确定，剪切面人为地限制在上、下盒的接触面上，而该平面并非是试样抗剪强度最弱的面，因而就不能真实反映工程土的真实强度指标。在试验直至破坏的过程中，受剪切的实际面积在不断缩小，上、下盒边缘处的应力集中很明显，所以剪切面上的应力、应变很不均匀又难测定。直剪仪还有一个明显缺点就是不能严格控制排水条件，不能测定试样中孔隙水压力及其变化。因此，直剪试验不宜作为深入研究土的抗剪强度特性的手段。

针对直剪仪的上述缺陷，人们曾作出了一些改进。如能改善试样中的应力均匀程度并外套橡皮膜以控制水的单剪仪，能控制主应力的直剪仪和能测定残余强度的环剪仪等。

4.2.2　三轴剪切试验

三轴剪切试验亦称三轴压缩试验，是测试土体抗剪强度的一种较精确的试验，因此在重大工程与科学研究中经常进行三轴剪切试验。三轴剪切试验所用的仪器为三轴剪力仪，有应变控制式和应力控制式两种。前者操作较后者简单，因而广泛使用。

三轴剪切仪的主要工作部分包括压力室、轴向加压系统、测量系统、孔隙水压力系统等。

三轴剪切试验采用正圆柱形试样，试验的主要步骤如下：

(1)将制备好的试样套在橡皮膜内置于压力室底座上，装上压力室外罩并密封。

(2)向压力室充水使周围压力达到所需的 σ_3。

(3)开动马达使压力室按选定的速率匀速上升,活塞即对试样施加轴向压力增量 $\Delta\sigma$。

假定试样上下端所受约束影响忽略不计,则轴向即为最大主应力,试样剪破面方向与大主应力作用平面的夹角为 $\alpha_f = 45° + \frac{\varphi}{2}$。按试样剪破时的 σ_1、σ_3 作极限应力圆,它必与抗剪强度包线相切,切点的坐标即为剪破面上的法向应力 σ 与极限剪切应力 τ_f。

试验时一般采用 3 ~ 4 个土样,在不同的 σ_3 作用下进行剪切,得出 3 ~ 4 个不同的破坏应力圆,绘出各应力圆的公切线,即为抗剪强度包线,通常近似取一直线。由此求得抗剪强度指标 c、φ 值,如图 4-7 所示。

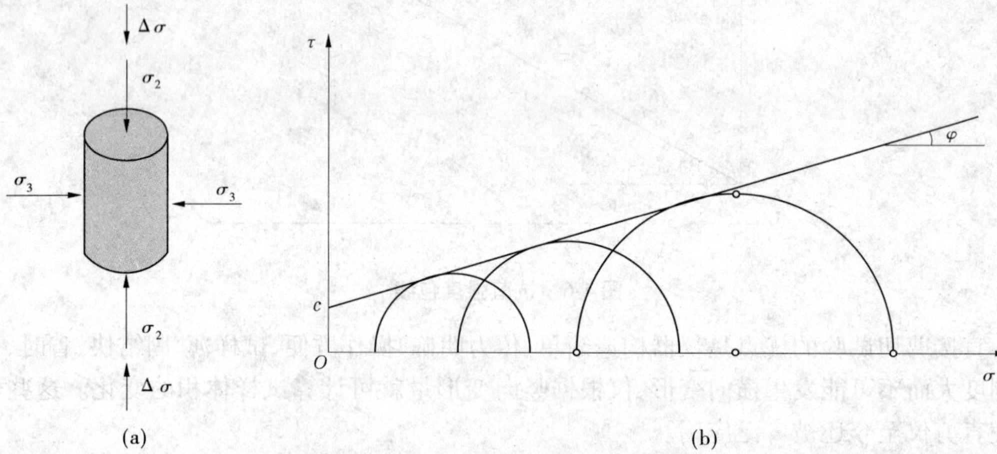

图 4-7 三轴剪切试验图解抗剪强度指标

三轴剪切试验的突出优点是能较严格地控制试样的排水条件,从而可以量测试样中的孔隙水压力,以定量地获得土中有效应力的变化情况。此外,试样中的应力分布比较均匀,不硬性制定破裂面位置。除抗剪强度指标外,还可测定如土的灵敏度、侧压力系数、孔隙水压力系数等力学指标。所以,三轴剪切试验成果较直剪试验成果更加可靠、准确。

但三轴剪切试验也存在试样制备和试验操作比较复杂、试样中的应力与应变仍然不够均匀的缺点。由于试样上、下端的侧向变形分别受到刚性试样帽和底座的限制,而在试样的中间部分却不受约束,因此当接近破坏时,试样常被挤压成鼓形。此外,试验是在轴对称情况下进行的,即 $\sigma_2 = \sigma_3$,这与一般土体实际受力会有所差异。为此,已研制出 $\sigma_1 \neq \sigma_2 \neq \sigma_3$ 的真三轴仪、平面应变仪等能更准确地测定不同应力状态下土的强度的试验仪器。

根据三轴剪切试验过程中试样的固结条件与孔隙水压力是否消散的情况,可分为三种试验方法。同一种试样,采用三种不同的试验方法,所得到的抗剪强度指标 c 或 φ 值将不同。

(1)不固结不排水试验。不固结不排水试验简称 UU 试验。这种试验方法是:对试样施加周围压力 σ_3 之前,即将试样的排水阀关闭,即在不固结的情况下施加轴向力进行剪切,在剪切过程中排水阀始终关闭,即不通水试验。总之,在施加 σ_3 和 σ_1 的整个过程中都不排水,在试样中存在孔隙水压力 u,可通过孔隙水压力量测系统测出。

(2)固结不排水试验。固结不排水试验简称 CU 试验。这种试验方法与上述不固结不排水试验不同之处为:施加周围压力 σ_3 时,试样充分排水固结。

(3)固结排水试验。固结排水试验简称 CD 试验。此方法与固结不排水试验的主要区别是:在剪切全过程中,自始至终打开排水阀,剪切速率要缓慢,每分钟应变为 0.003% ~ 0.012%。固结排水试验,无论是在施加周围压力 σ_3 或施加轴向压力 σ_1 时,均应充分排水,使孔隙水压力完全消散。

4.2.3　无侧限抗压强度试验

无侧限抗压强度试验适用于饱和黏性土。无侧限抗压强度试验是三轴剪切试验的一种特例,即对正圆柱形试样不施加周围压力($\sigma_3=0$),而只对它施加垂直的轴向压力 σ_1。由于试样的侧向压力为零,只有轴向受压,仪器构造简单,操作方便,故称无侧限抗压强度试验。图 4-8 为无侧限压力仪以及试样受力情况。

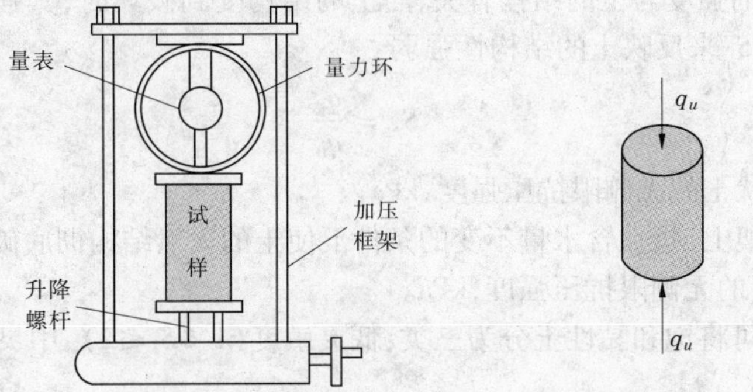

图 4-8　无侧限压力仪以及试样受力情况

因为试验时 $\sigma_3=0$,所以试验成果只能作出一个极限应力圆,对于一般非饱和黏性土,难以作出强度包线。对于饱和软黏土,根据三轴不排水剪切试验成果,其强度包线近似于一条水平线,即 $\varphi_u=0$,故无侧限抗压强度试验适用于测定饱和软黏土的不排水强度,如图 4-9 所示。

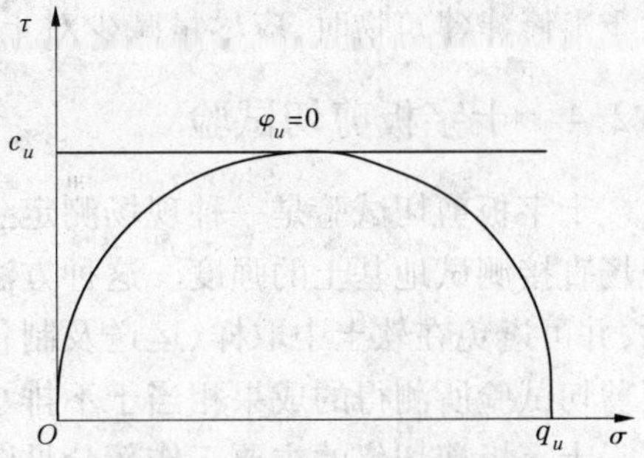

图 4-9　无侧限抗压强度试验

在 $\sigma\sim\tau$ 坐标上,以无侧限抗压强度 q_u 为直径,通过 $\sigma_3=0$、$\sigma_1=q_u$ 作极限应力圆,其水平切线就是强度包线,该线在 τ 轴上的截距 c_u 即为抗剪强度 τ_f,即

$$\tau_f = c_u = \frac{q_u}{2} \tag{4-9}$$

式中　c_u——饱和软黏土的不排水强度,kPa。

试验方法与步骤如下:

(1)将试样上、下两端抹一薄层凡士林。在气候干燥时,试样周围也需抹一薄层凡士林,防止水分蒸发。

(2)将试样放置在下加压板正中,转动手柄,使试样上升与上加压板接触。调整测力计中的百分表读数为零。

(3)转动手轮,开动秒表,使轴向应变速率为每分钟1%～3%进行试验。当轴向应变小于3%时,每隔0.5%应变读数一次;当轴向应变大于等于3%时,每隔1%应变读数一次,使试样在8～10 min内剪破。

(4)当测力计读数出现峰值时,继续进行至3%～5%的应变值后停止试验;当读数无峰值时,试验应进行到应变达20%为止。

(5)试验结束,反转手轮,取下试样,描述试样破坏后的形状。

(6)如需测定黏性土的灵敏度,将破坏后的试样除去涂有凡士林的表面,加少许余土,包于塑料布内用手搓捏,破坏其天然结构,并重塑成圆柱体。将试样放入重塑筒内,用金属垫板将试样挤成与原状试样相同的尺寸、密度和含水率。按步骤(1)～(5)测定重塑土的无侧限抗压强度。

饱和黏性土的强度与土的结构有关,当土的结构受到破坏时,其强度会迅速降低,工程上常用灵敏度 S_t 来反映土的结构性强弱:

$$S_t = \frac{q_u}{q_0} \tag{4-10}$$

式中　q_u——原状土的无侧限抗压强度,kPa;

q_0——重塑土(指在含水量不变的条件下使土的天然结构彻底破坏,再重新制备的土)的无侧限抗压强度,kPa。

根据灵敏度可将饱和黏性土分为三类:低灵敏度($1 < S_t \leqslant 2$)、中灵敏度($2 < S_t \leqslant 4$)、高灵敏度($S_t > 4$)。

土的灵敏度越高,其结构性越强,受到扰动后土的强度降低就越多。所以,在高灵敏度土上修建建筑物时,应尽量减少对土的扰动。

4.2.4　十字板剪切试验

十字板剪切试验是一种现场测定土的原位抗剪强度的测试方法,不用取原状土,而在现场直接测试地基土的强度。这种方法适用于地基为软弱黏性土或取原状土样困难的条件,并可避免在软土中取样、运送及制备试样过程中受扰动影响试验成果的可靠性。十字板剪切试验所测得的成果相当于不排水抗剪强度。

十字板剪切仪的主要工作部分见图4-10。

试验时预先钻孔到预定施测深度,清理空地后将十字板固定在钻杆下端下至孔底,压入孔底以下约750 mm,然后通过安放在地面上的设备施加扭矩,使十字板按一定速率扭转直至土体剪切破坏。由剪切破坏时的最大扭矩 M_{max} 可推算出土的抗剪强度。

土体的抗扭力矩来源于柱体上、下平面的抗剪强度对圆心所产生的抗扭力矩,以及圆柱侧面上的剪应力对圆心所产生的抵抗力矩。

即十字板剪切破坏扭力矩为:

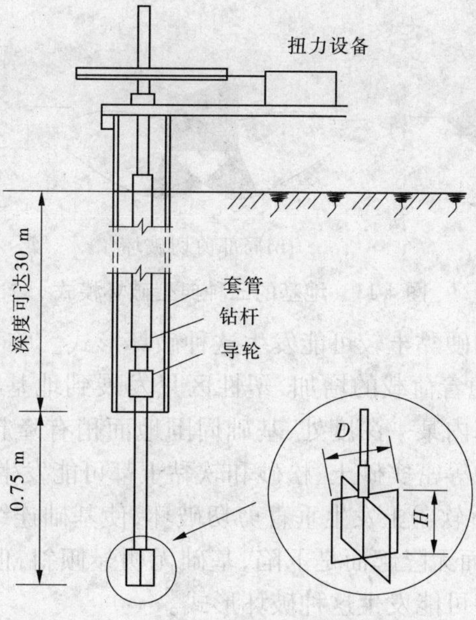

图 4-10　十字板剪切仪的主要工作部分

$$M_{\max} = \pi DH \times \frac{D}{2}\tau_{fv} + 2 \times \frac{\pi D^2}{4} \times \frac{2}{3} \times \frac{D}{2}\tau_{fh} \tag{4-11}$$

式中　D——十字板直径,m;

H——十字板高度,m;

τ_{fv}、τ_{fh}——剪切破坏时圆柱土体侧面和上、下面土的抗剪强度,kPa。

假定土体为各向同性体,即 $\tau_{fh} = \tau_{fv}$,则:

$$\tau_f = \frac{2M_{\max}}{\pi D^2 (H + \frac{D}{3})} \tag{4-12}$$

十字板剪切试验具有无需钻孔取样和使土少受扰动的优点,且试验设备简单、操作方便,原位测试成果满意,因而在软弱黏性土地基的工程勘察中得到了广泛应用,亦常用以在现场对软黏土的灵敏度测定。但这种原位测试方法中剪切面上的受力条件十分复杂,排水条件也不能严格控制,因此所测的不排水强度与原状土室内的不排水剪切试验成果有一定差别。

4.3　地基极限承载力

4.3.1　地基的破坏模式

地基剪切破坏的三种典型模式为整体剪切破坏、局部剪切破坏和冲剪破坏,如图 4-11 所示。

(1)整体剪切破坏:基底压力超过临塑荷载后,随着荷载的增加,剪切破坏区不断扩大,最后在地基中形成连续的滑动面,基础急剧下沉并可能向一侧倾斜,基础四周的地面

(a)整体剪切破坏　　　　(b)局部剪切破坏　　　　(c)冲剪破坏

图 4-11　地基的三种典型破坏模式

明显隆起。密实的砂土和硬黏土较可能发生这种破坏形式。

(2)局部剪切破坏:随着荷载的增加,塑性区只发展到地基内某一范围,滑动面不延伸到地面而是终止在地基内某一深度处,基础周围地面稍有隆起,地基会发生较大变形,但房屋一般不会倒塌。中等密实砂土、松砂和软黏土都可能发生这种破坏形式。

(3)冲剪破坏:基础下软弱土发生垂直剪切破坏,使基础连续下沉。破坏时地基中无明显滑动面,基础四周地面无隆起而是下陷,基础无明显倾斜,但发生较大沉降。压缩性较大的松砂和软土地基将可能发生这种破坏形式。

地基的破坏模式除了与土的性状有关外,还与基础埋深、加荷速率等因素有关。若基础埋深较浅,荷载缓慢施加,趋向于发生整体剪切破坏;若基础埋深大,快速加荷,则可能形成局部剪切破坏或冲剪破坏。

4.3.2　地基的极限承载力概念

地基的极限承载力指地基在外荷作用下产生的应力达到极限平衡时的荷载。作用在地基上的荷载较小时,地基处于压密状态,随着荷载的增大,地基中产生局部剪切破坏的塑性区也越来越大。随着荷载的增加,地基中的塑性区将发展为连续贯通的滑动面,地基丧失整体稳定而破坏,地基所能承受的荷载达到极限值,以 p_u 表示,之前的地基土经历了临塑荷载 p_{cr}。地基静荷载试验可以得到荷载 p 和沉降 s 的关系曲线,地基变形的三个阶段与地基承载力的对应过程如图 4-12 所示。

将地基极限承载力除以安全系数 K,即为地基承载力的设计值:

$$f = \frac{p_u}{K} \tag{4-13}$$

式中　K——安全系数,一般可取 2 ~ 3。

4.3.3　地基极限承载力计算公式

地基极限承载力的计算公式较多,包括适用于条形基础、方形基础和圆形基础的太沙基公式,适用于饱和软土地基、内摩擦角为 0 的浅基础的斯凯普顿公式,以及适用于倾斜荷载情况的汉森公式等。目前,地基极限承载力的计算公式均按整体剪切破坏导出,然后经过修正或乘以有关系数后用于其他破坏模式。本教材仅列举地基极限承载力计算的太沙基公式。

太沙基假定地基中滑动面的形状如图 4-13 所示。

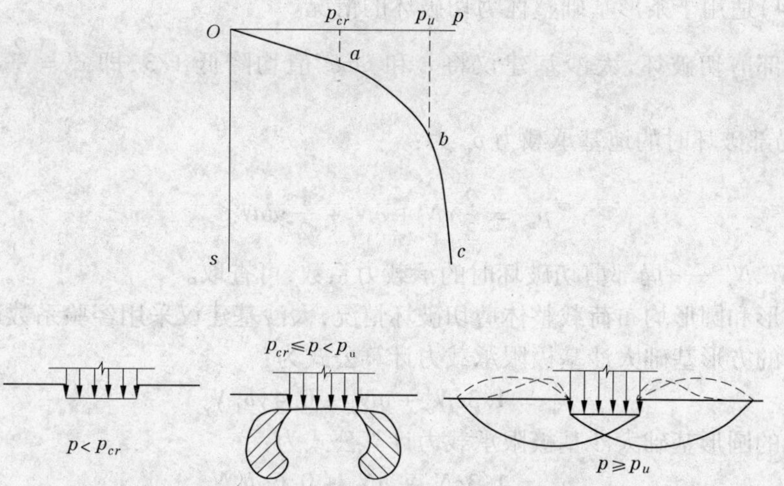

图 4-12　基础荷载试验的 $p \sim s$ 曲线

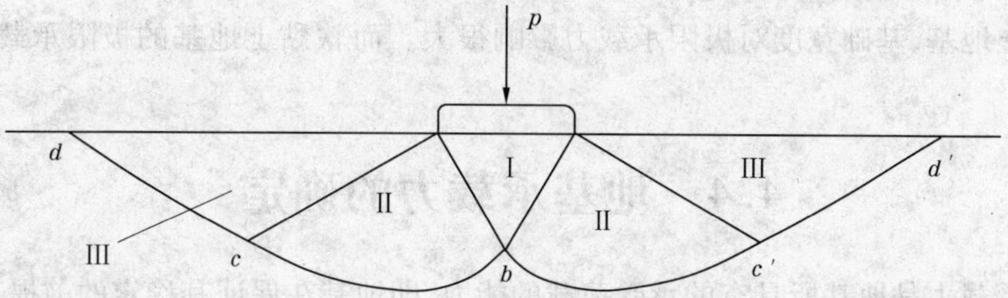

图 4-13　地基中滑动面的形状

Ⅰ区——基础下的楔形压密区。由于土与粗糙基底的摩阻力作用,该区的土不进入剪切状态而处于压密状态,形成弹性核,弹性核边界与基底所成角度为 φ。

Ⅱ区——过渡区。滑动面按对数螺旋线变化。螺旋线在 b 点处的切线为垂直线,c 点处螺旋线的切线与水平线夹角为$(45° - \frac{\varphi}{2})$。

Ⅲ区——朗肯(Rankine)被动区。该区的土处于被动极限平衡状态,滑动面为平面,与水平面的夹角为$(45° - \frac{\varphi}{2})$。

太沙基公式不考虑基底以上基础两侧土体抗剪强度的影响,以均布荷载 $q = \gamma_0 d$ 来代替埋深范围内的土体自重。根据弹性土楔体的静力平衡条件,可得太沙基极限承载力 p_u 的计算公式为:

$$p_u = cN_c + qN_q + \frac{1}{2}\gamma bN_\gamma \tag{4-14}$$

式中　q——基底面以上基础两侧荷载,kPa,$q = \gamma d$;

b、d——基底宽度和埋置深度,m;

N_c、N_q、N_γ——承载力系数,与土的内摩擦角 φ 有关,可查取。

式(4-14)适用于条形基础整体剪切破坏的情况。

对于局部剪切破坏,太沙基建议将 c 和 $\tan\varphi$ 值均降低 1/3,即 $c' = \frac{2}{3}c$ 和 $\tan\varphi' = \frac{2}{3}\tan\varphi$,则局部破坏时的地基承载力 p_u 为:

$$p_u = \frac{2}{3}cN_c' + qN_q' + \frac{1}{2}\gamma bN_\gamma' \tag{4-15}$$

式中　N_c'、N_q'、N_γ'——局部剪切破坏时的承载力系数,可查取。

对于方形和圆形均布荷载整体剪切破坏情况,太沙基建议采用经验系数进行修正。

修正后的方形基础太沙基极限承载力计算公式为:

$$p_u = 1.3cN_c + qN_q + 0.4\gamma b_1 N_\gamma \tag{4-16}$$

修正后的圆形基础太沙基极限承载力计算公式为:

$$p_u = 1.3cN_c + qN_q + 0.6\gamma b_0 N_\gamma \tag{4-17}$$

式中　b_1——方形基础宽度,m;

b_0——圆形基础直径,m。

对砂土地基,基础宽度对极限承载力影响很大。而软黏土地基的极限承载力与基础宽度无关。

4.4　地基承载力的确定

地基承载力是地基所具有的承受荷载的能力,即地基在保证其稳定的前提下,满足建筑物各类变形要求时的承载能力。地基承载力的确定在地基基础设计中是一个非常重要而又十分复杂的问题,它不仅与土的物理、力学性质有关,而且还与基础型式、底宽、埋深、建筑类型、结构特点和施工速度等因素有关。其确定方法包括《建筑地基基础设计规范》表格确定、静载荷试验确定、土体强度理论计算确定、邻近条件相似的建筑物经验确定。方法确定时需要综合考虑建筑物级别。

4.4.1　地基承载力的《建筑地基基础设计规范》表格确定

根据新中国成立以来大量工程实践经验、原位试验和室内土工试验数据,并以载荷试验成果为主要依据,以确定地基承载力为目的进行统计、分析,《建筑地基基础设计规范》制定了一套简明的表格用来确定地基的承载力。其一般步骤是,首先查表确定地基承载力特征值,或查表确定地基承载力基本值之后修正为特征值,然后再根据基础的埋深和宽度进行修正,并与按规定放大的数值对比,最后确定地基承载力特征值。

4.4.1.1　确定地基承载力特征值 f_{ak}

1)根据野外鉴别结果查表确定

对于岩石和碎石土,可根据野外鉴别结果,分别按表 4-1 和表 4-2 确定其承载力特征值。

表 4-1　岩石承载力标准值 f_k　（单位：kPa）

地基	强风化	中等风化	微风化
硬质岩石	500 ~ 1 000	1 500 ~ 2 500	≥4 000
软质岩石	200 ~ 500	700 ~ 1 200	1 500 ~ 2 000

注：对于微风化的硬质岩石，其承载力当取用大于 4 000 kPa 时，应由试验确定；对于强风化的岩石，当与残积土难以区分时按土考虑。

表 4-2　碎石土承载力标准值 f_k　（单位：kPa）

地基	稍密	中密	密实
卵石	300 ~ 500	500 ~ 800	800 ~ 1 000
碎石	250 ~ 400	400 ~ 700	700 ~ 900
圆砾	200 ~ 300	300 ~ 500	500 ~ 700
角砾	200 ~ 250	250 ~ 400	400 ~ 600

2）根据土的物理、力学指标平均值确定

a. 查表确定承载力基本值 f_0

有些土的物理、力学指标与地基自身承载力之间存在着良好的相关性。由此，可通过土的室内物理、力学指标试验值确定土的承载力。遵循这一途径查出的承载力值称为地基承载力基本值，用符号 f_0 表示。粉土、黏性土、沿海地区淤泥和淤泥质土、红黏土、素填土的承载力基本值 f_0 由表 4-3 ~ 表 4-7 查得。

表 4-3　粉土承载力基本值 f_0　（单位：kPa）

第一指标 e	第一指标 ω(%)						
	10	15	20	25	30	35	40
0.5	410	390	(365)				
0.6	310	300	280	(270)			
0.7	250	240	225	215	(205)		
0.8	200	190	180	170	(165)		
0.9	160	150	145	140	130	(125)	
1.0	130	125	120	115	110	105	(100)

注：有括号者仅供内插用；折算系数 ξ 为 0；在湖、塘、沟、谷与河漫滩地段，新近沉积的粉土，其工程性质一般较差，应根据当地实践经验取值。

表 4-4　黏性土承载力基本值 f_o　　（单位：kPa）

第一指标 e	第二指标 I_L					
	0	0.25	0.50	0.75	1.00	1.20
0.5	475	450	390	(360)		
0.6	400	360	325	295	(265)	
0.7	325	295	265	240	210	170
0.8	275	240	220	200	170	135
0.9	230	210	190	170	135	105
1.0	200	180	160	135	115	
1.1		160	135	115	105	

注：有括号者仅供内插用；折算系数 ξ 为 0；在湖、塘、沟、谷与河漫滩地段，新近沉积的粉土，其工程性质一般较差。

表 4-5　沿海地区淤泥和淤泥质土承载力基本值 f_o

天然含水量(%)	36	40	45	50	55	65	75
f_o(kPa)	100	90	80	70	60	50	40

注：对于内陆淤泥和淤泥质土，可参考使用。

表 4-6　红黏土承载力基本值 f_o　　（单位：kPa）

e		0.5	0.6	0.7	0.8	0.9	1.0
红黏土	≤1.7	380	270	210	180	150	140
	≥2.3	280	200	160	130	110	100
次生红黏土		250	190	150	130	110	100

注：本表仅用于定义范围内的红黏土，折算系数 ξ 为 0。

表 4-7　素填土承载力基本值 f_o

压缩模量 E_{s1-2}(MPa)	7	5	4	3	2
f_o(kPa)	160	135	115	85	65

注：本表只适用于堆填时间超过 10 年的黏性土，以及超过 5 年的粉土；压实填土地基的承载力另行确定。

b. 确定地基承载力标准值 f_k

将由上述表中查得的承载力基本值 f_o，乘以回归修正系数 φ_f 即得到其承载力标准值 f_k，即

$$f_k = \varphi_f f_o \tag{4-18}$$

回归修正系数 $\varphi_f \leqslant 1$，其实质是根据所统计的指标的数据个数(即样本数)和离散程度，将承载力基本值用数理统计的方法进行折减，作为承载力标准值。

回归修正系数 φ_f 按下式计算：

$$\varphi_f = 1 - \left(\frac{2.884}{\sqrt{n}} + \frac{7.918}{n^2}\right)\delta \tag{4-19}$$

式中　n——样本数，一般要求 $n \geqslant 6$；

δ——变异系数，反映土性指标的离散程度。

变异系数按下列规定计算。

当仅用一个土性指标查表确定 f_0 时：

$$\delta = \frac{\sigma}{\mu} \tag{4-20}$$

$$\mu = \sum_{i=1}^{n} \frac{\mu_i}{n} \tag{4-21}$$

$$\sigma = \sqrt{\frac{\sum_{i=1}^{n} \mu_i^2 - n\mu^2}{n-1}} \tag{4-22}$$

式中　μ_i——代表试验指标第 i 次试验值；

μ——样本的算术平均值；

σ——样本的标准差。

当用两个指标查表确定地基承载力基本值时，应采用由该两个指标的变异系数折算并叠加后得到的综合变异系数：

$$\delta = \delta_1 + \xi\delta_2 \tag{4-23}$$

式中　δ_1——第一指标变异系数；

δ_2——第二指标变异系数；

ξ——第二指标的折算系数，见相关承载力表的附注。

按上述计算所得的回归系数 φ_f 一般不应小于 0.75，否则应分析变异系数偏大的原因。

确定承载力标准值时引进回归系数的作用，包括三点：

(1)必须有足够的试验次数(即样本数)n 才能有合理的 φ_f。因为一般而言，n 越小则 φ_f 越小，这是试验费支出与工程费节省之间的关系问题。

(2)同一土层的试验数据应较接近(即离散性要小)。因为在 n 相同的条件下，实测值与其均值相差越大，其方差 σ 也越大，φ_f 则越小，f_k 值也就越低，使基础工程费用大量增加。仅仅为了防止这一点，建设单位就会要求勘察设计单位努力地提高试验精度而降低人为的离散性。

(3)当 $\varphi_f \leqslant 0.75$ 时，必须注意分层是否正确，并增加试样的数量，引入 φ_f 至少表明两点：其一是通过建立法规迫使建设单位和勘察单位重视勘察工作，增加少量的投入，可取得高额的回报；其二是统计学发挥了监督和改进工程勘察工作的作用，是数学工具为工程服务的一个好的范例。

3)根据标准贯入度和轻便触探试验确定

砂土、黏性土、素填土可按标准贯入度试验锤击数 N 或轻便触探试验锤击数 N_{10}，查表确定地基承载力标准值。具体方法如下：

首先算出杆长修正后的锤击数的平均值 μ 和标准差 σ，然后计算据以查表的 N：

$$N(\text{或 } N_{10}) = \mu - 1.645\sigma \tag{4-24}$$

根据由式(4-24)所得的 N(或 N_{10})(取整位数),查表 4-8 ~ 表 4-11 可得地基承载力特征值。

表 4-8　砂土承载力特征值 f_{ak}　　(单位:kPa)

土类	N			
	10	15	30	50
中、粗砂	180	250	340	500
粉、细砂	140	180	250	340

表 4-9　黏性土承载力特征值 f_{ak}(一)

N	3	5	7	9	11	13	15	17	19	21	23
f_k(kPa)	105	145	190	235	280	325	370	430	515	600	680

表 4-10　黏性土承载力特征值 f_{ak}(二)

N_{10}	15	20	25	30
f_k(kPa)	105	145	190	230

表 4-11　素填土承载力特征值 f_{ak}

N_{10}	10	20	30	40
f_k(kPa)	85	115	135	160

4.4.1.2　确定地基承载力特征值 f_a

地基承载力除了与土的性质有关外,还与基础底面尺寸及埋深等因素有关。当基础底面宽度大于 3 m 或埋置深度大于 0.5 m 时,除岩石地基外,其修正后的地基承载力特征值由综合确定的地基承载力特征值 f_{ak} 按下式进行宽度和埋深修正得到:

$$f_a = f_{ak} + \eta_b \gamma (b - 3) + \eta_d \gamma_m (d - 0.5) \tag{4-25}$$

式中 f_a——修正后的地基承载力特征值,kPa;

f_{ak}——地基承载力特征值,kPa;

γ——基础底面以下土的重度,kN/m³,地下水位以下取有效重度;

b——基础底面宽度,m,当基底宽度小于 3 m 时按 3 m 考虑,当基底宽度大于 6 m 时按 6 m 考虑;

γ_m——基础底面以上土的加权平均重度,kN/m³,地下水位以下取有效重度;

d——基础埋深,m,一般从室外地面标高算起,在填方整平地区,可自填方地面标高算起,但填土在上部结构施工后完成,应从天然地面标高算起,对于地下室,当采用箱形基础或筏基时,基础埋深自室外地面标高算起,当采用独立基础或条形基础时,应从室内地面标高算起;

η_b、η_d——基础宽度和埋深的地基承载力修正系数,按基底下土的类别查表 4-12。

当按式(4-25)计算所得的地基承载力特征值 $f_a < 1.1f_{ak}$ 时，取 $f_a = 1.1f_{ak}$。

表 4-12　承载力修正系数

土的类别		η_b	η_d
淤泥和淤泥质土		0	1.0
人工填土 e 或 I_L 大于等于 0.85 的黏性土		0	1.0
红黏土	含水比 $\alpha_w > 0.8$	0	1.2
	含水比 $\alpha_w \leq 0.8$	0.15	1.4
大面积压实填土	压实系数大于 0.95、黏粒含量 $\rho_c \geq 10\%$ 的粉土	0	1.5
	最大干密度大于 2 100 kg/m^3 的级配砂石	0	2.0
粉土	黏粒含量 $\rho_c \geq 10\%$ 的粉土	0.3	1.5
	黏粒含量 $\rho_c < 10\%$ 的粉土	0.5	2.0
e 及 I_L 均小于 0.85 的黏性土		0.3	1.6
粉砂、细砂(不包括很湿与饱和时的稍密状态)		2.0	3.0
中砂、粗砂、砾砂和碎石土		3.0	4.4

注:1. 强风化和全风化的岩石，可参照所风化成的相应土类取值，其他状态下的岩石不修正；

2. 地基承载力特征值按本规范附录 D 深层平板载荷试验确定时 η_d 取 0；

3. 含水比是指土的天然含水量与液限的比值；

4. 大面积压实填土是指填土范围大于两倍基础宽度的填土。

4.4.2　地基承载力的静载荷试验确定

根据静载荷试验方法可得到压力与沉降关系曲线，即 $p \sim s$ 曲线。下面讨论如何利用 $p \sim s$ 曲线确定地基承载力。

4.4.2.1　按载荷试验曲线确定地基土的承载力

按载荷试验 $p \sim s$ 曲线确定地基承载力时，需要遵循下述原则：

(1)当载荷试验 $p \sim s$ 曲线上有明显的比例极限 p_{cr} 时，取该比例极限所对应的荷载作为地基土的承载力特征值 f_{ak}。

(2)当极限荷载 p_u 能确定，且其值小于比例极限荷载值 p_{cr} 的 2 倍时，取极限荷载 p_u 的一半作为地基土承载力特征值 f_{ak}。否则，可按限制沉降量取值。在 $p \sim s$ 曲线上以一定的试验容许沉降值所对应的荷载作为地基土的承载力基本值 f_o。《建筑地基基础设计规范》规定：当承压板面积为 0.25 ~ 0.5 m^2 时，可取 $s/b = 0.01 \sim 0.015$ 所对应的荷载，但其值不应大于最大加载量的一半。

同一土层，参数统计的试验点不应少于 3 点，基本值的极差(最大值与最小值之间的差值)不应超过平均值的 30%。当符合以上规定时取其平均值作为地基承载力的特征值 f_{ak}。由特征值 f_{ak} 推求修正后的特征值 f_a，仍按基础宽度和埋深修正进行。

4.4.2.2　按载荷试验曲线确定岩石地基承载力

按静载荷试验 $p \sim s$ 曲线确定基岩作为天然地基或桩基础持力层的承载力时，需要遵循下述原则：

（1）对应于 $p\sim s$ 曲线上起始直线段的终点为比例极限荷载 p_o，符合终止加载条件的前一级荷载即为极限荷载 p_u。将极限荷载除以3的安全系数，所得值与比例极限荷载相比较，取小值。

（2）每个场地载荷试验的数量不应少于3个，取最小值作为地基承载力特征值。

（3）岩石地基承载力不进行基础宽度和埋深修正。

4.4.3　地基承载力的地基土体强度理论计算确定

当荷载偏心距 e 小于或等于0.033倍基础底面宽度（即 $e\leqslant 0.033b$，b 是指弯矩作用平面内的基础底面尺寸）时，根据由试验和统计得到的土的抗剪强度指标标准值，可按下式计算地基承载力特征值：

$$f_a = M_b\gamma b + M_d\gamma_o d + M_c c_k \tag{4-26}$$

式中　f_a——由土的抗剪强度指标确定的地基承载力特征值，kPa；

b——基础底面宽度，m，$b>6$ m 时按 6 m 计，对于砂土 $b<3$ m 时按 3 m 计；

c_k——基底下一倍基础宽度范围内的黏聚力标准值，kPa；

M_b、M_d、M_c——承载力系数，按表4-13确定。

表4-13　承载力系数 M_b、M_d、M_c

土的内摩擦角标准值 φ_k（°）	M_b	M_d	M_c
0	0	1.00	3.14
2	0.03	1.12	3.32
4	0.06	1.25	3.51
6	0.10	1.39	3.71
8	0.14	1.55	3.93
10	0.18	1.73	4.17
12	0.23	1.94	4.42
14	0.29	2.17	4.69
16	0.36	2.43	5.00
18	0.43	2.72	5.31
20	0.51	3.06	5.66
22	0.61	3.44	6.04
24	0.80	3.87	6.45
26	1.10	4.37	6.90
28	1.40	4.93	7.40
30	1.90	5.59	7.95
32	2.60	6.35	8.55
34	3.40	7.21	9.22
36	4.20	8.25	9.97
38	5.00	9.44	10.80
40	5.80	10.84	11.73

对上述地基承载力特征值计算公式而言：

(1)地基承载力特征值计算公式仅适用于 $e \leqslant 0.033b$ 的情况,这是因为用该公式确定承载力时,相应的理论模式是基底压力呈均匀分布。当受到较大水平荷载而使合力的偏心距过大时,地基反力就会很不均匀,为了使计算的地基承载力符合其假设的理论模式,此为限制条件。

(2)地基承载力特征值计算公式中的承载力系数 M_b、M_d、M_c 是以界限塑性荷载 $p_{1/4}$ 理论公式中的相应系数为基础确定的。考虑到内摩擦角大时理论值 M_b 偏小的实际情况,对一部分系数按试验结果作了调整。

(3) 按地基承载力特征值计算公式确定地基承载力时,只保证地基强度有足够的安全度,未能保证满足变形要求,故还应进行地基变形验算。

4.4.4　地基承载力的邻近建筑物经验确定

在拟建建筑物场地附近,常有各种不同时期建造的建筑物,调查这些原有建筑物的地基情况、基础类型、尺寸大小以及上部结构形式和采用的承载力数值,具有一定的参考价值。对于简单场地上的中小工程,可通过综合分析,参考临近场地的经验确定地基承载力。同时,在应用建筑经验法时,可结合基坑验槽工作,了解拟建场地有无新填土、软弱夹层、地下沟洞等不利情况。对于地基持力层,可通过现场开挖直观鉴别,根据土的名称和所处状态估计地基承载力。

思考题

4-1　土的抗剪强度与其他建筑材料如钢材、混凝土的强度比较,有何特点?同一种土,当其矿物成分、颗粒级配、密度及含水率完全相同时,这种土的抗剪强度是否为一定值?为什么?

4-2　试说明土的抗剪强度的来源。无黏性土与黏性土有何区别?何谓咬合摩擦?咬合摩擦与滑动摩擦有什么不同?

4-3　何谓摩尔－库仑强度理论?库仑公式的物理概念是什么?

4-4　土的抗剪强度指标是如何确定的?说明直接剪切试验的原理,直接剪切试验是否可应用于各类工程?

4-5　阐述三轴压缩试验的原理。三轴压缩试验有哪些优点?适用于什么范围?

4-6　土的抗剪强度试验设备已有简单方便的直剪仪和较精密的三轴压缩仪,为何还推出无侧限压力仪?这种无侧限压力仪有何特点?有什么用途?

4-7　何谓十字板剪力仪?这种设备有何优点?适用于什么条件?试验结果如何计算?其结果与无侧限抗压强度试验结果有什么关系?

4-8　为什么土的颗粒越粗,通常其内摩擦角 φ 越大?相反,土的颗粒越细,其黏聚力 c 越大?土的密度大小和含水率高低,对 c 与 φ 有什么影响?

4-9　土的抗剪强度为什么与试验排水条件密切相关?应用土的渗流固结概念,说明不排水剪切、排水剪切与固结不排水剪切试验的性质不同。这三种不同的试验方法,其结果有何差别?对饱和软黏土不排水剪切试验,为什么得出 $\varphi = 0$ 的结果?

4-10　试阐述土体在荷载作用下,处于极限平衡状态的概念。什么是土的极限平衡条件？此极限平衡条件在工程上有何应用？

4-11　何谓摩尔应力圆？如何绘制摩尔应力圆？摩尔应力圆是如何表示土中一点各方向的应力状态的？

4-12　在外荷作用下，土体中发生剪切破坏的平面在何处？是否剪应力最大的平面首先发生剪切破坏？在什么情况下，剪切破坏面与最大剪应力面是一致的？在通常情况下，剪切破坏面与大主应力面之间的夹角是多大？

4-13　何谓地基的临塑荷载？临塑荷载如何计算？有何用途？根据临塑荷载设计是否需除以安全系数？

4-14　地基临界荷载的物理概念是什么？中心荷载与偏心荷载作用下，临界荷载有何区别？建筑工程设计中，是否可直接采用临界荷载作为地基承载力而不加安全系数？这样设计的工程是否安全？为什么？

4-15　什么是地基的极限荷载？常用的计算极限荷载的公式有哪些？地基的极限荷载是否可作为地基承载力？

4-16　为什么地基的极限荷载有时相差悬殊？什么情况下地基的极限荷载大？什么情况下地基的极限荷载小？极限荷载的大小取决于哪些因素？通常什么因素对极限荷载的影响最大？

4-17　建筑物的地基为何会发生破坏？地基发生破坏的形式有哪几种？各类地基发生破坏的条件是什么？如何防止地基发生强度破坏，保证建筑物的安全与正常使用？

习　题

4-1　某高层建筑地基取原状土进行直剪试验，4 个试样的法向压力分别为 100 kPa、200 kPa、300 kPa、400 kPa，测得试样破坏时相应的抗剪强度 τ_f 分别为 67 kPa、119 kPa、162 kPa、216 kPa。试用作图法，求此土的抗剪强度指标 c、φ 值。若作用在此地基中某平面上的正应力和剪应力分别为 225 kPa 和 105 kPa，试问该处是否会发生剪切破坏？

4-2　已知住宅地基中某一点所受的最大主应力为 $\sigma_1 = 600$ kPa，最小主应力 $\sigma_3 = 100$ kPa。要求：① 绘制摩尔应力圆；② 求最大剪应力值和最大剪应力作用面与大主应力面的夹角；③ 计算作用在与小主应力面成 30° 的面上的正应力和剪应力。

4-3　已知某教学大楼地基中，两个相互垂直平面上的正应力分别为 1 800 kPa 和 300 kPa，剪应力均为 300 kPa。用图解法求：① 最大主应力 σ_1 和最小主应力 σ_3；② 这两个平面与最大主应力面的夹角。

4-4　已知某工厂地基土的抗剪强度指标黏聚力 $c = 100$ kPa，内摩擦角 $\varphi = 30°$，作用在此地基中某平面上作用有总应力 $\sigma_0 = 170$ kPa，该应力与平面法线的夹角为 $\theta = 37°$。试问该处会不会发生剪切破坏？

4-5　某仓库为条形基础，基底宽度 $b = 3.00$ m，埋深 $d = 1.00$ m，地下水位埋深 8.50 m，土的天然重度 $\gamma = 19.0$ kN/m³，黏聚力 $c = 10$ kPa，内摩擦角 $\varphi = 10°$，试求：

(1) 地基的极限荷载；

(2) 当地下水位上升至基础底面时，极限荷载有何变化？为什么？

第 5 章　土压力理论

学习指导

介绍土压力的类型、计算方法以及挡土墙的设计。土压力理论是挡土墙设计的主要依据，是土坡稳定分析的重要参考。

学习目标

掌握静止土压力、主动土压力、被动土压力的形成条件、基本概念；掌握各种条件下挡土墙朗肯和库仑土压力理论的计算方法，规范中计算土压力的方法；了解楔体试算法。学习挡土墙的种类，掌握重力式挡土墙设计的基本方法，会设计简单的挡土墙，了解超载、成层土、有地下水情况的土压力计算，初步具备将土压力理论应用于一般工程问题的能力。

学习重点

朗肯和库仑土压力理论的计算方法，土压力理论的工程应用。

5.1　土压力的类型

土建工程中许多构筑物如挡土墙、隧道和基坑围护结构等挡土结构，起着支撑土体、保持土体稳定、使之不致坍塌的作用，而另一些构筑物如桥台等则受到土体的支撑，土体起着提供反力的作用，如图 5-1 所示。在这些构筑物与土体的接触面处均存在侧向压力的作用，这种侧向压力就是土压力。

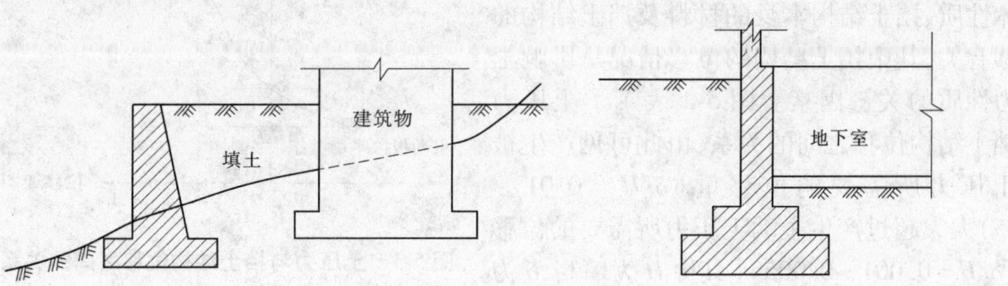

图 5-1　挡土墙

作用在挡土结构上的土压力,按挡土结构的位移方向、大小及土体所处的三种极限平衡状态,可分为静止土压力、主动土压力和被动土压力。

(1)静止土压力。如果挡土结构在土压力的作用下,其本身不发生变形和任何位移(移动或转动),土体处于弹性平衡状态,则这时作用在挡土结构上的土压力称为静止土压力,如图5-2(a)所示。

(2)主动土压力。挡土结构在土压力作用下向离开土体的方向位移,随着这种位移的增大,作用在挡土结构上的土压力将从静止土压力逐渐减小。当土体达到主动极限平衡状态时,作用在挡土结构上的土压力称为主动土压力,如图5-2(b)所示。

(3)被动土压力。挡土结构在荷载作用下向土体方向位移,使土体达到被动极限平衡状态时的土压力称为被动土压力,如图5-2(c)所示。

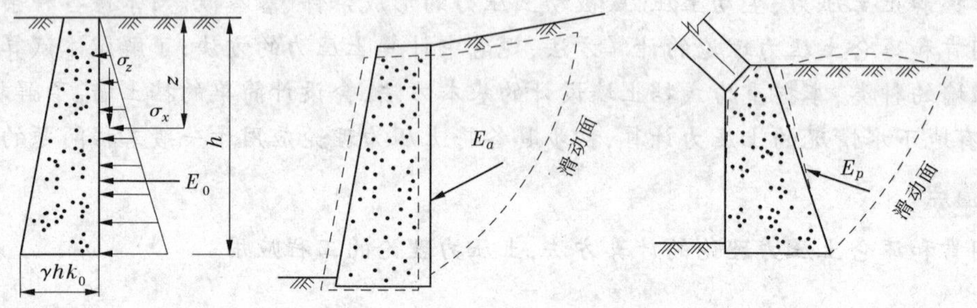

(a)静止土压力　　(b)主动土压力　　(c)被动土压力

图5-2　挡土结构上的三种土压力

在实际工程中,大部分情况下的土压力值均介于上述三种极限状态下的土压力值之间。土压力的大小及分布与作用在挡土结构上的土体性质、挡土结构本身的材料及挡土结构的位移有关,其中挡土结构的位移情况是影响土压力性质的关键因素。图5-3表示了土压力与挡土结构位移之间的关系,由此可见产生被动土压力所需要的位移量($\delta/H=0.01\sim0.05$)大大超过产生主动土压力所需要的位移量($\delta/H=0.001\sim0.005$)(其中H为墙高,δ为墙的水平位移)。

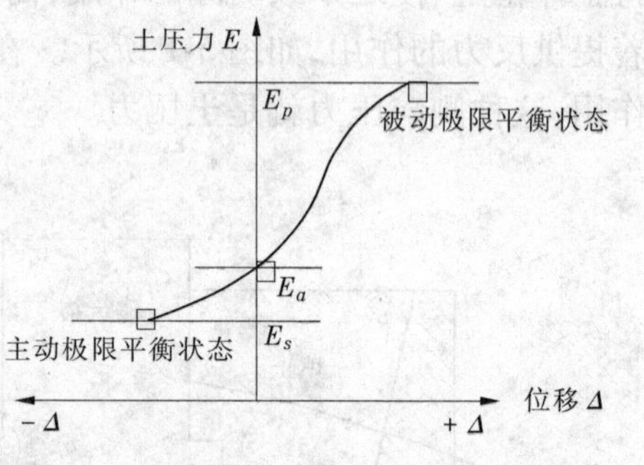

图5-3　土压力与挡土结构位移之间的关系

5.2　静止土压力计算

静止土压力只发生在挡土墙为刚性、墙体不发生任何位移的情况下。在实际工程中,作用在深基础侧墙或者U形桥台上的土压力,可近似看做静止土压力。

静止土压力的计算比较简单,由于墙静止不动,土体无侧向位移,因此可按水平向自重应力计算公式来确定。若墙后填土为均质体,则单位面积上静止土压力强度为:

$$\sigma_0 = k_0 \gamma z \tag{5-1}$$

式中　k_0——静止侧压力系数；

γ——土的重度；

z——土压力计算点的深度。

由式(5-1)可以看出，静止土压力的大小沿深度为线性变化，分布规律如图 5-4(a)所示。

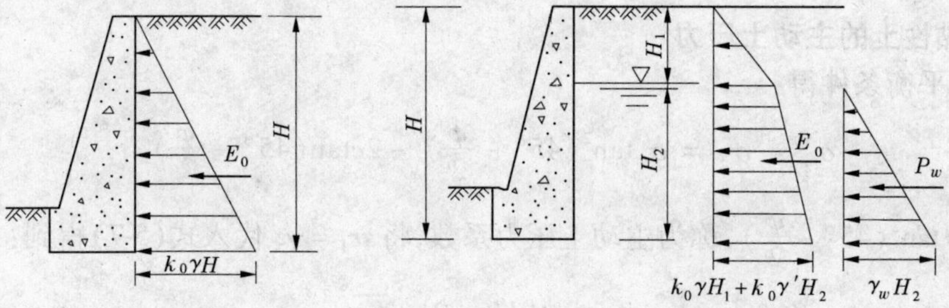

(a)均匀土　(b)有地下水时

图 5-4　静止土压力的分布

每延米总的静止土压力合力大小等于土压力分布的面积，即

$$E_0 = \frac{1}{2}k_0\gamma H^2 \tag{5-2}$$

式中　H——墙高。

合力的作用点位于 $H/3$ 处，即静止土压力三角形分布的形心处。

若墙后填土中有地下水，则计算静止土压力时，水下的重度取为有效重度，其分布规律如图 5-4(b)所示，相应静止土压力合力的大小 E_0 等于土压力分布图形的面积，即

$$E_0 = \frac{1}{2}k_0\gamma H_1^2 + k_0\gamma H_1 H_2 + \frac{1}{2}k_0\gamma' H_2^2 \tag{5-3}$$

E_0 的作用点位于图形的形心处。

此外，还应考虑水压力的作用，作用在墙背上的总水压力为：

$$P_w = \frac{1}{2}\gamma_w H_2^2 \tag{5-4}$$

水压力的作用点在 $H_2/3$ 处。

以上公式中，H_1 为地下水位以上土层厚度，γ 为土体重度，γ'为土体有效重度，γ_w 为水的重度，H_2 为地下水位以下土层厚度。k_0 的值通常小于 1，砂土取值为 0.2 ~ 0.4，黏性土取值为 0.4 ~ 0.8，对于超固结黏土和压实填土可能也会大于 1。

5.3　朗肯土压力理论

5.3.1　基本假定

挡土墙是刚性的，墙背垂直、光滑，墙后填土表面水平。

当土体处于极限平衡状态时，墙背后土体中任一点的应力状态可用摩尔应力圆表示。

朗肯主动极限状态：

$$\sigma_1 = \sigma_z = \gamma z, \sigma_3 = \sigma_x = \sigma_a \tag{5-5}$$

朗肯被动极限状态：

$$\sigma_1 = \sigma_x = \sigma_p, \sigma_3 = \sigma_z = \gamma z \tag{5-6}$$

5.3.2　主动土压力

5.3.2.1　黏性土的主动土压力

由极限平衡条件得：

$$\sigma_a = \sigma_3 = \sigma_1 \tan^2(45° - \frac{\varphi}{2}) - 2c\tan(45° - \frac{\varphi}{2}) \tag{5-7}$$

令 $K_a = \tan^2(45° - \frac{\varphi}{2})$，称为主动土压力系数，将 $\sigma_1 = \gamma z$ 代入式(5-7)得到：

$$\sigma_a = \gamma z K_a - 2c\sqrt{K_a} \tag{5-8}$$

黏性土中的土压力强度由两部分组成：一部分是由土体自重引起的土压力 $\gamma z K_a$，另一部分是黏聚力 c 引起的负侧压力 $2c\sqrt{K_a}$。如图 5-5 中，主动土压力在 z_0 深度范围以内为负值，由于土是不能受拉的，所以实际上是土在没有墙支撑时能保持直立时的最大高度。

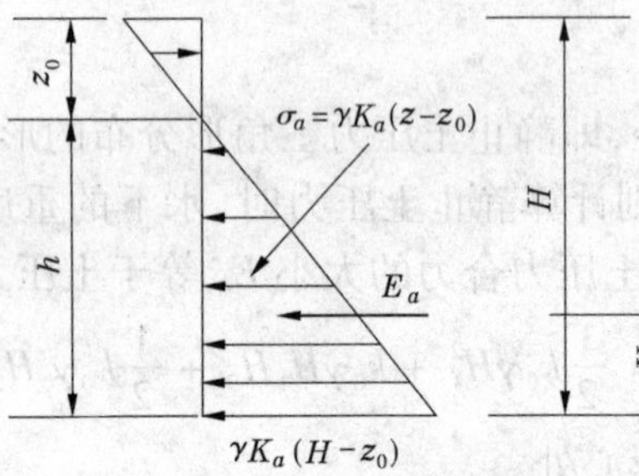

图 5-5　黏性土的主动土压力分布图

那么在 z_0 深度范围以内墙不受主动土压力，通常称 z_0 为临界深度。令：

$$\sigma_a = \gamma z_0 K_a - 2c\sqrt{K_a} = 0$$

则：

$$z_0 = \frac{2c}{\gamma\sqrt{K_a}} \tag{5-9}$$

那么作用在单位长度挡土墙上的土压力即为三角形分布面积：

$$E_a = \frac{1}{2}\gamma H^2 K_a - 2cH\sqrt{K_a} + \frac{2c^2}{\gamma} \quad (\text{kN/m}) \tag{5-10}$$

作用点离墙底的距离 $x = (H - z_0)/3$。

5.3.2.2　无黏性土的主动土压力

$$\sigma_a = \sigma_3 = \sigma_1 \tan^2(45° - \frac{\varphi}{2}) \tag{5-11}$$

即
$$\sigma_a = \gamma z K_a \tag{5-12}$$

作用在单位长度挡土墙上的总土压力为：

$$E_a = \frac{1}{2}\gamma H^2 K_a \tag{5-13}$$

作用点离墙底的距离 $x = H/3$。

实际上只要令黏性土中的 $c = 0$ 即可得到无黏性土的主动土压力，其分布如图5-6所示。

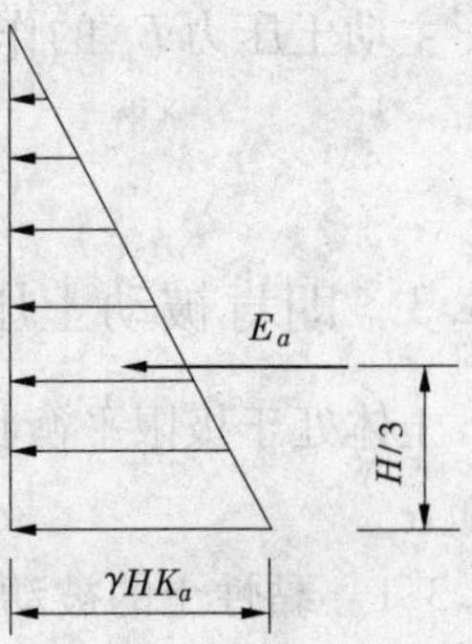

图5-6　无黏性土的主动土压力分布图

【例题5-1】　有一挡土墙高6 m，墙背竖直、光滑，墙后填土面水平，填土的物理力学指标为：$c = 15$ kPa，$\varphi = 15°$，$\gamma = 18$ kN/m^3。求主动土压力及其作用点，并绘出主动土压力分布图。

解：(1)计算墙顶处的主动土压力强度 σ_{a1}：

$$\sigma_{a1} = \gamma z\tan^2\left(45° - \frac{\varphi}{2}\right) - 2c\tan\left(45° - \frac{\varphi}{2}\right)$$
$$= 18 \times 0 \times \tan^2\left(45° - \frac{15°}{2}\right) - 2 \times 15 \times \tan\left(45° - \frac{15°}{2}\right)$$
$$= -23.0(\text{kPa}) < 0$$

(2)计算临界深度 z_0：

$$z_0 = \frac{2c}{\gamma\tan\left(45° - \frac{\varphi}{2}\right)} = \frac{2 \times 15}{18 \times \tan\left(45° - \frac{15°}{2}\right)} = 2.17(\text{m})$$

(3)计算墙底处的主动土压力强度 σ_{a2}：

$$\sigma_{a2} = \gamma z\tan^2\left(45° - \frac{\varphi}{2}\right) - 2c\tan\left(45° - \frac{\varphi}{2}\right)$$
$$= 18 \times 6 \times \tan^2\left(45° - \frac{15°}{2}\right) - 2 \times 15 \times \tan\left(45° - \frac{15°}{2}\right)$$
$$= 40.6(\text{kPa})$$

(4)绘出主动土压力的分布图，如图5-7所示。

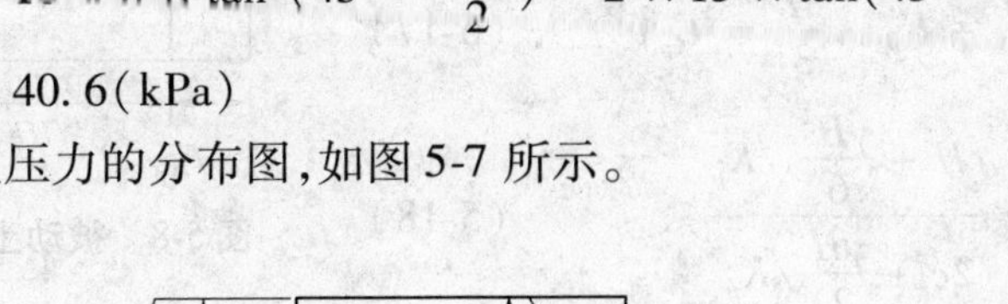

图5-7　土压力分布图

(5)计算主动土压力值。

主动土压力值按分布面积计算如下：

$$E_a = \frac{1}{2} \times 40.6 \times (6 - 2.17) = 77.7(\text{kN/m})$$

(6)E_a 的作用点位置。

主动土压力 E_a 的作用点离墙底的距离为：

$$\frac{H - z_0}{3} = \frac{6 - 2.17}{3} = 1.28(\text{m})$$

5.3.3　朗肯被动土压力

土体处于极限平衡状态时的最小主应力为 $\sigma_3 = \gamma z$，最大主应力 σ_1 即为被动土压力强度 σ_p。

5.3.3.1　黏性土的被动土压力

$$\sigma_p = \sigma_1 = \sigma_3 \tan^2(45° + \frac{\varphi}{2}) + 2c\tan(45° + \frac{\varphi}{2}) \tag{5-14}$$

令 $K_p = \tan^2(45° + \frac{\varphi}{2})$，称为被动土压力系数，将 $\sigma_3 = \gamma z$ 代入式(5-14)得到：

$$\sigma_p = \gamma z K_p + 2c\sqrt{K_p} \tag{5-15}$$

其土压力分布如图 5-8 所示，作用在单位长度挡土墙上的土压力为：

$$E_p = \frac{1}{2}\gamma H^2 K_p + 2cH\sqrt{K_p} \quad (\text{kN/m}) \tag{5-16}$$

合力作用点通过土压力强度分布图的形心，可由矩形图与三角形图分别对墙底取矩求得，即

$$E_{p1} \cdot \frac{H}{2} + E_{p2} \cdot \frac{H}{3} = E_p x \tag{5-17}$$

$$x = \frac{cH + \frac{\gamma H^2}{6}\sqrt{K_p}}{2c + \frac{\gamma H}{2}\sqrt{K_p}} \tag{5-18}$$

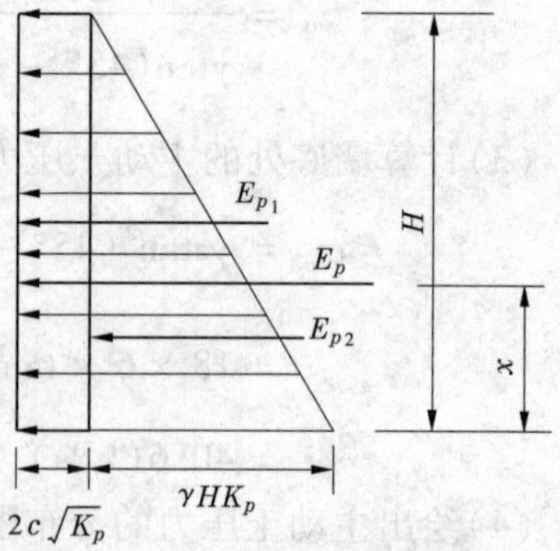

图 5-8　被动土压力分布示意图

5.3.3.2　无黏性土的被动土压力

$$\sigma_p = \gamma z K_p \tag{5-19}$$

$$E_p = \frac{1}{2}\gamma H^2 K_p \quad (\text{kN/m}) \tag{5-20}$$

由式(5-16)和式(5-20)可知，黏性土中的被动土压力强度呈梯形分布，如图 5-8 所示；无黏性土的被动土压力强度呈三角形分布，即图 5-8 中的三角形部分。

5.3.4　朗肯土压力理论的推广

朗肯土压力理论要求挡土墙背垂直、光滑、刚性，墙后填土为均质刚塑性半无限体，墙

后填土面水平，墙高 H 以下的土体状态及位移与其上的一致。但工程实际中的土层是有地下水的，土是成层的，一般在填土面上还有施工荷载。根据上述假定，朗肯土压力理论是不适用的。但是，对墙后填土中的某一点直接用极限平衡方程求解的方法，可以综合考虑这些因素的影响。

5.3.4.1　土体表面有均布荷载 q 作用

当墙后土体表面有连续均布荷载 q 作用时，均布荷载 q 在土中产生的上覆压力沿墙体方向呈矩形分布，分布强度为 q，如图 5-9 所示。

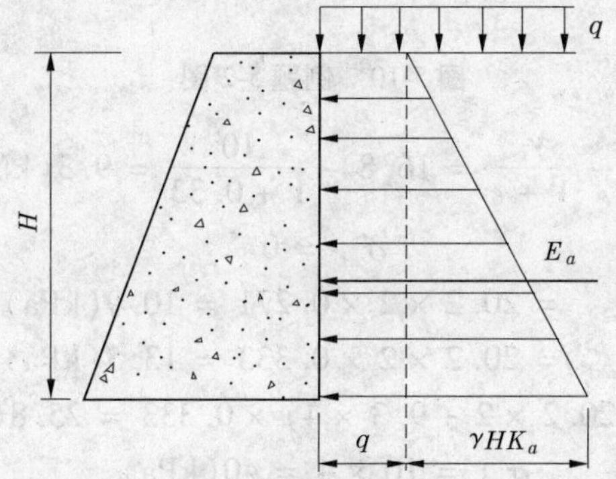

图 5-9　墙后土体表面荷载 q 作用下的土压力计算

土压力的计算方法，是将上覆压力 q 累加至大主应力中计算，如黏土中 z 深度处的主动土压力强度 σ_a 为：

$$\sigma_a = (\gamma z + q)K_a - 2c\sqrt{K_a} \tag{5-21}$$

5.3.4.2　成层土体中的土压力计算

一般情况下墙后土体均由几层不同性质的水平土层组成。在计算各点的土压力时，可先计算其相应的自重应力，在土压力公式中换以相应的自重应力即可，需注意的是土压力系数应采用各点对应土层的土压力系数值。

5.3.4.3　墙后十体有地下水的土压力计算

当墙后土体中有地下水存在时，墙体除受到土压力的作用外，还将受到水压力的作用。通常所说的土压力是指土粒有效应力形成的压力，其计算方法是地下水位以下部分采用土的有效重度计算，水压力按静水压力计算。但在实际工程中计算墙体上的侧压力时，考虑到土质条件的影响，可分别采用"水土分算"或"水土合算"的计算方法。所谓"水土分算"法，是将土压力和水压力分别计算后再叠加的方法，这种方法比较适合渗透性大的砂土层情况；"水土合算"法在计算土压力时，将地下水位以下的土体重度取为饱和重度，水压力不再单独计算叠加，这种方法比较适合渗透性小的黏性土层情况。

【例题 5-2】　某挡土墙墙背垂直、光滑，填土面水平，墙高 6 m，墙后填土为同一类土，地下水位在离墙顶 2 m 处，如图 5-10 所示。求作用在墙背上的总水平压力。

解：

$$K_{a1} = \tan^2\left(45° - \frac{35°}{2}\right) = 0.271$$

$$K_{a2} = \tan^2\left(45° - \frac{30°}{2}\right) = 0.333$$

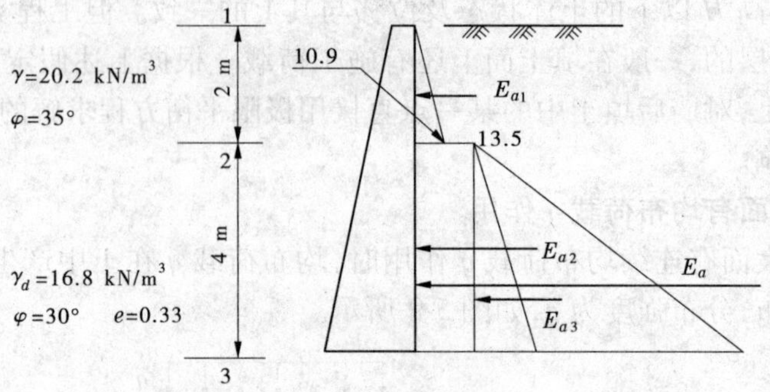

图 5-10　例题 5-2 图

$$\gamma' = \gamma_d - \frac{\gamma_w}{1+e} = 16.8 - \frac{10}{1+0.33} = 9.3(\text{kN/m}^3)$$

$$\sigma_{a1} = 0$$

$$\sigma_{a2上} = 20.2 \times 2 \times 0.271 = 10.9(\text{kPa})$$

$$\sigma_{a2下} = 20.2 \times 2 \times 0.333 = 13.5(\text{kPa})$$

$$\sigma_{a3} = (20.2 \times 2 + 9.3 \times 4) \times 0.333 = 25.8(\text{kPa})$$

$$\sigma_{w3} = 10 \times 4 = 40(\text{kPa})$$

$$E_{a1} = \frac{1}{2} \times 2 \times 10.9 = 10.9(\text{kN/m})$$

$$E_{a2} = 13.5 \times 4 = 54.0(\text{kN/m})$$

$$E_{a3} = \frac{1}{2} \times 4 \times (25.8 - 13.5) = 24.6(\text{kN/m})$$

$$E_w = \frac{1}{2} \times 4 \times 40 = 80.0(\text{kN/m})$$

$$E_a = \sum E_{ai} + E_w = (10.9 + 54.0 + 24.6) + 80.0 = 169.5(\text{kN/m})$$

设合力作用点距墙底面为 x,可由下式求出:

$$10.9 \times (\frac{1}{3} \times 2 + 4) + 54.0 \times 2 + 24.6 \times \frac{4}{3} + 80.0 \times \frac{4}{3} = 169.5x$$

解得:$x = 1.76$ m

【例题 5-3】　某挡土墙墙背垂直、光滑,墙高 7 m,填土面水平。填土表面作用有大面积均布荷载 $q = 15$ kPa,地下水位处于第三层土顶面,如图 5-11 所示。试求墙背总土压力与水压力。

解:(1)符合朗肯假定条件,各层土的主动土压力系数可算得为:

$$K_{a1} = \tan^2(45° - \frac{10°}{2}) = 0.704$$

$$K_{a2} = \tan^2(45° - \frac{16°}{2}) = 0.568$$

$$K_{a3} = \tan^2(45° - \frac{20°}{2}) = 0.490$$

(2)在开裂深度处,小主应力(主动土压力)为 0,即

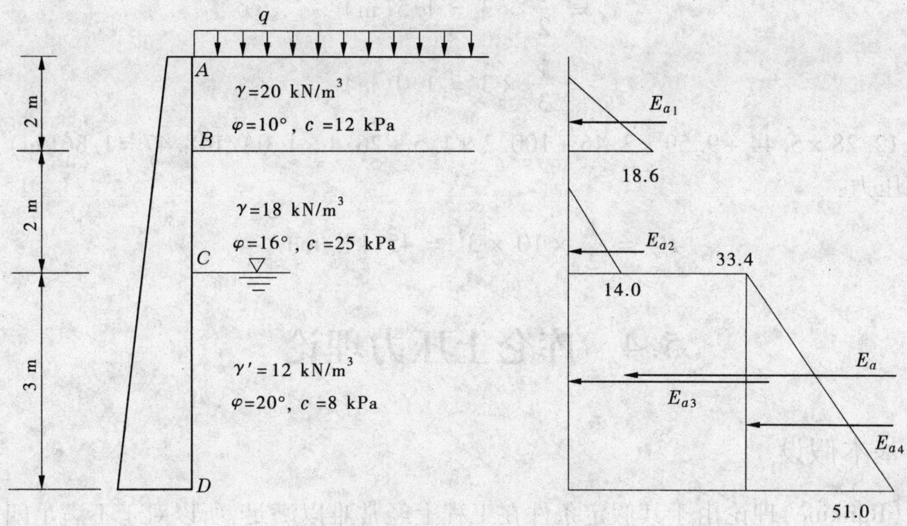

图 5-11　例题 5-3 示意图

$$0 = (15 + 20 \times z_{01}) \times 0.704 - 2 \times 12\sqrt{0.704}$$

解得 $z_{01} = 0.68$ m

在第二层土顶面，可算出主动土压力仍然为负值，故：

$$0 = (15 + 20 \times 2 + 18z_{02}) \times 0.568 - 2 \times 25\sqrt{0.568}$$

解得 $z_{02} = 0.63$ m

$$\sigma_{aB上} = (15 + 20 \times 2) \times 0.704 - 2 \times 12\sqrt{0.704} = 18.6(\text{kPa})$$

$$\sigma_{aC上} = (15 + 20 \times 2 + 18 \times 2) \times 0.568 - 2 \times 25\sqrt{0.568} = 14.0(\text{kPa})$$

$$\sigma_{aC下} = (15 + 20 \times 2 + 18 \times 2) \times 0.490 - 2 \times 8\sqrt{0.490} = 33.4(\text{kPa})$$

$$\sigma_{aD} = (15 + 20 \times 2 + 18 \times 2 + 12 \times 3) \times 0.490 - 2 \times 8\sqrt{0.490} = 51.0(\text{kPa})$$

主动土压力合力：

$$E_{a1} = \frac{1}{2} \times (2 - 0.68) \times 18.6 = 12.28(\text{kN/m})$$

$$E_{a2} = \frac{1}{2} \times (2 - 0.63) \times 14.0 = 9.59(\text{kN/m})$$

$$E_{a3} = 3 \times 33.4 = 100.2(\text{kN/m})$$

$$E_{a4} = \frac{1}{2} \times 3 \times (51.0 - 33.4) = 26.4(\text{kN/m})$$

$$E = 12.28 + 9.59 + 100.2 + 26.4 = 148.47(\text{kN/m})$$

主动土压力合力作用点：

$$x_1 = \frac{1}{3} \times (2 - 0.68) + 2 + 3 = 5.44(\text{m})$$

$$x_2 = \frac{1}{3} \times (2 - 0.63) + 3 = 3.46(\text{m})$$

$$x_3 = \frac{1}{2} \times 3 = 1.5(\text{m})$$

$$x_4 = \frac{1}{3} \times 3 = 1.0(\text{m})$$

$$x = (12.28 \times 5.44 + 9.59 \times 3.46 + 100.2 \times 1.5 + 26.4 \times 1.0)/148.47 = 1.86(\text{m})$$

总水压力：

$$P_w = \frac{1}{2} \times 10 \times 3^2 = 45(\text{kN/m})$$

5.4　库仑土压力理论

5.4.1　基本假设

朗肯(Rankine)理论由于其假定条件在工程上经常难以满足,所以对于不满足朗肯条件的情况,多应用库仑(C. A. Coulomb)于 1776 年根据城堡中挡土墙后滑动楔体达到极限平衡状态时的静力平衡方程解出的土压力计算方法。

其基本假定为:

(1)挡土墙后土体为均匀各向同性无黏性土($c=0$)。

(2)挡土墙后产生主动或被动土压力时墙后土体形成滑动土楔,其滑裂面为通过墙踵的平面。

(3)滑动土楔可视为刚体。

5.4.2　库仑主动土压力

5.4.2.1　库仑主动土压力计算

如图 5-12(a)所示,设挡土墙高为 H,墙背与垂线的夹角为 ε,自垂线起顺时针为负,逆时针为正,墙后土体为无黏性土,土体表面与水平线夹角为 β,墙背与土体的摩擦角为 δ。挡土墙在土压力作用下将向远离土体的方向位移(平移或转动),最后土体处于极限平衡状态,墙后土体将形成一滑动土楔,其滑裂面为平面 BC,滑裂面与水平面成 θ 角。

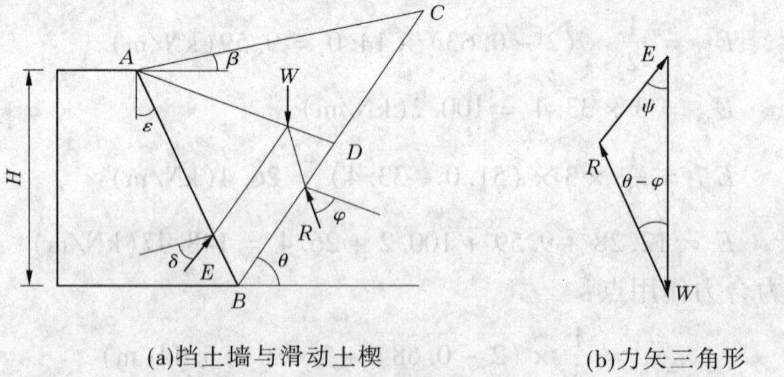

(a)挡土墙与滑动土楔　　(b)力矢三角形

图 5-12　库仑主动土压力计算

沿挡土墙长度方向取 1 m 进行分析,并取滑动土楔 ABC 为隔离体,作用在滑动土楔上的力有土楔体的自重 W,滑裂面 BC 上的反力 R 和墙背对土楔的反力 E(土体作用在墙背上的土压力与 E 大小相等、方向相反)。滑动土楔在 W、R、E 的作用下处于平衡状态,因此三力必形成一个封闭的力矢三角形,如图 5-12(b)所示。根据正弦定理求出 E 的表达式,其最大值即为墙背的库仑主动土压力:

$$E_a = \frac{1}{2}\gamma H^2 K_a \tag{5-22}$$

式中　K_a——库仑主动土压力系数。

$$K_a = \frac{\cos^2(\varphi - \varepsilon)}{\cos^2\varepsilon\cos(\varepsilon + \delta)\left[1 + \sqrt{\dfrac{\sin(\varphi + \delta)\sin(\varphi - \beta)}{\cos(\varepsilon + \delta)\cos(\varepsilon - \beta)}}\right]^2} \tag{5-23}$$

若 $\varepsilon = \delta = \beta = 0$,墙背垂直、光滑,墙后填土面水平,则式(5-23)与朗肯公式完全一致。

库仑主动土压力强度为:

$$\sigma_a = \frac{\mathrm{d}E_a}{\mathrm{d}z} = \gamma z K_a \tag{5-24}$$

5.4.2.2　库仑主动土压力分布

库仑主动土压力强度分布图为三角形,E_a 的作用方向与墙背法线逆时针成 δ 角,作用点在距墙底 $H/3$ 处,如图 5-13 所示。

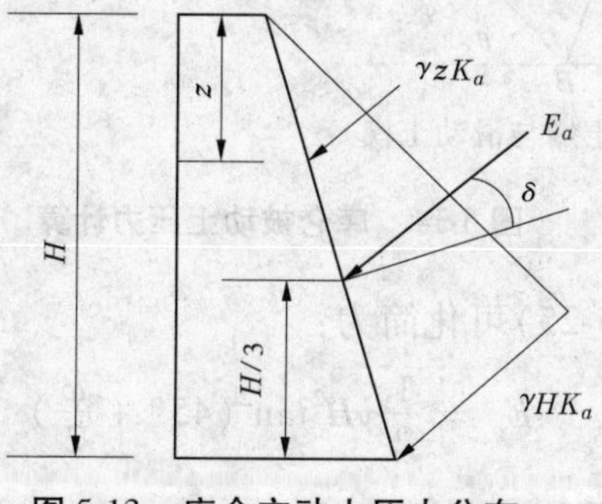

图 5-13　库仑主动土压力分布

墙背外摩擦角的取值直接影响到土压力的大小。通常墙背平滑,排水不良,摩擦角为 $(0\sim1/3)\varphi$;墙背粗糙,排水良好,摩擦角为 $(1/3\sim1/2)\varphi$;墙背很粗糙,排水良好,摩擦角为 $(1/2\sim2/3)\varphi$;填土与墙背间不可能滑动,摩擦角为 $(2/3\sim1)\varphi$。

【例题 5-4】　挡土墙高 5 m,墙背倾斜角 $\varepsilon = 10°$,填土坡角 $\beta = 20°$,填土重度 18 kN/m^3,$\varphi = 30°$,$c = 0$,填土与墙背的摩擦角 $\delta = (2/3)\varphi$,按库仑土压力理论计算主动土压力及其作用点。

解:根据 $\varepsilon = 10°$,$\beta = 20°$,$\gamma = 18\ kN/m^3$,$\varphi = 30°$,$c = 0$ 和 $\delta = (2/3)\varphi = 20°$ 的条件,按式(5-23)可求得主动土压力系数 $K_a = 0.540$。

由于主动土压力沿墙背垂直面为三角形分布,故主动土压力的合力为:

$$E_a = \frac{1}{2}\gamma H^2 K_a = \frac{1}{2} \times 18 \times 5^2 \times 0.540 = 121.5(\mathrm{kN/m})$$

主动土压力作用点在离墙底 $H/3 = 5.0/3 = 1.67$(m)处。

5.4.3　库仑被动土压力

挡土结构物前面受到推力，迫使挡土结构压向填土。当其位移或转角达到一定数值时，墙后土体将产生滑动面 BC，土体 ABC 在墙推力作用下将沿 BC 面向上滑动。此时，墙后的无黏性填土对挡土结构的力就是被动土压力。其计算公式的推导与库仑主动土压力的方法相似，计算简图如图 5-14 所示，得到的计算公式为：

$$E_p = \frac{1}{2}\gamma H^2 K_p \tag{5-25}$$

式中　K_p——库仑被动土压力系数。

$$K_p = \frac{\cos^2(\varphi+\varepsilon)}{\cos^2\varepsilon\cos(\varepsilon-\delta)\left[1-\sqrt{\dfrac{\sin(\varphi+\delta)\sin(\varphi+\beta)}{\cos(\varepsilon-\delta)\cos(\varepsilon-\beta)}}\right]^2} \tag{5-26}$$

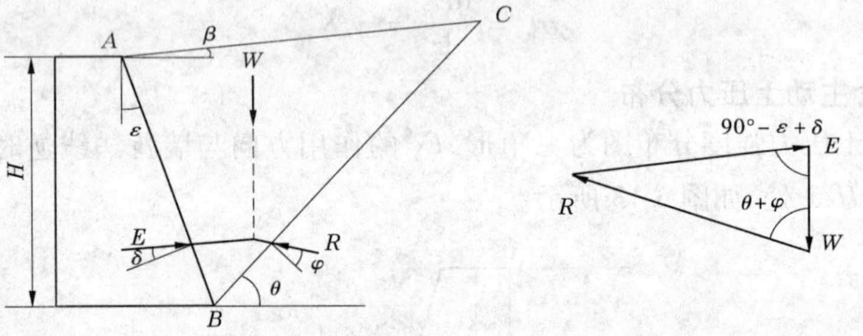

(a)挡土墙与滑动土楔　　(b)力矢三角形

图 5-14　库仑被动土压力计算

若 $\varepsilon=\delta=\beta=0$，则式(5-25)可化简为：

$$E_p = \frac{1}{2}\gamma H^2 \tan^2\left(45^\circ + \frac{\varphi}{2}\right) \tag{5-27}$$

库仑被动土压力强度为：

$$\sigma_p = \frac{\mathrm{d}E_p}{\mathrm{d}z} = \gamma z K_p \tag{5-28}$$

库仑被动土压力强度分布也为三角形，E_p 作用在墙背法线的上方且与墙背法线成 δ 角，作用点在距墙底 $H/3$ 处，如图 5-15 所示。

5.4.4　黏性土的库仑土压力理论

由前知，库仑土压力理论假设墙后填土是理想的散粒体($c=0$)，只适用于无黏性填土。但在实际工程中常不得不采用黏性填土。为考虑黏性土的黏聚力 c 对土压力的效应，以往常采用所谓"等值内摩擦角 φ_d"代入式(5-23)进行计算，但误差较大，在低墙时偏于保守，高墙则偏于危险。因此，近年来较多学者在库仑理论的基础上，计入了墙后填土面超载、填土黏聚力、填土与墙背间的黏结力以及填土表面附近的裂缝深度等因素(见图 5-16)的影响，提出了所谓的"广义库仑理论"。

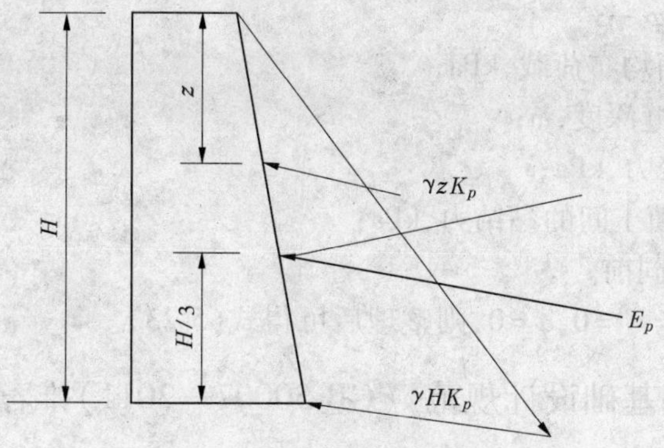

图 5-15　库仑被动土压力分布

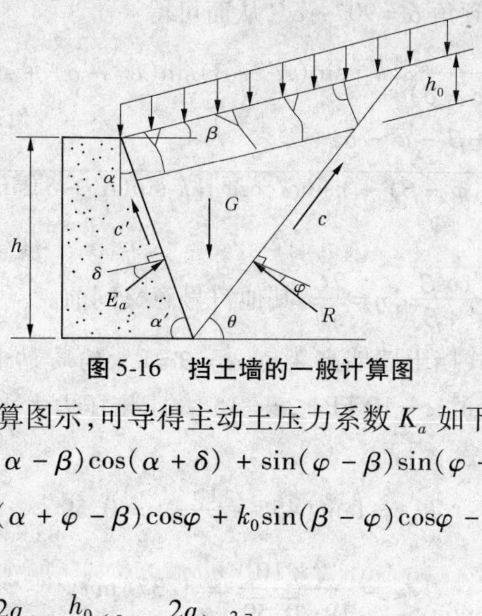

图 5-16　挡土墙的一般计算图

根据图 5-16 所示计算图示，可导得主动土压力系数 K_a 如下：

$$K_a = \frac{\cos(\alpha-\beta)}{\cos\alpha\cos^2\varphi}\left\{\begin{matrix}[\cos(\alpha-\beta)\cos(\alpha+\delta)+\sin(\varphi-\beta)\sin(\varphi+\delta)]k_q+2k_2\cos\varphi\sin\varphi+ \\ k_1\sin(\alpha+\varphi-\beta)\cos\varphi+k_0\sin(\beta-\varphi)\cos\varphi-2c\sqrt{G_1G_2}\end{matrix}\right\} \tag{5-29}$$

其中，$k_q = \frac{1}{\cos\alpha}\left[1+\frac{2q}{\gamma h}\xi-\frac{h_0}{h^2}\left(h_0+\frac{2q}{\gamma}\right)\xi^2\right]$

$$k_0 = \frac{h_0^2}{h^2}\left(1+\frac{2q}{\gamma h_0}\right)\frac{\sin\alpha}{\cos(\alpha-\beta)}\xi$$

$$k_1 = \frac{2c'}{\lambda h\cos(\alpha-\beta)}\left(1-\frac{h_0}{h}\xi\right)$$

$$k_2 = \frac{2c'}{\lambda h}\left(1-\frac{h_0}{h}\xi\right)$$

$$\xi = \frac{\cos\alpha\cos\beta}{\cos(\alpha-\beta)}$$

$$h_0 = \frac{2c}{\gamma}\frac{\cos\alpha\cos\varphi}{+\sin(\alpha-\varphi)}$$

$$G_1 = k_q\sin(\delta+\varphi)\cos(\delta+\alpha)+k_2\cos\varphi+\cos\varphi[k_1\cos\delta-k_0\cos(\alpha+\delta)]$$

$$G_2 = k_q\cos(\alpha-\beta)\sin(\varphi-\beta)+k_2\cos\varphi$$

$$\varphi=\alpha+\delta+\varphi-\beta$$

式中　q——填土表面均布荷载，kPa；

h_0——地表裂缝深度，m；

c——填土黏聚力，kPa；

c'——墙背与填土间的黏结力，kPa；

其他符号意义同前。

若在上式中令 $c=c'=0,q=0$，则整理后可得式(5-23)。

5.4.5 《建筑地基基础设计规范》(GB 50007—2011)推荐的公式

《建筑地基基础设计规范》(GB 50007—2011)推荐采用上述所谓“广义库仑理论”解答，但不计算地表裂缝深度 h_0 及墙背与填土间的黏结力 c'，即在式(5-29)中令 $c'=0$ 和 $h_0=0$，并注意到此时墙背倾角 $\alpha=90°-\alpha'$，从而可得：

$$K_a=\frac{\cos(\alpha'+\beta)}{\sin\alpha^2\sin^2(\alpha'+\beta-\varphi-\delta)}\Big\{k_q[\sin(\alpha'+\beta)\sin(\alpha'-\delta)+\sin(\varphi-\beta)\sin(\varphi+\delta)]+2\eta\sin\alpha'\cos\varphi\cos(\alpha'+\beta-\varphi-\delta)-2\sqrt{[k_q\sin(\alpha'+\beta)\sin(\varphi-\beta)+\eta\sin\alpha'\cos\varphi][k_q\sin(\alpha'-\delta)\sin(\varphi+\delta)+\eta\sin\alpha'\cos\varphi]}\Big\} \tag{5-30}$$

其中，$k_q=1+\frac{2q\ \sin\alpha'\cos\beta}{\gamma h\sin(\alpha'+\beta)}$，$\eta=\frac{2C}{\gamma h}$，其他符号意义同前。

【例题 5-5】　某重力式挡土墙墙高 4 m，$\alpha=\beta=0°$，粉质黏土作填料，要求 $\gamma_d\geqslant16.5$ kN/m³，相当于 $\gamma=19$ kN/m³，$c=10$ kPa，$\varphi=15°$。求土压力大小。

解：(1)朗肯理论。

$$K_a=\tan^2(45°-\frac{15°}{2})=0.59$$

$$z_0=\frac{2\times10}{19\sqrt{0.59}}=1.37(\text{m})$$

$$E_a=\frac{1}{2}\times(19\times4\times0.59-2\times10\sqrt{0.59})\times(4-1.37)=38.8(\text{kN/m})$$

(2)库仑理论。

取 $\varphi=35°,\delta=\frac{\varphi}{2}=17.5°$，则：

$$K_a=\frac{\cos^2 35°}{\cos17.5°\left[1+\sqrt{\frac{\sin(35°+17.5°)\sin35°}{\cos17.5°}}\right]^2}=0.25$$

$$E_a=\frac{1}{2}\times19\times4^2\times0.25=38(\text{kN/m})$$

若取 $\varphi=30°,\delta=\frac{\varphi}{2}=15°$，则：

$$K_a=0.3$$

$$E_a = \frac{1}{2} \times 19 \times 4^2 \times 0.3 = 45.6(\text{kN/m})$$

φ 减小，则 E_a 增大。

(3)按规范 GB 50007—2011 方法计算。

按粉质黏土查表，得：

$$K_a = 0.24$$

$$E_a = \frac{1}{2} \times 19 \times 4^2 \times 0.24 = 36.5(\text{kN/m})$$

5.5　土压力计算方法的讨论

朗肯与库仑土压力理论都是填土达到极限平衡状态时的土压力，发生这种状态的土压力必须要求挡土墙的移动足以使墙后填土的剪应力达到抗剪强度。实际上，挡土墙移动的大小和方式不同使墙背面的土压力大小与分布也不同。若墙的下端不动、上端向外移动，压力为直线分布，总压力作用在墙底面以上 $H/3$ 处，如图 5-17(a)所示。

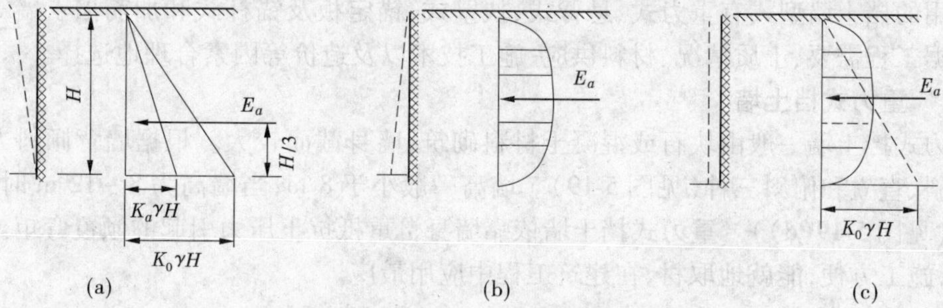

图 5-17　墙的不同位移土压力不同

当上端的移动达到一定数值时，填土发生主动破坏，此时作用在墙上的土压力为主动土压力。当墙的上端不动、下端向外移动时，位移的大小不能使填土发生主动破坏，压力为曲线分布。总压力作用在墙底面以上 $H/2$ 处，如图 5-17(b)所示。若墙的上端和下端都向外移动，位移的大小未使填土发生主动破坏，压力也是曲线分布，如图 5-17(c)所示，总压力作用在 $H/2$ 附近。当位移超过图 5-17(a)上端转动所发生的主动破坏的位移时，填土中也将发生主动破坏，压力成为直线分布，总压力作用点降至 $H/3$ 处。

在挡土墙计算中很少按静止土压力计算，这是因为大部分挡土结构物都有不同程度的微小变形和位移，可能产生主动土压力。根据试验研究，当挡土墙的位移达到墙高的 0.001 ~0.005 时就可能发生主动土压力，这是一般的挡土墙都容易达到的。因此，挡土墙的土压力通常都按主动土压力计算。被动土压力通常用在桥台处的挡土墙计算。

直接浇筑在岩基上的挡土墙，墙的变形不足以达到主动破坏状态，按静止土压力计算比较符合实际的受力情况。但是，由于静止土压力系数难以精确确定，所以在设计中常将主动土压力增大 25% 作为计算的土压力，如图 5-18 所示，误差偏于安全方面。

对于有黏聚力的黏性填土，用朗肯土压力公式可以直接计算，用库仑理论却不能计算,往往用折减内摩擦角的办法考虑黏聚力的影响,误差可能较大。计算被动土压力用假定平面破坏面的库仑理论,误差太大;用朗肯理论计算,误差相对小一些,但也是偏大的。

若墙后填土中有水,设计挡土墙还应考虑墙背面水压力的作用。为了降低墙后的水压力,应设置排水孔,或用粗砂作填料,这比准确计算土压力更为重要。

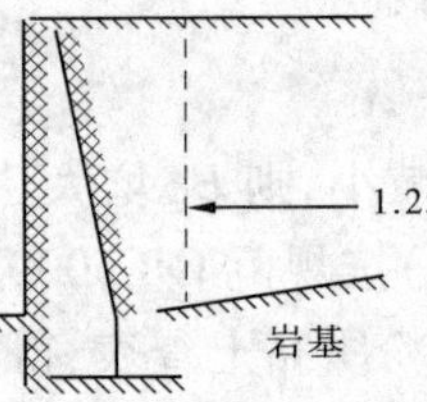

图 5-18 岩基上的挡土墙

5.6 挡土墙设计

挡土墙设计包括墙型选择、稳定性验算、地基承载力验算、墙身材料强度验算以及一些设计中的构造要求和措施等。本节着重介绍重力式挡土墙设计中的有关问题。

5.6.1 挡土墙类型选择

常用的挡土墙型式有重力式、悬臂式、扶壁式、锚定板及锚杆式和加筋挡土墙等。一般应根据工程需要、土质情况、材料供应、施工技术以及造价等因素合理地选择。

5.6.1.1 重力式挡土墙

重力式挡土墙一般由块石或混凝土材料砌筑,墙身截面较大。根据墙背倾斜方向可分为仰斜、直立和俯斜三种(见图 5-19)。墙高一般小于 8 m,当墙高为 8 ~ 12 m 时,宜用衡重式(见图 5-19(d))。重力式挡土墙依靠墙身自重抵抗土压力引起的倾覆弯矩。其结构简单,施工方便,能就地取材,在建筑工程中应用最广。

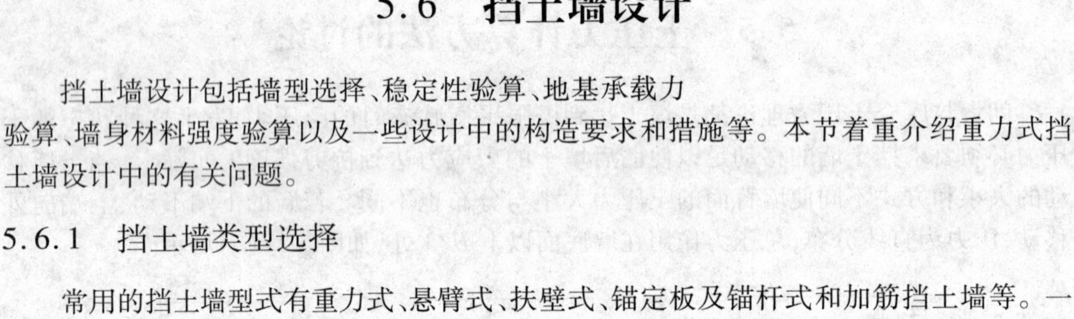

图 5-19 重力式挡土墙形式

5.6.1.2 悬臂式挡土墙

悬臂式挡土墙一般由钢筋混凝土建造,墙的稳定主要依靠墙踵悬臂以上土重维持。墙体内设置钢筋承受拉应力,故墙身截面较小。初步设计时可按图 5-20 选取截面尺寸。其适用于墙高大于 5 m、地基土质较差、当地缺少石料等情况,多用于市政工程及储料仓库。

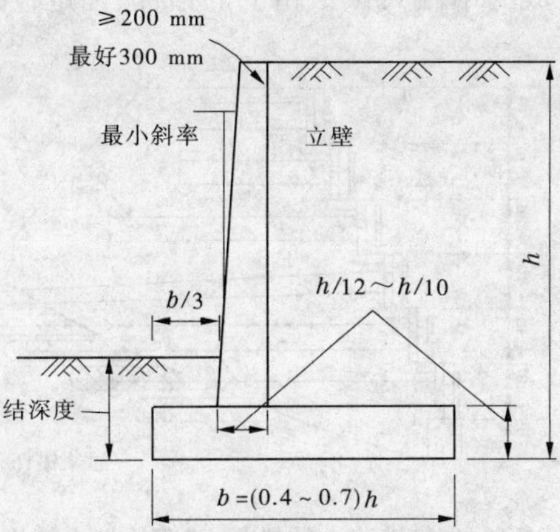

图5-20　悬臂式挡土墙初步设计尺寸

5.6.1.3　扶壁式挡土墙

当墙高大于10 m时,挡土墙立壁挠度较大,为了增强立壁的抗弯性能,常沿墙的纵向每隔一定距离((0.3～0.6)h)设置一道扶壁,称为扶壁式挡土墙。扶壁间填土可增加抗滑和抗倾覆能力,一般用于重要的大型土建工程。扶壁式挡土墙设计时可按图5-21初选截面尺寸,再将墙身及墙踵作为三边固定的板,用有限元或有限差分法进行优化设计。

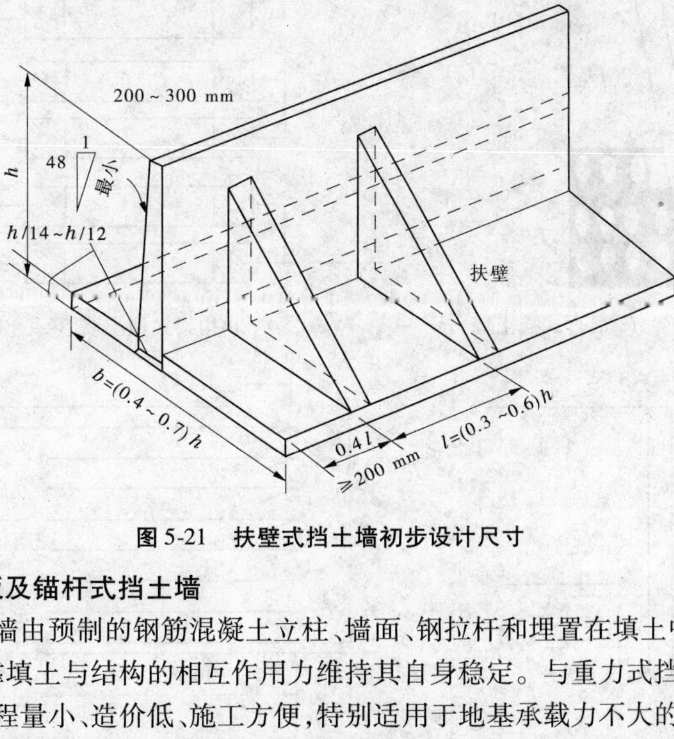

图5-21　扶壁式挡土墙初步设计尺寸

5.6.1.4　锚定板及锚杆式挡土墙

锚定板挡土墙由预制的钢筋混凝土立柱、墙面、钢拉杆和埋置在填土中的锚定板在现场拼装而成,依靠填土与结构的相互作用力维持其自身稳定。与重力式挡土墙相比,其结构轻、柔性大、工程量小、造价低、施工方便,特别适用于地基承载力不大的地区。设计时,为了维持锚定板挡土结构的内力平衡,必须保证锚定板挡土结构周边的整体稳定和土的摩擦阻力大于由土自重和超载引起的土压力。锚杆式挡土墙是利用嵌入坚实岩层的灌浆锚杆作为拉杆的一种挡土结构。

图 5-22 为 1974 年建成的山西太焦铁路上的锚杆、锚定板挡土结构实例。

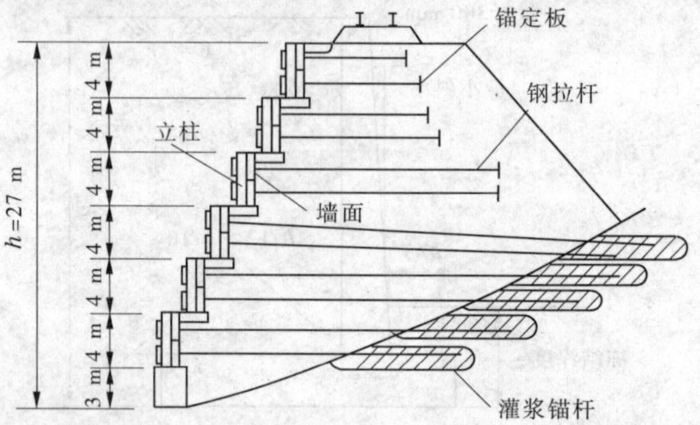

图 5-22 太焦铁路上的锚杆、锚定板挡土结构实例

5.6.1.5 其他型式的挡土结构

其他型式的挡土结构包括混合式挡土墙、构架式挡土墙、板桩墙、加筋土挡土墙以及近年来发展的土工合成材料挡土墙等，如图 5-23 所示。

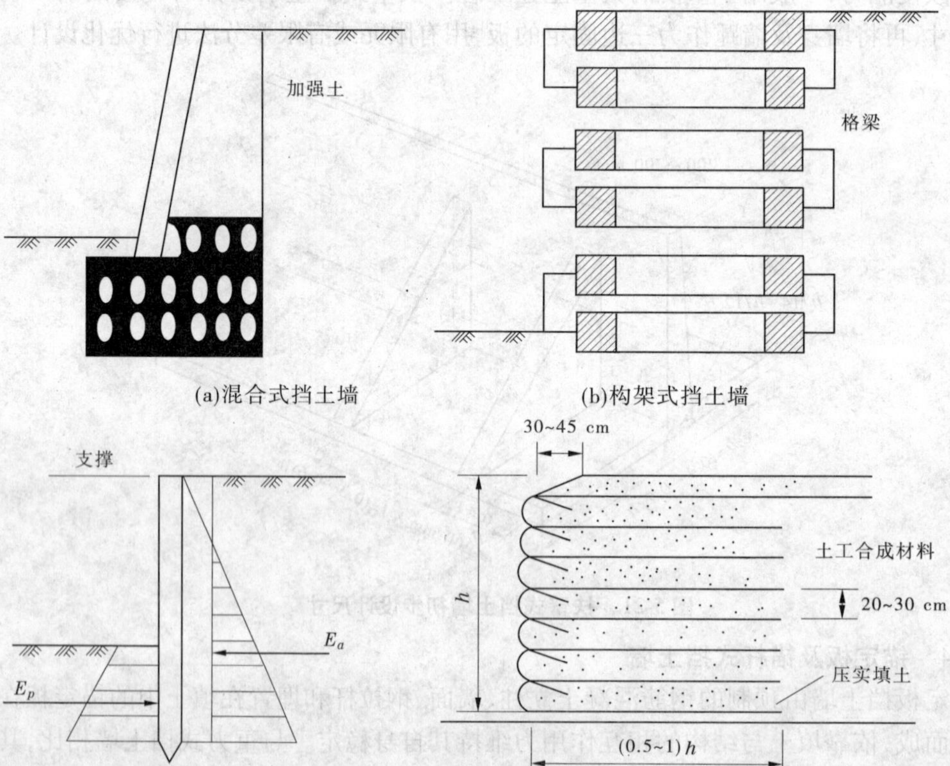

图 5-23 其他型式的挡土结构

5.6.2　挡土墙的计算

挡土墙的设计应根据使用过程中可能出现的荷载，按承载力极限状态和正常使用状态进行荷载效应组合，并取最不利组合进行设计。截面尺寸一般按试算法确定，即先根据挡土墙的工程地质条件、填土性质以及墙身材料和施工条件等凭经验初步拟定截面尺寸，然后进行验算。如不满足要求，则修改截面尺寸或采取其他措施。

作用在挡土墙上的荷载有土压力 E_a、挡土墙自重压力 G。墙面埋入土中部分所受被动土压力一般可忽略不计，其结果偏于安全。挡土墙的计算通常包括稳定性（抗倾覆、抗滑动等）、地基承载力及墙身强度验算等。验算稳定性时，土压力及自重的荷载分项系数可取 1.0；验算挡土墙墙体结构强度时，应根据所用材料，参照有关结构设计规范进行；当土压力作为外荷载时，应采用设计值乘以 1.2 的荷载分项系数。

5.6.2.1　抗倾覆稳定性验算

研究表明，挡土墙的破坏大部分是倾覆破坏。要保证挡土墙在土压力的作用下不发生绕墙趾 O 点的倾覆（见图 5-24），必须要求抗倾覆安全系数 K_t（O 点的抗倾覆力矩与倾覆力矩之比）≥1.6，即

$$K_t = \frac{Gx_0 + E_{az}x_f}{E_{ax}z_f} \geqslant 1.6 \tag{5-31}$$

式中　E_{ax}——E_a 的水平分力，kN/m，$E_{ax} = E_a\cos(\alpha+\delta)$；

E_{az}——E_a 的竖向分力，kN/m，$E_{az} = E_a\sin(\alpha+\delta)$；

G——挡土墙每延米自重，kN/m；

x_f——土压力作用点离 O 点的水平距离，m，$x_f = b - z\tan\alpha$；

z_f——土压力作用点离 O 点的高度，m，$z_f = z - b\tan\alpha_0$；

x_0——挡土墙重心离墙趾的水平距离，m；

α_0——挡土墙的基底倾角（°）；

b——基底的水平投影宽度，m；

z——土压力作用点距离墙踵的高度，m。

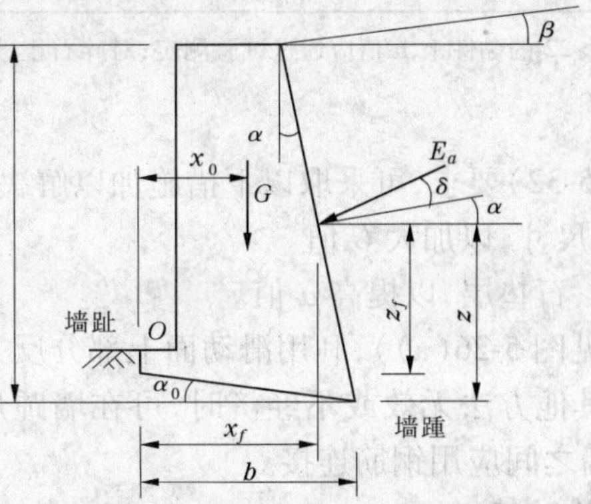

图 5-24　挡土墙的稳定性验算

在软弱地基上倾覆时，墙趾可能陷入土中，使力矩中心点内移，导致抗倾覆安全系数降低，有时甚至会沿圆弧滑动而发生整体破坏，因此验算时应注意土的压缩性。验算悬臂式挡土墙时，可视土压力作用在墙踵的垂直面上，将墙踵悬臂以上土重计入挡土墙自重。

若验算结果不能满足式(5-31)的要求，可按以下措施处理：

(1)增大挡土墙断面尺寸，使 G 增大，但工程量也相应增大。

(2)加大 x_0，伸长墙趾。但墙趾过长，若厚度不够，则需配置钢筋。

(3)墙背做成仰斜，可减小土压力。

(4)在挡土墙垂直墙背上做卸荷台，形状如牛腿(见图5-25)，则平台以上土压力不能传到平台以下，总土压力减小，故抗倾覆稳定性增大。

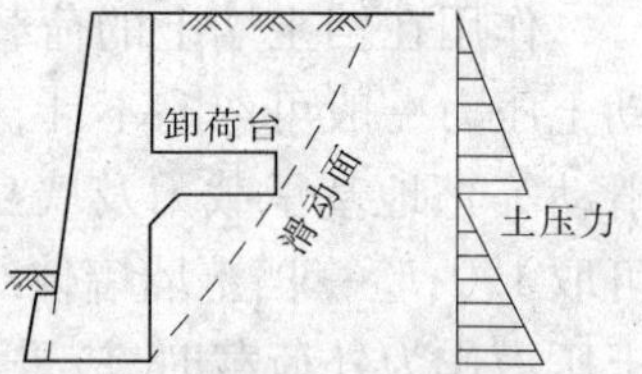

图5-25　有卸荷台的挡土墙

5.6.2.2　抗滑稳定性验算

在土压力的作用下，挡土墙也可能沿基础底面发生滑动，因此要求基底的抗滑安全系数 K_s(抗滑力与滑动力之比)≥1.3。

$$K_s = \frac{(G_n + E_{an})\mu}{E_{at} - G_t} \geqslant 1.3 \tag{5-32}$$

式中　G_n——挡土墙自重在垂直于基底平面方向的分力，$G_n = G\cos\alpha_0$；

G_t——挡土墙自重在平行于基底平面方向的分力，$G_t = G\sin\alpha_0$；

E_{an}——E_a 在垂直于基底平面方向的分力，$E_{an} = E_a\sin(\alpha + \delta + \alpha_0)$；

E_{at}——E_a 在平行于基底平面方向的分力，$E_{at} = E_a\cos(\alpha + \delta + \alpha_0)$；

μ——土对挡土墙基底的摩擦系数，宜按试验确定，也可按表5-1选用。

表5-1　土对挡土墙基底的摩擦系数

土的类别		摩擦系数 μ	土的类别	摩擦系数 μ
黏性土	可塑	0.25～0.30	中砂、粗砂、砾砂	0.40～0.50
	硬塑	0.30～0.35	碎石土	0.40～0.60
	坚硬	0.35～0.45	软质岩	0.40～0.60
粉土		0.30～0.40	表面粗糙的硬质岩	0.65～0.75

注：对易风化的软质岩石和 $I_P>22$ 的黏性土，μ 值应通过试验测定；对碎石土，可根据其密实度、填充物状况、风化程度等确定。

若验算不能满足式(5-32)要求，可采取以下措施加以解决：

(1)修改挡土墙断面尺寸，以加大 G 值。

(2)墙基底面做成砂、石垫层，以提高 μ 值。

(3)墙底做成逆坡(见图5-26(a))，利用滑动面上部分反力来抗滑。

(4)在软土地基上，其他方法无效或不经济时，可在墙踵后加拖板，利用拖板上的土重来抗滑。拖板与挡土墙之间应用钢筋连接。

5.6.2.3　圆弧滑动稳定性验算

当土质较软弱时，可能产生接近于圆弧状的滑动面而丧失其稳定性(见图5-27)，此时可采用条分法进行分析验算。

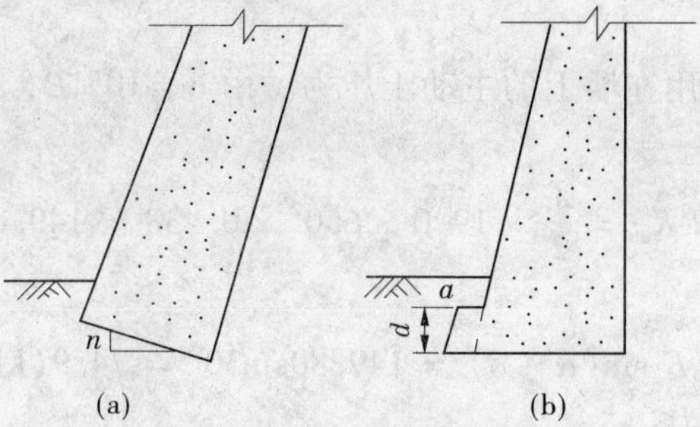

图 5-26　墙底逆坡及墙趾台阶

（土质地基 $n=0.1$，$d:a=2:1$；岩石地基 $n=0.2$，$a\geqslant 20$ cm）

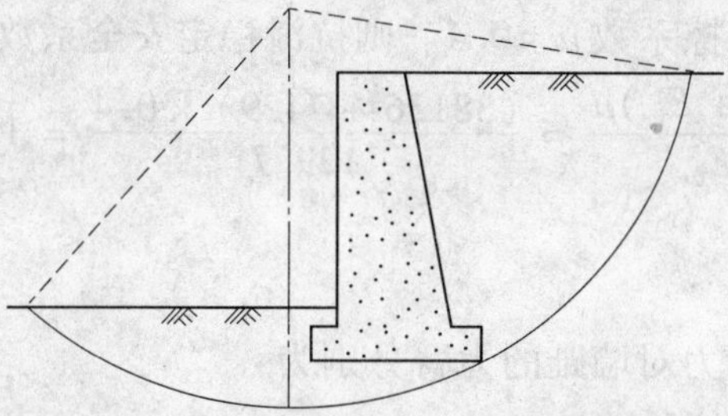

图 5-27　挡土墙圆弧滑动稳定性验算

5.6.2.4　地基承载力及墙身强度验算

挡土墙在自重及土压力的垂直分力作用下，基底压力按线性分布。其验算方法及要求完全同天然地基浅基础验算。挡土墙墙身材料强度应满足《混凝土结构设计规范》（GB 50010—2010）和《砌体结构设计规范》（GB 50003—2011）中有关要求。

【例题 5-6】　已知图 5-28 所示某挡土墙高 $H=6.0$ m，墙背倾角 $\alpha=10°$，墙后填土倾角 $\beta=10°$，墙背与填土摩擦角 $\delta=20°$。墙后填土为中砂，其重度 $\gamma=19.0$ kN/m³，内摩擦角 $\varphi=30°$。中砂地基承载力 $f=170$ kPa。设计此挡土墙。

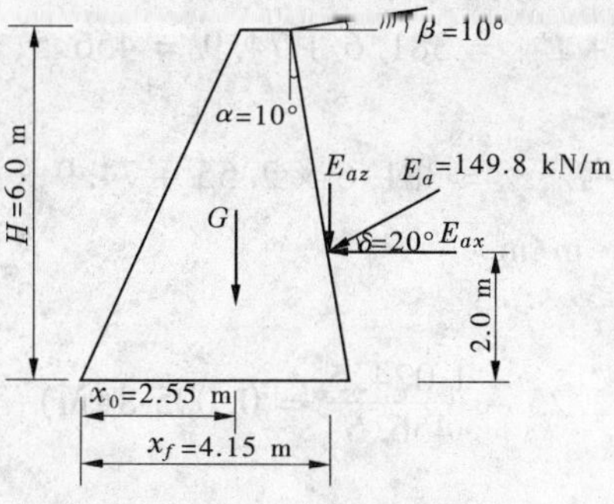

图 5-28　例题 5-6 图

解：（1）挡土墙断面尺寸的初步选择。

挡土墙顶宽 0.8 m，底宽 4.5 m。则挡土墙自重：

$$G=\frac{(0.8+4.5)H\gamma_{混}}{2}=2.65\times 6.0\times 24=381.6(\text{kN/m})$$

(2)土压力计算。

用库仑理论计算作用在墙上的主动土压力。由 $\alpha=10°,\beta=10°,\delta=20°,\varphi=30°$,可得 $K_a=0.438$,则:

$$E_a=\frac{1}{2}\gamma H^2K_a=\frac{1}{2}\times19.0\times6.0^2\times0.438=149.80(\text{kN/m})$$

土压力的竖向分力:

$$E_{az}=E_a\sin(\alpha+\delta)=149.80\sin30°=74.9(\text{kN/m})$$

土压力的水平向分力:

$$E_{ax}=E_a\cos(\alpha+\delta)=149.80\cos30°=129.7(\text{kN/m})$$

(3)抗滑稳定性验算。

墙底对地基中砂的摩擦系数 $\mu=0.4$。则抗滑稳定安全系数为:

$$K_s=\frac{(G_n+E_{az})\mu}{E_{ax}}=\frac{(381.6+74.9)\times0.4}{129.7}=1.41>1.3$$

安全。

(4)抗倾覆验算。

作用在挡土墙上的诸力对墙趾的力臂分别为:

自重 G 的力臂:$x_0=2.55$ m;

E_{az}的力臂:$x_f=4.15$ m;

E_{ax}的力臂:$z_f=2.0$ m。

则抗倾覆安全系数为:

$$K_t=\frac{Gx_0+E_{az}x_f}{E_{ax}z_f}=\frac{381.6\times2.55+74.9\times4.15}{129.7\times2.0}=4.95>1.6$$

安全。

(5)地基承载力验算。

①作用在基底的总垂直压力为:

$$F=G+E_{az}=381.6+74.9=456.5(\text{kN/m})$$

②合力对墙趾的总力矩:

$$M=Gx_0+E_{az}x_f-E_{ax}z_f=381.6\times2.55+74.9\times4.15-129.7\times2$$
$$=1\ 024.5(\text{kN}\cdot\text{m/m})$$

则偏心距 e 为:

$$e=\frac{4.5}{2}-\frac{M}{F}=2.25-\frac{1\ 024.5}{456.5}=0.005\ 8(\text{m})<\frac{b}{6}=0.75(\text{m})$$

③承载力验算:

$$p_{\max}=\frac{F}{A}(1+\frac{6e}{b})=\frac{456.5}{4.5}\times(1+\frac{6\times0.005\ 8}{4.5})=102.2(\text{kPa})<1.2f=204\ \text{kPa}$$

$$p_{\min}=\frac{F}{A}(1-\frac{6e}{b})=\frac{456.5}{4.5}\times(1-\frac{6\times0.005\ 8}{4.5})=100.7(\text{kPa})$$

$$p=\frac{1}{2}(p_{\max}+p_{\min})=101.5(\text{kPa})<f=170\ \text{kPa}$$

均满足要求(墙身强度验算略)。

思考题

5-1　土压力的概念和意义是什么?

5-2　土压力有哪三种?它们各在何种条件下发生?阐述它们之间的相互关系并比较其大小。

5-3　试述朗肯土压力理论如何根据土压力的定义,并利用摩尔－库仑破坏准则导出主动和被动土压力公式。

5-4　影响挡土墙上土压力的因素中哪些最主要?强度指标与位移对土压力的影响效果如何?

5-5　地下水位升降对土压力的影响如何?

5-6　对朗肯土压力理论和库仑土压力理论进行比较与评价。

5-7　常见的挡土墙类型有哪些?

5-8　挡土墙的设计包括哪些方面?

习　题

5-1　挡土墙高 6 m,墙背垂直、光滑,墙后填土面水平,填土重度 18 kN/m^3,饱和重度为 19 kN/m^3,内聚力 $c=0$,内摩擦角 $\varphi=30°$,求:

(1)墙后无地下水时的主动土压力分布与合力;

(2)挡土墙地下水位离墙底 2 m 时,作用在挡土墙上的土压力和水压力。

5-2　挡土墙高 4.5 m,墙背垂直、光滑,墙后土体表面水平,土体重度 $\gamma=18.5$ kN/m^3,$c=10$ kPa,$\varphi=25°$,求主动土压力沿墙高的分布及主动土压力合力的大小和作用点位置。

5-3　挡土墙高 6 m,墙背垂直、光滑,墙后土体表面水平,第一层土为砂土,厚度 2 m,土层物理力学指标为:$\gamma_1=19.0$ kN/m^3,$\varphi_1=25°$;第二层为黏性土,厚度 4 m,土层物理力学指标为:$\gamma_2=18.0$ kN/m^3,$c_2=10$ kPa,$\varphi_2=20°$。求主动土压力强度,并绘出主动土压力沿墙高的分布。

5-4　挡土墙高 5 m,墙背倾斜角(俯斜)$\varepsilon=20°$,填土倾角 $\beta=20°$,填土重度 $\gamma=19.0$ kN/m^3,$C=0$,$\varphi=25°$,填土与墙背的摩擦角 $\delta=15°$,用库仑土压力理论计算:

(1)主动土压力的大小、作用点位置和方向;

(2)主动土压力沿墙高的分布。

第 6 章　土坡稳定分析

学习指导

天然土坡和人工土坡的稳定性分析，是环境岩土工程的重要问题，分析影响土坡稳定性的因素，对认识工程地质灾害的本质，并有的放矢地采取治理措施，具有重要意义。

学习目标

掌握人工土坡和天然土坡的概念，了解土坡失稳的原因，学习和掌握无黏性土和黏性土土坡稳定性分析，会确定最危险滑动面圆心的位置，熟悉和掌握边坡稳定分析的总应力法和有效应力法。

学习重点

黏性土土坡稳定性分析的瑞典圆弧滑动法、条分法和毕肖普法，以及不平衡推力法的原理、假定和求解方法。

6.1　无黏性土的土坡稳定分析

工程实际中的土坡包括天然土坡和人工土坡，天然土坡是指天然形成的山坡和江河湖海的岸坡，人工土坡则是指人工开挖基坑、基槽、路堑或填筑路堤、土坝形成的边坡。

土坡滑动一般是指土坡在一定范围内整体地沿某一滑动面向下和向外滑动而丧失其稳定性。土坡滑动失稳的原因一般有以下两类情况：

(1)外界力的作用破坏了土体内原来的应力平衡状态。如基坑的开挖，由于地基内自身重力发生变化，改变了土体原来的应力平衡状态；又如路堤的填筑、土坡顶面上作用外荷载、土体内水的渗流、地震力的作用等也都会破坏土体内原有的应力平衡状态，导致土坡坍塌。

(2)土的抗剪强度由于受到外界各种因素的影响而降低，促使土坡失稳破坏。如外界气候等自然条件的变化，使土时干时湿、收缩膨胀、冻结、融化等，从而使土变松，强度降低；土坡内因雨水的浸入使土湿化，强度降低；土坡附近因打桩、爆破或地震力的作用引起土的液化或触变，使土的强度降低。

土坡稳定性分析属于土力学中的稳定问题，也是工程中非常重要而实际的问题。本节主要介绍简单土坡的稳定性分析方法。所谓简单土坡，是指土坡的坡度不变，顶面和底面水平，且土质均匀，无地下水，如图 6-1 所示。对于稍复杂的土坡则可由此引申分析。

坡度(比)：

$$\tan\beta = H/B = 1/(B/H) = 1:k \tag{6-1}$$

其中，$k = B/H$ 为坡度系数。水利部门常用的边坡比是 $\cos\beta$。

由于无黏性土颗粒间无黏聚力存在，只有摩阻力，因此只要坡面不滑动，土坡就能保持稳定。

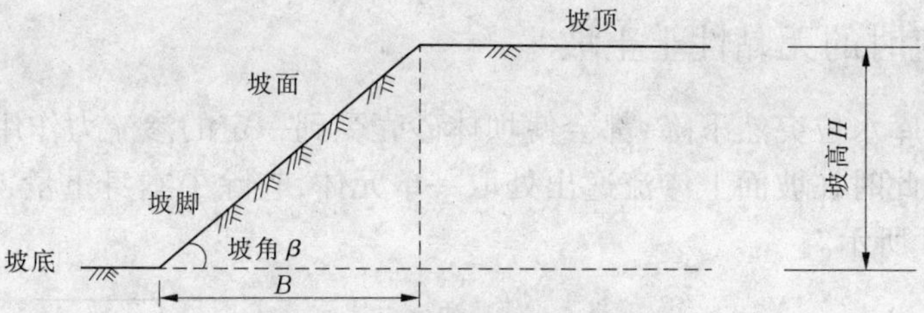

图 6-1　简单土坡各部位名称

6.1.1　干坡或静水位下的无黏性土土坡

如图 6-2 所示的无黏性土土坡，已知土坡高为 H，坡角为 β，土的重度为 γ，土的抗剪强度 $\tau_f=\sigma\tan\varphi$。若假定滑动面通过坡脚 A 的平面 AC，AC 的倾角为 α，则可计算滑动土体 ABC 沿 AC 面上滑动的稳定安全系数 K 值。

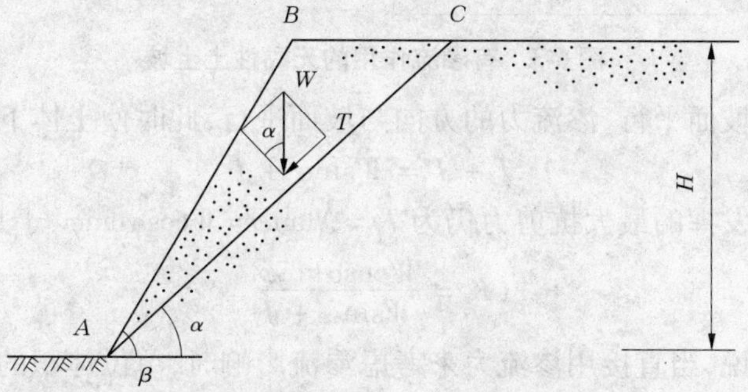

图 6-2　无黏性土土坡稳定分析

沿土坡长度方向截取单位长度土坡，作为平面应变问题分析。已知滑动土体 ABC 的重力为：

$$W=\gamma\times S_{\triangle ABC}$$

W 在滑动面 AC 上的平均法向分力 N 及由此产生的抗滑力 T_f 为：

$$T_f=N\tan\varphi=W\cos\alpha\tan\varphi \tag{6-2}$$

W 在滑动面 AC 上产生的平均下滑力 T 为：

$$T=W\sin\alpha \tag{6-3}$$

土坡的滑动稳定安全系数 K 为：

$$K=\frac{T_f}{T}=\frac{W\cos\alpha\tan\varphi}{W\sin\alpha}=\frac{\tan\varphi}{\tan\alpha} \tag{6-4}$$

安全系数 K 随倾角 α 而变化，当 $\alpha=\beta$ 时滑动稳定安全系数最小。据此，砂性土土坡的滑动稳定安全系数可取为：

$$K=\frac{\tan\varphi}{\tan\beta} \tag{6-5}$$

工程中一般要求 $K\geqslant1.25\sim1.30$。

上述安全系数公式表明，砂性土坡所能形成的最大坡角就是砂土的内摩擦角，根据这一原理，工程上可以通过堆砂锥体法确定砂土的内摩擦角（也称为砂土的自然休止角）。

6.1.2 有渗流时的无黏性土土坡

水库蓄水或库水位突然下降，都会使坝体砂壳受到一定的渗流力作用，对坝体稳定性带来不利影响。此时在坡面上渗流逸出处取一单元体，它除了本身重量，还受到渗流力 J 的作用，如图 6-3 所示。

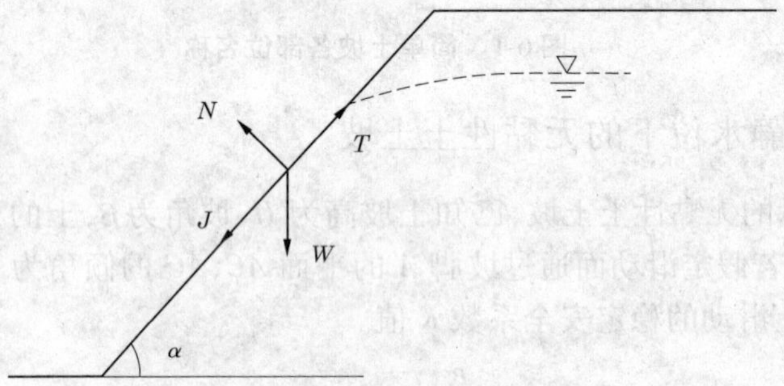

图 6-3 有渗流作用的无黏性土土坡

因渗流方向与坡面平行，渗流力的方向与坡面平行，此时使土体下滑的剪切力为：

$$T + J = W\sin\alpha + J$$

而土体中所能发挥的最大抗剪力仍为 $T_f = N\tan\varphi = W\cos\alpha\tan\varphi$，于是安全系数就变为：

$$K = \frac{W\cos\alpha\tan\varphi}{W\sin\alpha + J} \tag{6-6}$$

对单位土体来说，当直接用渗流力来考虑渗流影响时，单位体积的土体自重就是有效重度 γ'，而单位体积的渗流力 $J = i\gamma_w$，式中 γ_w 为水的重度，i 则是考虑点的水力梯度；因为是顺坡出流，$i = \sin\alpha$。于是式(6-6)即可写成：

$$K = \frac{\gamma'\cos\alpha\tan\varphi}{(\gamma' + \gamma_w)\sin\alpha} = \frac{\gamma'\tan\varphi}{(\gamma' + \gamma_w)\tan\alpha} = \frac{\gamma'\tan\varphi}{\gamma_{sat}\tan\alpha} \tag{6-7}$$

式中 γ_{sat} 为土的饱和重度。式(6-7)和无渗流作用的公式(6-5)相比，安全系数相差 γ'/γ_{sat} 倍，此值接近于 1/2。因此，当坡面有顺坡渗流作用时，无黏性土土坡的稳定安全系数将降低近一半。

【例题 6-1】 一均质无黏性土土坡，其饱和重度 $\gamma_{sat} = 20.0\ \text{kN/m}^3$，内摩擦角 $\varphi = 30°$，若要求这个土坡的稳定安全系数为 1.20，试问在干坡或完全浸水情况下以及坡面有顺坡渗流时，其坡角应为多少度？

解：干坡或完全浸水时，由式(6-5)得：

$$\tan\alpha = \frac{\tan\varphi}{K} = \frac{\tan 30°}{1.20} = 0.48$$

因此，坡角 $\alpha = 25.64°$。

有顺坡渗流时，由式(6-7)得：

$$\tan\alpha = \frac{\gamma'\tan\varphi}{K\gamma_{sat}} = \frac{10.2\tan 30°}{1.20 \times 20} = 0.245$$

因此坡角 $\alpha = 13.77°$。

由计算结果可见，有渗流作用的土坡稳定坡角比无渗流作用的稳定坡角小得多，所以雨后易发滑坡事故。

6.2　黏性土的土坡稳定分析

由于黏性土颗粒间的黏聚力,土坡的滑动面位置较深。根据滑动的诱因可分为推动式滑坡和牵引式滑坡。推动式滑坡是由于坡顶超载或地震等因素导致下滑力大于抗滑力而失稳,牵引式滑坡主要是因为坡脚受到切割导致抗滑力减小而破坏。按滑动面的类型可分为圆弧型滑动、折线滑动、组合滑动,滑动面类型与土层的强度参数、土层分布和外界条件等因素有关,如图 6-4 所示。

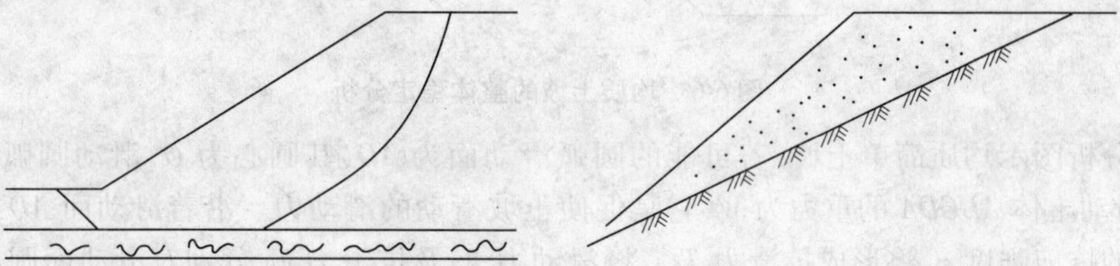

(a)下伏软弱土层的滑动面形式　(b)下伏硬土层的滑动面形式

图 6-4　黏性土边坡的滑动

6.2.1　均质黏性土土坡滑动面的形式

均质黏性土土坡在失稳破坏时,其滑动面常常是一曲面,通常近似于圆柱面,在横断面上则呈现圆弧形。实际土坡在滑动时形成的滑动面与坡角、地基土强度以及土层硬层的位置等有关,一般可形成如下三种形式:

(1)圆弧滑动面通过坡脚 B 点(见图 6-5(a)),称为坡脚圆;

(2)圆弧滑动面通过坡面上 E 点(见图 6-5(b)),称为坡面圆;

(3)圆弧滑动面发生在坡角以外的 A 点(见图 6-5(c)),且圆心位于坡面中点的垂直线上,称为中点圆。

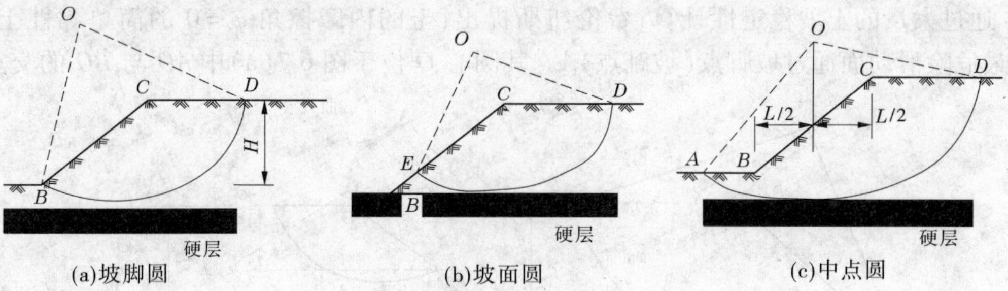

(a)坡脚圆　(b)坡面圆　(c)中点圆

图 6-5　黏性土土坡的滑动面形式

因此,在分析黏性土土坡稳定性时,常常假定土坡沿着圆弧破裂面滑动,以简化土坡稳定验算的方法。

6.2.2　均质土坡的整体稳定分析法

对于均质简单土坡，其圆弧滑动体的稳定分析可采用整体稳定分析法进行，如图 6-6 所示。

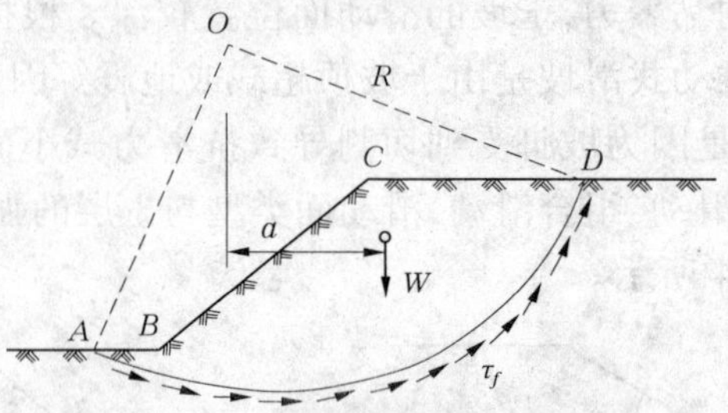

图 6-6　均质土坡的整体稳定分析

分析图示均质简单土坡，若可能的圆弧滑动面为 AD，其圆心为 O，滑动圆弧半径为 R。滑动土体 $ABCDA$ 的重力为 W，它是促使土坡滑动的滑动力。沿着滑动面 AD 上分布的土的抗剪强度 τ_f 将形成抗滑力 T_f。将滑动力 W 及抗滑力 T_f 分别对滑动面圆心 O 取矩，得滑动力矩 M_s 及抗滑力矩 M_r 为：

$$M_s = Wa$$

$$M_r = T_f R = \tau_f \widehat{L} R$$

式中　a——W 对 O 点的力臂，m；

$\widehat{L}$——滑动圆弧 AD 的长度，m。

土坡滑动的稳定安全系数 K 可以用抗滑力矩 M_r 与滑动力矩 M_s 的比值表示，即

$$K = \frac{M_r}{M_s} = \frac{\tau_f \widehat{L} R}{Wa} \tag{6-8}$$

以上求出的 K 是任意假定的某个滑动面的抗滑安全系数，所以通常需要试算一系列的滑动面。那么如何确定圆心的位置呢？

通过大量的土坡稳定性计算，费伦纽斯提出，土的内摩擦角 $\varphi = 0$ 的简单黏性土土坡，最危险滑动面通过坡脚点（坡趾点）A。其圆心 O 位于图 6-7（a）中 AO 与 BO 的交点，

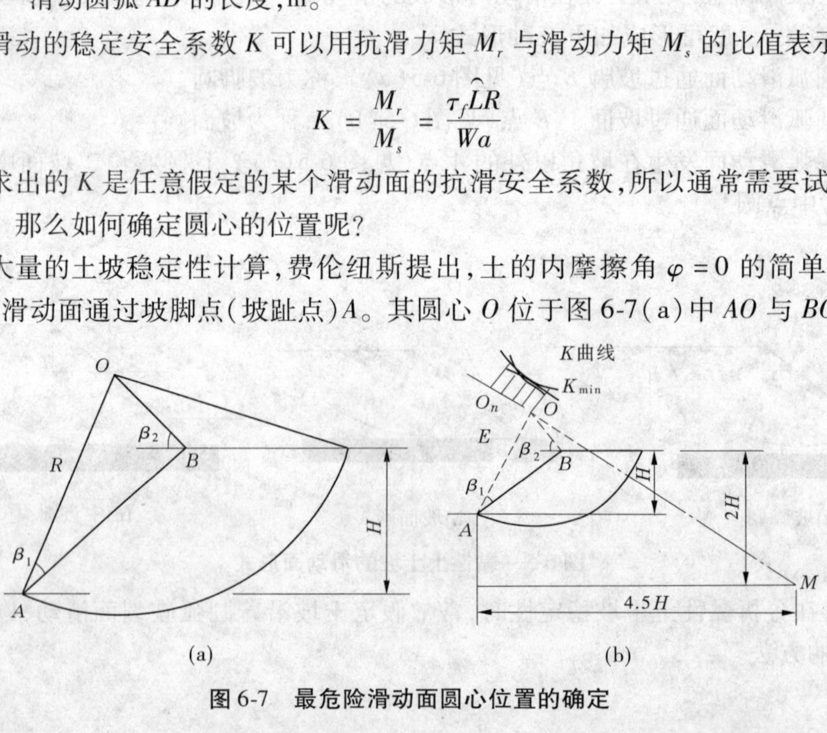

图 6-7　最危险滑动面圆心位置的确定

AO 线与坡面、BO 线与水平面的夹角分别为 β_1 和 β_2。图中 β_1 和 β_2 角的取值与坡脚有关,可按表 6-1 查取。

表 6-1　不同边坡的 β_1 和 β_2 数值

坡比	坡角	β_1	β_2
1:0.58	60°	29°	40°
1:1	45°	28°	37°
1:1.5	33.79°	26°	35°
1:2	26.57°	25°	35°
1:3	18.43°	25°	35°
1:5	11.32°	25°	37°

当土的内摩擦角 $\varphi>0$ 时,费伦纽斯指出这时最危险滑动面仍然通过坡脚处,但滑动面的圆心将沿图 6-7(b)中的 MO 线向左上方移动。M 点位于坡顶之下 $2H$ 深处,距坡脚点的水平距离为 $4.5H$。具体计算时沿 MO 的延长线上取若干点分别作为圆心,求得与其对应的安全系数。通过绘制以上若干安全系数的曲线确定曲线上安全系数最小的滑弧圆心 O_n,过 O_n 作 MO 的垂直线,再在 MO 的垂直线上取若干点作为圆心,求出各滑弧所对应的安全系数,用同样的方法确定出最小的安全系数 K。此即该土坡的最小安全系数 $K_{\min}$,与其相对应的滑动面是该土坡的临界滑动面。$K_{\min}$ 的大小决定着该土坡的安全程度。

当土坡外形和土层分布都比较复杂时,最危险滑动面不一定通过圆心,其位置要由圆心坐标、滑弧和弧脚三个因素来确定。有人通过电算分析认为,最危险滑弧的圆心处于:通过边坡中点作竖直线和法线,以坡面中点为圆心分别以 1/4 坡长和 5/4 坡长为半径作同心圆,最危险滑弧的圆心处于该 4 条线所包围的区域中。

由于滑动面上的正应力是不断变化的,式(6-8)中土的抗剪强度 τ_f 沿滑动面 AD 上的分布是不均匀的,因此式(6-8)是假定滑动面上各点都达到极限状态而计算出的土坡稳定安全系数与实际值有一定误差。此外,由于滑动面 AD 是任意假定的,所以需要试算许多个可能的滑动面,找出最危险的滑动面即相应于最小稳定安全系数 $K_{\min}$ 的滑动面,而这个最小安全系数的滑动面却未必是实际滑动面。

6.2.3　黏性土土坡稳定分析的条分法

由于整体分析法对于非均质的土坡或比较复杂的土坡(如土坡形状比较复杂,或土坡上有荷载作用,或土坡中有水渗流时等)均不适用,费伦纽斯(W. Fellenius,1927)等提出了黏性土土坡稳定分析的条分法,由于此法最先在瑞典使用,所以又称瑞典条分法。其具体假设如下:

(1)假定问题为平面应变问题。

(2)假定危险滑动面(即剪切面)为圆弧面。

(3)假定抗剪强度全部得到发挥。

(4)不考虑各分条之间的作用力。

如图 6-8 所示的土坡,取单位长度土坡按平面问题计算。设可能的滑动面是一圆弧 AD,其圆心为 O,半径为 R。将滑动土体 $ABCDA$ 分成许多竖向土条,土条宽度一般可取 $b=0.1R$。

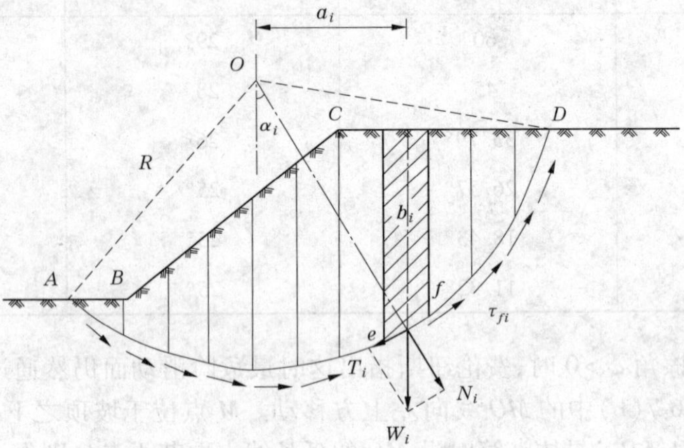

图 6-8　土坡稳定分析的条分法

由于费伦纽斯条分法不考虑土条两侧的条间作用力效应,由此得出土条 i 上的作用力对圆心 O 产生的滑动力矩 M_s 及抗滑力矩 M_r 分别为:

$$M_s = T_i R_i = W_i R\sin\alpha_i$$

$$M_r = \tau_{fi} l_i R = (W_i\cos\alpha_i\tan\varphi_i + c_i l_i)R$$

而整个土坡相应于滑动面 AD 时的稳定安全系数为:

$$K = \frac{M_r}{M_s} = \frac{\sum_{i=1}^{n}(W_i\cos\alpha_i\tan\varphi_i + c_i l_i)}{\sum_{i=1}^{n} W_i\sin\alpha_i} \tag{6-9}$$

该法在计算时首先需要确定滑动面,然后确定滑动体,接着对滑动体进行条分。对每根分条按所处土层计算其重量 W_i、土条底面倾角 α_i、土条底面长度 l_i,根据土条底面所在土层确定其强度参数指标,最后利用计算公式计算安全系数。由于事先不知道危险滑动面的位置(实际上这也是边坡稳定分析的关键问题),需要试算多个滑动面。

6.2.4　边坡稳定分析的毕肖普法(Bishop)

费伦纽斯条分法(瑞典条分法)作为条分法计算中的最简单形式,在工程中得到广泛应用,但实践表明,该方法计算出的安全系数偏低。实际上,土体是一种松散的聚合体,若不考虑土条之间的作用力,肯定无法满足土条的稳定,即土条无法自稳。随着边坡稳定分析理论与实践的发展,如何考虑土条间的作用力成为边坡稳定分析的发展方向之一,并形成了一些较为成熟并便于工程应用的分析方法,毕肖普条分法就是其中代表性的方法之一。毕肖普在分析土坡稳定时认为,土条之间的作用力不可忽略,土条之间的相互作用力包括土条两侧的竖向剪切力和土条之间的推力,并作如下假设:

(1)滑动面为圆弧面。

(2)滑动面上的剪切力作了具体规定。

(3)土条之间的剪切力忽略不计(简化毕肖普法)。

取第 i 根土条进行分析,作用在其上的力如图 6-9 所示,在土条受力中不考虑土条之间的竖向剪切力。

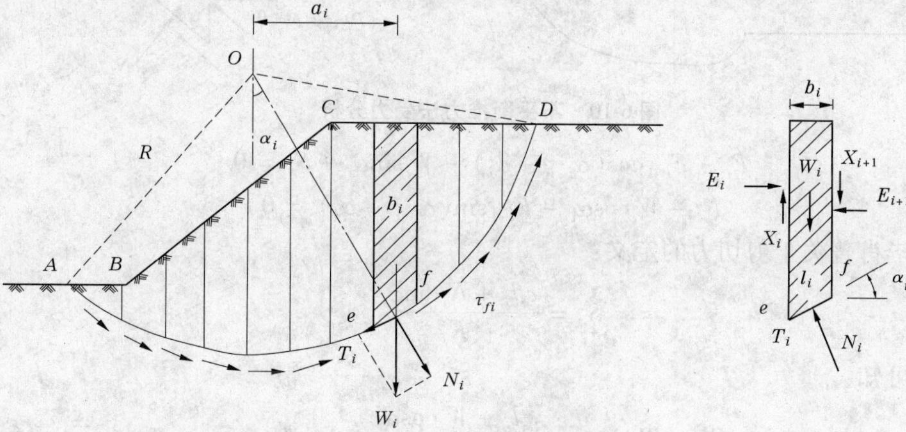

图 6-9　土条受力情况

得出土坡的安全系数为:

$$K=\frac{\sum \dfrac{W_i\tan\varphi_i + c_i l_i\cos\alpha_i}{m_{\alpha i}}}{\sum W_i\sin\alpha_i} \tag{6-10}$$

式中　$m_{\alpha i}=\cos\alpha_i+\dfrac{1}{K}\tan\varphi_i\sin\alpha_i$。

与费伦纽斯方法一样,对于给定的滑动面对滑动体进行分条,确定土条参数(含几何尺寸、物理参数等)。首先假定一个安全系数 K_0,代入计算公式得出安全系数 K,若 K 与假设的 K_0 很相近,说明得出的即为合理的安全系数。若两者差别较大,即用得出的新安全系数再进行计算,又得出另一安全系数,再进行比较,一般经过 3 ~4 次循环之后即可求得合理安全系数。

6.2.5　不平衡推力传递法

不平衡推力传递法又称为剩余推力法或传递系数法。作为纳入建筑规范的一种方法,它在我国水利、交通和铁道部门滑坡稳定分析中得到了广泛的应用。该法将滑动体分成条块进行分析,简单实用,可考虑复杂形状的滑动面,可获得任意形状滑动面在复杂荷载作用下的滑坡推力。该方法同样利用毕肖普关于滑动面抗剪力大小的定义,并假定条块间推力方向与上一条块滑动面平行,即规定了土块之间剪切力与推力的比值。

如图 6-10 所示,假设土坡沿竖直方向划分为 n 个条块,安全系数为 K,以第 i 个条块为研究对象进行受力分析。

沿土块底面方向和垂直底面方向列出力的平衡条件:

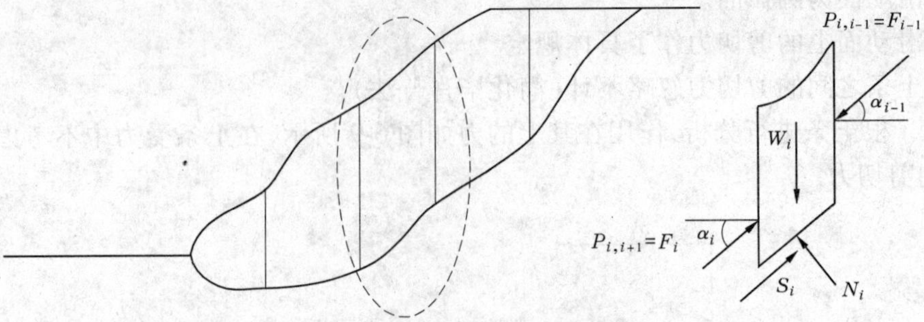

图 6-10　不平衡推力法受力分析

$$F_i - F_{i-1}\cos(\alpha_{i-1} - \alpha_i) - W_i\sin\alpha_i + S_i = 0$$
$$N_i - W_i\cos\alpha_i - F_{i-1}\sin(\alpha_{i-1} - \alpha_i) = 0$$

根据毕肖普关于剪切力的定义:

$$S_i = \frac{c_i l_i + N_i\tan\varphi_i}{K}$$

从而可知:

$$F_i = W_i\sin\alpha_i - \frac{c_i l_i + W_i\cos\alpha_i}{K} + F_{i-1}\psi_{i-1} \tag{6-11}$$

式中:

$$\psi_{i-1} = \cos(\alpha_{i-1} - \alpha_i) - \frac{\tan\varphi_i}{K}\sin(\alpha_{i-1} - \alpha_i) \tag{6-12}$$

由此可以看出,土块 i 左侧的推力由三部分组成:土块自重产生的下滑力、土块底面的抗滑力及上一条块推力的影响。

可见,在进行计算之前,需要假定一个安全系数 K 进行试算,根据最后一个条块 n 左侧不平衡推力 F_n 的大小来判断是否得出了合理的安全系数,若 F_n 很小则表明所取安全系数合理。一般在计算时选择 3 个以上不同的安全系数进行计算,计算出相应的 F_n,若 F_n 分布在由小于 0 至大于 0 的范围,则绘制出 F_n 与 K 的曲线,并可用插入法求出 $F_n=0$ 对应的 K 值,否则需要调整 K 的大小以满足 F_n 的分布范围。一般来说,采用这种方法需要经过多次试算,随着计算机的发展,通过编制相应的程序不难实现对 K 的求解。

该方法在计算时能考虑土块侧面的剪力,计算也简单,因此在我国铁道、水利、交通工程中得到广泛应用。在计算时应当注意到由于土块间推力方向固定,因此可能导致土块侧面剪切力超过抗剪强度,如下式所示:

$$E = P\cos\alpha \qquad T = P\sin\alpha$$

土块侧面的剪切力应满足:$T \leqslant (cH + E\tan\varphi)/K$,显然,当 α 较大时,可能超过抗剪强度,一般来说,只有在前面的几个土块会出现这种情况(因 α 较大)。

6.3　土坡稳定的影响因素分析

影响土坡稳定的因素有岩土的强度指标、地下水位、土坡的复杂程度等客观因素,此外所采用的计算方法、判定标准等主观因素影响也较大。工程实践中，同一边坡给出相同的力学参数，往往得出的结论也不一致。这主要是由于每种方法都有一定的假定，而且得出的安全系数为 1.0 不一定安全，0.995 未必不安全；也就是说，安全系数本身就是模糊的。

客观上，土坡稳定分析成果的可靠性很大程度上取决于填土和地基土的抗剪强度的正确确定。因为对任一种给定的土来说，抗剪强度变化幅度之大远超过不同静力计算方法之间的差别，所以在测定土的强度时，原则上应使试验的模拟条件尽量符合土在现场的实际受力和排水条件，使试验指标有较好的代表性。对于控制土坡稳定的各个时期，应分别采用不同的试验方法和测定结果，归纳于表 6-2。

表 6-2　稳定计算时抗剪强度指标的选用

控制稳定的时期	强度计算方法	土类		使用仪器名称	试验方法	采用的强度指标	试样初始状态
施工期	有效应力法	无黏性土		直剪仪	慢剪	c',φ'	填土用填筑含水率和填筑密度，地基用原状土
				三轴仪	排水剪		
		黏性土	饱和度小于 80%	直剪仪	慢剪		
				三轴仪	不排水剪测孔隙水应力		
			饱和度大于 80%	直剪仪	慢剪		
				三轴仪	固结不排水剪测孔隙水应力		
	总应力法	黏性土	渗透系数小于 10^{-7} cm/s	直剪仪	快剪	c_u,φ_u	
			任何渗透系数	三轴仪	不排水剪		
稳定渗流期和水位降落期	有效应力法	无黏性土		直剪仪	慢剪	c',φ'	同上，但要预先饱和
				三轴仪	排水剪		
		黏性土		直剪仪	慢剪		
水库水位降落期	总应力法	黏性土		三轴仪	固结不排水剪测孔隙水应力	c_{cu},φ_{cu}	

总的来说，对于总应力分析，土坝施工期可采用不排水剪强度指标；水库水位降落期，也可采用固结不排水剪强度指标。稳定渗流期不管采用何种分析方法，实质上均属于有效应力分析的范畴，应采用有效应力强度指标或排水剪强度指标。如果采用有效应力分析，当然应该用有效应力强度指标，但此时对使用的孔隙水应力的正确程度要有足够的估计，最好通过现场观测，由实测孔隙水应力资料加以验证。

对于超固结裂隙黏土,算得的安全系数虽远大于1,表面上看来已稳定,实际上都已破坏,这是由超固结黏土的特性决定的。随着剪切变形的增加,抗剪力增大到峰值强度,随后降至残余值,特别是黏聚力下降较大,甚至接近于零,这些特性对土坡稳定性有很大影响。

目前,对土坡稳定容许安全系数的数值,各部门尚无统一标准,选用时要注意计算方法、强度指标和容许安全系数必须相互配合,并要根据工程不同情况,结合当地已有经验加以确定。

思考题

6-1 土坡失稳的主要原因有哪些?

6-2 土坡稳定安全系数的意义是什么?

6-3 分析不同土性条件下土坡稳定与坡高的关系。

6-4 砂性土土坡的稳定条件是什么?

6-5 均质黏性土坡滑动面的一般形状有哪些?

6-6 在雨季,山体容易出现滑坡的主要原因是什么?

6-7 当土坡中存在与滑动方向一致的渗流时,土坡的稳定性如何?

6-8 黏性土土坡稳定分析的瑞典条分法有哪些基本假定?其安全系数是怎样定义的?

6-9 毕肖普法有何基本假定?与瑞典条分法相比有何异同?两者安全系数的定义是否一致?

习 题

6-1 已知一均匀土坡,坡角30°,土的重度$\gamma=16.0\ kN/m^3$,内摩擦角$\varphi=20°$,黏聚力$c=5\ kPa$。计算此黏性土坡的安全高度H。

6-2 简单黏性土土坡高8 m,边坡坡度为1:2,土的重度$\gamma=17.2\ kN/m^3$,黏聚力$c=5\ kPa$,内摩擦角$\varphi=19°$,先按费伦纽斯近似法确定最危险滑动面圆心位置,再用条分法计算土坡的稳定安全系数K。

6-3 已知某路基填筑高度$H=10$ m,填土的重度$\gamma=18.0\ kN/m^3$,内摩擦角$\varphi=20°$,黏聚力$c=7\ kPa$,求此路基的稳定坡角β。

第 7 章　土的动力特性

学习指导

有许多工程问题与土在动力荷载下的性能有关。本章基于动荷载及土动力特性的基本概念,系统阐述了在动荷载作用下砂性土振动液化和土的击实性。

学习目标

了解动荷载作用下土的变形和强度特征,掌握砂性土振动液化的形成机理、影响因素、判别方法及防治措施,掌握在冲击荷载作用下土的击实试验、击实原理和击实效果。

学习重点

砂性土的振动液化原理与黏土的击实原理。

7.1　动荷载作用下土的变形和强度特征

7.1.1　动荷载的类型

在前面所研究的问题中都认为荷载是静止的,不随时间而变化,称为静力问题。严格地说,实际工程中大多数荷载不是静止不变的,只是它对被作用体系所引起的动力效应很小,可以忽略不计。当荷载的大小、方向、作用位置随时间而变化,而且对作用体系所产生的动力效应不能忽略时,这种荷载被称为动荷载。一般情况下,当动荷载变化的周期为结构自振周期的 5 倍以上时,就可以简化为静荷载计算。

由不同原因产生的动荷载具有不同的作用特点,可以从动荷载作用的基本因素(即振幅、频率、持续时间和波形变化)来分析。动力机器运行时引起的动荷载,视机器类型的不同,其振幅和频率的变化范围较大;坠落重物所引起的动荷载为冲击型,其大小取决于传递结构的弹性和惯性,作用时间较短;地震所引起的动荷载,振动幅值大,频率低,历时短;车辆移动引起的动荷载作用,其特征视道路的不平整度而变化,有时大,有时小;风载的动荷载作用,频率的变化很大,时增时减,不够稳定。综合起来,动荷载作用的共同特点如下:

(1)速度效应:即荷载在很短时间内以很高速率施加于土体所引起的效应。如车辆行驶,通常荷载作用的时间只有 0.01 ~0.1 s;一般对于加荷时间在 10 s 以上者,看做静力问题,加荷时间在 10 s 以下者看做动力问题。

(2)循环效应:即荷载的增减,多次往复循环施加于土体所引起的效应。这些荷载反复次数可达千百万次,其作用呈周期性变化,如地震产生的剪切力其大小和方向呈周期性变化。

根据动荷载的作用特点,可将其分为三种类型,即周期荷载、冲击荷载和不规则荷载。

7.1.1.1　**周期荷载**

以同一振幅和周期往复循环作用的荷载称为周期荷载，其中最简单的是简谐荷载，如图 7-1 所示。

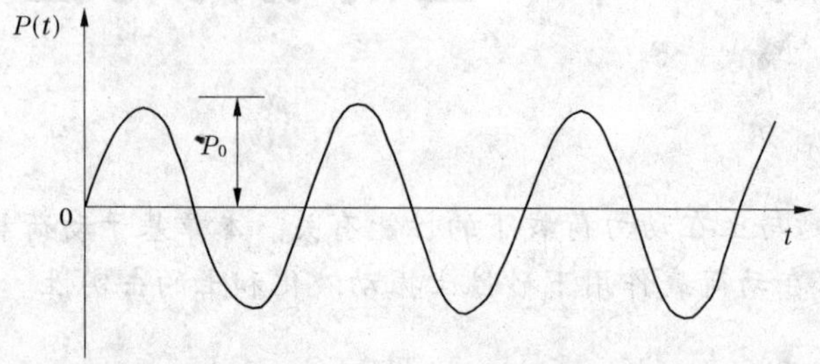

图 7-1　简谐荷载

简谐荷载随时间 t 的变化规律可用正弦或余弦函数表示：

$$P(t) = P_0\sin(\omega t + \theta) \tag{7-1}$$

式中　P_0——简谐荷载的单幅值；

ω——圆频率，rad/s；

θ——初相位角。

2π 弧度相当于一个加载循环。单位时间内所完成的循环数 $f=\dfrac{\omega}{2\pi}$ 称为频率，即每秒内的循环次数，单位为赫兹（Hz）。完成一个循环所需的时间，称为周期，以 T 表示，$T=\dfrac{1}{f}=\dfrac{2\pi}{\omega}$。

简谐荷载是工程中常用的荷载，许多机器（电机、汽轮机等）振动荷载以及一般波浪荷载都属于这种荷载，所以实验室中的动力试验也常采用这种荷载。

若干个振幅和周期各不相同的简谐荷载相叠加，组成后虽然不再是简谐荷载，但其变化仍然是周期性的，属于一般性的周期荷载，如图 7-2 所示。

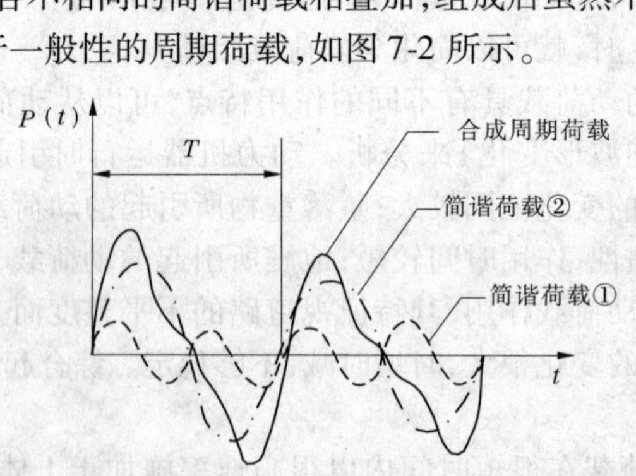

图 7-2　周期荷载

反过来说，通过富氏级数展开，一般的周期荷载可以分解成若干个简谐荷载的叠加，如式(7-2)所示：

$$P(t) = \frac{a_0}{2} + a_1\cos\omega t + a_2\cos 2\omega t + \cdots + a_i\cos i\omega t + \cdots + b_1\sin\omega t + b_2\sin 2\omega t + \cdots + b_i\sin i\omega t + \cdots \tag{7-2}$$

式中　a_i、b_i——富氏系数,即各个简谐荷载的幅值。

7.1.1.2　冲击荷载

冲击荷载的强度很大、持续的时间很短,如图 7-3 所示。

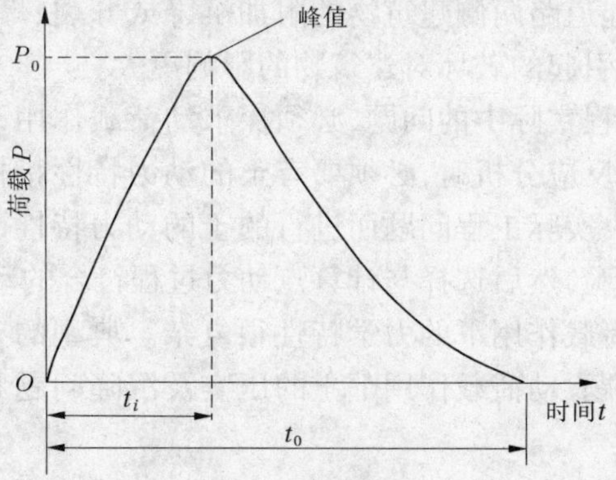

图 7-3　冲击荷载

例如,打桩时坠落重物所引起的动荷载、强夯荷载、爆破荷载等,可表示为:

$$P(t) = P_0\varphi\left(\frac{t}{t_0}\right) \tag{7-3}$$

式中　P_0——冲击荷载的峰值;

$\varphi\left(\frac{t}{t_0}\right)$——描述冲击荷载形状的无因次时间函数。

7.1.1.3　不规则荷载

荷载随时间的变化没有规律可循,即为不规则荷载。典型的不规则荷载就是地震荷载,图 7-4 就是一种不规则荷载。

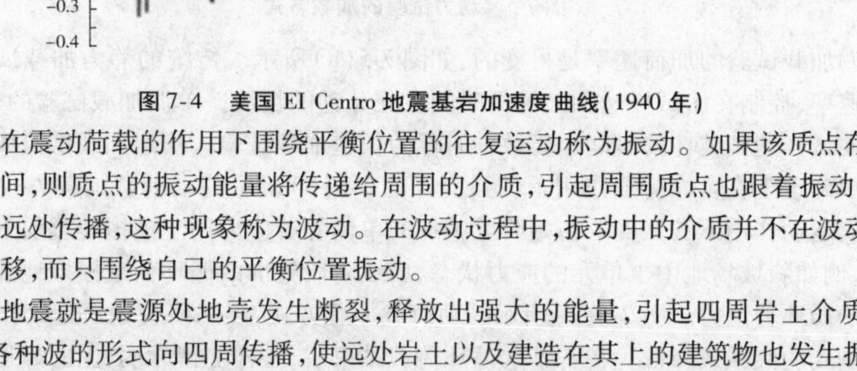

图 7-4　美国 EI Centro 地震基岩加速度曲线(1940 年)

质点在震动荷载的作用下围绕平衡位置的往复运动称为振动。如果该质点存在于连续介质之间,则质点的振动能量将传递给周围的介质,引起周围质点也跟着振动,并且在介质内向远处传播,这种现象称为波动。在波动过程中,振动中的介质并不在波动传播方向产生位移,而只围绕自己的平衡位置振动。

构造地震就是震源处地壳发生断裂,释放出强大的能量,引起四周岩土介质强烈振动,并以各种波的形式向四周传播,使远处岩土以及建造在其上的建筑物也发生振动。地震是一种严重的自然灾害,造成灾害的程度决定于震级的大小、与震中的距离、岩土介质的性质以及建筑物的特点等。

从土动力学的角度来看,当动荷载具有不同的作用历时和频幅变化时,会引起土体不同的变化反应,给工程建设带来不同的问题。例如:动力机器运转引起基础过大的振幅,甚至共振;运转车辆引起道路两侧建筑物的附加沉降或开裂;爆破可能引起地裂、地基喷砂、冒水等;而地震作用引起的破坏对建筑物的影响更大。

为了更好地解决工程实际中的问题,必须探求动荷载作用下土变形强度特性变化的规律。另外在进行动力反应分析时,必须要有土的动力特性指标,包括动模量、动阻尼和动强度等。因此,为解决实际工程问题而进行的土的动力特性研究,就需要做系统的、各种应力状态下的动力试验,然后选择与计算点动力过程符合的动力特性指标。

综上所述,土在动荷载作用下的力学特性很复杂。典型的土动力特性问题包括在地震力作用下土的液化问题、动荷载作用下土的压实及沉降问题和动力机器运行引起的振动问题等。

7.1.2　动力试验的加载方式

为了确定土的动强度,至今已进行了数种动力试验。根据试验的加荷方式,可分为四种类型,如图 7-5 所示。

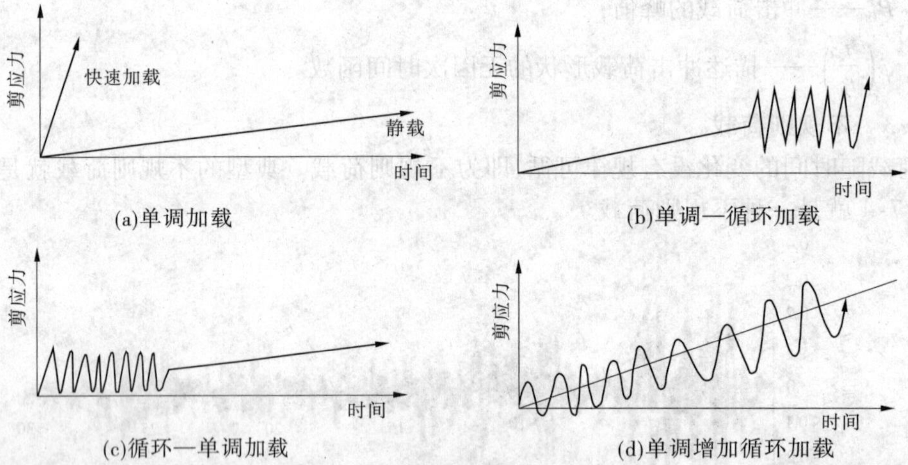

图 7-5　动力试验的加载方式

单调加载试验的加荷速率是可变的,如图 7-5(a)所示。传统的静力加载试验所采用的加载速率,控制在使试样达到破坏的时间在几分钟的量级。单调加载试验的加荷速率,控制在使试样达到破坏的时间小于数秒时称为快速加载试验。快速加载试验或瞬时加载试验用于确定土在爆炸荷载作用下的强度。图 7-5(b)所示的动荷载加载方式用于确定土在地震运动作用下的强度。初始阶段施加的单调静剪应力用于模拟地震前土中的静应力状态,例如斜坡场地中土单元的应力状态,后续阶段施加的循环荷载模拟地震运动作用下土中的循环剪应力。图 7-5(c)所示的动荷载加载方式,用来研究地震运动作用下土的强度和刚度的衰减或降低。在若干次循环荷载结束后,土样变得软弱,土的静强度和变形性能与加循环荷载前的初始状态不一样。因此,这种试验的土体性能可用于地震后土坝或路堤的稳定性分析。图7-5(d)所示的加载方式有时用于研究受到振动影响的土的静强度。地基中靠近桩或板桩的土体,由于受到打桩引起的振动的影响,土的静强度可能会有所降低。这种情况下的土的强度,可采用土样放在振动台上施加振动荷载来测定。

7.1.3　土的动力变形特性

在动荷载作用下,土的变形特征已不能用静力条件的概念和指标来表征,而需要了解动态的应力—应变关系。影响土的动力变形特性的因素包括周期压力、孔隙比、颗粒组成、含水量等;同时它还受应变幅值的影响,而且又以后者最为显著。同种土,它的动力变形性状将随着应变幅值的不同而发生质的变化。日本石原教授研究指出,只有当应变幅值在 $10^{-6}\sim10^{-4}$ 及以下的范围内时,土的变形特性才可认为是属于弹性性质。一般由火车、汽车的行驶以及机器基础等产生的振动的反应都属于这种弹性范围,这种条件下土的应力—应变关系及相应参数可在现场或室内进行测定研究。当应变幅值在 $10^{-4}\sim10^{-2}$ 范围内时,土表现为弹塑性性质,在工程中,如打桩、地震等所产生的土体振动反应即属于此,可以用非线性的弹性应力—应变关系来加以描述。当应变幅值超过 10^{-2} 时,土将破坏或产生液化、压密等现象,此时土的动力变形特性可用仅仅反复几个周期的循环荷载试验来确定。

7.1.3.1　土的动力变形特征参数

最简单的反复荷载作用下土的应力—应变关系如图7-6所示,这是在静三轴仪中确定弹性模量所作的加卸荷载试验曲线。图7-7则是动力试验中所得到的土在黏弹性阶段的应力—应变关系曲线。

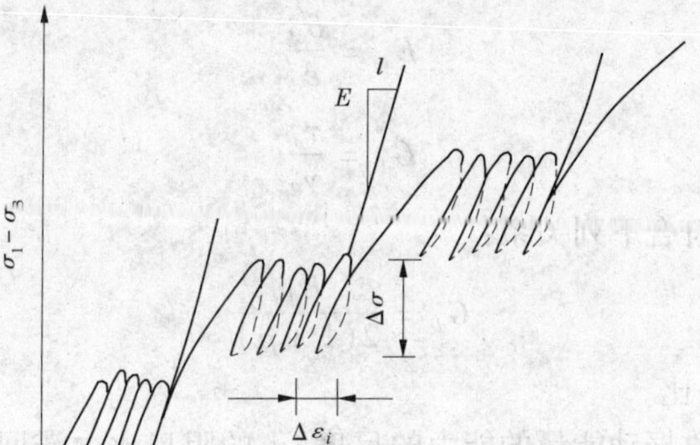

图7-6　三轴试验确定土的弹性模量

静三轴加卸荷载试验所确定的模量以及用动三轴试验得到的模量,都可以用来表示土在动力条件下的变形特性。前者以静代动的方法,只要应变幅值对应,将拟静法确定用于动力分析,不会有太大的问题。在动三轴试验或动单剪仪上对土样进行等幅值循环荷载试验,动态应力—应变曲线为一斜置闭合曲线,称为滞回圈,如图7-7所示。

滞回圈的特征可由两个参数——模量和阻尼比来表示,它们就是表征土体动力变形特性的两个主要指标。土的弹性模量 E_d(剪切模量 G_d)是指产生单位动应变所需要的动

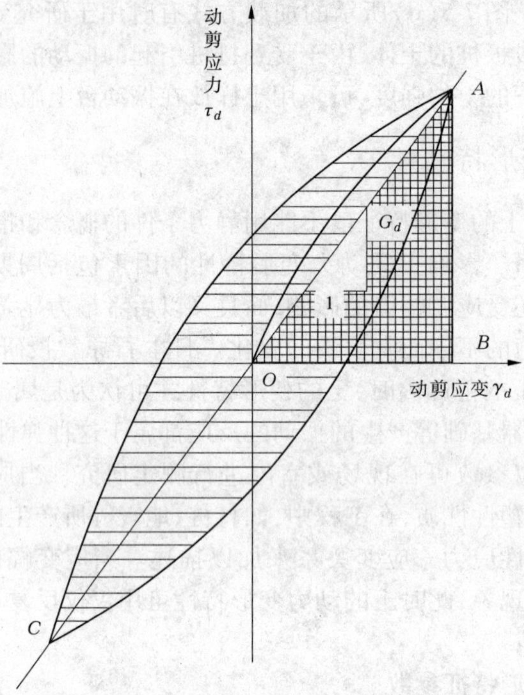

图 7-7　动力试验得到的土的应力—应变曲线

应力，亦即动应力幅值 $\sigma_d(\tau_d)$ 与动应变幅值 $\varepsilon_d(\gamma_d)$ 的比值。它可由滞回圈顶点与坐标原点连线的斜率来得出：

$$E_d = \frac{\sigma_d}{\varepsilon_d} \tag{7-4}$$

$$G_d = \frac{\tau_d}{\gamma_d} \tag{7-5}$$

E 和 G 之间一般符合下列关系：

$$G_d = \frac{E_d}{2(1+\mu)} \tag{7-6}$$

式中　μ——土的泊松比。

作为衡量土体吸收振动能量的能力的尺度，土的阻尼比由滞回圈的形状所决定。如图 7-7 所示，土的阻尼比 λ 由下式求出：

$$\lambda = \frac{A_0}{4\pi A_T} \tag{7-7}$$

式中　A_0——滞回圈所包围的面积，表示在加卸载一个周期中土体所消耗的机械能；

A_T——$\triangle AOB$ 的面积，表示在一个周期中土体所获得的最大弹性能。

理想的黏弹性体，当应力幅值相同时，滞回圈的形状和大小不因振动次数而变化。增加应力幅值，可绘制一个大的滞回圈。与小应力幅值的滞回圈相比，大应力幅值滞回圈的特点是：

(1)端点连线的斜率减小，即土的动模量降低。

(2)应变滞后于应力的相应增加,滞回圈的宽度加大,面积和阻尼力也都加大。

滞回圈所表现的循环加载过程中应变对应力的滞后现象,以及卸载曲线与加载曲线的分离,反映了土体对动荷载的阻尼作用。这种阻尼作用主要是由土粒之间相对滑动的内摩擦效应所引起的,故属于内阻尼。

7.1.3.2　土的动应力—应变关系的特性

由于土体具有明显的各向异性,如结构各向异性、应力历史各向异性等,加上土中水的影响,使土的动应力—应变关系表现极为复杂。循环荷载作用下土的应力—应变关系表现出滞后性、非线性和变形积累性三方面的特征。必须深入了解土的动应力—应变关系在这三方面的特性,才能清晰表述土的动应力—应变关系。

1)滞后性

土体动应力—应变关系中,滞回圈反映了应变对应力的滞后性,表现了土的黏性特性。从图 7-8 骨干曲线可以看出,由于阻尼的影响,应力最大值与应变最大值并不同相位,变形滞后于应力。

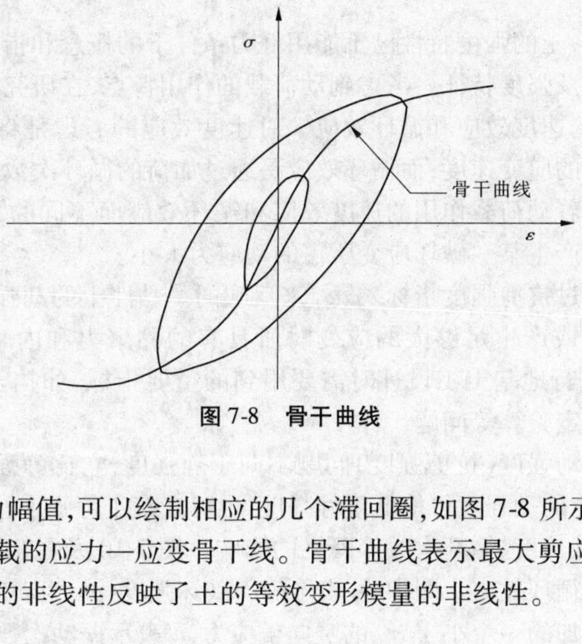

图 7-8　骨干曲线

2)非线性

改变几种动应力幅值,可以绘制相应的几个滞回圈,如图 7-8 所示。滞回圈同侧诸端点的连线,称为动荷载的应力—应变骨干线。骨干曲线表示最大剪应力与最大剪应变之间的关系,骨干曲线的非线性反映了土的等效变形模量的非线性。

3)变形积累性

由于土体在受荷过程中会产生不可恢复的塑性变形,这一部分变形在循环荷载的作用下会逐渐积累,如图 7-9 所示。即使荷载大小不变,随着荷载作用周数的增加,变形越来越大,滞回圈中心不断朝一个方向移动。滞回圈中心的变化反映了土对荷载的积累效应,它产生于土的塑性,即荷载作用下土的不可恢复的结构破坏。

骨干曲线给出了动荷载作用下最大动应力与最大动应变的关系,而滞回圈给出了同一周期内应力—应变曲线的形状,变形积累则给出了滞回圈中心的位置变化,如果这三方面特性都被确定,就可以很容易地确定出土的应力—应变关系。同时,土的动应力—应变关系并不是简单地表现为这三个特征的组合,土的各种特性之间有着特定的依赖关系。就简单问题而言,可以分别考虑这三方面特性得到土的动本构关系,它可以在一定的范围

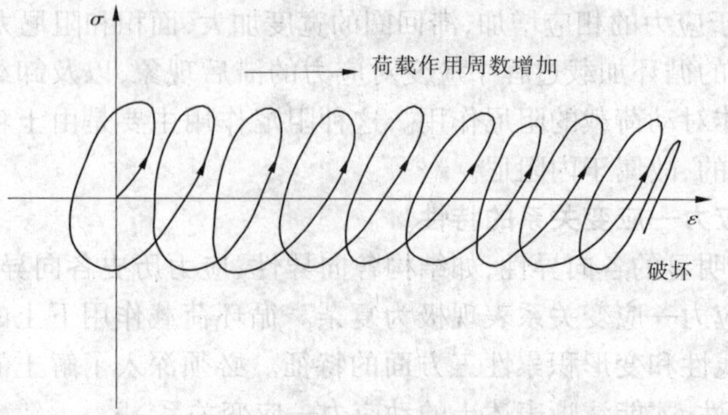

图 7-9　土在动荷载作用下的变形积累

内取得足够精确的结果。对于复杂问题而言，就必须将这三方面特性联合考虑，才有可能得到满意的结果。

7.1.4　土的动力强度特征

在动荷载作用下，土的强度特性已不能用静力条件下的概念和指标来表征，而需要了解动态的应力和应变及强度特征。考虑到动荷载的作用特点，在研究其应力、应变和强度问题时，应考虑荷载的速度效应和循环效应。对速度效应的考虑是将加荷时间的长短换算成加荷速度或相应的应变速度；而循环效应是通过加荷的循环次数来反映的。

土的动强度是随着动荷载作用的速度效应和循环效应而不同的，它通常理解为在一定动荷载作用次数下产生某一破坏应变所需的动应力大小。

土的动强度是通过抗剪强度指标 c_d、φ_d 来反映的。黏性土的动强度指标是指黏性土在动荷载下发生破坏或产生足够大的应变时所具有的黏聚力和内摩擦角，它们是动力（如地震力）作用下进行地基土工设计时需要用到的重要指标，如挡土墙的土压力、地基承载力计算和边坡稳定验算等问题。

土在动荷载下的动强度（抗剪强度）问题不同于静强度，它比静强度要复杂得多。在周期性荷载作用下，土的动强度可能低于静强度，也可能高于静强度，这取决于土的类别、所处的应力状态、加载速度、循环次数等因素的影响。图 7-10 及图 7-11 表示了非饱和黏性土和饱和黏性土的循环效应。图中 σ_f 表示静力破坏强度，σ_d 为动应力幅值，σ_s 是在加动应力之前对土样施加的一个小于 σ_d 的竖向偏应力，n 表示振动次数，简称振次。

图中结果表明，随着振动次数的增加，动强度均明显降低。对于非饱和黏性土，当 $n>100$ 时，动强度基本上小于静强度；而对于饱和黏性土，当 $n>50$ 时，动强度基本上小于静强度。通过比较图 7-10 和图 7-11 可知，对于不同的土类，振动次数影响的情况不同，对饱和黏性土比对非饱和黏性土的影响要大，这是因为饱和黏性土中由于孔隙水压力的迅速上升，使得抗剪强度明显降低。

如果对于给定的土样，在固结后施加动应力之前，先在轴向施加不同的静偏应力，然后再施加动应力，试验结果如图 7-12 所示。该结果表明，静偏应力越大，动强度越低，破坏时所需振动次数越少。

图 7-13 的试验结果表明，随着静应力与静强度的比值增大，动强度明显降低。另外，

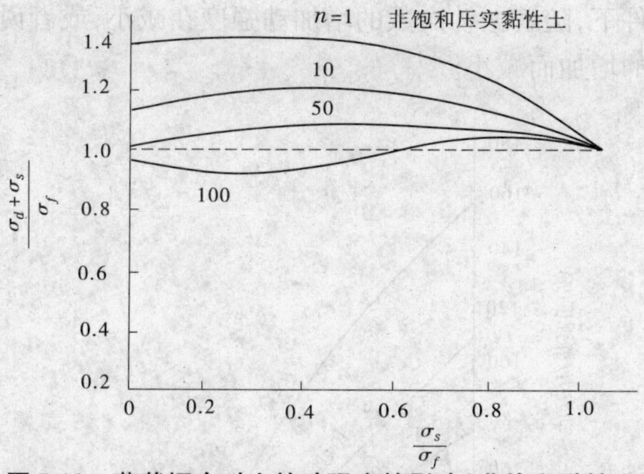

图 7-10　荷载振次对土的动强度的影响(非饱和黏性土)

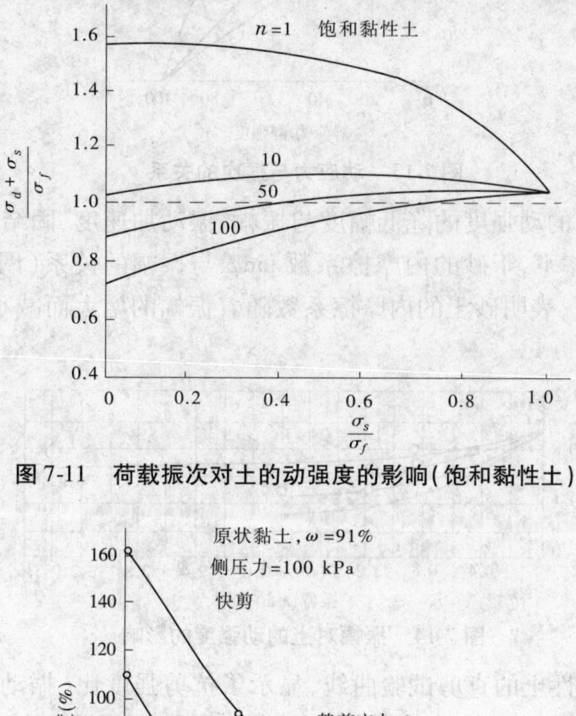

图 7-11　荷载振次对土的动强度的影响(饱和黏性土)

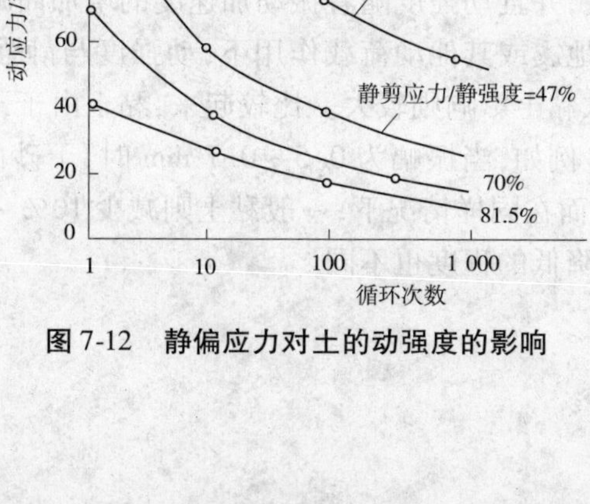

图 7-12　静偏应力对土的动强度的影响

在相同的静偏应力条件下，随着振动次数的增加动强度在减小，或者说土样达到破坏时的振动次数随着动应力的增加而减小。

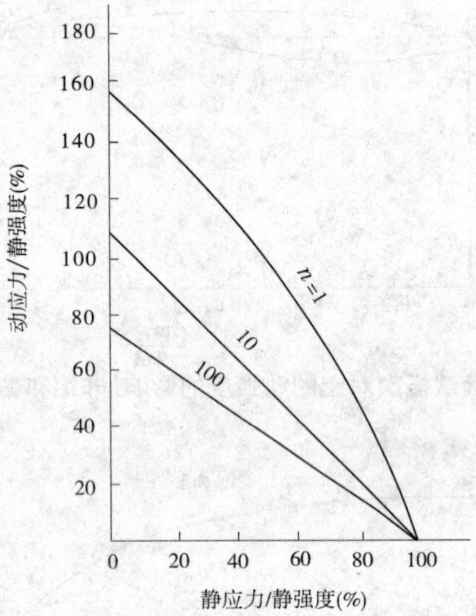

图 7-13　动应力与振次的关系

试验研究表明，土的动强度的降低幅度与振幅、振动加速度、固结度等有关。图 7-14 显示了在不同振动频率下，干砂的内摩擦系数 $\tan\varphi$ 与振幅的关系（图中与曲线 1、2、3、4 相应的频率依次增加），表明砂土的内摩擦系数随着振幅的增大而减小，并且频率越高减少得越多。

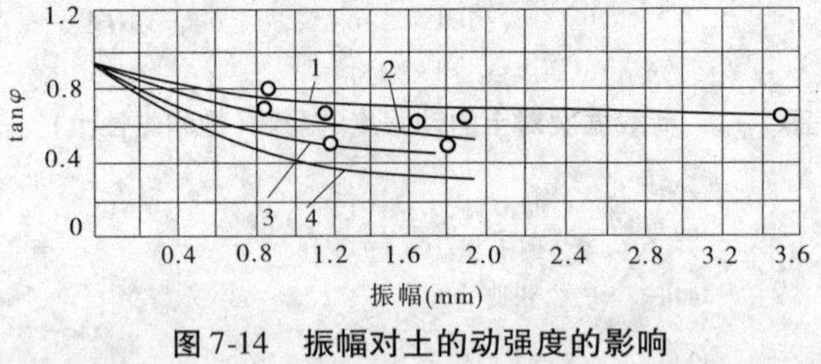

图 7-14　振幅对土的动强度的影响

图 7-15 是一种黏性土的直剪试验曲线，显示了抗剪强度比（振动状态下的抗剪强度与静态下的抗剪强度之比）与振动加速度的关系。可以看到，在动力加速度的条件下，土的动强度始终低于静强度，并且动强度随着振动加速度的增加而减小。

对于一般的黏土，在地震或其他动荷载作用下，动强度与静强度比较并无太大变化。但是对于灵敏度较高的软黏土影响则较大。比较起来，黏土由于黏聚力的存在，其受振动作用的影响比砂土要小。例如，当振幅为 0.5 ~ 0.7 mm 时，干砂的内摩擦系数较静荷载作用时减少 20% ~30%，而在同样情况下，一般黏土则减少 10% ~15%。因此，在工程上应注意，不同土类的强度降低的程度也不同。

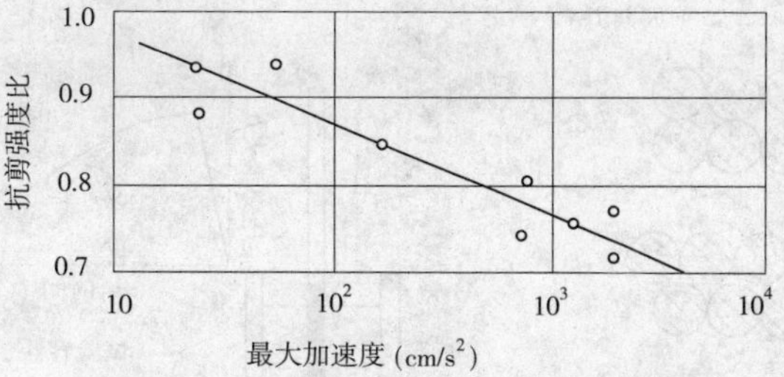

图 7-15　加速度对土的动强度的影响

7.2　土的振动液化

7.2.1　土体液化现象

土体液化是指饱和状态砂土或粉土在一定强度的动荷载作用下表现出类似液体的性状,完全失去强度和刚度的现象。

振动液化是土体强度中的一个特殊问题。地震、波浪、车辆行驶、机器振动、打桩及爆破等都可能引起饱和砂土的液化,其中地震引起的液化面积最广,所造成的危害最大。

砂土液化造成的灾害的主要宏观表现为:

(1)喷砂冒水。液化土层中出现相当高的孔隙水压力,会导致低洼的地方或土层缝处喷出砂、水混合物。喷出的砂粒可能破坏农田,淤塞渠道。喷砂冒水的范围往往很大,持续时间可达几小时甚至几天,水头可高达 2 ~3 m。

(2)震陷。液化时喷砂冒水带走了大量土颗粒,地基产生不均匀沉陷,使建筑物倾斜、开裂甚至倒塌。

(3)滑坡。在岸坡或坝坡中的饱和砂粉土层,由于液化而丧失抗剪强度,会使土坡失去稳定,沿着液化层滑动,形成大面积滑坡。

(4)上浮。贮罐、管道等空腔埋置结构可能在周围土体液化时上浮,对于生命线工程来讲,这种上浮常常引起严重的后果。

7.2.2　土的液化机理及试验分析

只有充分认识土体的液化机理,才可能正确判断地基的液化,然后采用相应的工程防护措施。砂土的液化机理可以用图 7-16 说明。

假定砂土是一些均匀的圆球,排列如图 7-16(a)所示。在受到动荷载前,砂是松散状态,当受到水平方向的振动荷载作用时,颗粒排列趋于密实(剪缩性),而由松到密的过程中,如果土是饱和的,孔隙内充满水,而细、粉砂和黏土的透水性并不太大,孔隙水在振动的短促时间内来不及排出,而导致孔隙水压力上升,就会出现从松到密的过渡阶段。这时颗粒离开原来的位置,而又未能落到新的稳定位置上,与四周的土颗粒脱离接触,处于悬浮状态。如图 7-16(b)所示,容器内装有饱和砂,并在砂中装一测压管,摇动容器,即可见测压管中水位迅速上升。根据有效应力原理,饱和砂土抗剪强度可表达为:

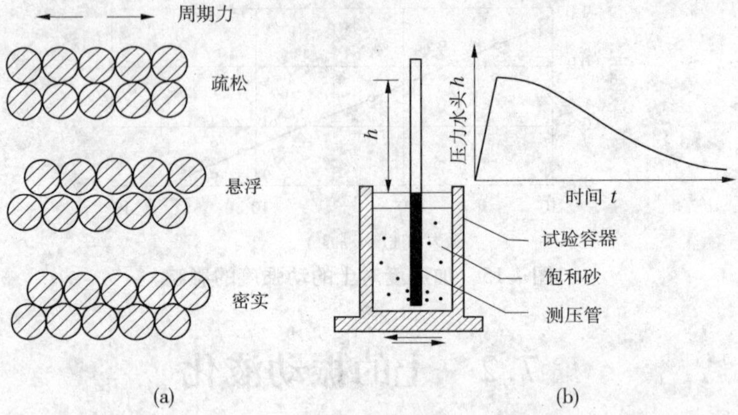

图 7-16　砂土的液化机理

$$\tau_f = (\sigma - u)\tan\varphi' = \sigma'\tan\varphi' \tag{7-8}$$

可见，孔隙水压力增加，强度就会随之减小，当孔隙水压力 $u=\sigma$ 即 $\sigma'=0$ 时，没有黏聚力的砂土的强度就完全丧失。此时，土颗粒完全悬浮于水中，成为黏滞液体，处于流动状态，这就是液化现象。同时，土体平衡外力的能力，即模量的大小也与土体的有效应力成正比关系，如剪切模量：

$$G = K(\sigma')^n \tag{7-9}$$

式中　K、n——试验常数。

若地基由几层土组成，且较易液化的砂层被覆盖在不易液化的土层下面。地震时，往往地基内部的砂层发生液化，在砂层内产生很高的超静孔隙水压力，引起自下而上的渗流。当上覆土层中渗流梯度大于临界梯度时，原来的振动中没有液化的土层，在渗透水流的作用下也处于悬浮状态，砂层以及上覆土层中的颗粒随水流喷出地面，这种现象称为"渗流液化"。这种情况下，表征地基液化的喷水冒砂现象在地震过程中并未表现出来，而在地震结束后才能出现。

地震区现场调查资料表明，凡是砂土液化的区域都有很高的孔隙水压力。当覆盖层比较弱或形成裂缝时，就会喷出砂、水混合物，产生"砂沸"现象。

地震时，土单元体所受的动应力主要是由从基岩向上传播的剪切波所引起的。水平地层内土单元体理想的受力状态如图 7-17 所示。

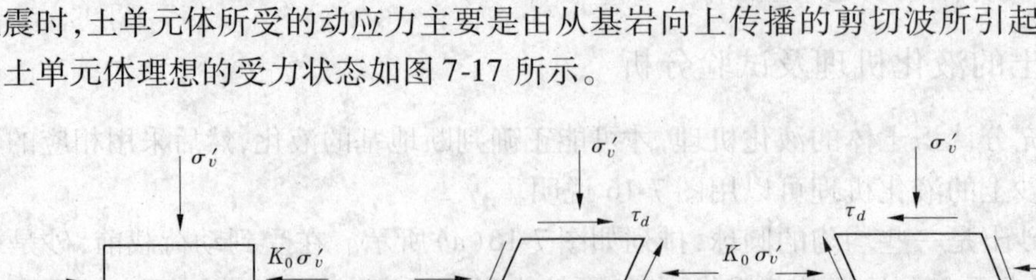

图 7-17　地震时土单元体的受力状态

在地震前,单元体上受到有效应力 σ_v' 和 $K_0\sigma_v'$ 的作用(K_0 为静止土压力系数),在地震时,单元体上将受到大小和方向都在不断变化的剪应力 τ_d 的反复作用。在实验室里通过模拟上述受力情况进行试验研究有助于揭示液化的机理,其中动三轴试验和动单剪试验是被广泛使用的两种方法。试验中,土样在不排水条件下承受着均匀的周期荷载。当然,地震时实际发生的剪应力大小是不规则的,但经过分析认为可以转换为等效的均匀周期荷载,这就比较容易在试验中重现。

图 7-18 是饱和粉砂的液化试验结果。

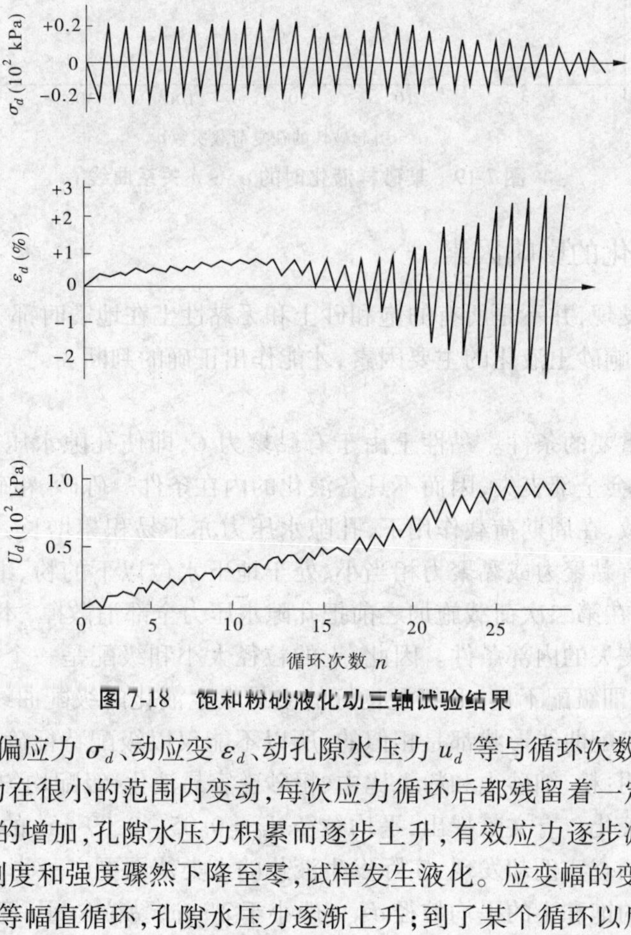

图 7-18　饱和粉砂液化动三轴试验结果

从图中的周期偏应力 σ_d、动应变 ε_d、动孔隙水压力 u_d 等与循环次数 n 关系的曲线可以看到,即使偏应力在很小的范围内变动,每次应力循环后都残留着一定的孔隙水压力;随着应力循环次数的增加,孔隙水压力积累而逐步上升,有效应力逐步减小;最后有效应力接近于零,土的刚度和强度骤然下降至零,试样发生液化。应变幅的变化在开始阶段很小,动应力 σ_d 维持等幅值循环,孔隙水压力逐渐上升;到了某个循环以后,孔隙水压力急剧上升,应变幅急剧放大,动应力幅值开始降低,这说明已在孕育着液化,土的刚度和承载力正在逐渐丧失;当孔隙水压力与固结压力几乎相等时,土已不能再承受荷载,应变猛增,动应力缩减到零,此后进入完全的液化状态,土全部丧失其承载能力。

图 7-19 是土样发生液化时的 σ_d 值与往复加荷次数之间的关系曲线。可以看出,往复加荷的次数随 σ_d 值的减小而增加。这种试验得到的曲线是土体振动液化分析的基本依据。

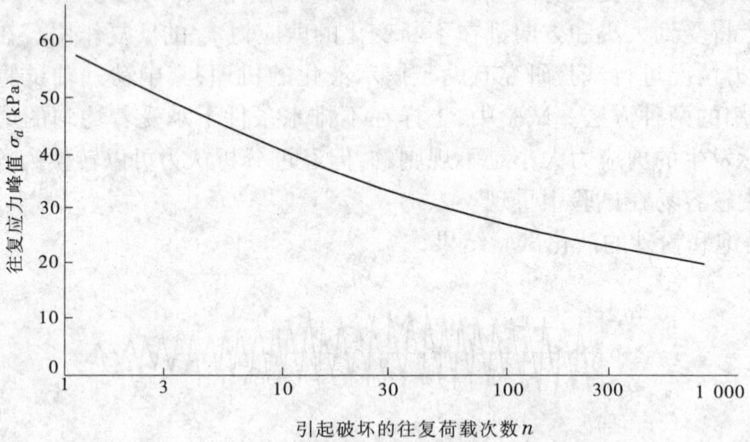

图 7-19 某砂样液化时的 $\sigma_d \sim n$ 关系曲线

7.2.3 土体液化的影响因素

研究与观察发现,并不是所有的饱和砂土和无黏性土在地震时都一定发生液化现象。因此,必须了解影响砂土液化的主要因素,才能作出正确的判断。

7.2.3.1 土类

土类是一个重要的条件。黏性土由于有黏聚力 C,即使孔隙水压力等于全部有效应力,抗剪强度也不会全部丧失,因而不具备液化的内在条件。砾砂、粗砂由于透水性好,孔隙水压力易于消散,在周期荷载作用下,孔隙水压力亦不易积累增长,因而一般也不会产生液化。只有没有黏聚力或黏聚力相当小、处于地下水位以下的粉、细砂和粉土,渗透系数比较小,不足以在第二次荷载施加之前把孔隙水压力全部消散掉,才具有积累孔隙水压力并使强度完全丧失的内部条件。因此,土的粒径大小和级配是一个重要因素。图 7-20 给出了颗粒均匀(即级配不良)和级配良好的土易发生液化的级配曲线范围。但是,由于沿此范围边界的级配曲线形状都是相似的,所以不能仅以级配特征确定是否液化。试验和实测资料都表明:粉、细砂土和粉土比中、粗砂土容易液化,级配均匀的砂土比级配良好的砂土容易发生液化。有文献提出,平均粒径 d_{50} = 0.05 ~ 0.09 mm 的粉、细砂最易液化。而根据多处震害调查实例却发现,实际发生液化的土类范围更广一些。可以认为,在地震作用下发生液化的饱和土的平均粒径 d_{50}一般小于 2 mm,黏粒含量一般低于 10% ~15%,塑性指数 I_p 常在 8 以下。

7.2.3.2 土的密实度

松砂在振动中体积易于缩小,孔隙水压力上升快,故松砂比较容易液化。根据关于砂土液化机理的论述可知,往复剪切时,孔隙水压力增长的原因在于松砂的剪缩性,而随着砂土密实度的增大,其剪缩性会减弱,一旦砂土开始具有剪胀性,剪切时内部便产生负的孔隙水压力,土体阻抗反而增大了,因而不可能发生液化。

土的初始密实度对液化的影响如图 7-21 所示的周期加荷三轴压缩试验结果。土中孔隙水压力等于固结压力是发生液化的必要条件,此时定义为初始液化。在大多数场合

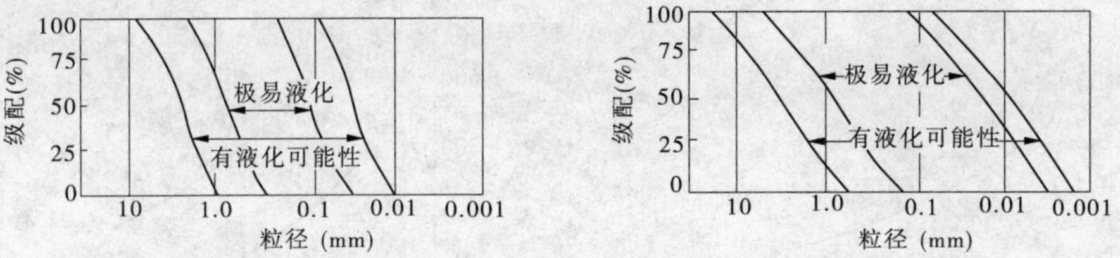

(a)级配不良的土　(b)级配良好的土

图 7-20　易发生液化的级配曲线范围

下,20%的全幅应变值被认为土样已经破坏。

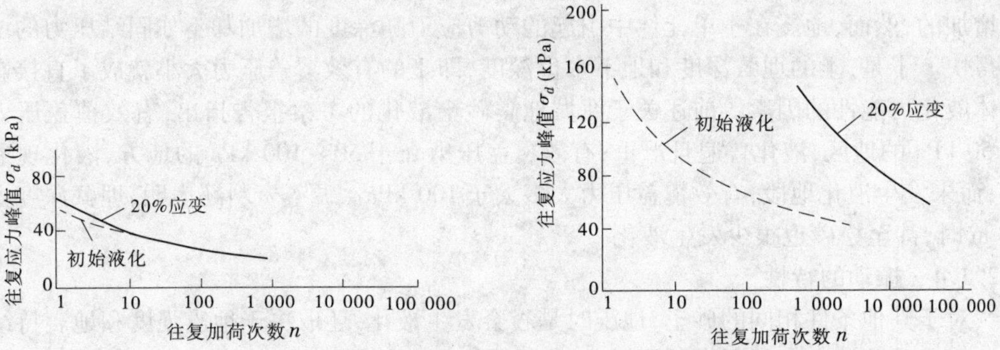

(a)　(b)

图 7-21　初始密实度对某土液化的影响

图 7-21(a)中的松砂(初始孔隙比 $e = 0.87$、相对密实度 $D_r = 0.38$),给定往复应力峰值 σ_d,初始液化和破坏同时发生;然而当砂的初始密实度增加时(初始孔隙比 $e = 0.61$、相对密实度 $D_r = 1.00$),引起 20%全幅应变和初始液化所需要的往复加荷次数明显增加,如图 7-21(b)所示。这说明土的初始密实度越大,在振动力作用下,土越不容易产生液化。

现场震害调查也证明了这一点。1964 年日本新泻地震表明,相对密实度 D_r 为 0.5 的地方普遍液化,而相对密实度大于 0.7 的地方就没有液化。关于海城地震砂土液化的报告中也提到,7 度的地震作用下,相对密实度大于 0.5 的砂土不会液化;砂土相对密实度大于 0.7 时,即使 8 度地震也不易发生液化。

7.2.3.3　土的初始固结压力

图 7-22 所示为固结压力(周围压力 σ_3)对液化的影响(周期加荷三轴压缩试验结果),其中图 7-22(a)表示固结压力对初始液化的影响,而图 7-22(b)表示固结压力对 20%的全幅应变(土样破坏)的影响。

从图 7-22 中可以看出,对于给定的初始孔隙比($e = 0.61$)、初始相对密实度($D_r = 1.00$)和往复应力峰值,引起初始液化和 20%全幅应变所需的往复荷载次数,都将随着固结压力的增加而增加。

试验表明,对于同样条件的土样,发生液化所需的动应力将随着固结压力的增加而成正比例地增加。显然,土单元体的固结压力是随着它的埋藏深度和地下水位深度而呈直

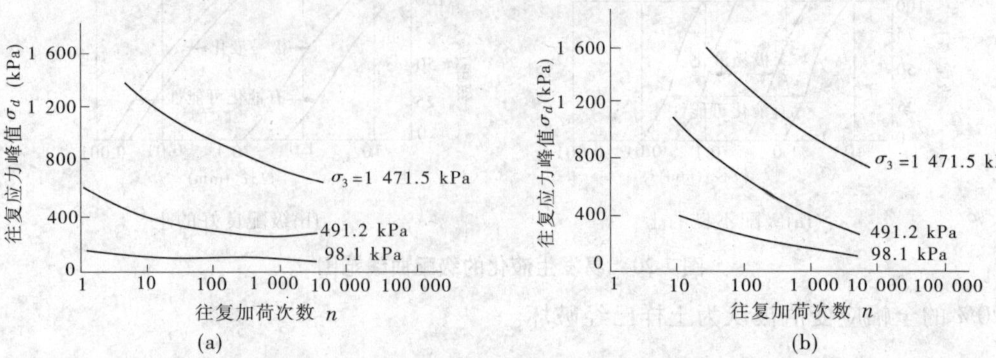

图 7-22　周围压力 σ_3 对某砂样液化的影响

线增加的，然而，地震在土单元体中引起的动剪应力随深度的增加却不如固结压力的增加来得快。于是，土的埋藏深度和地下水位深度，即土的有效覆盖压力大小就成了直接影响土体液化可能性的因素。前述关于海城地震砂土液化的考察报告指出，有效覆盖压力小于 50 kPa 的地区，液化普遍且严重；有效覆盖压力介于 50 ~ 100 kPa 的地方，液化现象较轻；而未发生液化地段，有效覆盖压力大多大于 100 kPa。调查资料还表明，埋藏深度大于 20 m 时，甚至松砂也很少发生液化。

7.2.3.4　**振动的特性**

对于其他条件相同的砂土，地震时是否会发生液化，还取决于地震强度和地震持续时间这两个动荷载方面的因素。图 7-23 是周期加荷单剪仪液化试验的典型结果。

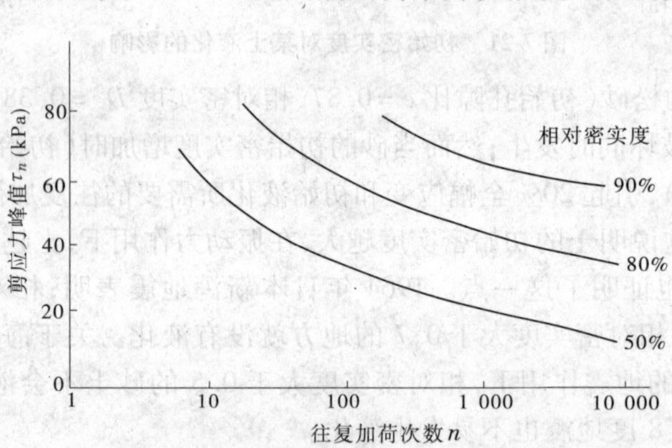

图 7-23　某砂样周期加荷单剪试验的初始液化曲线

从图 7-23 中可以看出，对于给定的固结压力和不同相对密实度，就同一种土类而言，往复应力越小，则需越多的振动次数才可产生液化；反之，则在很少振动次数时，就可产生液化。

室内试验表明，对于同一类和相近密度的土，在一定固结压力时，动应力较高则振动循环次数不多就会发生液化；而动应力较低时，需要较多振动循环次数才发生液化。宏观震害调查也证明了这一点。

7.2.4　砂土地基液化可能性的判别

关于砂土液化可能性评价的方法很多,归纳起来大致有室内试验、经验对比法及现场试验三大类。室内试验方法是在室内模拟地震力作用于土单元体上,通过研究单元体的应力—应变状况和边界条件来揭示土体液化的机理、发生发展的条件和规律,然后用于分析现场情况;经验对比方法是以地震现场的液化调查资料为基础,对其进行归纳、统计,从而得出判别液化可能性的经验公式或分界曲线;现场试验是借鉴室内试验结果,通过现场模拟试验确定砂土在不同地震烈度下发生液化的界限标准贯入击数,并归纳得出临界标准贯入击数 N_{cr} 的经验计算公式。

7.2.4.1　室内试验方法

室内试验方法是在现场取土样,通过模拟试验确定土体发生液化的条件,即土体发生液化的应力比;将此结果与现场单元体地震作用下的应力比进行比较,就可判断该土体是否液化。常用的室内试验方法有动三轴试验、单剪试验和共振柱试验等。

7.2.4.2　西特的临界曲线判别法

西特(Seed)和皮考尔(Peacok)分析了世界各地 7.5 级地震的现场资料,应用地震应力比 $\frac{\tau_{av}}{\sigma_v}$,与标贯击数 N_1 的对应关系作出引起液化的应力比的下界限图,如图 7-24 所示。

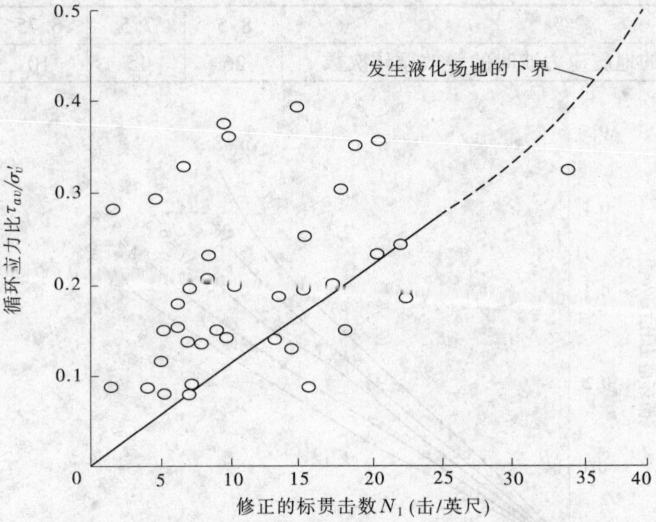

图 7-24　现场土的液化应力比与标贯击数的关系

N_1 称为“修正的标贯击数”,即把试验测定的标贯击数 N 修正到有效上覆压力为 100 kPa 时的标贯击数,修正公式为:

$$N_1 = \left[1 - 1.25\lg\left(\frac{\sigma_v'}{\sigma_1}\right)\right]N \tag{7-10}$$

西特建议地震应力比可由下式计算:

$$\frac{\tau_{av}}{\sigma_v'} = 0.65\,\frac{a_{\max}}{g}\,\frac{\sigma_v}{\sigma_v'}\gamma_d \tag{7-11}$$

式中　a_{max}——地震时的地面最大加速度,m/s^2;

σ'_v——所考虑的砂层的上覆有效应力,kPa;

σ_v——所考虑的砂层的上覆总应力,kPa;

σ_1——100 kPa;

g——重力加速度,m/s^2;

γ_d——将黏弹塑性的土体简化为刚体来计算的地震剪应力修正系数,如表 7-1 所示。

表 7-1　修正系数 γ_d

深度(m)	0	1.5	3.0	4.5	6.0	7.5	9.0	10.5	12.0
修正系数	1.0	0.985	0.975	0.965	0.935	0.925	0.895	0.895	0.850

西特认为从液化的观点来看,震级的差别主要表现在循环应力次数不同。根据统计分析结果,他推出了不同震级代表性的应力循环次数,如表 7-2 所示。在此基础上,西特把原先对 7.5 级的界限推广到所有震级的情况,得到各个震级的液化与不液化的界限曲线,如图 7-25 所示。所有液化土层的点均应分布在曲线的左上方,不液化土层的点分布在曲线的右下方。

表 7-2　应力波的等效循环次数

震级	8.5	7.5	6.75	6	5.25
换算成 $0.65\tau_{max}$ 的地震应力波时的等效循环次数	26	15	10	5 ~ 6	2 ~ 3

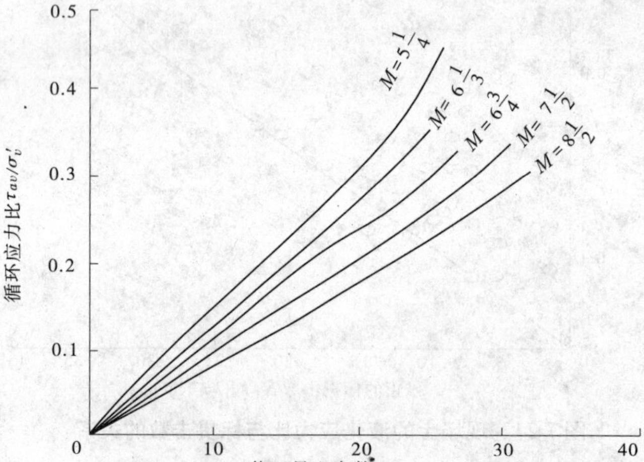

图 7-25　不同震级下的现场液化判别曲线

7.2.4.3　《建筑抗震设计规范》(GB 50011—2010)建议方法(标贯法)

国内外都把现场标贯试验作为评价现场砂或低塑性土液化的重要手段。由于标贯试验能综合反映影响土体液化的主要影响因素,所以我国《建筑抗震设计规范》(GB 50011—2010)规定,以临界标准贯入击数 N_{cr} 作为判断标准。如果砂土地基的实际标贯击数 N 小于临界标贯击数 N_{cr},就说明砂土是可液化的;反之,$N > N_{cr}$ 时是不可液化的。

《建筑抗震设计规范》(GB 50011—2010)规定:地面下存在饱和砂土和饱和粉土时(不含黄土、粉质黏土),除6度外,应进行液化判别;存在液化土层的地基,应根据建筑的抗震设防类别、地基的液化等级,结合具体情况采取相应的措施。当饱和砂土、粉土的初步判别认为需进一步进行液化判别时,应采用标准贯入试验判别法判别地面下20 m范围内土的液化;但对规范中规定可不进行天然地基及基础的抗震承载力验算的各类建筑,可只判别地面下15 m范围内土的液化。当饱和土标准贯入锤击数(未经杆长修正)小于或等于液化判别标准贯入锤击数临界值时,应判为液化土。当有成熟经验时,尚可采用其他判别方法。

在地面下20 m深度范围内,液化判别标准贯入锤击数临界值可按下式计算:

$$N_{cr} = N_0\beta[\ln(0.6d_s + 1.5) - 0.1d_w]\sqrt{3/\rho_c} \tag{7-12}$$

式中 N_{cr}——液化判别标准贯入锤击数临界值;

N_0——液化判别标准贯入锤击数基准值,可按表7-3采用;

d_s——饱和土标准贯入点深度,m;

d_w——地下水位,m;

ρ_c——黏粒含量百分率,当小于3或为砂土时,应采用3;

β——调整系数,设计地震第一组取0.80,第二组取0.95,第三组取1.05。

表7-3 液化判别标准贯入锤击数基准值 N_0

设计基本地震加速度(g)	0.10	0.15	0.20	0.30	0.40
液化判别标准贯入锤击数基准值	7	10	12	16	19

7.2.5 防止土体液化的主要工程措施

地震时因地基液化而造成建筑物毁坏的情况是极其普遍的,所以当判明建筑物地基中有可液化的土层时,为保证承受场地地震危害的建筑物的安全,必须采取相应的工程措施。防止土体液化可以从基础和地基两方面入手考虑。

防止液化危害从加强基础方面着手,主要是采用桩基或沉井、全补偿筏板基础、箱形基础等深基础。采用桩基时,桩端深入液化深度以下稳定土层中的长度应按计算确定,且对碎石土,砾,粗、中砂,坚硬黏性土不应小于0.5 m,对其他非岩石不应小于2 m。采用深基础时,基础底面埋入液化深度以下稳定土层中的深度不应小于0.5 m。对于穿过液化土层的桩基,其桩周摩阻力应视土层液化可能性大小,或全部扣除,或作适当折减。对于液化指数不高的场地,仍可采用浅基础,但应适当调整基底面积,以减小基底压力和荷载偏心;或者选用刚度和整体性较好的基础形式,如十字交叉变形基础、筏板基础等。

从消除或减轻土层液化可能性着手,则有换土、加密、胶结和盖重等方法。加密就是增加可液化砂土层的密度。这是一种广泛采用而行之有效的措施,常采用的处理方法主要有振冲、挤密砂桩、强夯等。加密处理或换土处理以后,土层的实测标准贯入击数应大于规范规定的临界值。胶结法包括使用填加剂的深层搅拌和高压喷射注浆。盖重法是在可液化范围的地面上加载(如堆土),以加大可液化土层的上覆压力;如果在加压的同时采取排水措施,则可使砂土进一步密实,抗液化的效果更好。

在选用和确定抗液化措施的过程中，应综合考虑方法的可行性、经济性和次生影响（比如对结构静力稳定性的影响等），具体权衡场地勘察结果的确实性、防治方法的技术效果、造价、长期维护可能性、环境影响等方面的因素，从风险水平和花费代价两方面的平衡来进行决策。

7.3　土的击实效果分析

在铁路、公路、土坝及建筑物的工程建设中，特别是在路堤和土石坝中广泛用到填土，其对人工填土的质量要求很高。工程中都是把土作为建筑材料按一定要求和范围进行堆填而成的，显然，未经压实的填土，强度低，压缩性大且不均匀，遇水易发生塌陷。因此，为了提高填土的强度，增加填土的密实程度，降低填土的透水性和压缩性，提高填土的刚度、强度和稳定性，通常采用分层压实的办法来处理填方土和地基。在工程中常采用夯实、振动或碾压等方法，使土得到压实，常用的压实机械有轮胎式压路机、静力作用光轮压路机、轮胎驱动光轮振动压路机、两轮串联式振动压路机、四轮摆振式压路机、拖式振动压路机、振动平板夯、快速冲击夯。

土的压实就是指填土在压实能量作用下，使土颗粒克服粒间阻力而重新排列，使土中的孔隙减小、密度增加，从而使填土在短时间内得到新的结构强度。土的压实程度常用干密度来度量，土的压实在松软地基处理方面也得到广泛应用。

实践经验表明，压实细粒土宜用夯击机具或压力较大的碾压机具，同时必须控制土的含水量。对过湿的黏性土进行碾压或夯实时会出现软弹现象（俗称“橡皮土”），填土难以达到压实效果；对很干的黏性土进行碾压或夯实时，也不能把填土充分压实。因此，含水量太高或太低的填土都得不到好的压密效果，必须把填土的含水量控制在适当的范围内。压实粗粒土时，则宜采用振动机具，同时充分洒水。两种处理方法说明细粒土和粗粒土具有不同的压密性质。

7.3.1　黏性土的压实性

研究黏性土的压实性可以通过室内和现场试验来分析。在一定压实能量下使土最容易压实，并能达到最大密实度时的含水量称为土的最优含水量，用 ω_{op} 表示，相对应的干密度称为最大干密度，用 $\rho_{d\max}$ 表示。在实验室内研究土的压实性是通过击实试验进行的，试验目的是测得扰动土一定压实功下的最大干密度和最优含水量。试验仪器为标准击实仪，如图 7-26 所示，主要由击实筒与击实锤组成，击实筒体积为 1 000 cm^3，击实锤质量 2.5 kg，落高 30 cm。

7.3.1.1　击实试验

试验时将某一种土配成若干份具有不同含水量的土样。将每份土样装入击实仪内，用完全同样的方法加以击实。击实后，测出压实土的含水量 ω 和干密度 ρ_d。以含水量 ω 为横坐标，干密度 ρ_d 为纵坐标，绘制含水量—干密度关系曲线，如图 7-27 所示。这种试验称为土的击实试验，得到的含水量—干密度关系曲线称为击实曲线。在图 7-27 所示的击实曲线上，峰值干密度 $\rho_{d\max}$ 对应的含水量就是最优含水量 ω_{op}。

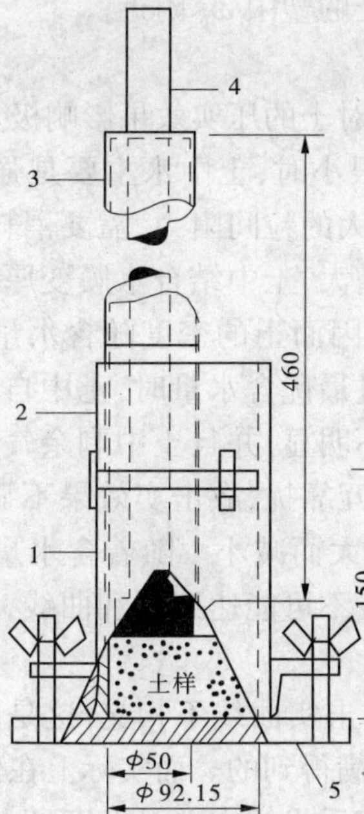

1—击实筒；2—护筒；3—导筒；4—击锤；5—底板

图 7-26　标准击实仪　（单位：mm）

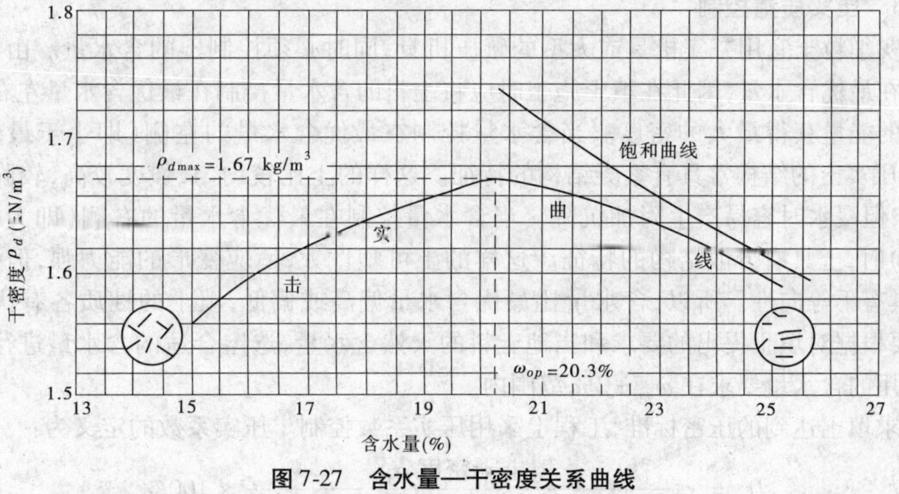

图 7-27　含水量—干密度关系曲线

在某一含水量下，将土压到最密，理论上就是将土中所有的气体都从孔隙中赶走，使土达到饱和。将不同含水量所对应的土体达到饱和状态时的干密度点也绘于击实曲线图中，得到理论上所能达到的最大压实曲线，即饱和度为 $S_r = 100\%$ 的压实曲线，也称饱和曲线。该曲线可用下述公式表示：

$$\omega = \rho_w/\rho_d - 1/G_s \tag{7-13}$$

试验的击实曲线在峰值以右逐渐接近于饱和曲线，并且大体上与它平行。在峰值以左，两根曲线差别较大，而且随着含水量减小，差值迅速增加。土的最优含水量的大小随土的性质而异,试验表明 ω_{op} 约在土的塑限 ω_p 附近。

7.3.1.2　压实原理

由击实试验知,含水量的大小对土的压实效果影响极大。具有最优含水量的土,其压实效果最好。这是因为当含水量很小时,土中水主要是强结合水,此时土粒周围水膜较薄,要使颗粒相互移动需要克服很大的粒间阻力,需要消耗很大的能量,因而土粒不易移动,土不易被压实;随着含水量的增大,土中结合水膜变厚,粒间黏结力减少,加之土粒间水分的润滑作用使土易于被压实,因而土的密度随含水量的增大而增大,至最优含水量时,干密度达最大值;当含水量超过最优含水量时,土中自由水增多,占据大部分孔隙,水膜继续增厚所引起的润滑作用已不明显,并且土中剩余气体基本为封闭型的,击实时,土中水和气都不易排出,土粒不易相互靠拢,故击实效果不显著,出现击实曲线右侧段所示的情况,土的干密度随含水量的增大而减小。随着含水量增加,土中气体基本为封闭型的,很难全部被赶走,因此击实曲线不可能达到饱和曲线,也即击实土不会达到完全饱和状态,如图 7-27 所示。

由图 7-27 知,理论饱和曲线与击实曲线不相交,这是因为理论饱和曲线是假定土中气体完全被排出,孔隙全部被水充满得到的。而实际上在任何含水量下,土都不可能被击实到完全饱和状态,也就是说,击实后土体内总是会存留一定量的封闭气体,故土是非饱和的。相应于最大干密度的饱和度在 80% 左右,所以击实曲线总是位于理论饱和曲线的左下侧,而不能与之相交。

7.3.1.3　压实质量控制

压实细粒土宜用夯实机具或大型的碾压机具,同时必须控制土的含水量。由于黏性填土存在最优含水量,因此在填土施工时应将土料的含水量控制在最优含水量左右,以期用较小的能量获得最大的密度。当含水量控制在最优含水量的左侧(即小于最优含水量)时,压实土的结构常具有絮凝结构的特征。这样的土比较均匀,强度较高,较脆硬,不易压密,但浸水时容易产生附加沉降。当含水量控制在最优含水量的右侧(即大于最优含水量)时,土具有分散结构的特征。这样的土可塑性大,适应变形的能力强,但强度较低,且具有不等向性。所以,含水量比最优含水量偏高或偏低,填土的性质各有优缺点。因此,要根据对填土提出的要求和当地土料的天然含水量,选定合适的含水量进行压实,一般选用的含水量要求在 $\omega_{op}\pm2\%$ 范围内。

要求填土达到的压密标准,工程上采用压实系数控制。压实系数的定义为:

$$D_c=\frac{\text{填土干密度}\ \rho_d}{\text{室内标准功能击实的最大干密度}\ \rho_{d\max}}\times100\% \tag{7-14}$$

我国土坝设计规范中规定,Ⅰ、Ⅱ级土石坝,填土的压实度应达到 95% ~98% 以上,Ⅲ、Ⅴ级土石坝,压实度应大于 92% ~95%。填土地基的压实标准也可参照这一规定。式中的标准压实功能规定为 607.5 kN · m/m^3,相当于压实试验中每层土夯击 27 次。

7.3.2　无黏性土的压实性

相对于黏性土来说,无黏性土具有下列一些特性:颗粒较粗,颗粒之间没有或只有很小的黏聚力,不具有可塑性,多成单粒结构,压缩性小,透水性高,抗剪强度较大,含水量的变化对它的压实性质影响不显著。

纯净的砂、砾以及更大颗粒的土当然是无黏性土，但在自然界中，由纯净的单一颗粒组成的土比较少见，大多数的土都是由各种大小不一的土粒混杂而成的。因而，判别一种土是否是无黏性土，主要看它是否表现出上述的特性，如果一种土具有上述的特性，虽然含有少量的黏粒也可列为无黏性土。

如无黏性土中含有一定量细颗粒（超过总土重约30%时），则含水量对土就会发生较明显的影响，用适当尺寸的击实仪进行击实试验，就可以找出其最大干密度及最优含水量。但两者是随土料的母岩成分、风化程度、含砾量多少以及颗粒级配而有一定的变化范围，由于引起细颗粒特性发生变化的因素是含水量，所以这种土的含水量常用细颗粒的含水量表示。对这类土的密实标准就不宜用相对密实度来表示，而应以最大干密度和最优含水量表示。

7.3.2.1　击实试验

砂性土可用类似黏性土的击实试验进行。图7-28是纯净的砂和砂质砾石土的击实试验成果。

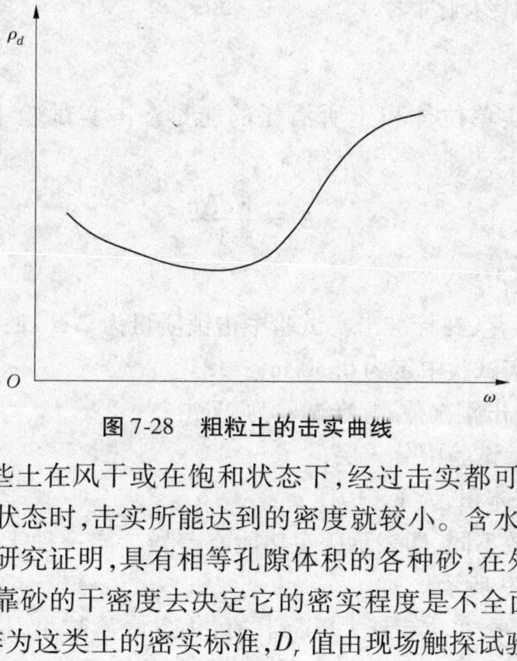

图7-28　粗粒土的击实曲线

由图7-28可见，这些土在风干或在饱和状态下，经过击实都可获得较大的密度。但当含水量介于上述两种状态时，击实所能达到的密度就较小。含水量的变化对击实特性的影响较不明显。而且研究证明，具有相等孔隙体积的各种砂，在外力作用下，其稳定性很不相同，这就是说，只靠砂的干密度去决定它的密实程度是不全面的。因此，太沙基建议使用相对密实度 D_r 作为这类土的密实标准，D_r 值由现场触探试验确定。

7.3.2.2　压实原理

砂和砂砾等无黏性土的压实性也与含水量有关，不过不存在最优含水量问题。一般在完全干燥或者充分洒水饱和的情况下容易压实到较大的干密度。潮湿状态，由于毛细压力增加了粒间阻力，压实干密度显著降低。粗砂在含水量为4% ~5%，中砂在含水量为7%左右时，压实干密度最小，如图7-28所示。所以，在压实砂砾时要充分洒水使土料饱和。

对无黏性土压实性影响较大的因素是土的颗粒级配。对级配良好的土，由于大颗粒的孔隙可为小颗粒所充填，故它们的击实性指标 D_r 就大，即易于被击实；而均粒土大颗粒的孔隙无法充填,故它们的击实性指标 D_r 就小,即不易被击实,所以各种无黏性土的击实性主要取决于它的级配及所含各粒组的成分。

7.3.2.3 压实质量控制

无黏性土的压实标准一般用相对密实度(或相对压实度)D_r 控制。以前要求相对密实度达到 0.70 以上,近年来根据地震震害资料的分析结果,认为高烈度区相对密实度还应提高。室内试验的结果也表明,对于饱和的无黏性土,在静力或动力的作用下,相对密实度大于 0.70~0.75 时,土的强度明显增加,变形显著减小,可以认为相对密实度 0.7~0.75 是土的力学性质的一个转折点。同时,由于大功率的振动碾压机具的发展,提高碾压密实度成为可能。所以,我国现行的《水工建筑物抗震设计规范》规定,位于浸润线以上的无黏性土要求相对密实度达到 0.7 以上,而浸润线以下的饱和土,相对密实度则应达到 0.75~0.85,对于砂砾料,当大于 5 mm 的粗料含量小于 50% 时,应保证细料的相对密实度满足上述对无黏性土压实的要求,并按此要求分别提出不同含砾量的压实干密度作为填筑控制标准。

7.3.3 填土压实的影响因素

7.3.3.1 压实功能

压实功能是指压实单位体积土所消耗的能量。击实试验中的压实功能可用下式表示:

$$E = \frac{WdNn}{V} \tag{7-15}$$

式中 E——压实功能;

W——击锤的质量,在标准击实试验中击锤质量为 2.5 kg;

d——落距,击实试验中定为 0.30 m;

N——每层土的击实次数,标准试验为 27 击;

n——铺土层数,试验中分 3 层;

V——击实筒的体积,为 1×10^{-3} m³。

每层土的压实次数不同,即表示压实功能有差异。同一种土,用不同的功能压实,得到的压实曲线如图 7-29 所示。

图 7-29 曲线表明,压实功能越大,得到的最优含水量越小,相应的最大干重度越大。所以,对于同一种土,最优含水量和最大干重度并不是恒值,而是随着压密功能而变化的。同时,从图 7-29 中还可以看到,含水量超过最优含水量以后,压实功能的影响随含水量的增加而逐渐减小。压实曲线均靠近于饱和曲线。但必须指出:增加压实功应有一定的限度和条件,因为压实功能增加到一定限度以上,压实效果提高缓慢。另外,当土处于偏干状态时,增加压实功能效果显著;偏湿时则收效不大,甚至适得其反。

图 7-29 关系曲线还显示,随着压实功的增加,最优含水量值变小,因此在填土压实工程中,若土的含水量较小,需选用夯实功能较大的机具;若土的含水量较大,则应选择压实功能较小的机具,否则会出现"橡皮土"现象。

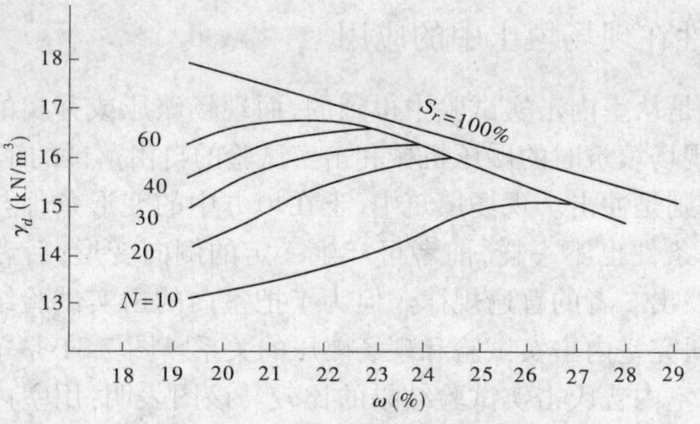

图7-29　压实功对压实曲线的影响

7.3.3.2　**填土的含水量**

含水量的大小对土的击实效果影响极大,但对不同的土类影响程度各不相同。土的压实机理表明,不同的含水量使土中颗粒间的作用力发生了变化,改变了土的结构与状态,从而在一定击实功能下,改变着土的压实效果。

由于黏性填土存在着最优含水量,因此在填土施工时应将土料的含水量控制在最优含水量左右,以期用较小的能量获得最好的密度。当含水量控制在最优含水量的干侧时,击实土的结构具有凝聚结构的特征,这种土比较均匀,强度较高,较脆硬,不易压密,但浸水时容易产生附加沉降;当含水量控制在最优含水量的湿侧时,土具有分散结构的特征,这种土的可塑性大,适应变形的能力强,但强度较低,且具有不等向性。所以,含水量比最优含水量偏高或偏低,填土都不能达到最佳压实状态。

7.3.3.3　**土的类别**

在同一击实功能条件下,不同土类的击实特性不一样。土的类型、矿物成分、颗粒级配、颗粒大小、颗粒形状、黏土矿物含水量等对最大干重度和最优含水量有很大的影响。

由图7-27和图7-28可知,抛物线型压实曲线是典型的粗粒土特件,钟型压实曲线是典型的黏性土特性。图7-30为5种不同细土料的压实曲线。图7-30(a)是不同土料的颗粒级配曲线,图7-30(b)是5种不同土料在同一标准击实试验中所得到的5条压实曲线。由图7-30可知,颗粒越粗,就越能在低含水量时获得最大干密度;颗粒级配越均匀,压实曲线的峰值范围就越宽广而平缓;对于黏性土,压实效果与其中的黏土矿物成分含量有关。

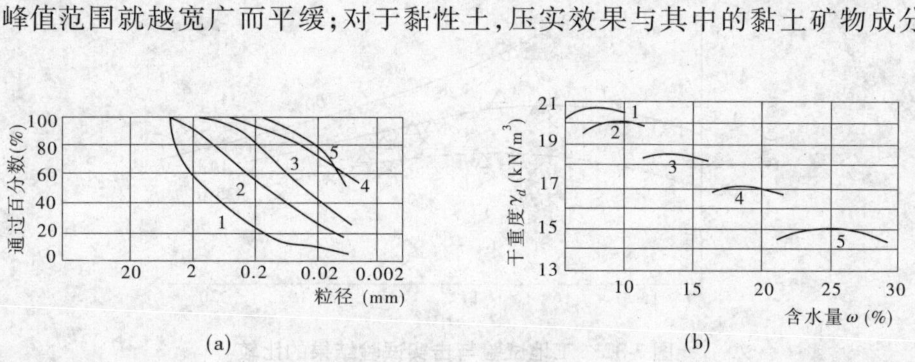

图7-30　各种土的击实曲线

7.3.4　土压实特性在现场填土中的应用

土的压实特性均是从室内击实试验中得到的，而现场碾压或夯实的情况与室内击实试验有差别。例如：现场填筑时的碾压机械和击实试验的自由落锤的工作情况不一样，前者大都是碾压而后者则是冲击。现场填筑中，土在填方中的变形条件与击实试验时土在刚性击实筒中的变形条件也不一样，前者可产生一定的侧向变形，后者则完全侧限。目前，还未能从理论上找出二者的普遍规律。但为了把室内的击实试验结果用于实际工程的设计与施工，必须研究室内击实试验和现场碾压的关系。图 7-31 是羊足碾不同碾压遍数的工地试验结果与室内普氏击实试验结果的比较。该图表明：用室内击实试验来模拟工地填土的压实是可靠的。为便于工地填土压实质量的施工控制，黏性土用压实系数作为评价标准，粗粒土用相对密实度作为评价标准。图 7-32 是某坝工地羊足碾试验结果与室内击实仪试验结果的比较。

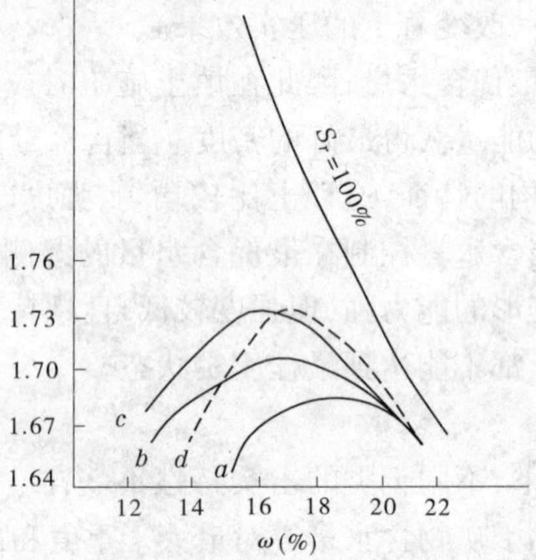

a、b、c—羊足碾碾压 6、12、24 遍；d—普氏击实仪试验结果

图 7-31　工地试验与室内普氏击实试验结果的比较

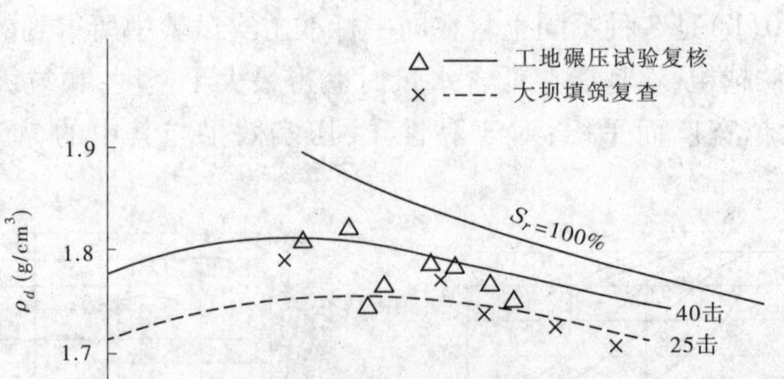

图 7-32　工地试验与击实试验结果的比较

从工地填土压实和室内击实试验对比可见，室内击实试验既是研究土的压实特性的

基本方法，又为实际填方工程提供了两方面的用途：一方面是用来判别在某一击实功作用下土的击实性能是否良好，以及土可能达到的最佳密实度范围与相应的含水量值，为现场填方设计中合理选用填土含水量和填筑密度提供依据；另一方面是为制备试样以研究现场填土的力学特性时提供合理的密度和含水量。

【例题 7-1】　某土料场土料的分类为低液限黏土(CL)，天然含水量 $\omega=21\%$，土粒相对密度 $G_s=2.70$。室内标准功能压实试验得到最大干密度 $\rho_{d\max}=1.85\ g/cm^3$。设计中取压实度 $D_c=95\%$，并要求压实后土的饱和度 $S_r\leqslant 0.9$。问该土料的天然含水量是否适于填筑？碾压时土料的含水量应控制为多大？

解：(1)求压实后土的孔隙比。

填土的干密度：$\rho_d=\rho_{d\max}\times D_c=1.85\times 0.95=1.76(g/cm^3)$

则压实后土的孔隙比：$e=G_s\rho_w/\rho_d-1=2.70\times 1.0/1.76-1=0.534$

假设土粒的体积：$V_s=1\ cm^3$，则

孔隙的体积：$V_v=eV_s=0.534\times 1=0.534(cm^3)$

土粒的质量：$m_s=G_sV_s\rho_w=2.70\times 1.0\times 1.0=2.7(g)$

(2)求碾压含水量。

根据题意，按饱和度 $S_r\leqslant 0.9$ 控制含水量。因此，水的体积为：

$$V_w = S_rV_v = 0.9\times 0.534 = 0.48(cm^3)$$

则水的质量为：$m_w=\rho_wV_w=0.48\ g$

因此，填土的含水量　$\omega=m_w/m_s=0.48/2.7=17.8\%<21\%$

即碾压时土料的含水量应控制在 18% 左右。料场土的含水量超过 3% 以上，不太适宜直接填筑，最好进行翻晒处理。

思考题

7-1　动荷载的作用特点是什么？根据其作用特点，动荷载可分为哪几种类型？

7-2　土动力试验的加载方式有哪几种？

7-3　描述土的变形特性的参数有哪些，物理意义是什么？

7-4　影响土体动强度的因素有哪些？

7-5　简述砂土液化的机理及影响因素。

7-6　何为标准击实试验？

7-7　压实填土的质量主要控制哪些指标？

7-8　对压实填土的最优含水量与最大干密度宜用什么方法确定？

7-9　何为压实系数和压实度？

7-10　为什么细粒土在压实时存在最优含水量，而在粗粒土中不存在最优含水量？

7-11　影响填土压实效果的因素有哪些？

习　题

7-1　某土料场为黏性土，天然含水量为 $\omega=18\%$，土料比重 $G_s=2.70$，室内标准击实试验得到的最大干密度 $\rho_{d\max}=1.85\ \mathrm{g/cm^3}$。设计要求压实度为 0.95，并要求压实后的饱和度 $S_r\leqslant0.9$。试问碾压时土粒应控制多大含水量？

第 8 章　岩土工程勘察

学习指导

岩土工程勘察是工程设计的基础，岩土工程勘察报告是工程师设计优良方案的依据。

学习目标

掌握岩土工程勘察的目的、内容和方法，了解岩土工程勘察报告文字与图表的内容及应用。

学习重点

岩土工程勘察报告的构成及撰写。

8.1　岩土工程勘察的任务及其阶段划分

8.1.1　岩土工程勘察的目的

岩土工程勘察的目的是使工程设计结合实际来进行，地基勘察的目的在于以各种勘察手段和方法调查研究和分析评价建筑场地与地基的工程地质条件，为设计和施工提供所需的工程地质资料。优良的设计方案必须以准确的岩土工程勘察资料为依据。设计工程师对地基土层的分布、土的松密、压缩性高低、强度大小，尤其是均匀性，是否存在局部软硬异常的情况，以及地下水的埋深与水质，土的性质是否会产生液化等条件，进行全面和深入的研究，才能做好设计。

8.1.2　确定岩土工程勘察等级

各项工程建设的岩土工程勘察任务大小不同，工作内容、工作量及勘察方法也不一样，包括钻孔的数量、孔深、取原状土试验项目与原位测试种类的多少等。为此，首先要确定岩土工程勘察等级。岩土工程勘察等级应根据建筑工程重要性等级、建筑场地等级、建筑地基等级综合分析确定。

8.1.2.1　建筑工程重要性等级

建筑工程重要性等级应根据工程破坏后果的严重性，按表 8-1 分为三个等级。

表 8-1　工程重要性等级

工程重要性等级	破坏后果	工程类型
一级	很严重	重要工程
二级	严重	一般工程
三级	不严重	次要工程

8.1.2.2 建筑场地等级

建筑场地等级应根据场地的复杂程度分为三级。

1）一级场地（复杂场地）

符合下列条件之一者为一级场地：

（1）对建筑抗震危险的地段；

（2）不良地质现象强烈发育；

（3）地质环境已经或可能受到强烈破坏；

（4）地形地貌复杂；

（5）有影响工程的多层地下水、岩溶裂隙水或其他水文地质条件复杂，需专门研究的场地。

2）二级场地（中等复杂场地）

符合下列条件之一者为二级场地：

（1）对建筑抗震不利的地段；

（2）不良地质作用一般发育；

（3）地质环境已经或可能受到一般破坏；

（4）地形地貌较复杂；

（5）基础位于地下水位以下的场地。

3）三级场地（简单场地）

符合下列条件者为三级场地：

（1）地震设防烈度等于或小于6度，或对建筑抗震有利的地段；

（2）不良地质作用不发育；

（3）地质环境基本未受破坏；

（4）地形地貌简单；

（5）地下水对工程无影响。

注：场地与地基等级的确定，从一级开始向二级、三级推定，以最先满足的为准。

8.1.2.3 建筑地基等级

建筑地基等级应根据地基的复杂程度分为三级。

1）一级地基（复杂地基）

符合下列条件之一者，为一级地基：

（1）岩土种类多，很不均匀，性质变化大，需特殊处理；

（2）严重湿陷、膨胀、盐渍、污染的特殊性岩土，以及其他情况复杂，需作专门处理的岩土。

2）二级地基（中等复杂地基）

符合下列条件之一者为二级地基：

（1）岩土种类较多、不均匀，性质变化较大；

（2）除一级地基规定外的特殊性岩土。

3）三级地基（简单地基）

符合下列条件者为三级地基：

（1）岩土种类单一，均匀，性质变化不大；

（2）无特殊性岩土。

8.1.2.4　岩土工程勘察等级

根据工程重要性等级、场地复杂程度等级和地基复杂程度等级，可按下列条件划分岩土工程勘察等级。

（1）甲级，在工程重要性、场地复杂程度和地基复杂程度等级中，有一项或多项为一级；

（2）乙级，除勘察等级为甲级和丙级外的勘察项目；

（3）丙级，工程重要性、场地复杂程度和地基复杂程度均为二级。

8.1.3　野外勘察的准备工作

8.1.3.1　收集资料

收集建筑场地的地形图、建筑规划的平面图与建筑物层数。包括建筑场地是否已三通一平，是否存在旧民宅未拆除的建筑物，以及堆物、堆料情况，尤其对各类管线等地下隐蔽工程的位置与走向都需要查明。

8.1.3.2　编制岩土工程勘察纲要

根据收集的建筑物的规模、用途、平面尺寸，结合当地条件，把建筑物的平面图套在地形图上，布设勘探孔位、间距，标明孔深、技术孔取原状土样部位、标高及原位测试地点数量等。

钻孔布设的要求：钻孔间距取值为一个孔的资料所能代表的范围，按地基土层分布的简单与复杂、场地的复杂程度以及建筑工程安全等级而确定；理论上，钻孔深度即为建筑物荷载作用下地基受压层的深度；控制性勘察孔的深度应适当大于地基受压层，以查明是否存在软弱下卧层；探查孔深度可浅于受压层，只要分清土层界面即可。

对高层建筑进行详细勘察时，钻孔布设要求如下：

（1）勘探点按建筑物周边线布置，角点和中心点应有勘探点。

（2）勘探点的布置应满足纵横方向对地层结构和均匀性的评价要求，其间距宜取 15 ~ 35 m。

（3）单幢高层建筑勘探点不应少于 4 个，其中控制性勘探点不宜少于 3 个。对密集的高层建筑群，勘探点可适当减少，但每幢建筑物至少应有一个控制性勘探点。

（4）高层建筑箱形基础或筏板基础的勘探孔深度为：

$$z = d + \alpha b \tag{8-1}$$

式中　z——勘探深度，m；

d——箱基或筏基的埋深，m；

b——基础底面宽度，m；

α——经验系数，与地基土的类别和勘探孔类别有关，按表 8-2 取值。

8.1.3.3　现场踏勘定位

在进行或完成上述各项准备工作时，勘察工程主持人应约机长到勘察工地现场踏勘，查明现场环境，进行钻孔定位打木桩。实际勘察之后，对原定勘探点孔位可以进行适当的移位或调整。

表 8-2　经验系数 α 取值

勘探孔类别	土的类别				
	碎石土	砂土	粉土	黏性土(含黄土)	软土
控制孔	0.5～0.7	0.7～0.9	0.9～1.2	1.0～1.5	2.0
一般孔	0.3～0.4	0.4～0.5	0.5～0.7	0.6～0.9	1.0

注:表中 α 值,当土的堆积年代久、密实或地下水位以上时取小值,反之取大值。但是,一般性勘探孔应达到基底下 $(0.5\sim1.0)b$。

8.1.4　岩土工程勘察的任务

宏观而言,岩土工程勘察的任务包括:查明场地与地基的稳定性问题;查明场地的地层类别、成分、厚度和坡度变化等,特别是基础下持力层和下卧层的工程地质性质应着重进行分析研究;查明场地的水文地质条件;提供满足设计、施工所需的土的物理性质指标和力学性质指标等;确定地基承载力,预估地基沉降,尤其应当注意的是不均匀沉降,并提出地基和基础设计方案的建议。

具体任务有:

(1)收集区域地质、地形地貌、地震、矿产和附近地区的工程地质、岩土工程资料及当地的建筑经验。

(2)在分析已有资料的基础上,通过现场踏勘,了解场地的地层分布、构造、成因与年代和岩土性质、不良地质作用及地下水的水位、水质情况。

(3)对各方面条件较好且倾向于选取的场地,如已有资料不充分,应进行必要的工程地质测绘及勘探工作。

(4)当有两个或两个以上拟选场地时,应进行比选分析。

(5)收集与分析可行性研究阶段岩土工程勘察报告。

(6)通过现场勘探与测试,初步查明地层分布、构造、岩土物理力学性质、地下水埋藏条件及冻结深度,可以粗略些,但不能有错误,例如,不能把淤泥质土或膨胀土判为一般黏性土。

(7)通过工程地质测绘和调查,查明场地不良地质现象的成因、分布、对场地稳定性的影响及其发展趋势。

(8)对抗震设防烈度大于或等于 6 度的场地,应判定场地和地基的地震效应。

(9)初步制定水和土对建筑材料的腐蚀性。

(10)对高层建筑可能采取的地基基础类型、基坑开挖和支护、工程降水方案进行初步分析评价。

(11)收集附有坐标及地形的建筑物总平面布置图,各建筑物的地面整平标高,建筑物的性质、规模、结构特点,可能采取的基础型式、尺寸、预计埋置深度、对地基基础设计的特殊要求等。

(12)查明不良地质作用的成因、类型、分布范围、发展趋势及危害程度,并提出评价与整治所需的岩土技术参数和整治方案建议。

(13)查明建筑物范围各层岩土的类别、结构、厚度、坡度、工程特性,计算和评价地基的稳定性、均匀性和承载力。这是每一项岩土工程勘察都必做的重点任务。

(14)对需进行沉降计算的建筑物。应取原状土进行固结试验,提供地基变形参数计算的 $e \sim p$ 曲线。预测建筑物的沉降、差异沉降或整体倾斜。

(15)对抗震设防烈度大于或等于6度的场地,应划分场地土类型和场地类别;划分对抗震有利、不利或危险的地段,应分析预测地震效应,判定饱和砂土与粉土的地震液化,并应计算液化指数,判定液化等级。

(16)查明地下水的埋藏条件和侵蚀性。必要时还应查明地层的渗透性、水位变化幅度规律。例如,高层建筑深基坑,在地下水位以下开挖时就需要这些资料。

(17)查明埋藏的河槽、沟道、墓穴、防空洞、孤石等对工程不利的埋藏物。

(18)在季节性冻土地区,提供场地土的标准冻结深度。

(19)对深基坑开挖尚应提供稳定计算和支护设计所需的岩土技术参数:γ、c、φ 值,论证和评价基坑开挖、降水等对邻近工程的影响。

(20)若可能采用桩基,则需提供桩基设计所需的岩土技术参数,并确定单桩承载力;提出桩的类型、长度和施工方法等建议。

(21)判定地基土及地下水在建筑物施工和使用期间可能产生的变化,及其对工程的影响,提出防治措施及建议。

根据建设经验,原则上下列地区或地段不宜选为场址:

(1)不良地质现象发育且对场地稳定性有直接危害或潜在威胁的地区,如泥石流河谷、崩塌、滑坡、土洞、塌陷、岸边冲刷、地下潜蚀等地。

(2)地基土性质严重不良的场地,如三级自重湿陷性场地、胀缩性强烈的一级膨胀土地基、软硬突变的场地。

(3)对建筑物抗震危险的地段,即地震时可能发生滑坡、崩塌、地裂、泥石流等及发震断裂带上可能发生地表错位的部位。

(4)洪水或地下水对建筑场地有严重不良影响的地段,如位于洪水淹没区。

(5)地下有尚未开采的有价值矿藏或未稳定的地下采空区。

8.1.5　岩土工程勘察的阶段划分

岩土工程勘察宜分阶段进行,各勘察阶段应与设计阶段相适应。

8.1.5.1　可行性研究勘察(选址勘察)阶段

根据工程建设项目规划阶段应对几个建筑场址作比较的要求,进行可行性研究勘察。

这一阶段要求收集区域地质、地形地貌、地震、矿产和附近地区的工程地质资料及当地的建筑经验,了解场地地层、构造、岩石和土的性质、不良地质现象及地下水等工程地质条件。对工程地质条件复杂,已有资料不能符合要求,但其他方面条件较好且倾向于选取的场地,应根据具体情况进行工程地质测绘及必要的勘探工作。最后对拟选场址的稳定性和适宜性作出工程地质评价。

8.1.5.2　初步勘察阶段

在场址选定批准后进行初步勘察，勘察内容应符合初步设计的要求。初步勘察阶段的目的是：对场地内各建筑地段的稳定性作出岩土工程评价；为确定建筑物总体平面布置提供依据；为确定主要建筑物的地基基础方案提供资料；对不良地质现象的防治，提供资料和建议。

8.1.5.3　详细勘察阶段

根据技术设计或施工图设计阶段的要求进行详细勘察。详细勘察阶段的目的有：

(1)按不同建筑物或建筑群，提出详细的岩土工程资料和设计所需的岩土技术参数。

(2)对建筑地基作出岩土工程分析评价，例如：建筑地基良好，可以采用天然地基；若地基软弱，需要加固处理。

(3)对基础设计方案作出论证和建议，例如：地基良好，可以建议浅基础；上部荷载大，地基浅层土不良，深层土坚实，可建议采用桩基础。

(4)对地基处理、基坑支护、工程降水等方案作出论证和建议，例如：对深厚淤泥质地基作为海港码头，可以建议采用真空预压法进行地基处理。

(5)对不良地质作用的防治作出论证和建议，例如：在山前冲积平原建筑场地，遇洪水冲沟，可建议在冲沟上游筑坝，将洪水引开。

8.1.5.4　施工勘察阶段

遇下列各种情况时，都应配合设计、施工单位进行施工勘察，解决施工中的工程地质问题，并提供相应的勘察资料。

(1)对高层或多层建筑，均需进行施工验槽。

(2)在基坑开挖后遇局部古井、水沟、坟墓等软弱部位，要求换土处理时，需进行换土压实后的干密度测试质量检验。

(3)深基础的设计与施工，需进行有关监测工作。

(4)当软弱地基处理时，需进行施工设计和检验工作。例如，采用强夯加固地基，需进行夯前与夯后地基土的物理力学性质指标实测，进行对比，证明加固的效果。

(5)若地基中存在岩溶或土洞，需进一步查明分布范围及处理。

(6)施工中出现基槽边坡失稳滑动，则需进行勘测与处理。

上述各勘察阶段的勘察目的与主要任务都不相同。若为单项工程或中小型工程，则往往简化勘察阶段，一次完成详细勘察，以节省时间与费用。而对重大、特殊工程，需要增加施工勘察阶段。

8.2　岩土工程勘察方法

岩土工程勘察方法可分为钻探、井探、槽探、洞探和地球物理勘探等。

8.2.1　钻探法

钻探是勘探方法中应用最广泛的一种，它是采用钻探机具向地下钻孔，以鉴别和划分地层、观测地下水位，并采取原状土样以供室内试验，确定土的物理、力学性质指标。需要时还可以在钻孔中进行原位测试。钻探的钻进方式可以分为回转式、冲击式、振动式、冲洗式、静压式等多种。每种钻进方法各有独自特点，分别适用于不同的地层。

8.2.1.1　机钻

对土层的机钻一般有如下要求：

(1)选择符合土层特点的钻进方法，对于从黏土到砂土的所有土层，一般采用回转钻方式，对黏土层应采用带有中心活阀的螺旋钻头，将每次进尺控制在 1.0 m 以内，以保证分层的准确，用岩芯管钻进土层也是值得提倡的。对于漂石、卵石、块石、碎石可选用冲击、振动、回转或振动回转、锤击等。对这类土通常不过分强调在钻孔中采取不扰动土样，可着重考虑钻进的有效性。对特殊土类，需根据其特殊性来选择特殊的钻进方法。

(2)准确地判定钻进深度、分层深度，二者的量测误差范围应为 ±0.05 m。对于为了鉴别土的天然湿度的钻孔，在地下水位以上应进行干钻，当必须加水或使用循环液时，应采用双层岩芯管钻进。

(3)在饱和软土及砂卵石层中，尤其是在后一种地层中钻进时，要求采取有效的护壁措施，以防止孔壁坍塌或缩径。一般有套管护壁和泥浆(或清水)护壁两种方法。套管护壁可靠性强，但下设、起拔费时、费事，下设套管后极易形成管内外水头差，促使孔底土层隆起或管涌。相比之下，泥浆护壁是较简易可行的办法，钻进效率高，成本低，也有利于保证钻探质量和取样质量。但是要增加泥浆制备、开挖泥浆池和循环通道等工作项目，另外，钻孔注入泥浆后影响地下水位的观测。因此，在见地下水位以前不用泥浆护壁、清水护壁较泥浆护壁更简易可行，但质量不易保证。

8.2.1.2　手钻

手钻适用于勘探浅部土层，通常为 6 m 左右，适用小型工程或中型工程的探查孔。

手钻所用设备有麻花钻、勺形钻、洛阳铲与北京铲等种类。麻花钻钻进时将土的结构破坏，可用于分层定名或做旁压试验成孔用。勺形铲适用软土，钻进后提钻时不会将软土滑落。

洛阳铲最初由河南省洛阳市制作，用来探测黄河大堤被动物打洞的隐患，后用于当地探测墓穴。洛阳铲的构造：下端为半圆形的钢铲头，底部为刀刃，上部装木杆，长 5.0 m，在均匀稍湿的黏性土与粉土中，一人操作，每小时可钻孔 5 ~ 6 m 深。在三门峡市建筑场地曾用洛阳铲探墓穴，每次进深约 20 cm，提钻一敲，铲头土即脱落，竖直向下继续钻进，若钻具突然大幅下落，即为洞穴。

北京地区地表普遍存在建筑垃圾，洛阳铲无能为力，后经改造，钢铲头由半圆形改为圆筒形加一窗口并设一开口缝，同时用铝合金空心杆代替木杆，成为北京铲。北京铲铲头可以打碎砖块、穿透杂填土层。铝合金钻杆轻质高强，且可用钢螺纹接头接长，性能好，效率高，通常 2 人操作，一天可钻 4 ~ 6 个 5 ~ 6 m 深的钻孔。若勘察场地遇大树、旧房未拆，上空有高压线等障碍物时，机钻无法使用，北京铲更显出轻巧灵便的优越性。

8.2.2　触探法

触探法是间接的勘察方法，不取土样，不描述，只将一个特别探头装在钻杆底端，打入或压入地基土中，由探头所受阻力的大小探测土层的工程性质。根据探头的结构和入土方法不同，可分为圆锥动力触探、标准贯入试验和静力触探三大类。

8.2.2.1　圆锥动力触探

圆锥动力触探的原理是：用标准质量的铁锤提升至标准高度自由下落，将特制的圆锥探头贯入地基土层标准深度，所得的击数 N 值的大小用来判定土的工程性质的好坏。N 值越大，表明贯入阻力越大，即土质越密实。

根据锤击能量将圆锥动力触探分为轻型、重型和超重型三种。其中，轻型圆锥动力触探应用较多，试验设备主要由探头、触探杆、穿心锤三部分组成。试验时，先用轻便钻具钻至试验土层标高，然后对所需试验土层连续进行触探，使穿心锤自由下落，记录将触探杆竖直打入土中 300 mm 的锤击数 N_{10}。此试验设备简单，操作方便，一般用于贯入深度小于 4 m 的土层。当土质较硬或深度较大时，可采用标准贯入试验，而对于密实砂土，为了避免对贯入器的损坏，可采用重型或超重型的圆锥动力触探。

根据圆锥动力触探试验指标，并结合地区经验，可以判断不同地基土的特性，利用轻型触探锤击数 N_{10}，可以确定砂土、碎石土的孔隙比和砂土的密实性，还可以确定地基的承载力以及单桩承载力标准值；采用超重型动力触探锤击数 N_{120} 可以确定各类砂土和碎石土的承载力。

8.2.2.2　标准贯入试验(SPR)

标准贯入试验的原理与圆锥动力触探相同。该试验方法来源于美国，质量为 140 磅(63.5 kg)的穿心锤，用钻机的卷扬机提升至 30 英寸(76 cm)高度，穿心锤自由下落，将特制的圆管状贯入器贯入土中(触探杆一般采用直径为 42 mm 的钻杆)，先打入土中 15 cm 不计数，接着每打入 10 cm 记下击数，累计打入 1 英尺(30 cm)的锤击数，即为标准贯入击数 N。当锤击数已达 50 击，而贯入深未达 30 cm 时，可记录实际贯入深度并终止试验。

标准贯入试验设备的详细规格可查表 8-3。

表 8-3　标准贯入试验设备的详细规格

落锤		锤的质量(kg)	63.5
		落距(cm)	76
贯入器	双开管	长度(mm)	>500
		外径(mm)	51
		内径(mm)	35
	管靴	长度(mm)	50~76
		刃口角度(°)	18~20
		刃口单刃厚度(mm)	2.5
钻杆		直径(mm)	42
		相对弯度	<1/1 000

标准贯入试验主要适用于砂土、粉土及一般黏性土。当触探杆长度大于 3 m 时，锤击数应按下式进行钻杆长度修正：

$$N' = \alpha N \tag{8-2}$$

式中　N——标准贯入试验锤击数；

α——触探杆长度修正系数，可按表 8-4 确定。

表 8-4　触探杆长度修正系数

触探杆长度(m)	≤3	6	9	12	15	18	21
α	1.00	0.92	0.86	0.81	0.77	0.73	0.70

根据标准贯入锤击数，并结合地区经验可以确定地基土的承载力，并对砂土的密实度、黏性土的稠度以及砂土、粉土的液化趋势等作出评价。

8.2.2.3　静力触探

1917 年瑞典首先使用静力触探，它具有连续、快速、灵敏、精确、方便等优点。其原理是：利用液压或机械传动装置，将圆锥形金属探头压入地基土中。探头中贴有电阻应变片，当探头受阻力时，电阻应变片相应伸长改变电阻，可用电阻应变仪量测微应变的数值，计算贯入阻力的大小，判定地基土的工程性质。

静力触探按主机功能分为轻型、中型、重型，按动力方式分为人力式、液压式、机械式，按反力装置分为框架地锚式、汽车自重加地锚式，按量测探头结构分为单桥探头式、双桥探头式、孔压静探探头式。单、双桥探头规格见表 8-5 和表 8-6。

表 8-5　单桥探头规格

型号	锥底直径(mm)	锥底面积(cm^2)	有效侧壁长度(mm)	锥角(°)
Ⅰ-1	35.7	10	57	60
Ⅰ-2	43.7	15	70	60
Ⅰ-3	50.4	20	81	60

表 8-6　双桥探头规格

型号	锥底直径(mm)	锥底面积(cm^2)	有效侧壁长度(mm)	锥角(°)
Ⅱ-1	35.7	10	150	60
Ⅱ-2	43.7	15	300	60
Ⅱ-3	50.4	20	300	60

(1)单桥探头测得的是包括锥尖阻力和侧壁摩阻力在内的总贯入阻力 P(kN)，通常用比贯入阻力 p_s(kPa)表示，即

$$p_s = \frac{P}{A} \tag{8-3}$$

式中　A——探头截面面积，m^2。

(2)双桥探头可以同时分别测得锥尖阻力和侧壁摩阻力。用 Q_c(kN)和 P_f(kN)分别表示锥尖总阻力和侧壁总摩阻力，则单位面积锥尖阻力 q_c(Pa)和侧壁摩阻力 f_s(kPa)为：

$$q_c = \frac{Q_c}{A} \tag{8-4}$$

$$f_s = \frac{P_f}{F_s} \tag{8-5}$$

式中　F_s——探头侧壁面积,m^2。

根据锥尖阻力 q_c 和侧壁摩阻力 f_s 可计算同一深度处的摩阻比 R_s:

$$R_s = \frac{f_s}{q_c} \times 100\% \tag{8-6}$$

地基土的承载力取决于土本身的力学性质,而静力触探所得的比贯入阻力等指标在一定程度上反映了土的某些力学性质。根据静力触探资料可间接地按地区性的经验关系推定土的承载力、压缩性指标和桩承载力计算指标等。

静力触探试验适用于黏性土、粉土、砂土及含少量碎石的土层,尤其是对地层变化较大的复杂场地以及不易取得原状土样的饱和砂土和高灵敏度软黏土地层的勘察,静力触探显示出其独特的优越性,但是不能直接识别土层,而且对碎石类土和较密实的砂土层难以贯入,所以必须与钻探配合才能完成工程地质勘察任务。

8.2.3　掘探法

在建筑场地上人工开挖探井、探槽或平硐,直接观察了解槽壁土层情况与性质,称为掘探法。掘探法是用钻探方法难以查明地下情况时采用的勘探方法,为减少开挖土方量,断面尺寸不宜过大。一般圆形直径为 0.8 ~ 1.0 m,矩形探井可采用 0.8 m × 1.2 m,需要适当放坡或分级开挖时,井口可大于上述尺寸,探井深度超过地下水埋深时,应有排水措施。

在疏松的软弱土层中或无黏性的砂、卵石中开挖探井必须支护,探井口都应注意保护。土石不能随意弃置于井口边缘,以免增加井壁的主动土压力,导致井壁失稳,或者土石块坠落伤人。在雨季施工时应采取防水措施。

掘探法的适用条件:

(1)钻探法难以进行勘察的土层,例如地基中含有大块漂石、块石,钻探法难以进行勘察的土层,可采用掘探法。

(2)钻探法难以准确查明的土层若遇土层很不均匀、颗粒大小相差悬殊、分布不规则时,少数小孔径钻探很难代表全面情况,可采用探槽。

(3)黄土地基勘察,需用探槽。

(4)事故处理检验质量。当建筑物发生墙体开裂等事故时,为检验基础尺寸、埋深、材料、施工质量及地基持力层土质等情况,可以挖探槽。

掘探法的优点是:可以大面积开挖,人员进入探槽直接观察并可用手或简单工具实地检验各土层的密实度,必要时可取大块优质不扰动原状土进行物理、力学性质试验,还可在探槽内做现场载荷试验。而其缺点是开挖深度有限,土质疏松时或深探井必须支撑,以保证人身安全,勘察完成后,应当认真回填,分层压实,因而工程量较大。另外,掘探法不适用于地下水位以下部分的勘察。

8.2.4　物探法

物探法是地球物理勘探方法的简称。

地球物理勘探是利用仪器在地面、空中、水上或钻孔内测量物理场的分布情况,对测得的数据进行分析判释,并结合有关的地质资料推断地质体性状的勘探方法,是一种间接勘探方法。如果作为钻探的先行手段,可以了解隐蔽的地质界线、界面或异常点。若作为钻探辅助手段,在钻孔之间增加物探点,可以为钻探成果的内插、外推提供依据。

8.3　岩土工程勘察报告

在野外勘察工作和室内土样试验完成后,将岩土工程勘察纲要、勘探孔平面布置图、钻孔记录表、原位测试记录表、土的物理力学性质试验成果,连同勘察任务委托书、建筑物平面布置图及地形图等有关资料汇总,并进行整理、检查、分析、鉴定,经确定无误后,编制正式的岩土工程勘察成果报告,提供给建设单位、设计单位与施工单位应用,并作为长期保存的存档技术文件。

岩土工程勘察成果报告通常包括文字部分和图表部分。

8.3.1　文字

(1)拟建工程概述:包括委托单位、场地位置、工程简介、以往的勘察工作及已有资料等。

(2)勘察方法及勘察位置。

(3)场地的地形和地貌特征、地质构造、不良地质现象的类型特征、发展预测及对工程的影响。

(4)场地地层分布、岩性描述和地基土的物理、力学性质指标。

(5)根据各项岩土性质指标的测试成果,并结合地区经验,提出地基土承载力标准值、压缩模量建议值。

(6)水文地质条件分析与评价:包括与地基土有关的气象和水文条件、地下水的类型、埋深、补给、逸流和排泄条件、水位的动态变化以及环境水对建筑材料的腐蚀性评价。

(7)场地稳定性和适宜性评价。

(8)提出地基基础方案、不良地质现象论证方案、开挖和边坡加固方案等。

(9)结论与建议。根据拟建工程的特点,结合场地的岩土性质,提出地基与基础方案设计的建议。推荐地基持力层的最佳方案,如为软弱地基或不良地基,建议采用何种加固处理方案。对工程施工和使用期间可能发生的岩土工程问题,提出预测、监控和预防措施的建议。

(10)地基勘察成果表及所附图件。

8.3.2　图表

一般工程的图表包括:

(1)勘探点平面布置图;

(2)工程地质剖面图;

(3)室内土的物理力学性质试验汇总表。

重大工程，应根据需要绘制综合工程地质图或工程地质分区图、钻孔柱状图或综合地质柱状图、原位测试成果图表以及土样固结试验成果 $e \sim p$ 曲线等。

8.4 验 槽

8.4.1 验槽的目的

当施工单位挖完基槽并普遍勘探后，由建设单位邀请勘察、设计单位技术负责人和施工单位技术负责人，共同到施工工地验槽。验槽是建筑物施工第一阶段基槽开挖后的重要工序，也是一般岩土工程勘察工作的最后一个环节。

8.4.1.1 验证岩土工程勘察成果

通常勘探孔的数量有限，布设在建筑物外围轮廓线四角与长边的中点。基槽全面开挖后，地基持力层土层完全暴露出来，首先检验勘察成果与实际情况是否一致，勘察成果报告的结论与建议是否正确和切实可行。

8.4.1.2 解决遗留问题和新生问题

有时勘察成果报告遗留有当时无法解决的问题，需要在后来的验槽工作中解决。同样，在验槽过程中会发现新的问题，需要四方负责人现场研究解决。

大量工程实践证明，认真验槽对保证建筑工程质量、防止事故发生起着十分重要的作用。

8.4.2 验槽的内容

(1)校核基槽开挖的平面位置与槽底标高是否符合勘察设计要求。

(2)检验槽底持力层土质与勘察报告是否相同。参加验槽的四方负责人需下到槽底，依次逐段检验，发现可疑之处，用铁铲铲出新鲜土面，用野外土的鉴别方法进行鉴定。

(3)当发现基槽平面土质显著不均匀，或局部存在古井、菜窖、坟穴、河沟等不良地基，可用钎探查明其平面范围与深度。

(4)检查基槽钎探结果。钎探位置：条形基槽宽度小于 80 cm 时，可沿中心线打一排钎探孔；槽宽大于 80 cm，可打两排错开孔，钎探孔间距为 1.5 ~ 2.5 m。深度每 30 cm 为一组，通常为 5 组，1.5 m 深。

基槽底部土质局部坚硬或局部软弱，这类软硬不均匀的情况经常遇到。钎探工具可采用轻型圆锥动力触探，钎探数据可反映基槽平面土质的均匀性，而且可以校核地基各点的承载力特征值。

8.4.3 验槽注意事项

(1)验槽前应全部完成合格钎探，提供验槽的定量数据。

(2)验槽时间要抓紧，基槽挖好，突击钎探，立即组织验槽。尤其夏季要避免下雨泡槽，冬季要防冰冻，不可拖延时间形成隐患。

(3)槽底设计标高若位于地下水位以下较深，必须做好基槽排水，保证槽底不泡水。

如槽底标高在地下水位以下不深,可先挖至地下水面验槽,验完槽应快挖快填,做好垫层与基础。

(4)验槽时应验看新鲜土面,清除超挖回填的虚土。冬季冻结的表土似很坚硬,夏季日晒后干土也很坚实,都是虚假状态,应用铁铲铲去表层再检验。

(5)验槽结果应填写在验槽记录中,并由参加验槽的四方负责人签字,作为施工处理的依据,验槽记录存档长期保存。若工程发生事故,验槽记录是分析事故原因的重要线索。

综上所述,要充分认识到验槽的重要性和面临问题的复杂性,且时间紧迫,不允许慢慢研究再议,必须当场研究具体措施、作出决定,保证工程的安全进展。

思考题

8-1　为何要进行岩土工程勘察?中小工程荷载不大,为何不可省略勘察?

8-2　勘察为什么要分阶段进行?详细勘察阶段应当完成哪些工作?

8-3　建筑场地等级如何划分?符合什么条件为一级场地?

8-4　建筑地基等级如何划分?符合什么条件为二级地基?

8-5　岩土工程勘察等级如何划分?勘察等级为二级应符合什么条件?

8-6　钻孔间距如何确定?详细勘察岩土工程二级的间距是多少?一级的间距是多少?何故?

8-7　钻孔深度的依据是什么?地基为一般黏性土,6 层住宅详细勘察控制性钻孔深度为多少?

8-8　技术钻孔与探查孔有何区别?技术钻孔应占总钻孔的多大比例?

8-9　工业与民用建筑岩土工程勘察中,最常用的勘察方法有哪几种?比较各种勘察方法的优缺点和适用条件。

8-10　动力触探与静力触探有何不同?说明两类方法的优缺点与适用条件。标准贯入试验与重型圆锥动力触探有何不同?

8-11　野外鉴别黏性土用什么方法?

8-12　为何要描述土的颜色?土中含有物具体指什么?各种不同含有物对土的工程性质有何影响?

8-13　岩土工程勘察成果报告分哪几部分?对建筑地基的评价包括哪些内容?为什么规范要求提出地基和基础设计方案建议?

8-14　完成岩土工程勘察成果报告后,为何还要验槽?验槽包括哪些内容?应注意些什么问题?

习　题

8-1　某单位拟建一幢 6 层职工住宅,规划住宅楼长度为 80.00 m,宽度为 11.28 m。采用砖混结构,条形基础。该住宅场地为一级。试设计详细勘察的钻孔种类、数量、间距和深度。

8-2　我国北方某单位建一座仓库，东西向长 47.28 m，南北向宽 10.68 m，为两层楼房，高度 8.10 m。场地地形平坦，北方距离 10 m 处有一荷塘。布置钻孔数量、间距、深度和类别。

8-3　昆明市蓬花池附近计划盖一幢 4 层住宅，建筑物长度为 54.4 m，宽度为 9.6 m，高度为 11.2 m。采用天然地基浅埋条形基础。设计勘探工作量。

8-4　北京市某高层住宅，东西向长 30.10 m，南北向宽 20.80 m，地上 18 层，为框架剪力墙结构。场地原为松树林，东部为河道，河顶宽约 15 m，河底宽约 3 m，河深 3 m，一年前填平。设计详勘工作量，包括勘探、取样和室内土工试验项目。

第9章　天然地基上浅基础设计

学习指导

本章主要讨论天然浅基础的类型、适用条件及设计计算。

学习目标

熟悉地基基础的设计原则,基础选型与基础埋置深度的确定;掌握地基承载力特征值的确定,基础底面积的确定,地基持力层和软弱下卧层承载力的验算;掌握钢筋混凝土墙下条形基础、柱下独立基础和条形基础的设计;了解筏形基础和箱形基础的设计;形成地基基础与上部结构共同作用的认识。

学习重点

基础埋置深度,无筋扩展基础、钢筋混凝土扩展基础、柱下钢筋混凝土条形基础的设计计算。

9.1　概　述

从本章起,我们将讨论各种类型地基基础的特点、设计和施工。建筑物地基可分为天然地基和人工地基,基础可分为浅基础和深基础。浅基础不同于深基础,从施工角度来看,开挖基坑过程中降低地下水位和维护坑壁稳定的问题,比较容易解决,只是在少数开挖深度较大时才比较复杂;从设计角度来看,浅基础埋置深度一般较浅,因此可只考虑基础底面以下土的承载能力,而忽略基础侧面土的竖向承载能力。

地基基础设计是建筑结构设计的重要组成部分,必须根据上部结构(建筑物的用途和安全等级、建筑布置、上部结构类型等)和工程地质条件(建筑场地、地基岩土和气候条件等),结合考虑其他方面的要求(工期、施工条件、造价和环境保护等),合理选择地基基础方案,因地制宜,精心设计,以确保建筑物的安全和正常使用。天然地基上结构较简单的浅基础最为经济,如能满足要求,宜优先选用。天然地基上浅基础设计原则和方法,基本上适用于人工地基上的浅基础,只是采用后一种方案时,尚需选择合适的地基处理方法对地基进行处理,并处理好人工地基与浅基础的相互影响。

天然地基上浅基础设计的内容和一般步骤包括:

(1)充分掌握拟建场地的工程地质条件和地质勘察资料。

(2)在研究地基勘察资料的基础上,结合上部结构的类型,荷载的性质、大小和分布,建筑布置和使用要求,以及拟建基础对原有建筑设施或环境的影响,并充分了解当地建筑经验、施工条件、材料供应、先进技术的推广应用及其他有关情况,综合考虑选择基础类型和平面布置方案。

(3)确定地基持力层和基础埋置深度。

(4)确定地基承载力设计值。

(5)按地基承载力(包括持力层和软弱下卧层)确定基础底面尺寸。

(6)进行必要的地基稳定性和特征变形验算。

(7)进行基础的结构设计。

上述各方面内容密切关联、相互制约,很难一次考虑周详。因此,地基基础设计工作往往需反复多次才能取得满意的结果。对规模较大的基础工程,还宜进行多个地基基础方案设计,经技术经济比较后,择优采用。

9.2　地基基础分类

9.2.1　独立基础和联合基础

独立基础是整个或局部结构物下的无筋或配筋的单个基础。通常,柱基、烟囱、水塔、高炉、机器设备基础多采用独立基础。独立基础是柱基础中最常用和最经济的型式,它所用的材料依柱材料和荷载大小而定。现浇钢筋混凝土柱下常采用现浇钢筋混凝土独立基础,基础截面可做成阶梯形或锥形;预制柱下一般采用杯口基础;砌体柱下常采用刚性基础。钢筋混凝土柱下独立基础,如图 9-1 所示;砌体柱下刚性基础,如图 9-2 所示。

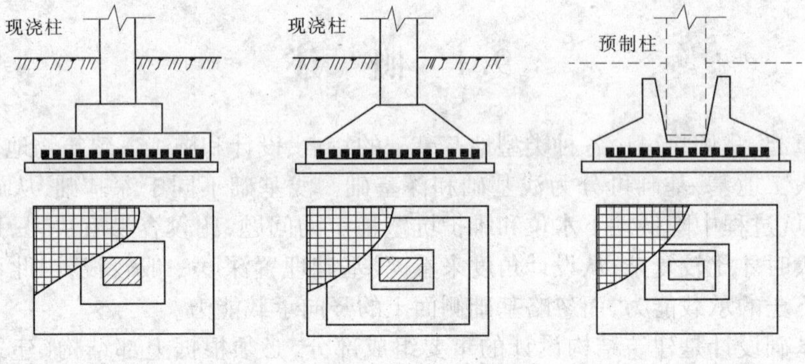

(a)阶梯形　　(b)锥形　　(c)杯形

图 9-1　钢筋混凝土柱下独立基础

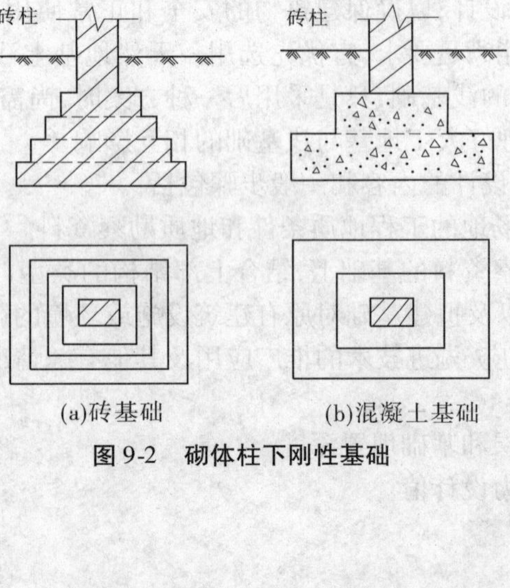

(a)砖基础　　(b)混凝土基础

图 9-2　砌体柱下刚性基础

在相邻两柱分别配置独立基础时，常因其中一柱靠近建筑界线或两柱间距较小，而出现基底面积不足或荷载偏心过大等情况，此时可考虑采用联合基础，如图 9-3 所示。联合基础也可用于调整相邻两柱的沉降差，或防止两者之间的相向倾斜等。

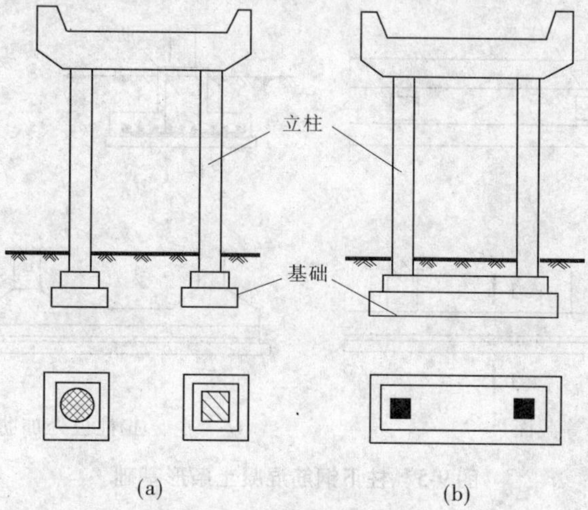

图 9-3　柱下联合基础

9.2.2　条形基础

条形基础是指基础长度远远小于其宽度的一种基础型式。按上部结构型式，可分为墙下条形基础、柱下条形基础和十字交叉条形基础。

墙下条形基础有刚性条形基础和钢筋混凝土条形基础两种。墙下刚性条形基础在砌体结构基础中得到广泛应用，材料及构造要求按刚性基础方法设计。当上部墙体荷重较大而土质较差时，可考虑采用“宽基浅埋”的墙下钢筋混凝土条形基础。墙下钢筋混凝土条形基础一般做成板式（或称“无肋式”），如图 9-4 所示，但当基础延伸方向的墙上荷载及地基土的压缩性不均匀时，为了增强基础的整体性和纵向抗弯能力，减小不均匀沉降，常采用带肋的墙下钢筋混凝土条形基础。

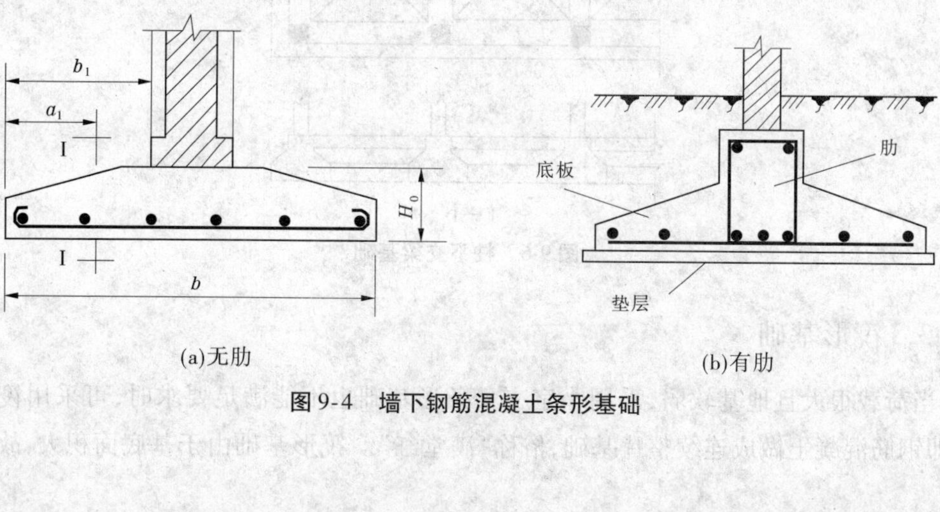

图 9-4　墙下钢筋混凝土条形基础

在框架结构中，当地基软弱而荷载较大时，若采用柱下独立基础，可能因基础底面积很大而使基础边缘互相接近甚至重叠；为了增加基础的整体性并方便施工，可将同一排的柱基础连通成为柱下钢筋混凝土条形基础，如图 9-5 所示。

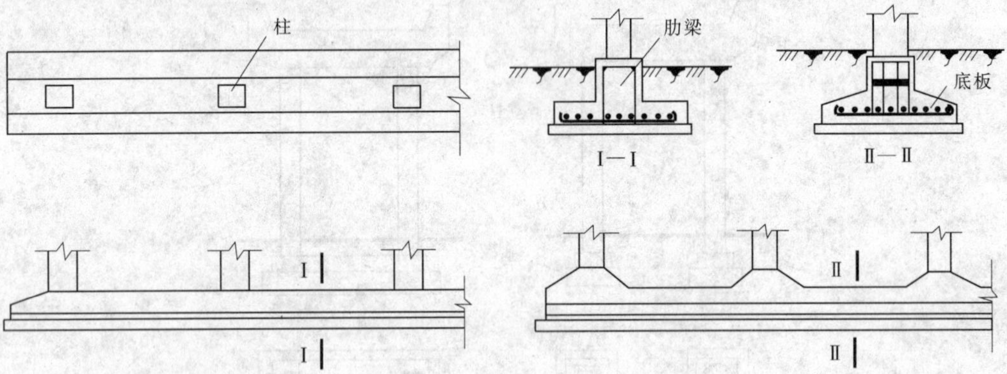

图 9-5　柱下钢筋混凝土条形基础

当荷载很大，采用柱下钢筋混凝土条形基础不能满足地基基础设计要求时，可采用交叉条形基础，亦称交梁基础或十字交叉条形基础，如图 9-6 所示。这种基础在纵横两个方向均具有一定的刚度，当地基软弱且在两个方向的荷载和土质不均匀时，交叉条形基础具有良好的调整不均匀沉降的能力。

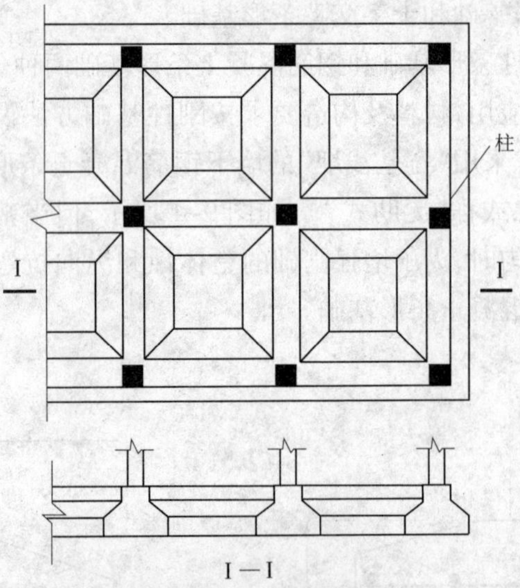

图 9-6　柱下交梁基础

9.2.3　筏形基础

当荷载很大且地基软弱，采用十字交叉条形基础也不能满足要求时，可采用筏形基础，即钢筋混凝土做成连续整片基础，俗称“满堂红”。筏形基础由于基底面积大，故可减小基底压力至最小值,并能比较有效地增强基础的整体性。筏形基础在构造上好像倒置的钢筋混凝土楼盖,并可分为平板式和梁板式两种,如图 9-7 所示。

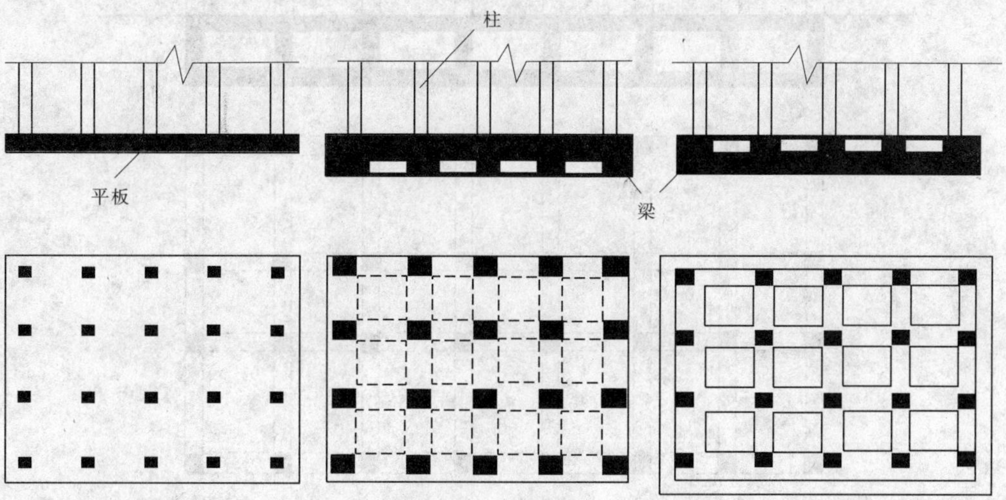

图 9-7　筏形基础

筏形基础不仅可用于框架、框剪、剪力墙结构,亦可用于砌体结构。我国南方某些城市在多层砌体住宅基础中大量采用,并直接做在地表土上,称无埋深筏基。但在北方应用时,必须考虑能否满足抗冻与采暖要求。

9.2.4　箱形基础

高层建筑由于建筑功能与结构受力等要求,可以采用箱形基础。这种基础是由钢筋混凝土底板、顶板和足够数量的纵横交错的内外墙组成的空间结构,犹如一块巨大的空心厚板,使箱形基础具有比筏形基础大得多的空间刚度,用于抵抗地基或荷载分布不均匀引起的差异沉降或架越不太大的地下洞穴,以及避免上部结构产生过大的次应力。此外,箱形基础的抗震性能好,且基础的中空部分可作为地下室使用。但是,箱形基础的钢筋、水泥用量大,造价高,施工技术复杂;尤其是进行深基坑开挖时,要考虑坑壁支护和止水(或人工降低地下水位)及对邻近建筑的影响等问题,因此选型时尤需慎重。箱形基础如图 9-8 所示。

9.2.5　壳体形基础

由正圆锥形或其组合型式构成的壳体基础,可用于一般工业与民用建筑柱基和筒形的构筑物(如烟囱、水塔、料仓、中小型高炉等)基础。这种基础使径向内力转化为压应力,可比一般梁、板式的钢筋混凝土基础减少混凝土用量 50% 左右,节约钢筋 30% 以上,具有良好的经济效果。但壳体形基础施工时修筑土胎的技术难度大、易受气候因素的影响,布置钢筋及浇筑、振捣混凝土施工困难,较难实行机械化施工。壳体形基础如图 9-9 所示。

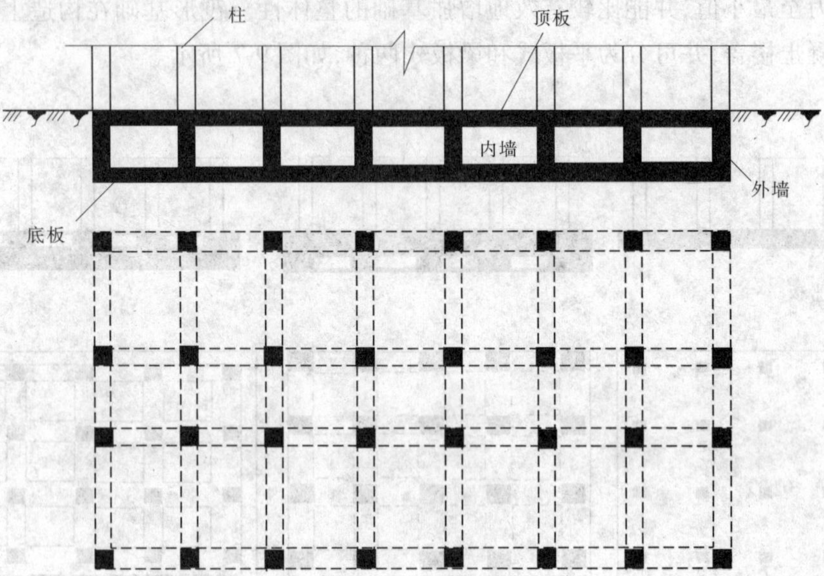

图9-8　箱形基础

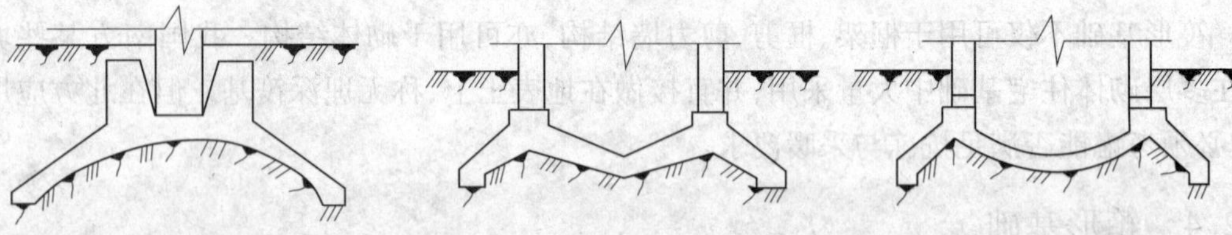

(a)正圆锥壳　　(b)M型组合壳　　(c)内球外锥组合壳

图9-9　壳体形基础的结构型式

9.3　基础埋置深度的选择

选择基础埋置深度也即选择合适的地基持力层。基础埋置深度的大小对于建筑物的安全和正常使用、基础施工技术措施、施工工期和工程造价等影响很大,因此合理确定基础埋置深度是基础设计工作中的重要环节。选择基础埋深时,必须深入调查研究,详细分析工程地质勘察资料,综合考虑建筑物自身条件以及所处的环境,善于从实际出发,抓住决定性因素,并按最佳技术与经济原则确定方案。以下分述选择基础埋深时应考虑的几个因素。

9.3.1　建筑物自身的条件

建筑物的用途是选择基础埋深首先要考虑的问题,如有地下室、设备基础和地下设施等,基础的埋置深度需要整体或局部加深,使基础低于它们。若采用基础局部加深方案,应将基础做成台阶形,逐渐由浅至深,其台阶宽高比一般为1∶2,地基条件较好的可为1∶1。一般,上部结构荷载越大,越需要将基础埋在较好的土层上,埋深一般较深;对于承受较大水平荷载的基础,为了保证结构的稳定,也常将埋深加大;承受上拔力的构筑物(如高耸构筑物等）也要加大埋深，以提供足够的抗拔阻力；对于地震区或有振动荷载的基础，不宜将基础浅埋或放在易液化的土层上，应加大基础埋深，将基础放在不产生液化的土层上。

建筑物通过其墙柱作用在地基上荷载的大小，对于不同地基而言是相对的，同一荷载作用在较好的土层上，可认为荷载相对较小，基础埋深可能较浅；对于较差的土层，则认为荷载较大，基础埋深可能较深。

9.3.2　工程地质条件

直接支承基础的那部分土层称为持力层，其下的各土层称为下卧层。为了保证建筑物的安全，必须根据荷载的大小和性质，在充分研究工程地质勘察资料的基础上给基础选择可靠的持力层。在地基土质沿深度方向分布均匀的情况下，只要能满足地基承载力和变形的要求，基础的埋深可由基础的构造要求和环境因素确定，尽可能浅埋；在地基的上层土质优于下层土的情况下，可选择钢筋混凝土基础宽基浅埋，以增加基底与下卧层的距离，确保下卧层的地基承载力满足要求；在地基土质较差的情况下，如上层软弱土层较薄，应将基础埋于下部较好的土层上，如上层软弱土层很厚，则应将地基处理和深基础方案进行比较确定；如果土层明显不均匀或建筑物各部位荷载差别较大，则同一建筑物基础可分段采用不同的埋深来调整其不均匀沉降。

9.3.3　水文地质条件

有地下水存在时，基础底面应尽量埋于地下水位以上，否则应处理好基础的防蚀及一系列的施工问题，如基坑的排水、护壁和防流砂等。当埋藏有承压水时，为了防止基底因挖土减压而隆起、开裂破坏，其隔水层应有一定的厚度。此时，基底隔水层的覆盖压力应大于下面的承压水压力，即

$$\gamma z > \gamma_w h_w \tag{9-1a}$$

$$z > \frac{\gamma_w h_w}{\gamma} \tag{9-1b}$$

式中　h_w——承压水水位高度，m；

γ_w——承压水的重度，kN/m³；

γ——槽底安全厚度范围内土的加权平均重度，地下水位以下取饱和重度，kN/m³；

z——隔水层的最小厚度，m，$z = z_1 + z_2$，如图9-10所示。

9.3.4　环境因素的影响

9.3.4.1　地基的冻胀性

在高寒地区，当土层温度降至0 ℃时，土中的自由水首先结冰，随着土层温度继续下降，结合水的外层也开始冻结而形成冻土。冻土可分为多年冻土和季节性冻土两类。连续3年以上保持冻土状态的称为多年冻土；冬季冻结而夏季融化，每年冻融交替一次的土层，称为季节性冻土，季节性冻土较普遍，且对建筑物危害较大。

土体中水冻结后，发生体积膨胀，而产生冻胀。位于冻胀区的基础在受到大于上覆荷

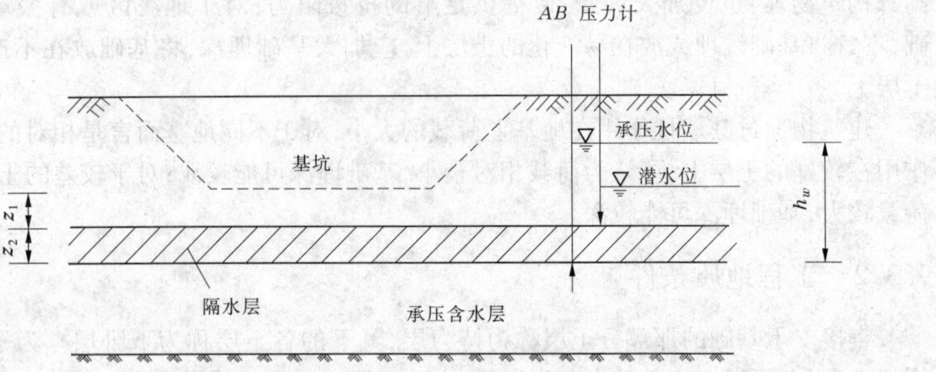

图 9-10　基坑下埋藏有承压含水层的情况

载的冻胀力作用时，基础可能被抬起；而冻土层解冻融化时，地基土中含水量增加，加之土中排水能力较差，土层就会处于饱和软化状态，土的强度降低，建筑物下陷。无论是冻胀还是融陷，一般都是不均匀的，易导致建筑物开裂、倾斜，严重威胁着建筑物的稳定和安全。因此，为避开冻胀区土层的影响，基础底面宜设置在冻结线以下或在其下留有少量冻土层，以使其不足以给上部结构造成危害。

《建筑地基基础设计规范》(GB 50007—2011)规定了基础的最小埋深：

$$d_{\min} = z_d - h_{\max} \tag{9-2a}$$

$$z_d = z_0 \cdot \psi_{zs} \cdot \psi_{zw} \cdot \psi_{ze} \tag{9-2b}$$

式中　z_d——场地冻结深度，m，当有实测资料时按 $z_d = h' - \Delta z$ 计算，h'和 Δz 分别为最大冻深出现时场地最大冻土层厚度，m 和最大冻深出现时场地地表冻胀量，m；

$h_{\max}$——基础底面下允许残留冻土层的最大厚度，m；

z_0——标准冻结深度，m；当无实测资料时，按《建筑地基基础设计规范》(GB 50007—2011)附录 F 采用；

ψ_{zs}——土的类别对冻结深度的影响系数；

ψ_{zw}——土的冻胀性对冻结深度的影响系数；

ψ_{ze}——环境对冻结深度的影响系数。

9.3.4.2　场地环境条件

气候变化或树木生长导致的地基土胀缩以及其他生物活动有可能危害基础的安全，因而基础底面应到达一定的深度，除岩石地基外，不宜小于 0.5 m。为了保护基础，一般要求基础顶面低于设计地面至少 0.1 m。

对靠近原有建筑物基础修建的新基础，其埋深不宜超过原有基础的底面，否则新、旧基础间应保留一定的净距，其值应根据原有基础荷载大小、基础形式和土质情况确定。不能满足上述要求时，应采取分段施工、设临时加固支撑、打板桩、地下连续墙等施工措施，或加固原有建筑物地基，以保证邻近原有建筑物的安全。

如果基础邻近有管道或沟、坑等设施，基础底面一般应低于这些设施的底面。临水建筑物，为防流水或波浪的冲刷，其基础底面应位于冲刷线以下。

9.4　刚性基础底面尺寸设计

9.4.1　刚性基础的特点

刚性基础是指用抗压性能较好，而抗拉、抗剪性能较差的材料建造的基础。刚性基础的基础高度大，具有较大的抗弯刚度，受力时基本不产生弯曲变形。

9.4.1.1　刚性基础的材料及特点

刚性基础常用材料有砖、三合土、灰土、混凝土、毛石混凝土等。基础材料的选择决定了基础的强度、耐久性以及经济效益。一般来说，应当优先选择地方性的材料，同时要满足技术经济要求。

下面简要介绍各种材料的性能及其适用性。

1）*砖基础*

刚性基础中应用最多的材料是砖。砖的强度及抗冻性较差，但有可就地取材、烧制方便、施工简单和价格低廉等优点，故被广泛应用。砖基础一般做成台阶形，俗称“大放脚”，为保证大放脚的刚度，应砌筑成“两皮一收”、“一皮一收”和“二一间隔收”方式，如图9-11所示。底层和顶层需保证两层砖高（120 mm），大放脚基础宽应是砖尺寸的倍数，如240 mm、370 mm、490 mm等，这样砌筑方便，既符合宽高比要求，又节省材料。但由于强度较低，砖基础仅适用于荷载较小或非承重墙基，或五层以及五层以下混合结构的墙、柱基础。

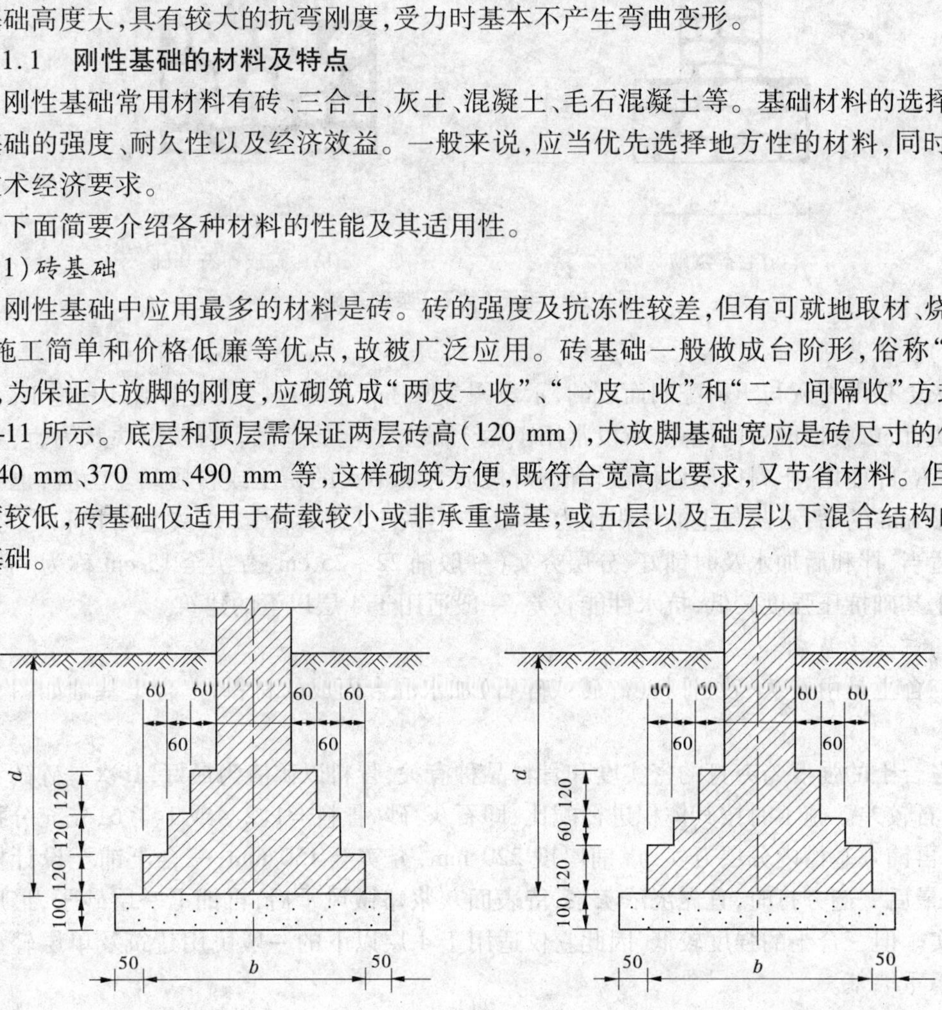

(a)“两皮一收”砌法　　(b)“二一间隔收”砌法

图9-11　砖基础剖面图　（单位：mm）

2）*毛石（片石）浆砌基础*

毛石（片石）是指未加工凿平的石料，也是刚性基础最常用材料之一，如图9-12所示。毛石的强度和抗冻性优于砖，对产毛石地区，是很经济的地方建筑材料。毛石的外形尺寸相差较大，为了便于砌筑和保证砌筑质量，毛石的高度不宜小于150 mm，毛石基础常做成台阶形，每个台阶高度不宜小于400 mm，一般为500 mm，每层台阶要有3排，以保证毛石之间的联结。石块砌筑应大小搭配，竖砌、错缝搭接，缝隙砂浆应饱满，较大的缝隙一定用片石或小块石填实，杜绝通缝和孔洞产生。但由于毛石孔隙较大，砂浆黏结的性能也较差，因此一般仅适用于6层以下的一般民用建筑及单层轻型厂房的承重墙。

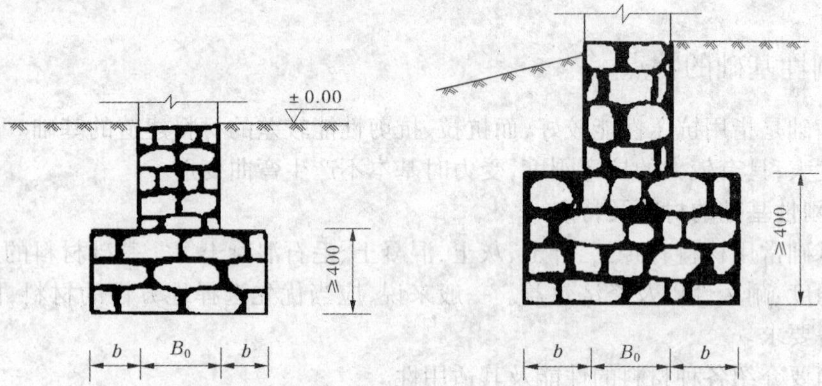

(a)毛石浆砌基础　　(b)片石或卵石基础

图9-12　毛石(片石)浆砌基础

3)灰土基础

灰土是由石灰与土料配制而成的，示意图参照三合土基础。灰土基础具有施工简便、价格便宜、可就地取材的优点，所以常用于做干燥土层上的基础。石灰以块状为宜，熟化过筛后立即使用；土料以塑性指数较低、有机质含量不大的粉土或粉质黏土为宜，也要过10～20 mm的筛；石灰与土的体积比为3∶7(三七灰土)或2∶8(二八灰土)，拌和均匀，湿度要适当，拌和后加水及时铺好、分层夯实(一般铺22～25 cm，夯实至15 cm称为一步)。但灰土基础抗压强度较低，抗水性能较差，一般适用于4层以下的建筑。

4)三合土基础

三合土是由石灰、砂、骨料(碎砖或碎石)加水混合而成的材料，三合土基础如图9-13所示。

三合土的强度与夯打的密实度和骨料品种有关，骨料以矿渣为最好，其次是碎砖和碎石，卵石较差。施工时按其体积进行配比，即石灰∶砂∶骨料＝1∶2∶4或1∶3∶6，先充分拌和均匀，再铺入基槽内分层夯实，虚铺厚度220 mm，夯实至150 mm；三合土铺至设计标高后，在最后一遍夯打时，宜先浇浓灰浆，待表面灰浆略微风干后，再铺上一层砂子，最后整平夯实。但三合土的强度较低，因此它仅适用于4层以下的一般民用建筑及单层轻型厂房的承重墙基。

5)混凝土基础和毛石混凝土基础

混凝土基础是用水泥、砂和石子加水拌和浇筑而成的，这是最常用的基础，如图9-14所示。混凝土的强度、耐久性及抗冻性都较好，且便于机械施工，是很好的基础材料。混凝土基础一般用C7.5和C10的素混凝土做成，厚度不宜小于200 mm，一般为300 mm。为了降低造价、节约水泥，在混凝土内掺入30%左右的毛石，就是毛石混凝土。对于毛石混凝土，毛石的尺寸不宜超过300 mm，毛石质量要好且应冲洗干净；施工时先坐浆再铺毛石，石间应留小于100 mm的间隙，缝隙应灌满混凝土并捣实，以保证其强度。

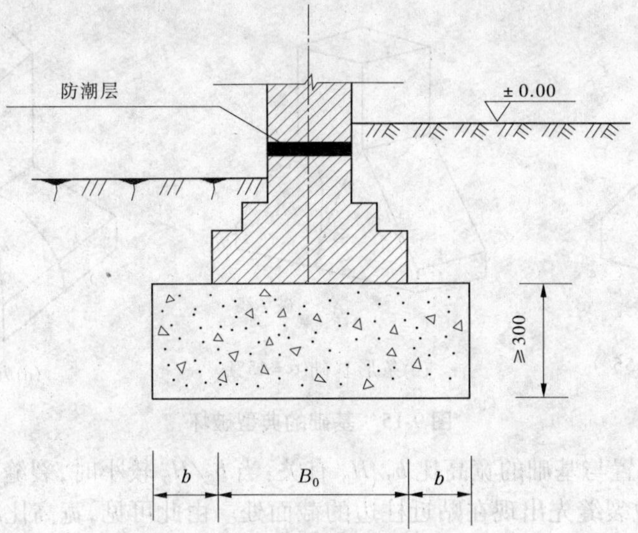

图 9-13　石灰三合土基础　（单位:mm）

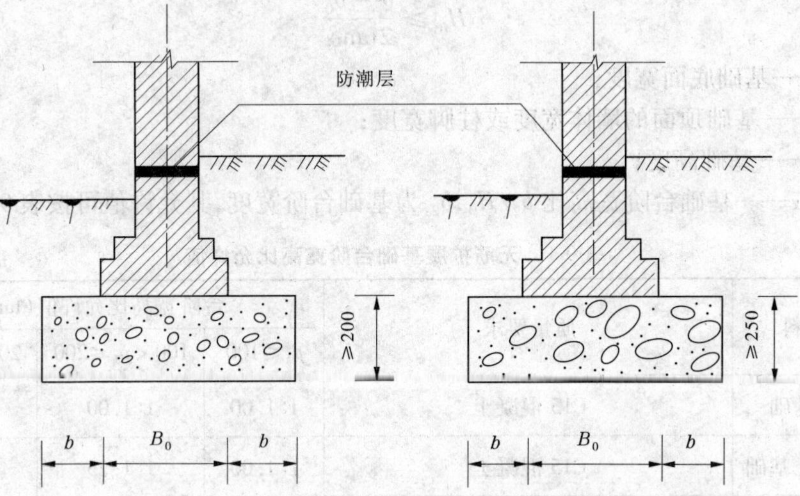

(a)混凝土基础　(b)毛石混凝土基础

图 9-14　混凝土、毛石混凝土基础　（单位:mm）

用混凝土或毛石混凝土做基础时,应注意地下水的水质,若该地区地下水质或生产废水的渗透对普通水泥有侵蚀作用,应采用矿渣水泥或火山灰水泥拌制的混凝土。

9.4.1.2　刚性基础的变形特点

当地基反力产生的弯曲拉应力和剪应力大于基础截面材料的容许应力值时,受荷后基础会产生挠曲变形和开裂。

刚性基础的变形特点如下:

(1)基础的裂缝开展是不平衡的,多数是基础的一边或一角先出现裂缝,然后随着裂缝的发展,基底反力和基础内力的重新分布,基础的其他部位相继出现裂缝,如图 9-15 所示,直至裂缝互相贯通,将基础分成若干块。这些裂缝都是自下向上发展的,故上窄下宽。

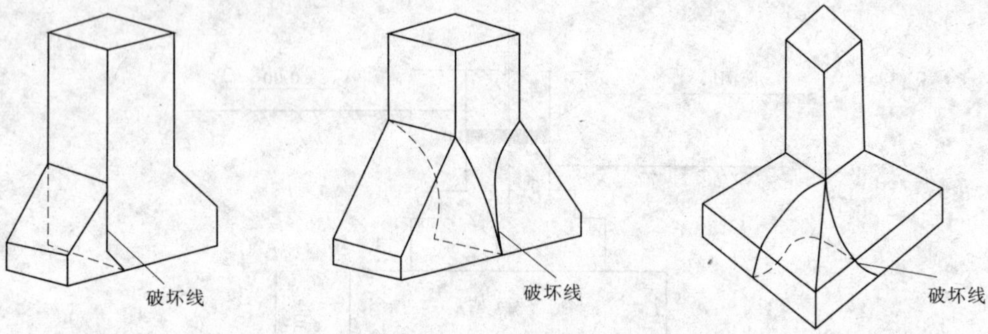

(a)条形基础(α=55°)　　(b)条形基础(α=45°)　　(c)方形基础

图 9-15　基础的典型破坏

(2)裂缝的位置与基础的宽高比 b_2/H_0 有关：当 b_2/H_0 较小时，裂缝在中心线附近；当 b_2/H_0较大时，多数裂缝先出现在贴近柱边的截面处。由此可见，宽高比越大，基础越具有易受弯冲破坏的特征，故刚性基础设计的主要特点是控制宽高比。

$$H_0 \geqslant \frac{b - b_0}{2\tan\alpha} \tag{9-3}$$

式中　b——基础底面宽度；

b_0——基础顶面的墙体宽度或柱脚宽度；

H_0——基础高度；

$\tan\alpha$——基础台阶宽高比 b_2/H_0，b_2 为基础台阶宽度，其允许值可按表 9-1 选用。

表 9-1　无筋扩展基础台阶宽高比允许值

基础材料	质量要求	台阶宽高比允许值($\tan\alpha$)		
		$p_k \leqslant 100$	$100 < p_k \leqslant 200$	$200 < p_k \leqslant 300$
混凝土基础	C15 混凝土	1:1.00	1:1.00	1:1.25
毛石混凝土基础	C15 混凝土	1:1.00	1:1.25	1:1.50
砖基础	砖不低于 MU10、砂浆不低于 M5	1:1.50	1:1.50	1:1.50
毛石基础	砂浆不低于 M5	1:1.25	1:1.50	—
灰土基础	体积比为 3:7或 2:8的灰土，其最小干密度：粉土 1.55 t/m^3，粉质黏土 1.50 t/m^3，黏土 1.45 t/m^3	1:1.25	1:1.50	—
三合土基础	石灰:砂:骨料体积比为1:2:4～1:3:6，每层约虚铺 220 mm，夯到 150 mm	1:1.50	1:2.00	—

注：p_k 为荷载效应标准组合时基础底面处的平均压力值(kPa)；阶梯形毛石基础的每阶伸出宽度不宜大于 200 mm；当基础由不同材料叠合组成时，应对接触部分作抗压验算；基础底面处的平均压力超过 300 kPa 的混凝土基础，尚应进行抗剪验算。

习惯上称 α 为基础的刚性角，如图 9-16 所示。如此限制后，基础的高度较大并有足够的刚度，几乎不发生挠曲变形，因而不需要作抗弯、抗剪强度验算即能满足要求。

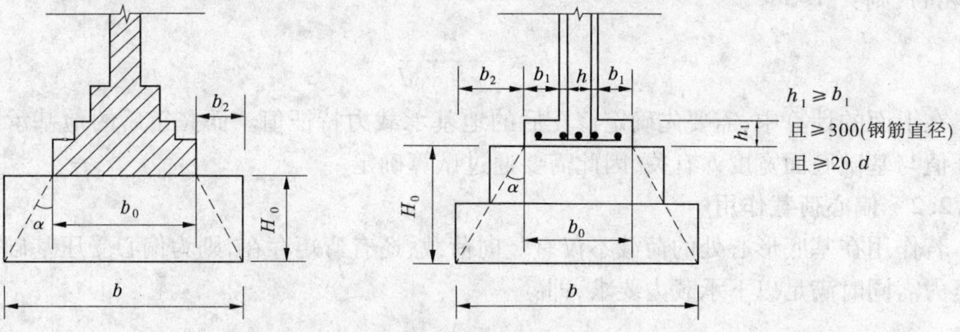

图 9-16　刚性基础构造示意图　（单位：mm）

9.4.2　按持力层承载力初步确定基础底面尺寸

基础底面积 A 可根据修正后的地基承载力特征值 f_a 和上部结构荷载 F 确定。按荷载对基底形心的偏心情况，上部结构作用在基础顶面处的荷载可以分为轴心荷载和偏心荷载两种。

9.4.2.1　轴心荷载作用

若作用在基底形心的荷载只有竖向荷载，没有弯矩，则为轴心受压基础。在轴心荷载作用下，要求基底压力不超过修正后的地基承载力特征值，即：

$$p_k = \frac{F_k + G_k}{A} = \frac{F_k + \gamma_G dA}{A} \tag{9-4}$$

$$p_k \leqslant f_a \tag{9-5}$$

其基础底面积 A 为：

$$A \geqslant \frac{F_k}{f_a - \gamma_G d} \tag{9-6}$$

式中　F_k——上部结构传至设计标高处的荷载，kN；

d——基础的埋深，m；

A——基底面积，m^2；

γ_G——基础和基础台阶上土的平均重度，一般可取 20 kN/m^3；

p_k——相应于荷载效应标准组合时基底平均压力，kPa；

f_a——修正后的地基承载力特征值，kPa。

算出 A 后，可确定基础宽度 b 和基础长度 l。

对于矩形基础，一般取基础底面长边 l 和短边 b 的比 $n = 1.5 \sim 2.0$，则：

$$A = b \times l = nb^2 \geqslant \frac{F_k}{f_a - \gamma_G d} \tag{9-7a}$$

即

$$b \geqslant \sqrt{\frac{F_k}{n(f_a - \gamma_G d)}} \tag{9-7b}$$

对于方形基础，$n=1.0$。

对于墙下条形基础，沿墙纵向取 1 m 为计算单元，轴心荷载也为单位长度的数值（kN/m），则：

$$b \geqslant \frac{F_k}{f_a - \gamma_G d} \tag{9-8}$$

在上面的计算中，需要先确定修正后的地基承载力特征值。而修正后的地基承载力特征值与基础底面宽度 b 有关，因此需要通过试算确定。

9.4.2.2 偏心荷载作用

若作用在基底形心处的荷载不仅有竖向荷载，还有弯矩存在，则为偏心受压基础。基底压力需同时满足以下承载力要求，即：

$$p_{k\max} \leqslant 1.2 f_a \tag{9-9}$$

$$p_k \leqslant f_a \tag{9-10}$$

式中　$p_{k\max}$——相应于荷载效应标准组合时，基础底面边缘处的最大压力。

只考虑单向偏心，分 $e<l/6$、$e=l/6$ 和 $e>l/6$。

当 $e\leqslant l/6$ 时（见图 9-17(a)），基底边缘最大压应力设计值 $p_{k\max}$ 和最小压应力设计值 $p_{k\min}$ 按下式计算：

$$p_{k\,\min}^{\ \max} = \frac{F_k + G_k}{A} \pm \frac{\sum M_k}{W} = \frac{F_k + G_k}{A}\left(1 \pm \frac{6e}{l}\right) \tag{9-11}$$

当 $e>l/6$ 时（见图 9-17(b)），基底边缘最大压应力设计值 $p_{k\max}$ 按下式计算：

$$p_{k\max} = \frac{2(F_k + G_k)}{3ba} \tag{9-12}$$

式中　$\sum M_k$—— 作用在基底形心处的总力矩设计值，kN · m，$\sum M_k = M_k + M_V$；

M_k—— 相应于荷载效应标准组合时，上部结构传至基础顶面的力矩设计值；

M_V—— 相应于荷载效应标准组合时，上部结构传至基础顶面的剪力在基底面形心处产生的力矩；

e—— 偏心距，m，$e = \sum M_k/(F_k + G_k)$；

W—— 基底的截面抵抗矩，m^3，对于矩形基底，$W = bl^2/6$。

偏心荷载下的基底面积主要是通过试算来确定的，即按中心荷载的公式试求基底面积，然后考虑偏心荷载的应力不均匀，根据偏心距 e 的大小，将基底面积增大 10% ~40%，代入式(9-11)或式(9-12)求 $p_{k\max}$，然后根据式(9-9)验算 $p_{k\max}$。

高宽比大于 4 的高层建筑物，应控制最小压应力设计值 $P_{k\min}\geqslant 0$；高宽比不大于 4 的高层建筑物，基底压力为零区的面积不应超过基础底面积的 15%。计算时，对偏心较大的裙楼与主楼可分开考虑。

根据承载力计算的要求，在确定基础底面尺寸时，可按下述步骤进行：

(1)进行深度修正，初步确定地基承载力特征值 f_a。

(2)根据偏心情况，将按轴心荷载作用计算得到的基础底面积增大 10% ~40%。

(3)对矩形基础选取基底长边与短边的比值，可初步确定基底长边和短边尺寸。

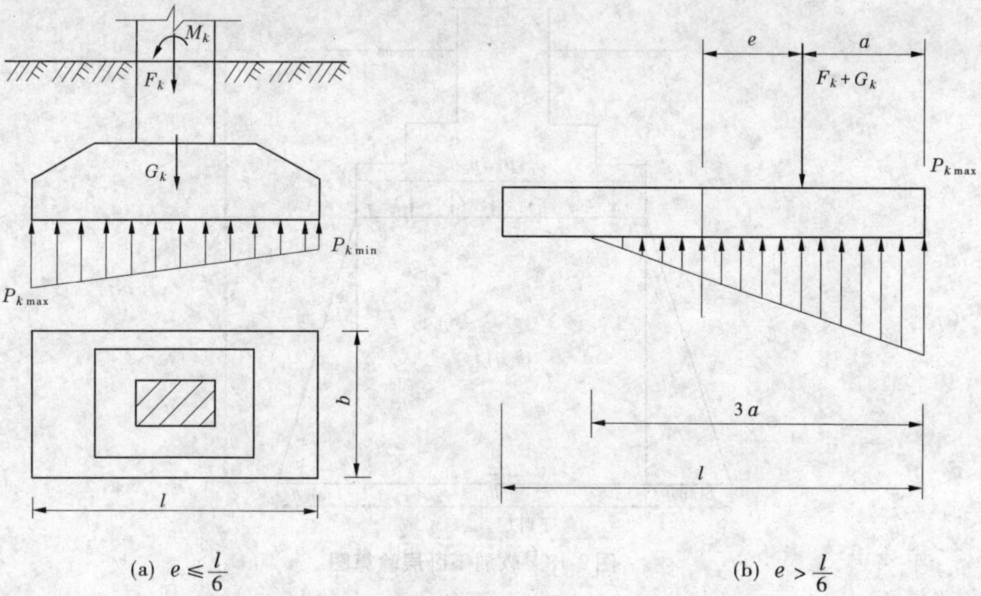

图 9-17　偏心受压基础

(4)考虑是否应对地基土承载力进行宽度修正，如果需要，在承载力修正后，重复上述步骤(2)、(3)，使所取宽度前后一致。

(5)计算基底最大压力值，并应符合式(9-9)的要求。

(6)通常，基底最小压力值不应出现负值，即要求 $e \leqslant l/6$ 或 $p_{k\min} \geqslant 0$，对低压缩性土或短暂作用的偏心荷载时，可放宽至 $e = l/4$。

(7)若取值不适当，可调整尺寸，重复步骤(5)、(6)，重新验算。如此反复几次，便可定出合适的基础底面尺寸。

9.4.3　软弱下卧层验算

如果在持力层以下的地基计算深度范围内，存在压缩性高、抗剪强度和承载力低的软弱土层，还应对软弱下卧层进行验算。如图 9-18 所示。

要求软弱下卧层顶面处的附加应力 σ_z 与土的自重应力 σ_{cz} 之和不超过软弱下卧层修正后的承载力 f_{az}，即：

$$\sigma_z + \sigma_{cz} \leqslant f_{az} \tag{9-13}$$

式中　σ_z 为相应于荷载效应标准组合时基底平均压力，kPa；σ_{cz} 为软弱下卧层顶面处土的自重应力标准值，kPa，$\sigma_{cz} = \gamma(d+z)$，$\gamma$ 为软弱下卧层以上各土层的加权平均重度，kN/m^3，d 为基础埋深，m；z 为基础底面至软弱下卧层顶面处的距离，m；f_{az} 为软弱下卧层顶面处经深度修正后的地基承载力特征值，kPa。

《建筑地基基础设计规范》(GB 50007—2011)规定，对条形基础和矩形基础，软弱下卧层顶面处附加应力按压力扩散角的简化方法计算：

对于矩形基础

$$p_z = \frac{bl(p_k - p_c)}{(l + 2z\tan\alpha)b + 2z\tan\alpha} \tag{9-14}$$

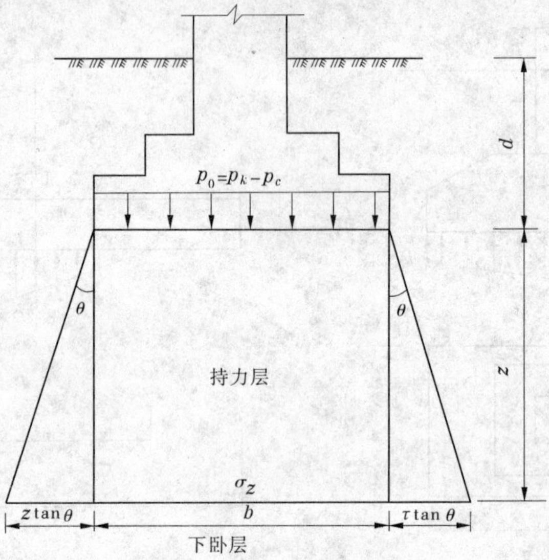

图 9-18　软弱下卧层验算图

对于条形基础

$$p_z=\frac{b(p_k-p_c)}{b+2z\tan\theta} \tag{9-15}$$

式中　p_k——基底平均压力设计值，kPa，当基础底面为偏心受压时，可取基础中心点的压力作为扩散前的平均压力；

p_c——基底处土的自重应力，kPa；

b、l——基底的宽度和长度，m；

z——基底至软弱下卧层顶面的距离，m；

θ——地基压力扩散线与垂直线的夹角，即地基土压力扩散角，可查表 9-2 确定。

表 9-2　地基土压力扩散角 θ

E_{s1}/E_{s2}	$z/b=0.25$	$z/b=0.5$
3	6°	23°
5	10°	25°
10	20°	30°

注：E_{s1} 为上层土压缩模量；E_{s2} 为下层土压缩模量。$z/b<0.25$ 时一般取 $\theta=0°$，必要时，宜由试验确定；$z/b>0.5$ 时 θ 值不变。当上、下两层土的压缩模量的比值小于 3 时，可按均匀土层考虑应力分布，不应使用表中的压力扩散角。

如果软弱下卧层的承载力不满足要求，应考虑增大基础底面面积、改变基础类型或减小埋深。如果这样处理后仍不能符合要求，则应考虑采用其他地基基础方案。

9.4.4　地基变形验算

由于不同建筑物的结构类型、整体刚度、使用要求的差异，对地基变形的敏感程度、危害、变形要求也不同。

9.4.4.1　地基特征变形

建筑物地基变形的特征有下列四种：

(1)沉降量，指基础中心点的沉降值。

(2)沉降差，指同一建筑物中相邻两个基础沉降量的差。

(3)倾斜，指基础倾斜方向两端点的沉降差与其距离的比值。

(4)局部倾斜，指砌体承重结构沿纵墙6～10 m内基础两点的沉降差与其距离的比值。

对不同的建筑结构类型应控制不同的地基特征变形值，使其不超过变形允许值，《建筑地基基础设计规范》(GB 50007—2011)通过对各类建筑物实际沉降观测资料的分析和综合，提出了地基变形允许值，可查表，且对表中未包括的其他建筑物的地基变形允许值，可根据上部结构对地基变形特征的适应能力和使用要求来确定。

9.4.4.2　地基特征变形验算

地基特征变形验算公式如下：

$$\Delta \leqslant [\Delta] \tag{9-16}$$

式中　Δ——地基特征变形计算值；

$[\Delta]$——地基特征变形允许值，查表可得。

式(9-16)中的地基特征变形计算值Δ，可按《建筑地基基础设计规范》(GB 50007—2011)中建议的分层总和法计算。

在计算地基变形时，应符合下列规定：

(1)由于建筑地基不均匀、荷载差异很大、体型复杂等因素引起的地基变形，对于砌体承重结构应由局部倾斜值控制，对于框架结构和单层排架结构应由相邻柱基础的沉降差控制，对于多层或高层建筑物和高耸结构应由倾斜值控制，必要时尚应控制平均沉降量。

(2)在必要情况下，需要分别预估建筑物在施工期间和使用期间的地基变形值，以便预留建筑物有关部分之间的净空、选择连接方法和施工顺序。一般多层建筑物在施工期间完成的沉降量，对于砂土可认为其最终沉降量已完成80%以上，对于其他低压缩性土可认为已完成最终沉降量的50%～80%，对于中压缩性土可认为已完成20%～50%，对于高压缩性土可认为已完成5%～20%。

9.5　减轻地基不均匀沉降的措施

在建筑物自身重量和外荷载作用下，地基发生变形即建筑物出现沉降是难以避免的。均匀沉降对建筑物不会引起附加内应力，不致带来大的危害；但是，不均匀沉降将使建筑物损坏或影响其安全和正常使用，特别是软弱地基以及软硬不均匀等不良地基上的建筑物，如果考虑不周，过量的不均匀沉降会使之开裂损坏。因此，如何防止或减轻不均匀沉降造成的损害，是建筑物设计中必须认真考虑的问题之一。

不均匀沉降对工程的危害主要表现在：①不均匀沉降会引起上部结构产生附加应力，

使上部结构开裂甚至破坏,裂缝的位置和方向与不均匀沉降的状况有关,如图 9-19 所示;②沉降使得建筑底层层高减小,建筑总高度减小。

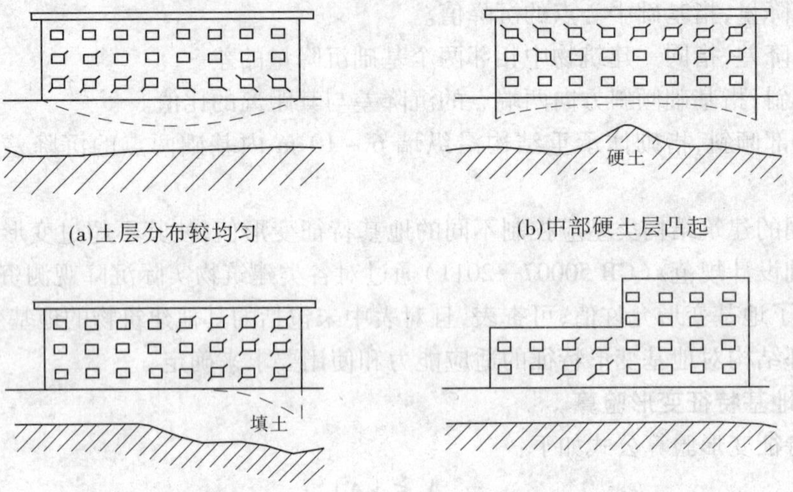

(a)土层分布较均匀　(b)中部硬土层凸起

(c)松散土层厚度差别较大　(d)上部结构荷载差别较大

图 9-19　不均匀沉降引起墙体开裂

单纯从地基基础的角度出发,通常的解决办法有以下三种:①采用柱下条形基础、筏基和箱基等;②采用桩基或其他深基础;③采用各种地基处理方法。但是,以上三种方法往往造价偏高,桩基及其他深基础和许多地基处理方法还需要具备一定的施工条件,特定情况下可能难以实施,甚至单纯从地基基础方案的角度出发难以解决问题。因此,我们可以考虑从地基、基础、上部结构相互作用的观点出发,综合选择合理的建筑、结构、施工方案和措施,降低对地基基础处理的要求和难度,同样达到减轻建筑物不均匀沉降损害的目的。

9.5.1　建筑措施

9.5.1.1　建筑物体型力求简单

建筑物体型包括其平面形状与立面形状及尺度。平面形状复杂的建筑物(如“L”、“T”、“E”、“Z”、“Π”形以及有凹凸部位的建筑物),在纵横单元交叉处基础密集,地基中各单元荷载产生的附加应力互相叠加,导致该处的局部沉降量增加;同时,此类建筑物整体刚度差,刚度不对称,从而更容易引起不均匀沉降;建筑物立面高低或轻重变化太大,地基各部分所受的荷载轻重差异较大,也会引起过量的不均匀沉降。此时,容易在上部结构中产生扭曲应力,使建筑物开裂(见图 9-20、图 9-21)。

因此,当地基具备发生较大不均匀沉降条件时,要力求:

(1)平面形状简单,如用“一”字形建筑物。

(2)立面体型变化不宜过大,砌体承重结构房屋高差不宜超过 1 ~ 2 层。

9.5.1.2　控制建筑物长高比和合理布置纵横墙

建筑物在平面上的长度 L 和从基础底面算起的总高度 H_f 之比,称为建筑物的长高

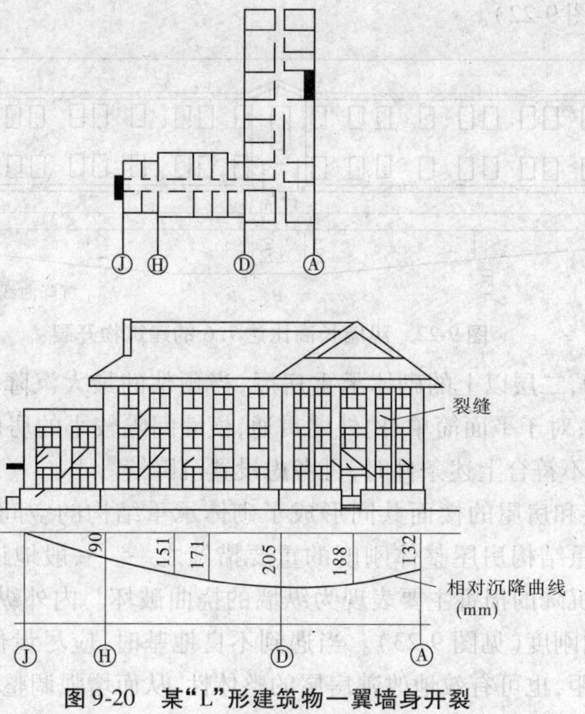

图 9-20　某“L”形建筑物一翼墙身开裂

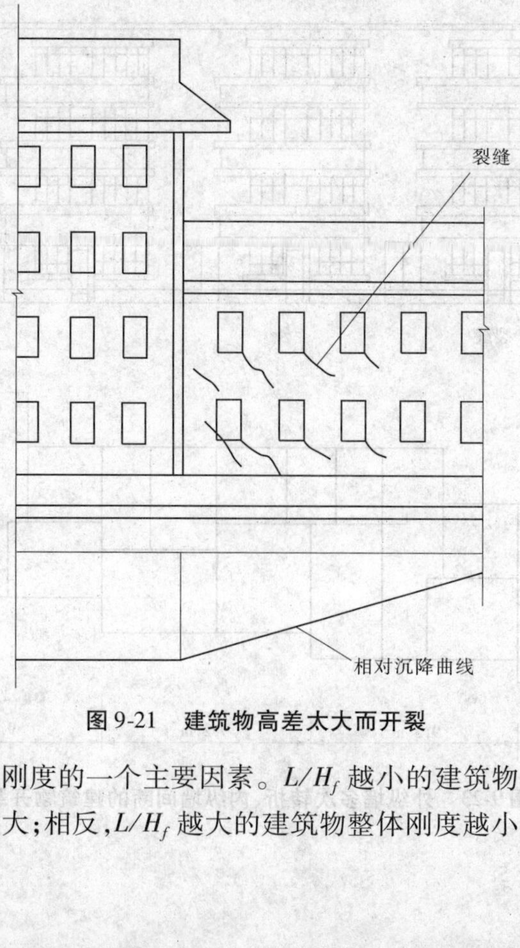

图 9-21　建筑物高差太大而开裂

比。它是决定砌体结构刚度的一个主要因素。L/H_f 越小的建筑物的整体刚度越好，调整不均匀沉降的能力就越大；相反，L/H_f 越大的建筑物整体刚度越小，纵墙很容易因挠曲变形过大而开裂(见图 9-22)。

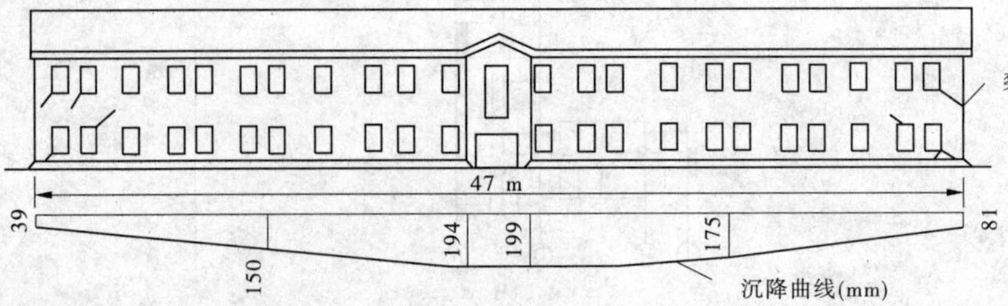

图 9-22　纵墙长高比达 7.6 的建筑物开裂

根据调查认为,二层以上的砌体承重房屋,当预估的最大沉降量超过 120 mm 时,长高比不宜大于 2.5;对于平面简单,内外墙贯通,横墙间隔较小的房屋,长高比的限制可放宽至不大于 3.0。不符合上述条件时,可考虑设置沉降缝。

纵横墙的连接和房屋的楼面共同形成了砌体承重结构的空间刚度。合理布置纵横墙,是增强砌体承重结构房屋整体刚度的重要措施之一。一般地说,房屋的纵向刚度较弱,故地基不均匀沉降的损害主要表现为纵墙的挠曲破坏。内外纵墙的中断、转折,都会削弱建筑物的纵向刚度(见图 9-23)。当遇到不良地基时,应尽量使内外纵墙都贯通;另外,缩小横墙的间距,也可有效地改善房屋的整体性,从而增强调整不均匀沉降的能力。

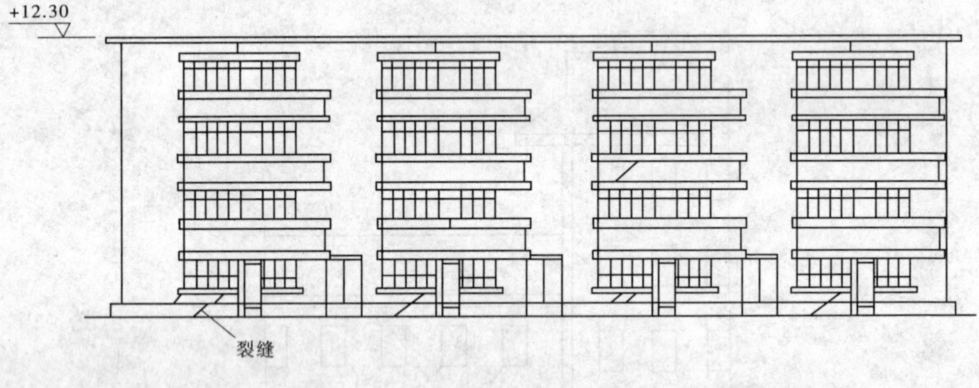

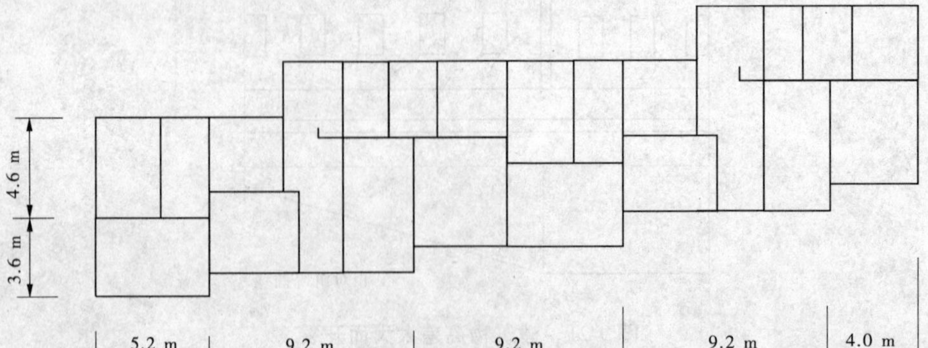

图 9-23　外纵墙多次转折、内纵墙间断的建筑物开裂

9.5.1.3　**设置沉降缝**

沉降缝把建筑物从基础底面直至屋面分开成各自独立的单元。当地基极不均匀,且建筑物平面形状复杂或长度太长、高差悬殊等情况不可避免时,可在建筑物的特定部位设置沉降缝,以有效地减小不均匀沉降的危害。

根据经验,沉降缝的位置通常选择在下列部位:

(1)平面形状复杂的建筑物的转折部位;

(2)建筑物的高度或荷载突变处;

(3)长高比较大的建筑物适当部位;

(4)地基土压缩性显著变化处;

(5)建筑结构(包括基础)类型不同处;

(6)分期建造房屋的交界处。

沉降缝内一般不能填塞。沉降缝的构造参见图 9-24。

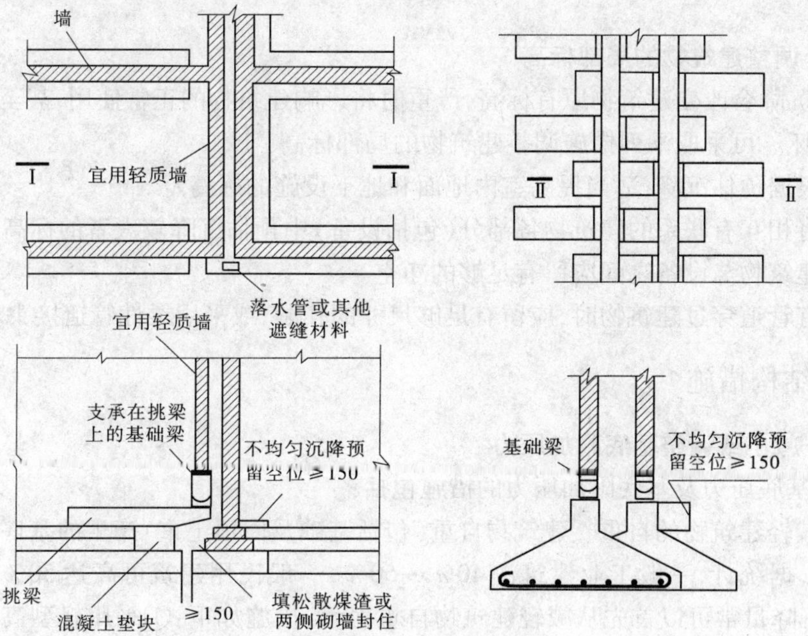

图 9-24　沉降缝构造示意图　(单位:mm)

为防止沉降缝两侧单元发生互倾沉降时造成单元结构间的挤压破坏,还要求沉降缝有一定的宽度,可按表 9-3 选用。

表 9-3　房屋沉降缝的宽度

房屋层数	沉降缝的宽度(mm)
2 ~ 3	50 ~ 80
4 ~ 5	80 ~ 120
5 层以上	不小于 120

注:当沉降缝两侧单元层数不同时,沉降缝的宽度按低层取值,并应满足抗震缝宽度要求。

沉降缝的造价颇高，且会增加建筑及结构处理上的困难，所以不宜轻率使用。沉降缝可结合伸缩缝设置，在抗震区，最好与抗震缝共用。

9.5.1.4 控制相邻建筑物基础的间距

由于地基附加应力的扩散作用，使相邻建筑物产生附加不均匀沉降，可能导致建筑物的开裂或互倾。这种相邻房屋影响主要发生在：

(1)同期建造的两相邻建筑物之间的影响，特别是当两建筑物轻重(或高低)差别太大时，轻者受重者的影响更甚；

(2)原有建筑物受邻近新建重型或高层建筑物的影响。

除了上述在使用阶段的地基附加应力扩散的影响外，高层建筑在施工阶段深基坑开挖对邻近原有建筑物的影响更应受到高度重视。

为了避免相邻建筑物影响的危害，建造在软弱地基上的建筑物基础之间要有一定的净距。其值视地基的压缩性、产生影响建筑物的规模和重量，以及被影响建筑物的刚度等因素而定。

9.5.1.5 调整建筑物的局部标高

由于沉降会改变建筑物原有标高，严重时将影响建筑物的正常使用，甚至导致管道等设备的破坏。可采取下列措施调整建筑物的局部标高：

(1)根据预估沉降，适当提高室内地面和地下设施的标高。

(2)将相互有联系的建筑物各部分(包括设备)中预估沉降较大者的标高适当提高。

(3)建筑物与设备之间应留有足够的净空。

(4)有管道穿过建筑物时，应留有足够尺寸的孔洞，或采用柔性管道接头。

9.5.2 结构措施

9.5.2.1 减小或调整基底附加压力

减小基底压力及基底附加压力的措施包括：

(1)减轻建筑物的自重。建筑物自重(包括基础及回填土重)产生的基底压力所占的比例很大，据统计，一般工业建筑占40% ~50%，一般民用建筑可高达50% ~80%。因而，减小沉降量常可以首先从减轻建筑物自重着手，措施如下：①采用轻型高强墙体材料减轻墙体重量；②选用轻型结构，如采用预应力钢筋混凝土结构、轻钢结构及各种轻型空间结构；③减少基础和回填土重量，如尽可能浅埋基础。

(2)设置地下室、半地下室或架空层。以挖除的土重去补偿(抵消)一部分甚至全部的建筑物重量来减小基底压力，达到减小沉降的目的。

(3)改变基底尺寸。按照沉降控制的要求，选择和调整基础底面尺寸以减小基底压力。针对具体工程的不同情况考虑，尽量做到既有效又经济合理。

9.5.2.2 增强上部结构整体刚度

根据地基、基础与上部结构共同作用的概念，上部结构的整体刚度很大时，能调整和改善地基的不均匀沉降；反过来，地基的不均匀沉降能引起上部结构(敏感性结构)产生附加应力，但只要在设计中合理地增加上部结构的刚度和强度，地基不均匀沉降(相当于支座位移）所产生的附加应力是完全可以承受的。

设置圈梁是增强上部结构整体刚度和强度的有效方法之一。圈梁的作用犹如钢筋混凝土梁内的受拉钢筋，它主要承受拉应力，弥补砌体材料抗拉强度不足的弱点，因此在建筑物结构上、下方都设置圈梁，可有效地防止不均匀沉降的危害。实践中常在基础顶面附近（俗称"地圈梁"）、门窗顶部楼（屋）面处设置圈梁，每道圈梁应尽量贯通外墙、承重内纵墙及主要内横墙，并在平面内形成闭合的网状系统。

9.5.2.3 采用非敏感性结构

与刚性较好的敏感性结构相反，排架、三铰拱（架）等铰接结构支座发生相对位移时不会引起上部结构过大的附加应力，故可以避免不均匀沉降对上部主体结构的损害。但是，这类非敏感性结构型式通常只适用于单层工业厂房、仓库和某些公共建筑。

上部结构的选型和处理对地基不均匀沉降的影响很大，结构选型一定要明确，各部分要相互统一，刚则刚，柔则柔，切忌"藕断丝连"。

9.5.3 施工措施

施工过程中，合理安排施工程序、注意某些施工方法，也能收到减小或调整不均匀沉降的效果。

9.5.3.1 合理安排施工顺序

当拟建的相邻建筑物之间轻重（或高低）悬殊时，一般应按先重后轻、先高后低、先主体后附属的顺序施工，有时还需要在重建筑物竣工后歇一段时间后再建造轻的邻近建筑物（或建筑物单元）。如果在高低塔楼之间有连接体，则应最后建连接体，以避免连接体破坏。

9.5.3.2 选择合理的施工方法

在软弱土地基上，在已建房屋和在建房屋周围，都应避免长时间堆放大量集中的地面荷载，以免引起新、旧房屋的附加沉降。在现场开展打桩、强夯、井点降水、深基坑开挖、爆破等施工时，要切实加强必要的措施，防止和避免对邻近建筑物造成危害。在开挖基坑采用井点降水措施时，可采用坑内降水、坑外加回灌或采用能隔水的围护结构等措施，来减少深基坑开挖对邻近建筑物的不良影响；活荷载较大的建筑物，如料仓、油罐等，条件许可时，在施工前采取控制加载速率的堆载预压措施，使地基预先沉降，以减小建筑物工后不均匀沉降；在拟建的密集建筑群内若有采用桩基的建筑物，桩的设置应是首选。

9.5.3.3 减少对基底土的扰动

基坑开挖时，对基底软弱土层（细粒土尤其是淤泥及淤泥质土）应注意保护，施工时应尽量避免或减少扰动基底土，保持地基土的原状结构。在开挖基槽时，可暂不挖到基底标高，保留约 200 mm，等基坑砌筑或浇筑时再挖。如槽底已扰动，可先挖去扰动部分，再用砂、碎石等回填处理；对于易风化的岩石地基，不应暴露过久，应及时覆盖，以避免进一步风化；基坑开挖后，应防止雨水或地面水流入浸泡基坑。

以上措施，能合理解决大多数建筑物的不均匀沉降问题，但对于有些特殊的、不同的实际情况，还应根据具体情形，结合当地实际经验，具体制订合适的方案。

思考题

9-1　基础埋置深度的影响因素有哪些？

9-2　何为刚性基础,其破坏特点是什么？何为刚性角,应满足什么条件？

9-3　确定地基承载力的方法有哪些？

9-4　基础底面尺寸如何确定？偏心情况下又如何考虑？

9-5　软弱下卧层承载力如何验算？如不满足要求,应采取什么措施？

9-6　地基变形按其特征分几类？它们分别适用于何种情况下的变形验算？

9-7　减轻不均匀沉降的方法有哪些？

习　题

9-1　某地基土为中密的碎石土,其承载力标准值为 $f_{ak}=500\ \text{kPa}$,地下水位以上土的重度为 $\gamma=19.6\ \text{kN/m}^3$,地下水位以下的饱和重度 $\gamma_{sat}=20.8\ \text{kN/m}^3$,地下水位距地表为 1.2 m。基础埋深为 1.8 m,基底宽度为 3.6 m。试求修正后的地基承载力特征值。

第 10 章　桩基础

学习指导

桩基础是应用最为普遍的深基础,特别适用于软弱地基的加固和地下支挡结构。

学习目标

了解桩基础和深基础的特点及适用条件,了解桩的类型,掌握单桩竖向承载力等的设计,介绍多种类型的其他深基础。

学习重点

桩基础的承载力计算与变形验算。

10.1　桩的类型

当上部结构荷载较大,而适用于作为持力层的土层又埋藏较深,用天然浅基础或仅做简单的人工地基加固仍不能满足结构对地基强度、变形和稳定性方面的要求时,往往需要采用深基础,深基础中桩基础是最常用的一种。桩基础是一种历史悠久、应用广泛的深基础型式。随着工业技术和工程建设的发展,桩的类型和成桩工艺、桩的设计和设计方法、桩的承载力与桩体结构的检测技术等方面均有迅速的发展,使桩与桩基础的应用更为广泛,具有很强的生命力。

桩不仅可作为建筑物的基础型式,还可应用于软弱地基的加固和地下支挡结构。

10.1.1　桩基础适用条件

(1)荷载较大,地基上部土层软弱,适宜的地基持力层位置较深,采用浅基础或人工地基的承载力与变形不能满足要求时。

(2)河床冲刷较大,河道不稳定或冲刷深度不易正确估算,如采用浅基础施工困难,不能保证基础安全。

(3)当地基计算沉降量过大或结构物对不均匀沉降敏感时,例如高层建筑、超静定结构桥梁等,采用桩基础能减少结构物沉降并使沉降较为均匀。

(4)当施工水位或地下水位较高时,采用桩基础可减少施工困难或避免水下施工。

(5)建筑物受到相邻建筑物或地面堆载影响,采用浅基础将会产生过量沉降或倾斜。

(6)可液化地震区的地基中,采用桩基础可增加结构物的抗震能力,消除或减轻地震对结构物的危害。

桩基础虽有许多优点,但当上层软弱土层很厚、桩底不能到达坚实土层时,就需要用较多、较长的桩来传递荷载,且沉降量较大,稳定性也稍差。当覆盖层很薄时,桩的稳定性也会有问题,并且不一定经济。这时,应经过多种方案比较来确定基础类型。

因此,在考虑桩基础的适用性时,必须根据上部结构特征与使用要求,认真分析研究建造地点的工程地质与水文地质条件,考虑不同桩基类型特点和施工环境条件,经多方面比较,精心设计,慎重选择方案。

10.1.2 桩基础的结构特点

桩基础由若干根桩和承台两部分组成。桩在平面上可以排列成一排或几排,所有桩的顶部由承台连成一个整体并传递荷载,在承台上再修筑墩、台或直接修筑上部结构。桩身可全部或部分埋入地基土中,当桩身外露在地面以上较高时,在桩之间应加设横系梁,以加强各桩的横向联系。

桩基础的作用是将承台以上结构物传来的外力,通过承台,由桩传到较深的地基持力层中,承台将各桩连成一个整体共同承受结构物的荷载,并将荷载较为均匀地传给各个基桩,桩的作用在于穿过软弱的、压缩性土层或水,使桩基支承在坚硬、密实或压缩性较小的地基持力层上。各桩所承受的荷载由桩通过桩侧土的摩阻力及桩土的抵抗力传递到桩周土层中去。

桩基础如设计正确、施工得当,就具有承载力高、稳定性好、沉降量小而均匀、在深基础中耗用材料少、施工简便等特点。在深水河道中,可避免(或减少)水下工程,简化施工设备和技术要求,加快施工速度并改善劳动条件。如今,伴随着工业化水平的不断提高,桩与桩基础不仅便于工厂化生产和机械化施工,而且能适应不同的水文地质条件和承受不同荷载性质的上部结构。因此,它在现代各种类型建筑物的基础中得到了广泛应用。但是需要注意,浅基础下的地基可能有不同的破坏模式,但深基础下的地基却往往只出现冲剪破坏方式。

10.1.3 桩基础分类

依据不同的分类标准对桩基础进行分类。

10.1.3.1 按桩基础材料分类

桩基础按桩身材料可分为钢筋混凝土桩、钢桩、组合桩和木桩等,但后者在实际工程中普遍应用的不多。

1)钢筋混凝土桩

钢筋混凝土桩分为预制钢筋混凝土桩和就地灌注钢筋混凝土桩(简称灌注桩)两类,也可采用预制和现浇相组合的方式,适用于各种地层,成桩直径和长度可变范围大。钢筋混凝土的配筋率较低,一般为0.3%~1.0%,且混凝土取材方便,价格便宜,耐久性好。因此,各种钢筋混凝土桩是目前桩基工程中最广泛使用的桩,也是桩基工程的主要研究对象和发展方向。

2)钢桩

钢桩可根据荷载特征制作成各种有利于提高承载力的断面,常见的是型钢和钢管桩两类,管形和箱形断面桩的桩端常灌注混凝土。

型钢桩即各种形式的板桩,其抗弯性能较好,常用于临时支撑结构和永久性的码头工程。H型钢桩与钢管桩则常用于承受垂直荷载,尤其是H型钢桩,其沉桩过程的排土量较小,贯入性能好,比表面积大,用于承受竖向荷载时,能提供较大的摩阻力。为增大桩的摩阻力,还可在 H 型钢桩的翼缘或腹板上加焊钢板或型钢。对于承受侧向荷载的钢桩,可根据桩身弯矩的变化情况局部加强断面刚度和强度。

钢桩除具有上述断面加工容易的优点外,还具有抗冲击性能好、接头易于处理、运输方便、施工质量稳定等优点。钢桩的最大缺点是造价高和存在锈蚀问题,在我国采用远较国外为少。

3)组合桩

组合桩即根据不同入土深度分段采用不同材料的桩。这类桩只在很特殊条件下因地制宜地采用。由于缺少试验研究和实践经验,采用时宜持慎重态度。

10.1.3.2　按桩基础功能分类

1)竖向抗压桩

竖向抗压桩在正常工作的条件下,主要承受上部结构传来的垂直荷载。

2)水平受荷桩

水平受荷桩指主要承受水平荷载的桩。桩身的稳定依靠桩侧的土抗力,往往还设置水平支撑或拉锚以承受部分水平力。如港口工程的板桩、基坑的支护桩等。

3)摩擦抗拔桩

摩擦抗拔桩指主要承受拉拔荷载的桩。如板桩墙背的锚柱和受浮力的构筑物在浮力作用下自身不能稳定而在底板下设置的锚桩。

10.1.3.3　竖向抗压桩按受力性质分类

在竖向荷载作用下,桩顶荷载由桩侧阻力和桩端阻力共同承担。桩侧阻力、桩端阻力的大小及分担荷载的比例,主要由桩侧、桩端地基土的物理力学性质、桩的尺寸和施工工艺决定。根据竖向荷载下桩土相互作用特点、桩侧阻力与桩端阻力的发挥程度和分担荷载的比例,可以对竖向抗压桩进行分类。

1)摩擦桩

摩擦桩是指桩顶荷载主要通过桩侧阻力传递给周围土层的桩,桩尖传递的端阻力可以忽略不计。在深厚的软弱土层中,无较硬的土层可作为桩端持力层,或桩端持力层虽然较坚硬,但桩侧阻力承受了全部桩顶荷载,此类桩亦称为纯摩擦桩。

2)端承桩

端承桩是指桩顶荷载主要由桩尖以端阻力形式传递给桩底以下的坚实岩土层的桩,桩侧摩阻力可以忽略不计。在桩的长径比较小(一般小于 10)时,桩身穿越软弱土层,桩端设置在密实砂层、碎石类土层、微风化岩层中,桩顶荷载绝大部分由桩端阻力承担。

3)端承摩擦桩

端承摩擦桩是指桩顶荷载的 50% 以上通过桩侧阻力传至桩周土层的桩。在桩的长径比不是很大时,桩端持力层为较坚硬的黏性土、粉土和砂类土,除桩侧阻力外,还有一定的桩端阻力,但大部分桩顶荷载由桩侧阻力承担。

4)摩擦端承桩

摩擦端承桩是指桩顶荷载的 50% 以上以桩端阻力的形式传递给桩底以下坚实岩土层的桩。在桩端进入中密以上的砂土、碎石类土或中、微风化岩层时,桩顶荷载由桩侧阻力和桩端阻力共同承担，但大部分由桩端阻力承受。

10.1.3.4 按桩基础的置桩方式分类

1)挤土桩

挤土桩也称排土桩，在置桩过程中，桩周土被挤开，使土的工程性质与天然状态比较，发生较大变化。土的结构被严重扰动破坏（即重塑），黏性土由于重塑作用使抗剪强度降低，而原处于松动和稍密状态的无黏性土的抗剪强度则可以提高。挤土桩主要包括打入或压入实心预制混凝土桩、封底钢管桩、木桩、混凝土管桩和沉管灌注桩等。

2)部分挤土桩

部分挤土桩也称少量排土桩，在置桩过程中，由于挤土作用轻微，桩周土的工程性质变化不大。这类桩主要有打入截面厚度不大的底端开口的钢管桩、H 型钢桩、钢板桩、薄壁开口预应力钢筋混凝土桩和螺旋桩等。

3)非挤土桩

非挤土桩也称非排土桩，在置桩过程中，将相应于桩身体积的土挖出，不会产生挤土作用，但桩周及桩底的土会出现应力松弛现象，致使桩周土可能向桩孔内移动，从而使得非挤土桩的承载力有所减小。非挤土桩主要包括各种型式的钻孔桩、挖孔桩和预钻孔埋桩等。

10.1.3.5 按桩基础承台底面的位置分类

桩基础包括桩和将上部荷载传给桩的桩顶承台。

1)高承台桩

由于结构设计上的需要，群桩承台底面有时设在地面或局部冲刷线之上，称为高承台桩，常用于桥梁、港口等工程中。

2)低承台桩

低承台桩是承台底面埋置于地面或局部冲刷线以下的桩基础，房屋建筑工程的桩基础均为低承台桩。

10.1.3.6 按桩基础的施工方法分类

1)沉（预制）桩

沉桩是将各种预先制备好的桩以不同的沉桩方式沉入地基内，达到所需要的深度。预制桩是按设计要求，在地面良好条件下制作的，桩体质量高，可大量工厂化生产，加速施工进度。预制桩适用于一般土地基，较难沉入坚实地层。沉桩伴有明显的挤土作用，需要考虑对邻近结构的影响。按沉桩方式的不同，又可分为打入桩、振动下沉桩、静压桩。

a. 打入桩

打入桩是通过锤击（或以高压射水辅助）将预制桩沉入地基。这种施工方法适用于桩径较小（一般直径在 0.6 m 以下，但国内最大管桩直径已达 1.0 m），地基土质为可塑状黏性土、砂性土、粉土、细砂以及松散的不含大卵石或漂石的碎卵石类土的情况。打入桩伴有较大的振动和噪声，在城市人口密集地区施工时，应考虑对环境的影响。

b. 振动下沉桩

将大功率的振动打桩机安装在桩顶，一方面利用振动以减小土对桩的阻力，另一方面用向下的振动力使桩沉入土中。振动下沉桩适用于可塑状的黏性土和砂土，效果明显，沉桩困难时可采用射水辅助振动沉桩。

c. 静压桩

静压桩是通过反力系统提供的净反力将预制桩压入土中，适用于较均质的可塑状黏性土地基，对于砂土及其他较坚硬土层，由于压桩阻力大而不宜采用。静力压桩在施工过程中无振动、无噪声，并能避免锤击时桩顶及桩身的损伤，但长桩因分节压入时受桩架高度的限制，而使接头变多，影响压桩效率。

2）灌注桩

a. 钻孔、挖孔灌注桩

钻孔灌注桩是指用钻（冲）孔机具在土中钻进，一边破碎土体一边出土渣而成孔，然后在孔内放入钢筋骨架，灌注混凝土而形成的桩。依靠人工或机械在地基中挖出桩孔，然后浇筑钢筋混凝土或混凝土所形成的桩称为挖孔灌注桩。

钻孔灌注桩的施工设备简单，操作较方便，适用于各种黏性土、砂土，也适用于碎石、卵石类土和岩层，并可做成较大的直径，可避免预制桩打桩时对周围土体的挤压、振动及噪声对周围环境的影响。挖孔灌注桩的特点是不受设备限制，施工简单，桩孔可以较大，能直接检验孔壁和孔底土质以保证桩的质量，同时为增大桩底支承力，可方便地扩大桩底面积。

b. 沉管灌注桩

沉管灌注桩指采用锤击或振动的方法把带有钢筋混凝土桩尖或带有活瓣式桩尖的钢套管沉入土中成孔，然后在套管内放置钢筋骨架，并边灌注混凝土边拔出套管成桩，也可将钢套管打入土中成孔后向套管中灌注混凝土并拔出套管成桩。其适用于黏性土、砂性土、砂土地基。由于采用了套管，可以避免钻孔灌注桩施工中可能产生的流砂、坍塌的危害和由泥浆护壁所带来的排渣等弊病。但沉管灌注桩的直径较小。

c. 爆扩灌注桩

爆扩灌注桩指就地成孔后，用炸药爆炸扩大孔底，浇筑混凝土而形成的桩。扩大桩底增大了桩底与地基土的接触面积，提高了桩的承载能力。爆扩桩适宜用于较浅持力层，其最理想的使用条件是在黏土中形成并支承在坚硬密实的土层上。

3）管桩

管桩是将预制的大直径钢筋混凝土或预应力混凝土或钢管桩，用大型的振动桩锤沿导向结构振动下沉到基岩，然后在管内钻岩成孔，下放钢筋骨架，灌注混凝土。管桩基础可以在深水及各种覆盖层条件下进行施工，没有水下作业且不受季节限制。但施工需要振动沉桩锤、凿岩机、起重设备等大型机具，动力要求较高，所以一般在大跨径桥梁的深水基础中采用。

10.1.3.7　按桩基础的直径大小分类

1）小直径桩

小直径桩是指桩径 $d \leqslant 25$ cm 的桩。由于桩径小，施工机械、施工场地及方法一般较为简单，多用于基础加固和复合桩基础。

2）中等直径桩

中等直径桩是指桩径 d 为 25 ~ 80 cm 的桩。长期以来在工业与民用建筑物中大量使用，成桩方法和工艺繁多。

3) 大直径桩

大直径桩是指桩径 $d>80$ cm 的桩。在我国公路桥梁的基础中应用十分普遍，因为桩径大且桩端还可进一步扩大，因此其单桩承载力较高。

10.2 单桩竖向承载力

桩基础由若干根基桩组成，在设计桩基础时，应从分析单桩入手确定单桩承载力，然后结合桩基础的结构和构造型式进行基桩受力分析计算，从而检验桩基础的承载力及其变形。单桩承载力是指单桩在荷载作用下，地基土、桩本身强度和稳定性均能得到保证，变形也在容许范围内，以保证结构物的正常使用所能承受的最大荷载。桩在一般情况下主要受到轴向力。因此，分析研究单桩竖向承载力至关重要。对于低承台桩，按材料强度确定单桩承载力时，可将桩视为轴心受压构件，不考虑纵向弯曲的影响；而对于高承台桩或桩侧土对桩的限制作用较小时（如穿过很厚的软黏土层而支承在坚硬岩层上的端承桩），则应考虑桩的纵向弯曲作用。

桩的轴向承载力主要取决于桩身材料的强度和土层对桩的支撑力。因此，在确定桩的承载力时要分别进行上述两个方面的验算，在两者中取较小值作为设计值。

10.2.1 单桩竖向承载力的试验方法确定

10.2.1.1 静载荷试验法

静载荷试验法是最常用的确定桩轴向承载力的方法，结果比较可靠。进行静载荷试验的设备包括加荷、反力、锚桩和沉降观测部分，试验时必须注意试桩与锚桩之间应保持一定距离，以避免相互影响造成结果失真。

采用分级维持加荷法，即每级加荷量相等，在施加每级荷载后，按规定时间记录桩顶沉降量，待沉降达到稳定时施加下一级荷载。根据试验观测值画出 $p \sim s$ 曲线。出现下列情况之一时可终止加载：

(1) 某级荷载作用下桩的沉降增量为前一级作用下沉降增量的 5 倍。

(2) 某级荷载作用下桩的沉降量为前一级的 2 倍，且 24 h 尚未达到相对稳定。

桩的极限承载力由下述条件确定：

(1) 当 $p \sim s$ 曲线有明显的陡降段时，取相应于陡降段起点的荷载值，如图 10-1 所示。

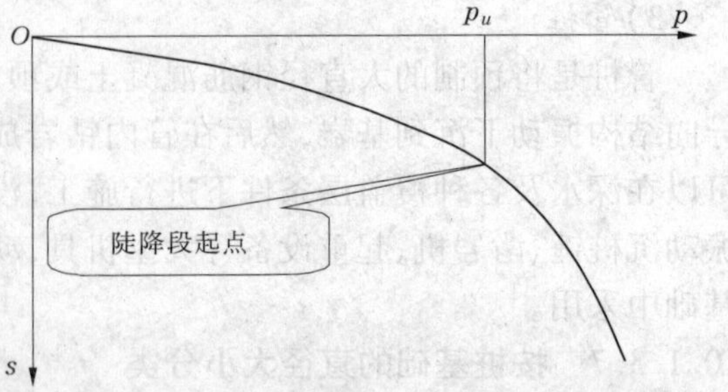

图 10-1 桩极限承载力确定的 $p \sim s$ 曲线明显转折点法

(2) 在桩顶总沉降量达到 40 mm 后，继续增加二级或二级以上荷载，$p \sim s$ 曲线仍无陡降段，取桩顶总沉降量为 40 mm 时对应的荷载为极限荷载，如图 10-2 所示。

(3) 对桩径或桩宽小于 0.55 m 的预制桩，在某级荷载 p_i 作用下，沉降增量与荷载增量比（$\Delta s_i / \Delta p_i$）≥0.1 mm/kN 时，可取前一级荷载作为极限承载力。

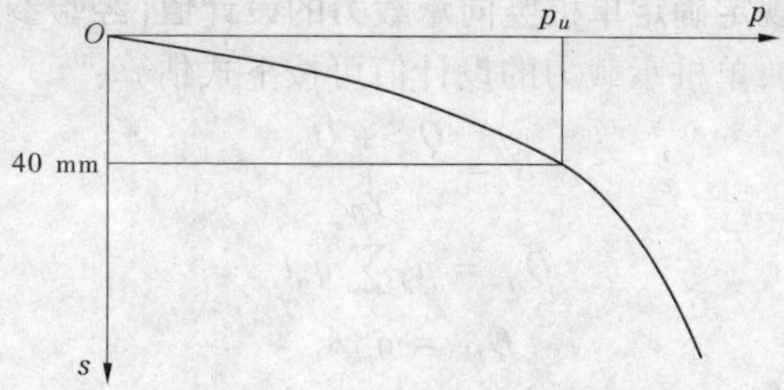

图 10-2　桩极限承载力确定的沉降量取值法

10.2.1.2　按原位测试成果估算单桩承载力

用于估算单桩轴向承载力的原位试验方法有多种,较常见的有利用静力触探法确定预制桩的承载力,这种方法由于简便、实用而被国内外所广泛采用,并且已被许多国家列入规范。除静力触探法外,用于确定桩的承载力的方法还有标准贯入法、旁压试验法以及桩的动力测试方法等。

10.2.2　确定桩的轴向承载力的经验公式法

经验公式法用于三级建筑桩基的估算,对二级建筑桩基尚应参照条件相同的试桩资料。

承载力就其本身的含义看分两种:一种是极限值,其含义是加于桩顶的荷载一旦超过该界限,土对桩的支承作用即进入破坏状态,这种状态表现为桩急剧地沉降或沉降过量;另一种是容许值,指的是工程设计容许采用的桩的承载力值。根据设计计算,承载力又分标准值和设计值两种。极限承载力只有标准值,桩基规范第一步推求的正是极限承载力标准值,记为 Q_{uk}。容许承载力有标准值和设计值两种。标准值可以理解为岩土对桩的实际支承能力。设计值可以理解为根据极限状态设计原则确定的设计验算的采用值。桩基规范直接体现这一原则,即由极限标准值除以抗力分项系数得出承载力设计值 R_o。地基规范先求容许的承载力标准值 R_k,然后乘上放大系数得出承载力的设计值。二者得出的都是容许意义上的承载力设计值。但由于据以推算承载力的经验参数不尽相同,有关系数的施加方式也有所不同,所以对同一根桩得出的 R 值会略有区别。

10.2.2.1　由地基规范规定推算单桩承载力的标准值 R_k

对于二级建筑物,初步设计时,可按下列公式估算:

$$R_k = q_p A_p + u_p \sum q_{si} l_i \tag{10-1}$$

式中　R_k——单桩的竖向承载力标准值,kN;

q_p——桩端土的承载力标准值,可按地区经验确定,对于预制桩也可查表确定,kPa;

A_p——桩身的横截面面积,m^2,对扩底桩为桩端面积;

u_p——桩身周边长度,m;

q_{si}——桩周土的摩阻力标准值,可按地区经验确定,对于预制桩也可查表确定,kPa;

l_i——按土层划分的各段桩长,m。

10.2.2.2 由桩基规范规定确定单桩竖向承载力的设计值(经验参数法)

对于二、三级建筑物，单桩承载力的设计值可按下式估算：

$$R = \frac{Q_{sk} + Q_{pk}}{\gamma_{sp}} \tag{10-2}$$

$$Q_{sk} = u_p \sum q_{si} l_i$$

$$Q_{pk} = q_{pk} A_p$$

所以

$$R = (u_p \sum q_{si} l_i + q_{pk} A_p) / \gamma_{sp} \tag{10-3}$$

式中 R——单桩竖向承载力设计值，kN；

Q_{sk}、Q_{pk}——单桩总极限侧阻力和总极限端阻力标准值；

u_p——桩身周长；

q_{si}——桩侧第 i 层土的极限侧阻力标准值，当无当地经验时，可查表确定，kPa；

q_{pk}——极限端阻力标准值，当无当地经验时，可查表确定，kPa；

l_i——桩身穿越第 i 层土的厚度，m；

A_p——桩端面积，m^2；

γ_{sp}——端侧阻力综合抗力分项系数，可查表确定。

10.2.3 确定桩的轴向承载力的规范法

规范中规定，对于打入桩的容许承载力可采用下式进行计算：

$$[P] = P_f + P_R = (u \sum f_i l_i + RA) \frac{1}{K} \tag{10-4}$$

式中 K——安全系数，一般取 2.0；

其他符号意义同前。

对于钢筋混凝土打入桩，f_i 和 R 的取值参见表 10-1 和表 10-2。

表 10-1 钢筋混凝土打入桩桩身单位极限摩阻力 f_i 值 (单位：kPa)

土名	状态	土层深度(m)					
		0~3	3~12	12~17	17~22	22~27	27~35
黏土	$I_L>1$	10~15	15~20	20~25	25~30	30~35	35~40
	$1>I_L>0.5$	20~30	30~40	40~45	45~50	50~55	55~60
	$0.5>I_L>0$	35~50	50~60	60~70	70~80	80~85	85~90
粉质黏土	$I_L>1$	15~20	20~25	25~30	30~35	35~40	40~45
	$1>I_L>0.5$	25~35	35~45	45~55	55~60	60~65	65~70
	$0.5>I_L>0$	40~55	55~70	70~80	80~90	90~95	95~100
亚砂土	$I_L>1$	25~35	35~45	45~55	55~60	60~65	65~70
	$1>I_L>0.5$	40~55	55~70	70~80	80~90	90~95	95~100
	$0.5>I_L>0$	40~60	60~75	75~85	85~95	95~105	105~110
粉细砂	饱和中密	40~60	60~75	75~85	85~95	95~105	105~110
	饱和密实	50~70	70~85	85~100	100~110	110~120	120~130

注：淤泥极限单位摩阻力为 5~15 kPa，老黏土可适当提高取值。

表 10-2　钢筋混凝土打入桩桩端单位极限阻力 R 值　（单位:kPa）

土名	状态	土层深度(m)		
		10 ~ 15	15 ~ 20	20 ~ 25
黏土	$I_L > 1$	300 ~ 600	600 ~ 900	800 ~ 1 000
	$1 > I_L > 0.5$	500 ~ 700	800 ~ 1 410	1 300 ~ 1 800
	$0.5 > I_L > 0$	800 ~ 1 200	1 300 ~ 1 800	1 500 ~ 2 100
粉质黏土	$I_L > 1$	400 ~ 700	600 ~ 1 100	1 000 ~ 1 400
	$1 > I_L > 0.5$	600 ~ 1 000	1 100 ~ 1 700	1 600 ~ 2 200
	$0.5 > I_L > 0$	1 100 ~ 1 800	1 900 ~ 2 700	2 200 ~ 3 000
亚砂土	$I_L > 1$	600 ~ 1 000	1 100 ~ 1 700	1 600 ~ 2 200
	$1 > I_L > 0.5$	1 100 ~ 1 800	1 900 ~ 2 700	2 200 ~ 3 000
	$0.5 > I_L > 0$	1 400 ~ 2 000	2 000 ~ 2 800	2 200 ~ 3 400
粉细砂	饱和中密	1 400 ~ 2 000	2 000 ~ 2 800	2 200 ~ 3 400
	饱和密实	3 000 ~ 3 500	3 500 ~ 4 200	5 000 ~ 7 000
粗砾砂	—	—	—	8 000 ~ 10 000

在使用规范确定桩的轴向承载力时,应注意各种表的适用条件,特别是对于灌注桩,由于施工条件和施工质量对灌注桩承载力影响较大,所以在确定承载力时应结合当地工程实践经验进行。

10.2.4　确定桩的轴向承载力的方法探讨

10.2.4.1　关于承载力确定方法

在单桩承载力的各种确定方法中,静载试验是确定单桩竖向承载力的最接近实际的手段。这主要是由于规范的经验参数是全国范围内的统计平均的指标,与当地的实际可能不尽相符。

另外,地质报告的经验参数有可能部分反映地区经验,但与本场地仍可能有较大差别,何况许多地方的地区经验并不成熟。

10.2.4.2　关于安全度

由于各种原因,一方面,设计中往往对荷载定值偏高而单柱承载力定值偏低,造成桩基础在承载力方面存在过大的安全可靠度,而另一方面,对桩基的整体刚度或整体安全度问题又由于其复杂性往往没有计算。因此,在单桩承载力的取值和桩基的整体安全方面并不能有一致的可靠度。桩基是在复杂的自然条件下完成的隐蔽工程,即使认真施工,严格检测,也难确保不存在任何薄弱环节,尤其是沉管桩和冲钻孔桩。另外,对入桩来说,上述定值偏高的荷载和定值偏低的承载力,必然导致在有限的场地中打入太多的桩,造成因挤土效应导致桩基出现移位、上拔、断桩等问题。因而,在桩基设计时应提供“必要的安全度、适当的荷载和应有的整体刚度”相结合的优化设计原则。

10.2.4.3　关于拟采用的工艺

桩基规范只给出 4 ~ 5 种计算单桩承载力的经验参数,但列出的桩型已超过 30 种,而且实践中还不断涌现出新型式，每种型式都有与之对应的工艺，所以引用经验参数时必须考虑现成的参数是否与拟采用的工艺相吻合。有的工艺将降低桩的承载能力，如打入式预制桩遇到沉桩困难，用水冲法辅助沉桩，有的资料指出这种做法将使桩周侧阻力降低近1/3。可以认为用预钻孔法辅助沉桩也将降低侧阻力。另一些资料表明，钻孔灌注桩用反循环方式排渣与正循环排渣相比较，以试桩沉降作为衡量标准，在沉降相同时反循环成桩的承载力较正循环会提高约50%。上述例子说明桩的承载力显然不是固定不变的经验参数所能推算准确的，必须根据具体情况调整计算参数，当缺少这方面经验时，必须通过静载试验去获取这些经验。

10.2.4.4　关于桩侧负摩阻力

在正常情况下，桩在荷载作用下产生沉降，土对桩的摩阻力与桩的位移方向相反，向上起着支承作用，即为正摩阻力。当由于地下水位大面积下降，桩侧地面大面积堆载，桩侧土为欠固结土、季节性冻土、湿陷性黄土等时，都有可能造成桩侧土的沉降大于桩体本身的沉降，从而产生向下的摩擦力即为负摩阻力。若不计桩身材料的压缩性，桩的沉降沿桩身基本上可视为常量，而土的沉降往往是由上而下逐渐减小的。

研究负摩擦力涉及一个重要的概念——中性点。中性点是一根桩上由负摩擦力到正摩擦力的过渡点，中性点处桩土之间的摩擦力为零。桩与土相对位移为0的中性点以上桩段出现负摩阻力，以下桩段出现正摩阻力。负摩阻力的产生使柱的承载能力降低，当对其估计不足时，有可能造成部分桩承受的荷载超过其实际存在的极限承载力。研究表明，在中性点处桩的轴力达到最大，而桩的负摩擦力有时会达到很高的数值，且可能发生在施工过程以及使用过程中，造成很大的危害。

(1)一般认为，负摩阻力产生的原因是由于土层在自重作用下发生沉降，如桩穿过松散的厚层填土、自重湿陷性黄土、欠固结土和进入相对较硬土层时。

(2)桩数很多的密集群桩打桩时，使桩周土中产生很大的超孔隙水压力，打桩停止后桩周土的再固结作用引起下沉。

(3)土层的条件发生变化，如桩周存在软弱土层，而邻近地面承受较大的长期荷载时，或由于降低地下水位，使桩周饱和软黏土中有效应力增大，并产生显著沉降时。

影响中性点位置的因素很多，主要有桩底持力层刚度、桩侧土的变形性质和应力历史等。从理论上讲，中性点可在整个桩长范围内变动，可利用在中性点处桩的沉降与桩侧土的沉降相等这一条件，根据经验确定中性点位置，但要求考虑负摩擦力的时间效应。

10.2.4.5　关于桩与桩间土共同承担建筑物荷载

对于桩基，一般认为荷载首先传递给桩，然后通过桩侧摩阻力和桩端承载力把荷载传递给地基土，桩间土不承担荷载。但在实际工程中，有些设计考虑了桩间土的承载作用，并取得了良好的效果。那么，目前在设计桩基时应不应该考虑桩间土的承载力？若要考虑，在应该如何确定其大小等问题上还没有一致的意见。有人提出若刚性摩擦桩桩径较小，桩距较大时，可考虑桩间土的承载作用。而桩间土究竟能提供多大的承载力则受许多因素的影响，如荷载水平、桩土相对刚度、桩与桩间土体的面积比等。此外，有些桩间土的承载作用还随时间的变化而变化。目前，关于桩与桩间土共同承担荷载作用还存在许多争议，但由于考虑桩间土的承载作用可以适当减少桩数，从而有较明显的经济效益，进一步深入研究其基本机制及设计计算方法是很有必要的。

10.2.4.6　**关于承载力的时间效应**

桩打入饱和黏性土中时，由于桩周土被排挤产生的孔隙水压力会较快地消散，其结果是靠近打入桩周围的黏性土进一步固结，使得强度有所提高，含水量有所降低，因而导致桩周摩阻力的提高。这意味着饱和黏土层后期实际承载力较设计值有很大的增长。若在确定单桩承载力时能考虑这一效应将取得良好的经济效果，但在非常灵敏的黏土中或是超固结的硬黏土中，最终的抗剪强度和摩阻力甚至可能较原状土低些。

10.3　桩基水平承载力试验

在特定条件下，桩不可避免地承受横向力及弯矩的作用，因此分析研究单桩的水平承载力也是必要的。以往竖直桩多用来承担垂直荷载，随着海洋石油钻井平台、港湾大型建筑及高层建筑的日益增多，竖直桩越来越多地被用于承担水平荷载。竖直桩能够承担的最大水平向荷载就是桩的水平承载力。

10.3.1　水平荷载作用下竖直桩的破坏形式

单桩桩顶在受横向力时，可能发生各种形式的破坏。这与桩的几何尺寸、材料强度、地基土的性质和桩顶约束等因素有关。

对于入土深度较浅、刚度远大于土层刚度的短桩，在水平力的作用下多发生倾倒或平移，对水平荷载的承受能力很低；当桩体较长时，在横向力的作用下，桩身会发生挠曲变形，当横向荷载过大时，可能会使桩在土中某段折断。

10.3.2　静载试验法确定单桩水平承载力

在确定单桩水平向承载力时，多是在两桩之间横放一千斤顶以施加水平荷载，见图10-3。

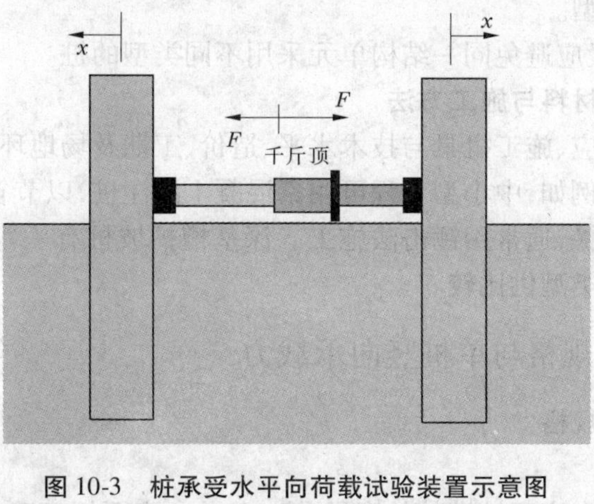

图 10-3　桩承受水平向荷载试验装置示意图

在陆地上，多采用循环加荷法，即荷载分级施加，且每一级荷载都要重复 5 ~6 次加荷与卸荷,每次重复加荷与卸荷后停 10 min,然后记录下桩的水平位移再进行试验。这种方法可以较好地模拟风力、波浪力等荷载的作用。

在水中,加荷的方式可采用快速连续加荷法,即分级施加荷载,每施加一级荷载保持 10 min,记录下水平位移,再施加下一级荷载,直至试验结束,这种方法简便而迅速。

在出现下列任一种情况时,即可终止试验:

(1)桩身发生断裂;

(2)桩顶水平位移超过允许值,一般取 20 ~30 mm;

(3)桩侧土出现明显的隆起和破坏。

试验结束后,根据试验结果可以得到荷载—时间—位移曲线,以及位移梯度—荷载曲线。在荷载—时间—位移曲线上寻找分段包络线的变化特点,当包络线下凹时,可认为该级荷载为桩的破坏荷载,其前一级荷载即为桩的极限荷载;在位移梯度—荷载曲线图上,第一拐点所对应的荷载被认为是临界荷载,第二拐点所对应的荷载为极限荷载。由于这两种方法都带有一定的任意性,所以在确定最终结果时,应将这两种方法得到的结果综合考虑。

单桩的水平承载力取决于桩的材料强度、截面刚度、入土深度、桩侧土质条件、桩顶水平位移允许值和桩顶嵌固情况等因素。对于受水平荷载较大的一级建筑桩基,单桩水平承载力设计值应通过单桩静力水平荷载试验确定。而在实际工程中,一般通过设置斜桩来承受水平荷载。

10.4 桩基础设计

10.4.1 选择桩的类型

10.4.1.1 确定桩型

根据建筑桩基的等级、规模、荷载大小,结合工程地质剖面图、各土层的性质与层厚,确定桩的受力工作类型。

确定桩型时,一般应避免同一结构单元采用不同类型的桩。

10.4.1.2 选择桩的材料与施工方法

根据当地材料供应、施工机具与技术水平、造价、工期及场地环境等具体情况,选择桩的材料与施工方法。例如,中小型工程可用素混凝土灌注桩,以节省投资。如为大型工程则应采用钢筋混凝土桩,通常用锤击法施工。深基槽护坡桩有一次性混凝土灌注桩与多次使用的钢板桩两种类型供比较。

10.4.2 确定桩的规格与单桩竖向承载力

10.4.2.1 确定桩的规格

1)桩的长度

桩长指的是自承台底至桩端的长度尺寸。在承台底面标高确定之后,确定桩长即是选择持力层和确定桩底(端)进入持力层的深度。

一般应选择较坚实土层作为桩端持力层。桩端全断面进入持力层的深度:黏性土、粉土≥$2d$(d 为圆桩直径或方桩边长),砂土≥$1.5d$,碎石类土≥$1d$。桩顶嵌入承台,以此确定桩长。

当持力层下面存在软弱下卧层时持力层厚度不宜小于 $4d$。嵌岩桩(端承桩)要求桩底下 $3d$ 范围内应无软弱夹层、断裂带、洞穴和空隙分布。

2)桩的横截面面积

桩的横截面面积根据桩顶荷载大小与当地施工机具及建筑经验确定。

10.4.2.2　确定单桩竖向承载力

根据建筑场地的地基土层性质和确定的桩型与规格,按单桩竖向承载力确定方法确定。

10.4.3　计算桩的数量并进行平面布置

10.4.3.1　桩的数量估算

(1)在按《建筑桩基技术规范》进行设计时,可按下述方法估算。

①轴心竖向力作用时:

$$n = \frac{F + G}{R} \tag{10-5}$$

式中　n——桩的数量;

F——作用于桩基承台顶面的竖向力设计值,kN;

G——承台及其上覆土自重,kN;

R——单桩竖向承载力设计值,kN。

②偏心竖向力作用时:

$$n = \mu \frac{F + G}{R} \tag{10-6}$$

式中　μ——桩基偏心受压系数,通常取 1.1~1.2。

(2)在按《建筑地基基础设计规范》(GB 50007—2011)进行设计时,可按下述方法估算。

①轴心竖向力作用时:

$$n = \frac{F_k + G_k}{R_a} \tag{10-7}$$

式中　F_k——相应于荷载效应标准组合时,作用于桩基承台顶面的竖向力,kN;

G_k——桩基承台自重及承台上土自重标准值,kN;

R_a——单桩竖向承载力特征值,kN。

②偏心竖向力作用时:

$$n = \mu \frac{F_k + G_k}{R_a} \tag{10-8}$$

10.4.3.2　桩的平面布置

在桩的数量初步确定后,可根据上部结构的特点与荷载性质,进行桩的平面布置。

1）桩的中心距

桩的间距一般指桩与桩之间的最小中心距，对于不同的桩型有不同的要求。如挤土桩，由于存在挤土效应而要求较大的桩距。挤土桩穿过饱和软土时，因孔隙水压力骤增会加剧挤土效应，因而相对于穿越非饱和土的桩而言，要求的桩距较大。对于穿越饱和软土的桩，预制桩因挤土造成的损害较轻，故要求的桩距比灌注桩略小。表 10-3 列出了考虑上述因素的桩的最小中心距。为防止挤土效应造成的损害，对布桩较多的桩群，无论是否为挤土桩，表中最小桩距值均宜适当加大。除考虑挤土效应外，两桩之间还应保证满足最小桩距要求，因为柱距太小时，会影响桩的侧阻力发挥。在建筑物下布桩时，还应注意不同单元体与不同承台之间的邻桩距离也应满足该表要求。此外，扩底灌注桩除了应符合表 10-3 的要求外，扩底桩的最小中心距尚应满足表 10-4 的要求。

表 10-3　桩的最小中心距

土类和成桩工艺		正常情况	桩数≥9 根 排数≥3 排 摩阻支撑为主桩基
非挤土桩和部分挤土灌注桩		2.5d	3.0d
挤土灌注桩	穿越非饱和土	3.0d	3.5d
	穿越饱和土	3.5d	4.0d
挤土预制桩		3.0d	3.5d
打入式敞口管桩和 H 型钢桩		3.0d	3.5d

注：d 为圆桩直径或方桩边长。

表 10-4　灌注桩扩大端最小中心距

成桩方法	最小中心距
钻孔、挖孔灌注桩	1.5D 或 $D+1$ m（当 $D>2$ m 时）
沉管扩底灌注桩	2.0D

注：D 为扩大端设计直径。

2）桩的平面布置

桩的平面既要布置紧凑，使得承台面积尽可能减小，又要充分发挥各桩的作用，因此要尽量使桩群承载力合力点与长期荷载重心重合。使桩基受水平力和力矩较大方向即承台的长边有较大的截面模量。桩离承台边缘的净距应不小于 $d/2$。

同一基础相邻桩的桩底标高差：对于非嵌岩端承桩，不宜超过相邻桩的中心距；对于摩擦桩，在相同土层中不宜超过桩长的 1/10。

（1）柱基：独立基础梅花形布置，受力条件均匀；行列式布置，施工方便。

（2）条形基础通常布置成一字形：小型工程一排桩，大、中型工程多排桩。

（3）烟囱、水塔基础：因其通常为圆形，桩的平面布置成圆环形。

（4）桩箱基础：宜将桩布置于内外墙下。

（5）带梁（肋）桩筏基础：宜将桩布置于梁（肋）下。

（6）大直径桩：宜采用一柱一桩。

10.4.4 桩基础验算

10.4.4.1 桩承载力验算

1)《建筑桩基技术规范》法

a. 中心荷载作用

在中心荷载作用下,要求每根桩实际承受的荷载不大于单桩竖向承载力设计值,按下式验算:

$$N = \gamma_0 \frac{F + G}{n} \leqslant R \tag{10-9}$$

式中 N——桩基中单桩所承受的外力设计值,kN;

F——作用于桩基上的竖向力设计值,kN;

G——桩基承台自重设计值和承台上的土自重标准值,kN;

R——单桩竖向承载力设计值,kN;

γ_0——建筑桩基重要性系数,对于建筑桩基安全等级一、二、三级分别取1.1、1.0、0.9。

b. 偏心荷载作用

在偏心荷载作用下,除满足式(10-9)外,尚应满足下式要求:

$$N_{\substack{\max\\\min}} = \gamma_0 \left(\frac{F + G}{n} \pm \frac{M_x y_{\max}}{\sum y_i^2} \pm \frac{M_y x_{\max}}{\sum x_i^2} \right) \leqslant 1.2R \tag{10-10}$$

式中 $N_{\substack{\max\\\min}}$——桩基中单桩所受的最大或最小外力设计值,kN;

M_x、M_y——作用于桩群上的外力对通过桩群重心的 x、y 轴的力矩设计值,kN·m;

x_i、y_i——桩 i 至通过桩群重心的 y、x 轴线的距离,m;

$x_{\max}$、$y_{\max}$——自桩基主轴到最远桩的距离,m。

2)《建筑地基基础设计规范》(GB 50007—2011)法

a. 轴心竖向力作用

在轴心竖向力作用下,群桩中单桩承载力要求不大于单桩竖向承载力特征值,按下式验算:

$$Q_k = \frac{F_k + G_k}{n} \leqslant R_a \tag{10-11}$$

式中 Q_k——相应于荷载效应标准组合轴心竖向荷载作用下单桩所承受的竖向力;

F_k——相应于荷载效应标准组合时,作用于桩基承台顶面的竖向力;

G_k——桩基承台自重及承台上土自重标准值。

b. 偏心竖向力作用

偏心竖向力作用下,除满足式(10-11)外,尚应满足下式要求:

$$Q_{ik\substack{\max\\\min}} = \frac{F + G}{n} \pm \frac{M_{xk} y_{\max}}{\sum y_i^2} \pm \frac{M_{yk} x_{\max}}{\sum x_i^2} \leqslant 1.2R_a \tag{10-12}$$

式中 $Q_{ik\substack{\max\\\min}}$——相应于荷载效应标准组合偏心竖向荷载作用下单桩所承受的最大或最小竖向力;

其他符号含义同前。

10.4.4.2 桩基沉降计算

当桩端持力层为软弱土的一、二级建筑桩基，以及桩端持力层为黏性土、粉土或存在软弱下卧层的一级建筑桩基时，应验算沉降，并宜考虑上部结构与基础的共同作用。

10.4.5 桩承台设计

10.4.5.1 桩承台的作用

桩承台的作用包括下列三项：

(1)把多根桩联结成整体，共同承受上部荷载。

(2)把上部结构荷载，通过桩承台传递到各根桩的顶部。

(3)桩承台为现浇钢筋混凝土结构，相当于一个浅基础。因此，桩承台本身具有类似于浅基础的承载能力，即桩承台效应。

10.4.5.2 桩承台的材料与施工

(1)桩承台应采用钢筋混凝土材料，采用现场浇筑施工。因各桩施工时桩顶的高度与间距不可能非常规则，要将各桩紧密联结成为整体，故桩承台无法预制。

(2)承台的混凝土强度等级不低于 C20。

(3)承台配筋按计算确定。矩形承台不宜少于Φ 10@200，并应双向均匀配置受力钢筋。

(4)承台纵向钢筋混凝土保护层不应小于 70 mm，当有混凝土垫层时，不应小于 50 mm；且不应小于桩头嵌入承台内的长度。

10.4.5.3 桩承台的尺寸

1)桩承台的平面尺寸

桩承台的平面尺寸，依据桩的平面布置，承台每边由桩外围外伸不小于 $d/2$，承台的宽度不宜小于 500 mm。

2)桩承台的厚度

桩承台的厚度要保证桩顶嵌入承台，并防止桩的集中荷载造成承台的冲切破坏。承台的最小厚度不宜小于 300 mm。对于大中型工程，桩承台厚度应进行抗冲切计算确定。我国西南一幢大楼采用桩基础，因桩承台厚度太小，承台发生冲切破坏，导致了整幢大楼倒塌的严重事故，应引以为戒。

10.4.5.4 桩承台的内力

桩承台的内力可按简化计算方法确定，并按《混凝土结构设计规范》(GB 50010—2010)进行局部受压、受冲切、受剪及受弯的强度计算，以防止桩承台破坏，保证工程的安全。

1)桩顶处的局部受压验算

桩顶作用于承台混凝土的压力，如考虑桩身与承台混凝土间的黏结力，局部承压时，按下式计算：

$$P'_i = \beta A_c R_a^j / \lambda_m \tag{10-13}$$

式中 P'_i——承台内一根基桩承受的最大计算的轴向力，kN；

λ_m——材料安全系数，混凝土为 1.54；

A_c——承台内基桩桩顶横截面面积，m^2；

R_a^j——混凝土抗压极限强度，kN/m^2；

β——局部承压时 R_a^j 的提高系数，在规范中有规定的计算方法。

如验算结果不符合式(10-13)要求，应在承台内桩的顶面以上设置1~2层钢筋网，钢筋网的边长应大于桩径的2.5倍，钢筋直径不宜小于12 mm，网孔为100 mm×100 mm左右。

2)桩对承台的冲剪验算

桩顶到承台顶面的厚度 t_0，应根据桩顶对承台的冲剪强度，按下式近似计算确定：

$$t_0 \geqslant \frac{P'_i}{U_m R_j^j}\lambda_m \tag{10-14}$$

式中　U_m——承台受桩冲剪，破裂锥体的平均周长，$U_m = \frac{u_1 + u_2}{2}$，$u_1$ 为承台内桩顶周长，u_2 为承台顶面受桩冲剪后预计破裂面周长，m；

R_j^j——混凝土抗剪极限强度，kN/m^2。

t_0——桩顶到承台顶面的厚度，一般不应小于0.5~1.0 m，如不符合，亦应在桩顶设钢筋网。

承台应有足够的厚度及受力钢筋，以保证其抗弯及抗剪切强度。但承台在桩的反力作用下，作为双向受弯构件尚无统一验算方法，目前所常采用的是近似计算方法。

3)承台抗弯能力验算

多桩矩形承台的弯矩计算截面取在柱边，计算公式为：

$$M_x = \sum N_i y_i \tag{10-15}$$

$$M_y = \sum N_i x_i \tag{10-16}$$

式中　M_x、M_y——垂直于 x 轴和 y 轴方向计算截面处的弯矩设计值，kN·m；

x_i、y_i——垂直于 x 轴和 y 轴方向自桩轴线到相应计算截面的距离，m；

N_i——扣除承台和承台上方土重后第 i 桩竖向净反力设计值，kN。

根据桩基规范的规定，三桩三角形承台的弯矩计算方法与矩形承台完全相同，但是当其计算弯矩截面不与主筋方向正交时，需根据主筋方向角对配筋面积进行换算。

4)承台抗剪切强度验算

根据钢筋混凝土结构的知识，剪切破坏面为荷载作用处与支座间连线所表示的斜截面。柱下平板式承台破坏面为通过柱边和桩内边连线所表示的斜截面。对于无腹筋承台，斜截面受剪承载力按下式计算：

$$\gamma_o V \leqslant \beta f_c b_o h_o \tag{10-17}$$

式中　V——斜截面的最大剪力设计值，kN；

f_c——混凝土轴心抗压强度设计值，kPa；

b_o——承台计算截面处的计算宽度，m；

h_o——承台计算截面处的计算高度，m；

β——剪切系数，当 $0.3 \leqslant \gamma_o < 1.4$ 时，$\beta = \frac{0.12}{\lambda + 0.3}$，当 $1.4 \leqslant \gamma_o < 3.0$ 时，$\beta = \frac{0.2}{\lambda + 1.5}$；

λ——计算截面的剪跨比，$\lambda_x = a_x/h_o$、$\lambda_y = a_y/h_o$，此处 a_x、a_y 为柱边至 x、y 方向计算一排桩的桩边水平距离，当 $\lambda < 0.3$ 时，取 $\lambda = 0.3$，当 $\lambda > 3$ 时，λ 取值范围为 $0.3 \sim 3.0$。

在应用式(10-17)计算时需要注意：

(1)当柱边外有多排桩形成多个剪切斜截面时，对每个斜截面都应进行受剪承载力验算；

(2)应对柱的纵横(x—x，y—y)两个方向的斜截面分别进行受剪承载力验算。

10.5　沉井基础

10.5.1　沉井基础的概念及特点

沉井是一个用(钢筋)混凝土制成的井筒状的结构物。先在地面以下形成一个井状结构，然后在井内不断挖土，借助井体自重克服井壁摩阻力而逐步下沉至设计标高，然后用混凝土封底，并填塞井孔等其余构件，最终形成一个地下建筑物或建筑物基础。当上部荷载较大、基础埋置深度较深时，沉井基础是最常用的基础类型之一。沉井基础广泛应用于桥梁墩台基础、取水构筑物、污水泵站、地下工业厂房、大型设备基础、地下仓(油)库、矿山立井、人防掩蔽所、盾构拼装井、地下车道与车站、地下构筑物的围壁和大型深埋基础等。

沉井在下沉的过程中，井筒就是施工期间的维护结构。在各个施工阶段和使用期间，沉井各部分可能受到土压力、水压力、浮力、摩阻力、底面反力以及沉井自重等作用，沉井的构造和计算应满足各个阶段的要求。

尺寸不很大的沉井往往做成圆筒形结构，井尺寸按挖土或下沉的要求确定。为了减少下沉时的端部阻力，沉井的下端往往装设由钢板或角钢加工成的刃脚。为了减少下沉时井筒侧壁的摩阻力，沉井的纵断面可以采用台阶的形式，或者采取灌泥浆和吹气减阻等技术措施。采用排水人工挖土法施工时，如发生流砂现象，将有大量的土从井底涌入井内，致使沉井发生倾斜，造成施工困难，同时还可能引起四周土体的坍塌，影响周围建筑物的安全。一般情况下，宜采用水下机械挖土的施工方法，待沉到预定深度后，再由潜水工进行检查和处理。

沉井基础的优点是：埋置深度可以很大，整体性强，稳定性好，能承受较大的垂直荷载和水平荷载；沉井既是基础，又是施工时的挡土和挡水围堰结构物；施工工艺较简单。

沉井基础的缺点是：施工期较长；对细砂及粉砂类土在井内抽水易发生流砂现象，造成沉井基础倾斜；沉井下沉过程中遇到大孤石、树干或井底岩层表面倾斜过大，均会给施工带来一定困难。

根据经济合理、施工可行的原则，一般在下列情况下可以采用沉井基础：

(1)上部荷载较大，而表层地基土的容许承载力不足，做扩大基础开挖工作量大，以及支撑困难，但在一定深度内有好的持力层，采用沉井基础与其他深基础相比较，经济上较为合理时；

(2)在山区河流中,虽然土质较好,但冲刷大或河中有较大卵石不便于桩基础施工时;

(3)岩层表面较平坦且覆盖层薄,但河水较深,采用扩大基础施工围堰有困难时。

10.5.2 沉井的类型

1)按下沉方式分类

(1)就地制造下沉的沉井。这种沉井在基础设计的位置上制造,然后挖土,依靠沉井自重下沉。如基础在水中,需在水中筑岛,再在岛上筑井下沉。

(2)浮运沉井。在深水地区筑岛有困难或不经济,或有碍通航,或河流流速大,可在岸边制筑沉井拖运至岛上的设计位置下沉。

2)按材料分类

(1)砖石沉井。这种沉井适用于深度浅的小型沉井或临时性沉井。例如,房屋纠倾工作井即用砖砌沉井,深度4~5 m。

(2)混凝土沉井。混凝土沉井的特点是抗压强度高,抗拉强度低,因此这种沉井宜做成圆形,并适用于下沉深度不大于(4~7 m)的软土中。

(3)钢筋混凝土沉井。这种沉井的抗拉强度及抗压强度较好,下沉深度可以很大(达数十米),当下沉深度不很大时,井壁上部用混凝土,下部(刃脚)用钢筋混凝土。当沉井平面尺寸较大时,可做成薄壁结构,沉井外壁采用泥浆润滑套、壁后压气等施工辅助措施就地下沉或浮运下沉。此外,钢筋混凝土沉井井壁隔墙可分段(块)预制,工地拼装,做成装配式。

(4)钢沉井。用钢材制造的沉井,强度高,重量较轻,易于拼装,宜于做浮运沉井,但用钢量大,国内较少采用。

(5)竹筋混凝土沉井。沉井在下沉过程中受力较大因而需配置钢筋,一旦完工后,它就不承受多大的拉力,因此在南方产竹地区,可以采用耐久性差但抗拉能力好的竹筋代替部分钢筋,在沉井分节接头处及刃脚内仍用钢筋。

3)按沉井的平面形状分类

沉井的平面形状应尽可能与承台底部的形状相适应。

(1)圆形沉井。当墩身是圆形、河流流向不定以及桥位与河流的主流方向斜交较为厉害时,采用圆形沉井,可以减少阻水、冲刷现象。圆形沉井中挖土较容易,可使用抓泥斗挖土,沉井在下沉过程中易控制方向,使其均匀下沉;此外,在侧压力作用下,井壁受力情况较好,主要是受压;在截面面积和入土深度相同的条件下,与其他形状沉井比较,圆沉井周长最小,下沉时摩阻力较小。但因墩台底面形状多为圆端形或矩形,所以圆形沉井对墩台截面的适应性较差。

(2)矩形沉井。对墩台底部形状的适应性较好,模板制作、安装比较简单,但采用不排水下沉时,边角位置的土不易挖除,容易使沉井因挖土不均匀而造成下沉不稳,使沉井倾斜,因此四角一般做成圆角,以减少井壁阻力和取土清孔的困难。矩形沉井在侧压力作用下,井壁受较大的挠曲力矩;在流水中阻水系数较大,冲刷较严重。

(3)椭圆形、圆端形沉井。通常能更好地与桥梁墩台平面形状相适应,控制下沉、受力条件、阻水冲刷均较矩形有利，但沉井制造较复杂。

4)按沉井竖向剖面形状分类

(1)柱形沉井。在竖直方向的上、下剖面均相同，为等截面柱的形状，大多数沉井属于这一种。

(2)锥形沉井。为了减小沉井施工下沉过程中井筒外壁土的摩擦阻力，避免沉井由硬土层进入下部软土层时沉井的上部被硬土层夹住而发生拉裂，将沉井井筒制成非等截面结构，井筒成为上小下大的锥形。

(3)阶梯形沉井。鉴于沉井所承受的土压力与水压力均随深度而增大，为了合理利用材料，可将沉井的井壁随深度分为几段，做成阶梯形。下部井壁厚度大，上部厚度小，因此这种沉井外壁所受的摩擦阻力可以减小，有利于下沉。

10.5.3 沉井基础的构造

10.5.3.1 沉井的一般构造

1)刃脚与踏面

刃脚位于沉井的最下端，形如刀刃，在沉井下沉过程中起切土下沉的作用。刃脚并非真正的尖刃，其最底部为一水平面，称为踏面，踏面的宽度通常不小于150 mm，当土质坚硬时，刃脚踏面用钢板或角钢加以保护。刃脚内侧的倾斜面的水平倾角通常为40°~60°。

2)井筒

沉井的井筒为沉井的主体。在沉井下沉过程中，一方面，井筒是挡土的围壁，应有足够的强度，承受四周的土压力和水压力。同时，井筒又需要有足够的自重，以克服井筒外壁与土的摩擦阻力和刃脚踏面底部土的阻力，使沉井能在自重作用下徐徐下沉。另一方面，井筒内部的空间，要容纳挖土工人或挖土机械在井内工作，以及潜水员排除障碍的需要，因此井筒内径不宜小于0.9 m。

3)内隔墙和底梁

大型沉井为了增加其整体刚度，在沉井内部设置内隔墙，可减小受弯时的净跨度，以增加沉井的刚度。同时，内隔墙把整个沉井分成若干井孔，各井孔分别挖土，便于控制沉降和纠倾处理。有时在内隔墙下部设底梁，或单独做底梁。内隔墙与底梁的底面高程，应高于刃脚踏面0.5~1.0 m，以免妨碍沉井刃脚切土下沉。

4)凹槽

凹槽设在井孔下端近刃脚处，其作用是使封底混凝土与井壁有较好的接合，把封底混凝土底面的反力更好地传给井壁。凹槽深0.15~0.25 m，高约1.0 m，若井孔为全部填实的实心沉井也可不设凹槽。

5)射水管

当沉井下沉深度大，穿过的土质又较好，估计下沉会产生困难时，可在井壁中预埋射水管组。射水管应均匀布置，以利于控制水压和水量来调整下沉方向。一般水压力不小于600 kPa。在使用泥浆润滑套施工方法时，应有预埋的压射泥浆管路。

6)封底与沉井底板

当沉井下沉至设计标高后，需用混凝土封底，以阻止地下水和地基土进入井筒。为使封底的现浇混凝土底板与井筒联结牢固，在刃脚上方井筒的内壁预先设置一圈凹槽。

7）顶盖

当沉井作为水泵站等地下结构的空心沉井时，在沉井顶部需做钢筋混凝土顶盖。必要时，在水泵站等空心沉井顶面建造一间房屋为工作室。

10.5.3.2　浮运沉井的构造

1）不带气筒的浮运沉井

不带气筒的浮运沉井适用于水不太深、流速不大、河床较平、冲刷较小的自然条件。一般在岸边制造，通过滑道拖拉下水，浮运到墩位，再接高下沉到河床。这种沉井可用钢、木、钢筋混凝土、钢丝网及水泥等材料制成。

（1）不带气筒的浮运沉井的一种形式是钢丝网水泥薄壁沉井，其是由内、外壁组成的空心井壁沉井，这是制造浮运沉井较好的方法，具有施工方便、节省钢材等优点。沉井的内壁、外壁及横隔板都由钢筋、钢丝网、水泥制成。做法是将若干层钢丝网均匀地铺设在钢筋网的两侧，外面涂抹不低于40号的水泥砂浆，使它充满钢筋网和钢丝网之间的间隙并形成1～3 mm厚的保护层。

（2）不带气筒的浮运沉井的另一种形式是带临时底板的浮运沉井。底板一般是在底节的井孔下端刃脚处设置的木质底板及其支撑，底板的结构应保证其水密性、能承受工作水压并便于拆除。带底板的浮运沉井就位后，即可接高井壁使其逐渐下沉，沉到河床后向井孔充水至与外面水面齐平，即可拆除临时底板。这种带底板的浮运沉井与筑岛法、围堰法施工相比，可以节省大量工程量，施工速度也较快。

2）带气筒的浮运沉井

带气筒的浮运沉井适用于水深流急的自然条件，且一般为巨型沉井。它主要由双壁的沉井底节、单壁钢壳、钢气筒等组成。双壁钢沉井底节是一个可以自浮于水中的壳体结构；底节以上的井壁采用单壁钢壳，它一般由6 mm厚的钢板及若干竖向肋角钢构成，并以水平圆环作承受外水压时的支撑，钢壳沿高度可分为几节，在接高时拼焊，单壁钢壳既是防水结构，又是接高时灌注沉井外圈混凝土的模板的一部分；钢气筒是沉井内部的防水结构，它依据压缩空气排开气筒内的水，提供浮式沉井接高过程中所需要的浮力。同时，在悬浮下沉中可以通过在气筒内充气或放气以调节气筒内气压使沉井上浮、下沉及调正偏斜，落入河床后如偏移过大，还可将气筒全部充气，使沉井重新浮起，再次定位下沉。

3）组合式沉井

采用上面是沉井下面是桩基的混合式基础，称组合式沉井。施工时按设计尺寸做成沉井，下沉到预定标高后，浇筑封底混凝土和承台，在井内预留孔位钻孔灌注成桩。这种混合式沉井既有围水挡土作用，又作为钻孔桩的护筒，还可作为桩基的承台。组合式沉井适用于以下情况：

（1）当采用低桩承台、围水挖基浇筑承台有困难时；

（2）当沉井刃脚遇到倾斜较大的岩层或在沉井范围内地基土软硬不均、水深较大时。

10.5.4 沉井基础的施工

10.5.4.1 旱地上沉井施工

1)整平场地

如天然地面土质较好,只需将地面杂物清掉整平地面,就可在其上制造沉井。如为了减小沉井的下沉深度,也可在基础位置处挖一浅坑,在坑底制造沉井下沉。

2)制造第一节沉井

由于沉井自重较大,因刃脚踏面尺寸较小,应力集中,场地土往往承受不了这样大的压力,所以在整平的场地上应在刃脚踏面位置处对称地铺设一层垫木以加大支承面积,然后在刃脚位置处放上刃脚角钢,竖立内模,绑扎钢筋,立外模,最后浇筑第一节沉井混凝土。模板应有较大的刚度,以免发生挠曲变形。外模板内侧应平滑以利于沉井下沉。钢模较木模刚度大,周转次数多,且易于安装。在场地土质较好处,也可采用土模。

3)拆模及抽垫木

沉井混凝土达到设计强度的70%时可拆除模板,强度达设计强度后才能抽除垫木。抽除垫木应按一定的顺序进行,以免引起沉井开裂、移动或倾斜。其顺序是:抽除内隔墙下的垫木,再抽沉井短边下的垫木,最后抽长边下的垫木。抽长边下的垫木时,以定位垫木(最后抽除的垫木)为中心,对称地由远到近拆除,最后拆除定位垫木。注意:在抽垫木过程中,抽除一根垫木应立即用砂回填进去并捣实。

4)挖土下沉

沉井下沉施工可分为排水下沉和不排水下沉。当沉井穿过的土层较稳定,不会因排水而产生大量流砂时,可采用排水下沉。土的挖除可采用人工挖土或机械除土。排水下沉常用人工挖土,它适用于土层渗水量不大且排水时不会产生流砂的情况;人工挖土可使沉井均匀下沉和清除井下障碍物,但应采取措施确实保证施工安全。排水下沉时,有时也用机械除土。不排水下沉一般都采用机械除土,挖土工具可以是抓土斗或水力吸泥机,如土质较硬,水力吸泥机需配以水枪射水将土冲松。由于吸泥机是将水和土一起吸出井外,故需经常向井内加水以维持井内水位高出井外水位,以免发生涌土或流砂现象。

5)接高沉井

第一节沉井顶面下沉至距地面1~2 m时,应停止挖土,接筑第二节沉井。接筑前应使第一节沉井位置竖直并凿毛顶面,然后立模浇筑混凝土。待混凝土强度达设计要求后,再拆模继续挖土下沉。

6)筑井顶围堰

如沉井顶面低于地面或水面,应在沉井上接筑围堰,围堰的平面尺寸略大于沉井,其下端与井顶上预埋的锚杆相连。围堰是临时性的结构,待墩台高出水面后便可拆除。

7)地基检验和处理

沉井下沉至设计标高后,应进行基底检验。检验内容是地基土质是否与设计相符、是否平整,并对地基进行必要的处理。如果是排水下沉的沉井,可以直接进行检查,不排水下沉的沉井由潜水工进行检查或钻取土样鉴定。检查要求:

(1)基底面应尽量整平。

(2)清除浮土及软土,使基底没有软弱夹层。

(3)地基为砂土及黏性土,可在其上铺一层砾石或碎石至刃脚底面以上,对抽水下沉的沉井,还须沿刃脚四周的下面用砾石或碎石填平夯实。

(4)地基为风化岩石,应将风化岩石凿掉,岩层倾斜时,应凿成阶梯形。若岩层与刃脚之间局部有不大的孔洞,由潜水工清除软层并用水泥砂浆封堵,待砂浆有一定强度后再抽水清基。

(5)不排水情况下,可由潜水工清基或用水枪及吸泥机清基。

8)封底、填充井孔及浇筑顶盖

地基经检验及处理符合要求后,应立即进行封底。如封底是在不排水情况下进行的,则可用导管法灌注水下混凝土,若灌注面积大,可用多根导管,以先周围后中间、先低后高的次序进行灌注。待混凝土达设计强度后,再抽干井孔中水,填筑井内填土。如井孔中不填料或仅填以砾石,则井顶面应浇筑混凝土顶盖,以支承墩台,然后砌筑墩身,墩身出土(或高出水面)后可拆除临时性的井顶围堰。

10.5.4.2　水中沉井的施工

水流速不大,水深在 3 m 或 4 m 以内,可用水中筑岛的方法,即先修筑人工砂岛,再在岛上进行沉井的制作和挖土下沉。筑岛材料为砂或砾石,周围用草袋围护,如水深较大可作围堰防护。岛面应比沉井周围宽出 2 m 以上作为护道,并应高出施工最高水位 0.5 m 以上。如筑岛压缩水面面积较大,可采用钢板桩围堰筑岛,但要考虑沉井重力对它产生的侧向压力的影响。

10.5.4.3　浮运沉井的施工

水深较大,如超过 10 m 时,筑岛法很不经济,且施工也困难,可改用浮运法施工。沉井利用在岸边铺成的滑道滑入水中,然后用绳索引到设计墩位。沉井井壁可做成空体形式或采用其他措施(如带木底或装上钢气筒)使沉井浮于水上,也可以在船坞内制成用浮船定位和吊放下沉,或利用潮汐水位上涨浮起,再浮运至设计位置。

沉井就位后,用水或混凝土灌入井孔,使浮运沉井下沉直至水底,或依靠在悬浮状态下接长沉井及填充混凝土使它逐渐下沉,这时每个步骤均需保证沉井本身足够的稳定性。沉井刃脚切入河床一定深度后,即可按前述下沉方法施工。

10.5.5　沉井下沉过程中遇到的问题及处理

沉井利用自身重力下沉过程中,常遇到的主要问题有沉井突然大幅度下沉、沉井倾斜、沉井不下沉等。

10.5.5.1　沉井突然大幅度下沉

在软土地基沉井施工中,常发生沉井突然大幅度下沉问题。如某工程的一个沉井,一次突沉达 3 m 之多,分析突沉的原因,由于沉井井筒外壁土的摩擦阻力很小,当刃脚附近的土体被挖除后,沉井失去支承而剧烈下沉。这种突沉容易使沉井发生倾斜或超沉,应予避免。因此,在软土地区设计与制作沉井时,可以加大刃脚踏面的宽度,并使刃脚斜面的水平倾角不大于60°。必要时采取加设地梁等措施,防止沉井突然大幅下沉。

10.5.5.2 沉井倾斜

沉井倾斜是沉井下沉过程中经常发生的问题,需注意防止并及时纠正。沉井倾斜应以预防为主,加强测量监控,发现倾斜及时通报并迅速采取措施,如在下沉较小的一侧加紧挖土、在沉井顶部加荷载等。

10.5.5.3 沉井不下沉

有时在沉井井内挖土后不下沉,甚至将刃脚底掏空还不下沉。遇到这类情况,应先调查分析其原因,再采取相应的措施。如因沉井外壁摩擦阻力太大,可采用在井筒外挖土、冲水或灌膨润土泥浆等方法,以减去其摩擦阻力。若沉井刃脚遇到障碍物,则应让潜水工进行水下清理。

10.6 地下连续墙

10.6.1 地下连续墙的特点

地下连续墙是20世纪中叶发展起来的一种新的深基础形式。1950年意大利首次建成地下连续墙,随后法国、墨西哥、日本及美国、苏联各国引进并推广了这项新技术。目前,地下连续墙已广泛用于水库大坝地基防渗、竖井开挖、工业厂房设备基础、城市地下铁道、高层建筑深基础、船坞、船闸、码头、地下油罐、地下沉渣池等各类永久性工程。

地下连续墙的施工要点为:修筑导墙,用机械在导墙内分段竖直挖槽,采用泥浆护壁。就地吊放钢筋笼,水下浇筑混凝土,一段段连接成一堵地下钢筋混凝土连续墙,成为永久性深基础工程。地下连续墙的设计厚度一般为450~800 mm,具有挡土、防渗及兼作承重结构等多种功能,能在沉井作业、板桩支护等方法难以实施的环境中进行无噪声、无震动施工,能通过各种地层进入基岩,深度可达50 m以上而不必采取降低地下水的措施,因此可在密集建筑群中施工,尤其是用于两层以上地下室的建筑物,配合逆作法施工(从地面逐层向下修筑建筑物地下部分的一种施工方法),使其显出更独特的作用。地下连续墙在施工期间不需降水,不需挡土护坡,不需立模板与支撑,把施工护坡与永久性工程融为一体。这些明显优点使地下连续墙成为一种多功能新的地下结构形式和施工技术,开始取代某些传统的深基础结构和深基施工方法。

10.6.2 地下连续墙的设计与施工

10.6.2.1 导墙

地下连续墙的第一道工序是修筑导墙,以此保证开挖槽段竖直做导向,并防止机械上下运行时碰坏槽壁。导墙位于地下连续墙的墙面线两侧,深度一般为1~2 m,顶面略高于施工地面。导墙的内墙面应竖直。内外导墙墙面的间距为连续墙的设计厚度加施工余量,一般为40~60 cm。

10.6.2.2 槽段开挖

槽段开挖宽度即内外导墙的间距,也即地下连续墙的厚度。施工时,沿地下连续墙长度分段开挖槽孔。

10.6.2.3 **泥浆护罩**

泥浆起护壁作用,防止孔壁坍塌。在施工期间,槽内泥浆面必须高于地下水位0.5 m以上,且不应低于导墙顶面0.3 m。由于泥浆比重大于地下水的比重,泥浆面高于地下水位,因此泥浆压力足以平衡地下水的水压力和土压力,成为槽壁土体的液态支撑。同时,泥浆还可以渗入槽壁土的孔隙中,在槽壁表面形成一层致密的泥皮,增加槽壁的稳定性。

10.6.2.4 **分段与接头**

地下连续墙标准槽段长为6 m,最大不超过8 m。分段施工,两段之间的接头可采用圆形或凸形接头管,使邻近槽段紧密相接,还可放置竖直塑料止水带防止渗漏。接头管应能承受混凝土的压力,在浇筑混凝土的过程中,须经常转动及提动接头管,以防止接头管与一侧混凝土固结在一起。当混凝土已固结,不会发生流动或坍落时,即可拔出接头管。

10.6.2.5 **钢筋笼制作与吊装**

钢筋笼的尺寸应根据单元槽段的规格与接头形式等确定,并应在平面制作台上成型和预留插放混凝土导管的位置。为保证钢筋保护层的厚度,可采用水泥砂浆滚轮,固定在钢筋笼两面的外侧。同时,可采用纵向钢筋桁架及在主筋面内加斜向拉条等措施,使钢筋笼在吊运过程中具有足够的刚度,不致使巨大的钢筋笼变形而影响入槽。

钢筋笼应在清槽换浆合格后立即安装,用起重机整段吊起,对准槽孔,徐徐下落,安置在槽段的准确位置。

10.6.2.6 **混凝土浇筑**

混凝土要求:

(1)水灰比不大于0.6;

(2)水泥用量不少于370 kg/m^3;

(3)塌落度宜为18~20;

(4)扩散度34~38 cm,通过试验确定;

(5)混凝土的细骨料为中砂、粗砂;

(6)粗骨料为粒径不大于40 mm的卵石或碎石。

在槽段中的接头管和钢筋笼就位后,用导管法浇筑混凝土。要求槽内混凝土面的上升速度不应小于2 m/h,导管埋入混凝土内的深度为1.5~6.0 m。一个单元槽段应一次连续浇筑混凝土,直至混凝土顶面高于设计标高300~500 mm。凿去浮浆层后的墙顶标高应符合设计要求。

重复前述步骤,完成整体地下连续墙施工。

10.6.2.7 **工效**

上述地下连续墙施工方法是一种机械化的快速施工方法,工效高、成本低、安全可靠,且在地面工作,劳动条件良好。

10.7 锚杆静压桩

10.7.1 锚杆静压桩的特点及其应用条件

锚杆静压桩是加固软土地基的一种新的托换技术,是锚杆技术和静压桩技术的结合,抗拔锚杆起着把千斤顶反力传给基础的作用。为保证锚杆具有足够的锚着力,采用环氧砂浆将其埋设于钻好的孔中,将桩压入土中要克服土体对桩的侧阻力和桩端阻力两部分。由于挤土的作用,在土中产生的扰动和孔隙水压力的升高,使得土的抗剪强度降低,侧阻力明显减少。试验证明,压桩主要反映桩端阻力的变化规律,利用这一性质,可以用较小的压桩力把桩压入到较深的土层中去。当桩被压到设计标高后,随着间歇时间的延长,压桩的起动阻力有较大的提高。

锚杆静压桩施工时无震动、无噪声,设备简单、操作方便、移动灵活,可以在场地和空间狭窄条件下施工,可应用于新、旧建筑物的基础托换,并可在不停产和不搬迁的情况下进行工程处理。由于此种方法具有许多优点,故自出现以来推广迅速,在许多地区得到广泛应用,事实上,这一方法不但用于旧建筑物的基础托换,而且被有计划地用做新建筑物的基础形式。其区别是对新建筑物不必凿孔,而是在基础中预留压桩孔和预埋锚杆。其条件是施工中建筑物的重量能平衡压桩力时,方可开始压桩。应该注意的是,锚杆静压桩适用于可压入地基,即事先应查明地层中不存在硬夹层或障碍物,否则将无法压入或压入的桩严重偏斜,对杂填土层尤其要引起注意。

10.7.2　锚杆静压桩的施工方案

10.7.2.1　设备进场

(1)设备选择。根据所施工桩型和设计要求承载力,选择相应吨位静压桩桩机。

(2)设备进场。静压桩机从异地拆散后运到施工现场,在现场进行安装调试。

(3)设备调试。静压桩机进场安装后,对油路、线路进行调试。调试后检查抱桩器,施工前必须先吊起一根桩测试抱桩器对桩身是否有损坏。

(4)设备调试完毕后,挪移到施工区域附近等待施工。

10.7.2.2　材料进场

(1)材料的摆放。预制桩进场后摆放在枕木或其他物体上,不能直接摆放在地面。注意摆放平整性,保持桩身的完整。预制桩应摆放在便于施工运输的区域内。

(2)材料的检查。预制桩摆放平整后,对桩身的完整性进行检查,用钢尺测量长度,观察桩的外观。

(3)材料的吊放。起吊预制桩时注意起吊点,防止起吊过程中对桩身的损害。

10.7.2.3　桩位放线

(1)桩位放线依据。建设单位提供的放线依据和设计图纸要求。

(2)桩位放线。依据放线依据采用经纬仪、钢尺,以通视测量法放出轴线、桩位,确保轴线、桩位的位置准确。

(3)桩位检测。放出桩位后,填写放线记录与技术复核,报请总包、监理验收,验收通过后,准备开始施工。

(4)桩位复测。施工期间对桩位定期复测,如发现问题会同有关人员及时处理解决。

10.7.2.4　压施过程

(1)预制桩的起吊。在吊放预制桩前进行垂直校正。预制桩在起吊、运输和安装中应采取措施防止变形,起吊点应设在合理部位。

(2)预制桩的对位。吊放时应对准桩位轻放、慢放,严禁高起猛落,强行下放,防止倾斜、弯折或碰撞。对位时,下面指挥人员要与操作人员及时沟通,对位要准确无误。对位后经总包、监理验收后开始压桩。

(3)预制桩水准的控制。利用水准仪根据建设方提供的水准点在送桩器上做好标志,每挪动一次水准仪必须重新做标志。压施过程中有专人盯水准仪,控制送桩深度。

(4)预制桩垂直度的控制。压施过程中有专人利用经纬仪或线坠控制预制桩的垂直度,随时注意调整。

(5)压桩时,应始终保持桩轴心受压,若有偏移应立即纠正。

(6)接桩应保证上下节桩轴线一致。

(7)施工中,若压阻力超过压桩能力使桩架上抬或倾斜,应立即停压,查明原因,有可能桩尖遇到厚砂层等使阻力增大。当发生这种情况时,可以用最大压桩力作用于桩顶,采用忽停忽开的办法,使桩缓慢下沉,穿过砂层。

(8)静压桩机的挪位。压施后静压桩机挪位时要防止桩位变形,及时对桩位进行复测。

10.8　树根桩

10.8.1　树根桩及其特点

树根桩是一种小型的就地钻孔灌注桩,也叫微型桩。树根桩法适用于淤泥、淤泥质土、黏性土、粉土、砂土、碎石土及人工填土等地基土,适用于建筑的修复和增层、古建筑的整修、地下铁道的穿越等加固工程。

树根桩的特点:

(1)施工时所需场地小。

(2)施工噪声和振动小,使已损而需托换的建筑物比较安全。

(3)所有操作都可以在地面上进行,与其他传统的托换相比,较方便。

(4)压力灌浆使树根与土密切结合,因此无需担心桩的细长比很大时可能发生的失稳现象。

10.8.2　树根桩的设计原则

(1)树根桩的直径宜为 150 ~ 300 mm,桩长不宜超过 30 m,桩的布置可采用直桩型或网状结构斜桩型。

(2)树根桩的单桩竖向承载力可通过单桩载荷试验确定,尚应考虑既有建筑的地基变形条件的限制和桩身材料的强度要求。

(3)桩身混凝土强度等级应不小于 C20,钢筋笼外径宜小于设计桩径 40 ~ 60 mm。主筋不宜少于 3 根,对软弱地基,主要承受竖向荷载时的钢筋长度不得小于 1/2 桩长,主要承受水平荷载时应全长配筋。

(4)树根桩设计时,应对既有建筑的基础进行有关承载力的验算。当不满足上述要求时,应先对原基础进行加固或增设新的桩承台。

10.8.3 树根桩的施工规定

(1)桩位平面允许偏差为 ±20 mm,直桩垂直度和斜桩倾斜度偏差均应按设计要求不得大于 1%。

(2)可采用钻机成孔,穿过原基础混凝土。在土层中钻孔时宜采用清水或天然泥浆护壁,也可用套管。

(3)钢筋笼宜整根吊放。当分节吊放时,节间钢筋搭接焊缝长度:双面焊不得小于 5 倍钢筋直径,单面焊不得小于 10 倍钢筋直径。注浆管应直插到孔底,需二次注浆的树根桩应插两根注浆管,施工时应缩短吊放和焊接时间。

(4)当采用碎石和细石填料时,填料应经清洗,投入量不应小于计算桩孔体积的 0.9 倍,填灌时应同时用注浆管注水清孔。

(5)注浆材料可采用水泥浆液、水泥砂浆或细石混凝土,当采用碎石填灌时,注浆应采用水泥浆。

(6)当采用一次注浆时,泵的最大工作压力不应低于 1.5 MPa,开始注浆时需要 1 MPa 的起始压力,将浆液经注浆管从孔底压出,接着注浆压力宜为 0.1 ~ 0.3 MPa,使浆液逐渐上冒,直至浆液泛出孔口停止注浆。当采用二次注浆时,泵的最大工作压力不应低于 4 MPa。待第一次注浆的浆液初凝时方可进行第二次注浆,浆液的初凝时间根据水泥品种和外加剂掺量确定,可控制在 45 ~ 60 min。第二次注浆压力宜为 2 ~ 4 MPa,二次注浆不宜采用水泥砂浆和细石混凝土。

(7)注浆施工时应采取间隔施工、间歇施工或增加速凝剂掺量等措施,以防止出现相邻桩冒浆和串孔现象。树根桩施工不应出现缩颈和塌孔。

(8)拔管后应立即在桩顶填充碎石,并在 1 ~ 2 m 内补充注浆。

10.8.4 树根桩的质量检验

(1)每 3 ~ 6 根桩应留一组试块,测定抗压强度,桩身强度应符合设计要求。

(2)应采用载荷试验检验树根桩的竖向承载力,有经验时也可采用动测法检验桩身质量。两者均应符合设计要求。

思考题

10-1 试从材料、荷载传递、制作方式、承台位置、设置效应等角度对桩进行分类。

10-2 说明常见桩型的优缺点和使用条件。本地区目前使用较多的较经济的桩型是什么?

10-3 单桩承载力的确定方法有哪几种?

10-4 何谓单桩竖向承载力标准值、承载力极限标准值、承载力设计值?承载力设计值有哪些不同的含义与确定方法?

10-5 说明桩侧负摩擦力以及产生的条件和场合。

10-6　什么情况下要验算群桩基础的地基沉降?

10-7　桩基础设计的主要步骤是什么? 你认为如要降低桩基造价从何处着手为宜?

10-8　计算单桩水平承载力的方法对地基土抗力作何假定? 如何通过计算确定单桩水平承载力?

10-9　沉井、地下连续墙、锚杆静压桩和树根桩各有什么特点与局限性? 一般用于哪些场合?

习　题

10-1　某场地从地面起土层的分布是:第一层黏土厚 2.5 m,天然含水量 $\omega=32\%$, $\omega_l=42\%$, $\omega_P=22\%$;第二层为淤泥质土,厚 12 m;第三层为粉土, $e=0.9$,厚 6 m;第四层为细砂,中密至密实,厚度≥10 m。试确定各层土的桩周摩阻力和第四层细砂的桩端土的承载力计算指标。所引用的规范及桩型如下:

(1)按《建筑地基基础设计规范》确定承载力指标的标准值。桩型:混凝土预制桩。

(2)按《建筑桩基技术规范》确定承载力指标的极限标准值。桩型:混凝土预制桩、水下钻孔桩、沉管桩。

10-2　经研究采用 400 mm×400 mm 的预制混凝土桩,承台埋入地面以下 1.5 m,桩端打入粉细砂层 1.5 m(未计桩尖),按以下要求试确定单桩承载力。

(1)按《建筑地基基础设计规范》确定单桩承载力的标准值、设计值;

(2)按《建筑桩基技术规范》确定单桩承载力设计值。

计算时承台下桩数分别按 3 根和 5 根考虑(取 $\eta_s=0.90$, $\eta_p=1.18$)。

10-3　已知柱底面尺寸为 400 mm×600 mm,计至地面的柱底的竖向承载力 $F=4\ 800$ kN,弯矩 $M_y=500$ kN·m、$M_x=200$ kN·m,试设计该桩基础(设计建议:采用矩形五桩承台,最小间距 1.2 m,承台的面积 2 m×3 m,长向平行于 x 轴,统一规定采用《建筑桩基技术规范》确定的承载力设计值)。

第 11 章　地基处理与质量检验

学习指导

遇到地质条件不良的地基或软弱地基时，地基处理手段多样化，而且其处理效果的评价需要基于科学的质量检验结论。

学习目标

掌握各种地基加固、补强等技术措施，改善地基土的工程性状，以满足工程要求。掌握地基处理措施实施后的工程质量检验手段与方法。

学习重点

软弱地基处理的方法及其原理，地基处理效果的检验标准。

11.1　概　述

工程建设中，有时不可避免地遇到地质条件不良的地基或软弱地基，这样的地基不能满足设计建筑物对地基强度与稳定性和变形的要求时，常采取各种地基加固、补强等类技术措施，改善地基土的工程性状，以满足工程要求，这些工程措施统称为地基处理，处理后的地基称人工地基。

11.1.1　常见的软弱土及不良土

地基处理内容、方法与各类工程对地基的工程性能要求和地基土层的分布及土类的性质有关，针对工程在实际土类中所出现的地基问题，提出相互适应的地基处理方案。因此，在讨论地基处理内容与方法时，应先了解被处理地基土的基本性质，以便有的放矢。

在土木工程建设中经常遇到的软弱土和不良土主要有如下几种：淤泥及淤泥质土、有机质土和泥炭土、粉质黏土、细粉砂土、砂砾石类土、冲填土、杂填土、湿陷性黄土、膨胀土、红黏土、冻土以及岩溶等。下面简要阐述如下。

11.1.1.1　淤泥及淤泥质土

这类土简称为软土，为第四纪后期在滨海、河漫滩、河口、湖沼和冰碛等地质环境下的黏性土沉积，大部分是饱和的，含有机质，天然含水量大于液限，孔隙比大于 1，抗剪强度低，压缩性高，渗透性小，具有结构性。当天然孔隙比 $e \geq 1.5$ 时，称为淤泥；$1.5 > e \geq 1$ 时，称为淤泥质土。这类土比较软弱，天然地基的承载力较小，易出现地基局部破坏和滑动；在荷载作用下产生较大的沉降和不均匀沉降，以及较大的侧向变形，且沉降与变形持续的时间很长，甚至出现蠕变等。它广泛分布于我国东南沿海地区及内陆湖沼河岸附近。杂填土和冲填土中的部分饱和黏性土，其性质与淤泥质土相似，也归于软土的范畴中。杂填土往往不均匀；冲填土则比被冲填原状土差，比较松软。有机质含量超过 25% 的软土称为泥炭质土或泥炭,这种土的强度很低,压缩性甚大,是工程上要特别慎重对待的。

11.1.1.2　细粉砂土、粉土和粉质黏土

相对而言,这类土在静荷载作用下虽然具有较高的强度,压缩性较小,但在机器振动、波浪或地震力的反复作用下可能产生液化或震陷变形,随振动速度的增大,地基会因地基土体液化而失去承载力。所以,这类土的地基处理问题主要是抗震动液化和隔振等。

11.1.1.3　砂土、砂砾石等

这类土的强度和变形性能是随着其密度的大小变化而变化的,一般来说强度较高,压缩性不大,但透水性较大,所以这类土的地基处理问题主要是抗渗和防渗,防止地基土发生流土和管涌等渗透破坏。

11.1.1.4　冲填土

冲填土是利用水力、水利设施等方法将江河泥沙冲吹回填淤积形成的沉积土,它的工程特性主要取决于土的颗粒成分、均匀程度和排水固结条件。含黏土颗粒较多,含水量较大且排水困难的吹填土,属强度较低、压缩性较高的欠固结软弱土;以砂或其他粗粒土为主组成的吹填土,因排水条件好,不属于软弱土范畴。

11.1.1.5　杂填土

杂填土是指因人类活动而堆积形成的无规则堆积物,如建筑垃圾、工业废料和生活垃圾等。它的成因无规律,成分复杂,分布极不均匀,结构松散。其工程特性是:强度低,压缩性高,均匀性差,一般还有浸水湿陷性。

11.1.1.6　湿陷性黄土

湿陷性黄土是指在覆盖土层的自重应力或自重应力和建筑物附加应力综合作用下,受水浸湿后,土的结构迅速破坏,并发生显著的附加沉降,其强度也迅速降低。当黄土作为建筑物地基时,首先要判断它是否具有湿陷性,然后才考虑是否需要地基处理以及如何处理。

11.1.1.7　膨胀土

膨胀土是指黏粒成分主要由亲水性黏土矿物组成的黏性土。膨胀土在环境的温度和湿度变化时会产生强烈的胀缩变形。当膨胀土作为建筑物地基时,如果没有采取必要的地基处理措施,膨胀土饱水膨胀,失水收缩常会给建筑物造成危害。

11.1.1.8　红黏土

红黏土是指出露地表的碳酸盐类岩石,在湿热气候条件下经风化、淋滤和红土化作用而形成的一种高塑性黏土。红黏土中裂隙普遍发育,地下水沿裂隙活动,对红黏土的工程性质十分不利。

11.1.1.9　冻土

温度为 0 ℃或 0 ℃以下,含有冰且土颗粒呈胶结状态的土称为冻土。根据冻土冻结延续时间可分为季节性冻土和多年冻土两大类。由于冻结时水相变化及其结构和物理、力学性质的影响,冻土作为建筑物地基需慎重,需要采取必要的处理措施。

11.1.2　地基处理的方法及分类

每一种地基处理方法都有明确的针对性和特殊性,没有一种方法是万能的、普遍适用

的。按照处理方法的作用原理，常用的地基处理方法见表 11-1。

表 11-1　软弱土地基处理方法分类

编号	分类	处理方法	原理及作用	适用范围
1	碾压及夯实	重锤夯实、机械碾压、振动压实、强夯（动力固结）	利用压实原理，通过机械碾压夯击，把表层地基土压实；强夯则利用强大的夯击能，在地基中产生强烈的冲击波和动应力，迫使土动力固结密实	适用于碎石土、砂土、粉土、低饱和度的黏性土、杂填土等，对饱和黏性土应慎重采用
2	换土垫层	砂石垫层、素土垫层、灰土垫层、矿渣垫层、加筋土垫层	以砂石、素土、灰土和矿渣等强度较高的材料置换地基表层软弱土，提高持力层的承载力，扩散应力，减少沉降量	适用于处理地基表层软弱土和暗沟、暗塘等软弱土地基
3	排水固结	天然地基预压、砂井及塑料排水带预压、真空预压、降水预压和强力固结等	在地基中增设竖向排水体，加强地基的固结和强度增长，提高地基的稳定性；加速沉降发展，使基础沉降提前完成	适用于处理饱和软弱黏土层；对于渗透性极低的泥炭土，必须慎重对待
4	振冲挤密	振冲挤密、沉桩振密、灰土挤密、砂桩、石灰桩、爆破挤密等	采用一定的技术措施，通过振动或挤密，使土体的孔隙减少，强度提高；必要时在振动挤密的过程中，回填砂、砾石、灰土、素土等，与地基土组成复合地基，从而提高地基的承载力，减少沉降量	适用于处理松砂、粉土、杂填土及湿陷性黄土、非饱和黏性土等
5	置换及拌入	振冲置换、冲抓置换、深层搅拌、高压喷射注浆、石灰桩等	采用专门的技术措施，以砂、碎石等置换软弱土，地基中掺入水泥、石灰或砂浆等形成加固体，与未处理部分土组成复合地基，从而提高地基承载力，减少沉降量	黏性土、冲填土、粉砂、细砂等，振冲置换法限于不排水抗剪强度为 20 kPa 的地基土
6	加筋	土工合成材料加筋、锚固、树根桩、加筋土	在地基或土体中埋设强度较大的土工合成材料、钢片等加筋材料，使地基或土体能承受抗拉力，防止断裂，保持整体性，提高刚度，改变地基土体的应力场和应变场，从而提高地基的承载力，改善变形特性	软弱土地基、填土及陡坡填土、砂土
7	其他	灌浆、冻结、托换技术、纠倾技术	通过特种技术措施处理软弱土地基	根据实际情况确定

11.1.3　地基处理的目的

选择地基处理方法时，要针对工程在实际土类中所出现的地基问题，因地制宜地选择与工程相互适应的地基处理方案。建筑物的地基所面临的问题有以下五方面：①强度及稳定性问题；②压缩及不均匀沉降问题；③渗漏问题；④液化问题；⑤特殊土的特殊问题。

因此，地基处理的主要目的包括：①提高地基土的抗剪强度，以满足设计对地基承载力和稳定性的要求；②改善地基的变形性质，防止建筑物产生过大的沉降和不均匀沉降以及侧向变形等；③改善地基的渗透性和渗透稳定，防止渗流过大和渗透破坏等；④提高地基土的抗振(震)性能，防止液化，隔振和减小振动波的振幅等；⑤消除特殊土的不良特性，如黄土的湿陷性，膨胀土的胀缩性等。

11.2　浅层地基开挖置换法

换土垫层法是指全部或部分挖除地基表层软土或特殊土，换填强度较高、稳定性较好的砂、碎石、灰土和素土等，并分层夯实构成垫层。其作用为：①通过换填后的垫层，有效提高基底持力层的抗剪强度，降低其压缩性，防止局部剪切破坏和挤出变形；②通过垫层，扩散基底压力，降低下卧软土层的附加应力；③垫层(砂、石)可作为基底下水平排水层，增设排水面，加速浅层地基的固结，提高下卧软土层的强度等。总而言之，换土垫层可有效提高地基承载力，均化应力分布，调整不均匀沉降，减少部分沉降值。

换填法适用于淤泥、淤泥质土、湿陷性黄土、素填土、杂填土地基及暗沟、暗塘等的浅层处理，处理深度通常控制在 3 m 以内。垫层过厚需挖深坑，费工耗料，经济、技术上往往不合理，但垫层厚度也不宜小于 0.5 m，因垫层的厚度太薄，垫层的作用也就不显著了。

不同材料的垫层，其应力分布稍有差异，但从试验结果分析其极限承载力还是比较接近的；通过沉降观测资料发现，不同材料垫层的特点基本相似，故可将各种材料的垫层设计都近似地按砂垫层的计算方法进行计算。但对湿陷性黄土、膨胀土、季节性冻土等某些特殊土采用换土垫层处理时，因其主要处理目的是消除地基土的湿陷性、膨胀性和冻胀性，所以在设计时需考虑的解决问题的关键也应有所不同。

11.2.1　换土垫层的设计

换土垫层一般应用于处理房屋和水闸基础下的软土地基，设计的内容主要是确定垫层的合理厚度和宽度，并验算地基的承载力与稳定性和沉降。

11.2.1.1　垫层厚度的确定

当软弱土层的厚度不大时，可将基础底面下处理范围内的软弱土层全部挖去。

当软弱土层的厚度很大时，只能部分挖除软弱土层，砂垫层的厚度应根据软弱下卧层的承载力确定。软弱下卧层顶的应力值及软弱下卧层承载力设计值的计算参照相关内容。各种垫层的压力扩散角可按表 11-2 取用。

表 11-2　压力扩散角 θ

z/b	换填材料		
	中粗砂、砾、碎石、石屑	粉质黏土	灰土
0.25	20°	6°	28°
≥0.50	30°	23°	28°

注：当 $z/b<0.25$ 时，除灰土仍取 $\theta=28°$ 外，其余材料均取 $\theta=0°$；当 $0.25<z/b<0.5$ 时，θ 值可内插求得。

11.2.1.2　垫层宽度的确定

宽度一方面要满足应力扩散的要求，另一方面要防止垫层向两侧挤出。常用经验的扩散角法来确定。设垫层的厚度为 z，基础的底宽为 b，则扩散层的底宽可按基础的底宽 b（或底长 l）向外扩出 $2z\tan\theta$，即垫层宽度 $b' \geqslant b + 2z\tan\theta$（或垫层长度 $l' \geqslant l + 2z\tan\theta$）。底面尺寸确定后，根据开挖基础所要求的坡度延伸至地面，即得砂垫层的设计剖面。

11.2.1.3　承载力的验算

需对垫层承载力和软弱下卧层的承载力进行验算，垫层的承载力宜通过现场试验确定。

11.2.1.4　沉降验算

对于比较重要的建筑物还要求验算基础的沉降，要求最终沉降量小于设计建筑物的允许沉降值。建筑物基础沉降等于垫层自身的变形量 s_1 与下卧土层的变形量 s_2 之和，s_1 可按式 $s_1 = \frac{p_0 + p_z}{2} \times \frac{z}{E_s}$ 求得，s_2 可按分层总和法进行计算。

11.2.2　换土垫层的施工

11.2.2.1　垫层材料的选择

垫层类型根据建筑工程的类型及换土垫层的目的来选择，按表 11-3 选用。

表 11-3　垫层材料分类及其适用范围

垫层材料分类	适用范围
砂石、碎石垫层	多用于中小型建筑工程的浜、塘、沟等的局部处理。适用于一般饱和、非饱和的软弱土和水下黄土地基。不宜用于湿陷性黄土地基，也不宜用于大面积堆载、密集基础和动力基础的软土地基处理，砂垫层不宜用于地下水流速快、流量大的地基处理
素土垫层	适用于中小型建筑工程及大面积回填、湿陷性黄土地基的处理
灰土垫层	适用于中小型建筑工程，尤其适用于湿陷性黄土地基的处理
粉煤灰垫层	适用于厂房、机场、港区陆域和堆场等大、中、小型工程的大面积填筑
矿渣垫层	适用于中小型建筑工程，但对于受酸性或碱性废水影响的地基不得采用

各种垫层材料的选用标准应符合下列要求。

1）*砂石*

应选用级配良好的中砂、粗砂、砾砂、圆砾、角砾、碎石、卵石或石屑（粒径小于 2 mm 的部分不应超过总重的 45%），不含植物残体、垃圾等杂质，砂石的最大粒径不宜大于 50 mm。若用粉细砂或石粉，应掺入 30% ~50% 的碎石。对具有排水要求的砂石垫层，含泥量不得超过 3%。

2）*素土*

素土土料中有机质含量不得超过 5%，亦不得含有冻土或膨胀土。当含有碎石时，碎石粒径不宜大于 50 mm。用于湿陷性黄土地基或膨胀土地基时，土料中不得夹有砖、瓦和石块等渗水材料。

3）灰土

体积比宜为 2:8 或 3:7。土料宜用粉质黏土，不宜使用块状黏土或砂质粉土，不得含有松软杂质，并应过筛，其颗粒不得大于 15 mm。石灰宜用新鲜的消石灰，其颗粒不得大于 5 mm。

4）粉煤灰

粉煤灰可分为湿排灰和调湿灰。粉煤灰垫层上宜覆土 0.3～0.5 m。粉煤灰垫层中掺入添加剂时，应通过试验确定其性能及适用条件。作为建筑物垫层的粉煤灰应符合放射性安全标准的要求。

5）干渣

干渣垫层材料可根据工程的具体条件选用分级干渣、混合干渣或原状干渣。小面积垫层一般用 8～40 mm 与 40～60 mm 的分级干渣，或 0～60 mm 的混合干渣；大面积铺垫时，可采用混合干渣或原状干渣，原状干渣最大粒径不大于 200 mm 或不大于碾压分层虚铺厚度的 2/3。选用矿渣的松散密度不小于 1.1 t/m^3，泥土与有机质含量不大于 5%。

11.2.2.2　施工参数的确定

选用的垫层材料应进行室内击实试验，确定最大干密度 $\rho_{d\max}$ 和最优含水量 ω_{op}。

粉质黏土和灰土的施工含水量宜控制在最优含水量 ω_{op} ±2% 的范围内，粉煤灰的施工含水量宜控制在最优含水量 ω_{op} ±4% 的范围内。

根据表 11-4 确定垫层的压实系数 λ_c 计算设计要求的干密度，依此作为检验砂垫层质量控制的技术标准。

表 11-4　各种垫层的压实标准

施工方法	换填材料类别	压实系数 λ_c
碾压、振密或夯实	碎石、卵石	0.94～0.97
	砂夹石（其中碎石、卵石占全重的 30%～50%）	
	土夹石（其中碎石、卵石占全重的 30%～50%）	
	中砂、粗砂、砾砂、角砾、圆砾、石屑	
	粉质黏土	0.94～0.97
	灰土	0.95
	粉煤灰	0.90～0.95

注：土的最大干密度宜采用击实试验确定；当采用轻型击实试验时，压实系数宜取高值，当采用重型击实试验时，压实系数可取低值。

垫层的分层铺设厚度及每层的压实遍数与施工机械有关，应通过试验确定。

11.2.2.3　施工方法

垫层的施工方法一般可分为机械碾压法、重锤夯实法和振动压实法三种。

1）机械碾压法

机械碾压法是采用压路机、推土机、羊足碾、振动碾或其他压实机械来压实软弱地基土或分层填土垫层。当碾压以黏性土为主的软弱土时，宜采用平碾或羊足碾；对杂填土可用平碾；对砂土、湿陷性黄土、碎石类土和杂填土宜采用振动碾或振动压实机；对于狭窄场地、边角及接触带可用蛙式夯实机。此法常用于基坑面积大和开挖土方量较大的工程。

施工时先将拟建建筑物范围一定深度内的软弱土挖出，开挖的深度及宽度应视设计的具体要求而定，把基坑底部土碾压加固后，分层填筑，逐层压密。分层的厚度应视压实功能的大小而定。

2）重锤夯实法

重锤夯实法是利用起重机械将重锤（>2 t）吊至一定的高度（>4 m），使其自由下落，利用重锤下落的冲击能来夯实地基浅层土体。经过重锤的反复夯击，使地表面形成一层较为均匀的硬壳层，从而达到加固地基的目的。此法主要用于小面积回填土。重锤夯实法一般适用于地下水位距地表 0.8 m 以上稍湿的一般黏性土、砂土、杂填土、湿陷性黄土和分层填土。

重锤夯实法的主要机具设备为起重机、夯锤、钢丝绳和吊钩等。直接用钢丝绳悬吊夯锤时，吊车的起重能力一般应大于锤重的 3 倍；采用脱钩夯锤时，起重能力应大于夯锤质量的 1.5 倍。夯锤宜采用圆台形，锤重应大于 2 t，锤底面单位静压力宜为 15～20 kPa，夯锤落距应大于 4 m。

重锤夯实法施工前应在现场试夯，试夯面积不小于 10 m×10 m，试夯层数不少于 2 层。在条形基础或大面积基坑内夯击时，第一遍宜一夯挨一夯进行，第二遍应在第一遍的间隙点夯击，如此反复，最后两遍应一夯套半夯；在独立桩基基坑内，宜采用先外后里或先周围后中间的顺序进行夯打；当基坑底面标高不同时，应先深后浅逐层夯实。

一般情况下，增大夯击功或夯击遍数可提高夯击效果，但当土被夯实到某一密度时，再增加夯击功或夯击遍数，土的密度不再增大，有时反而降低。因此，应进行现场试验，确定符合夯击密实度要求的最少夯击遍数、最后下沉量（最后两击的平均下沉量）、总下沉量及有效夯实深度等。黏性土、粉土及湿陷性黄土最后下沉量不超过 10～20 mm，砂土不超过 5～10 mm 时停止夯击。施工时夯击遍数应比试夯时确定的最少夯击遍数增加 1～2 遍，由实践经验，夯实的有效影响深度约为锤底直径的 1 倍。

3）振动压实法

振动压实法是利用振动压实机来处理无黏性土或黏粒含量少、透水性较好的松散杂填土等地基的一种处理方法。振动压实机的工作原理是由电动机带动两个偏心块以相同速度反向转动，由此产生较大的垂直振动力。这种振动机的频率为 1 160～1 180 r/min，振幅为 3.5 mm，激振力可达 50～100 kN。

振动压实的效果与填土的成分、振动时间等因素有关，一般施工前先进行试振，以确定振动所需的时间和产生的下沉量。对炉灰和细粒填土，振实时间为 3～5 min，有效的振实深度为 1.2～1.5 m。一般杂填土经振实后，地基承载力基本值可达 100～120 kPa。施工时应考虑地下水的影响，如果地下水位太高，将影响振实效果。

11.2.3　垫层质量检验

对粉质黏土、灰土、粉煤灰和砂石垫层的施工质量检验，可用环刀法、贯入仪、静力触探、轻型动力触探或标准贯入试验检验；对砂石、矿渣垫层可用重型动力触探检验，并均应通过现场试验以设计压实系数所对应的贯入度为标准检验垫层的施工质量。压实系数也可采用环刀法、灌砂法、灌水法或其他方法检验。垫层的施工质量检验必须分层进行，应在每层的压实系数符合设计要求后铺填上层土。

机械碾压地基的质量检验，必须随工程施工进行。分层回填碾压时，每碾压完一层，应检验该层土的平均干密度和含水量，当符合设计要求后，才能铺填上面土层。采用环刀法，每个基坑或每 100 ~ 500 m^2 内应设一个检验点。

重锤夯实后地基加固质量的检验，除应检查施工记录及试夯最后下沉量的规定外，还要检验加固质量。每一单独基础至少应有一个检验点，基槽每 30 m 应有一点，整片地基每 100 m^2 不少于 2 点。如果质量不合格，应进行补夯。

振动压实法是利用各种振动压实机，将松散土振动压密。此法适用于处理无黏性土或黏粒含量少、透水性较好的松散杂填土地基。

11.3　深层地基的挤密法

11.3.1　强夯法

强夯法（Dynamic Consolidation Approach）是法国梅纳（L. Menard，1969）首创的一种地基处理方法，它是通过 10 ~ 40 t 的重锤和 10 ~ 40 m 的落距，对地基土施加很大的冲击能，在地基土中形成冲击波和动应力，对地基进行强力夯实。

强夯法适用于处理碎石土、砂土、低饱和度的粉土与黏性土、湿陷性黄土、素填土和杂填土等地基。对饱和软弱土要采用慎重态度，应通过现场试验并检验能取得良好效果才能采用。在工程上主要应用于：①加固建筑物松散软弱土地基，在场地上强夯后建造建筑物，可以提高地基承载力、减少沉降和不均匀沉降；②处理非均匀性土层地基，通过强夯使土层的密度均化，减少沉降和不均匀沉降，如杂填土地基；③强夯处理可液化地基等。

实践证明，强夯法具有施工简单、加固效果好、使用经济等优点，已在各类土木工程中应用并取得了良好的技术经济效果。如图 11-1 所示，经强夯后的地基承载力可提高 2 ~ 5 倍，压缩性降低 200% ~ 500%，影响深度达 10 m 以上。但应用于饱和软土，必须给予排水的出路，为此，强夯法加袋装砂井（或塑料排水带）是一个在软黏土地基上进行综合处理的加固途径。但该方法施工时振动大、噪声大，影响邻近建筑物的安全，不宜在建筑群中

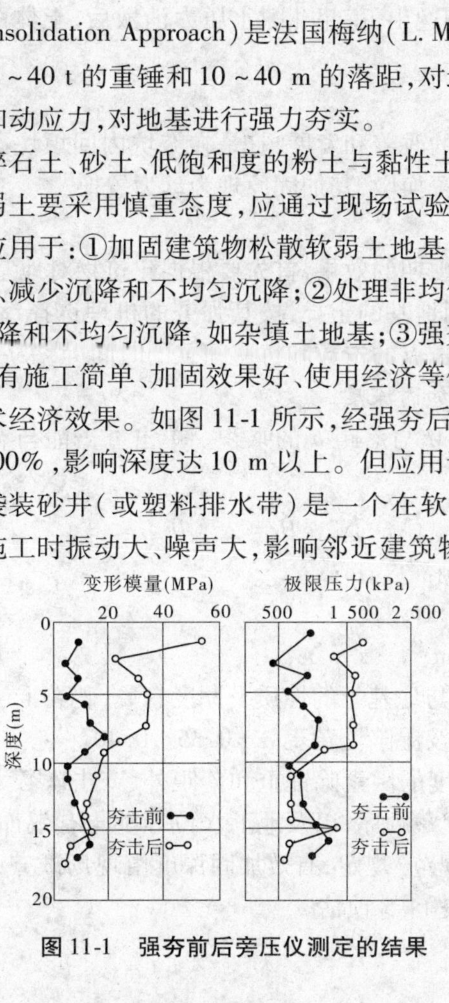

图 11-1　强夯前后旁压仪测定的结果

的场地上使用。

11.3.1.1　强夯法的机理

目前，强夯法加固地基有三种不同的加固机理：动力密实、动力固结和动力置换，它取决于地基土的类别和强夯施工工艺。

1) 动力密实

采用强夯加固多孔隙、粗颗粒、非饱和土是基于动力密实的机理，即用冲击型动力荷载，使土体中的孔隙减小，土体变得密实，从而提高地基土强度。非饱和土的夯实过程就是土中的气相(空气)被挤出的过程，其夯实变形主要是由于土颗粒的相对位移引起的。实际工程表明，在冲击动能作用下，地面会立即产生沉降，一般夯击一遍后，其夯坑深度可达0.6～1.0 m，夯坑底部形成一层超压密硬壳层，承载力可比夯前提高2～3倍。非饱和土在中等夯击能量(1 000～2 000 kN · m)的作用下，主要是产生冲切变形，在加固深度范围内气相体积大大减少，最大可减少60%。

2) 动力固结

采用强夯法处理细颗粒饱和土时，是借助于动力固结理论，即巨大的冲击能量在土中产生很大的应力波，破坏了土体原有的结构，使土体局部发生液化并产生许多裂隙，增加了排水通道，使孔隙水顺利逸出，待超孔隙水压力消散后，土体固结结束。由于软土的触变性，强度得到提高。

3) 动力置换

强夯置换法是强夯法的改善和发展，它是在夯坑内回填块石、碎石等粗颗粒材料，用夯锤夯击形成连续的强夯置换墩，其加固原理为动力置换。

11.3.1.2　强夯法设计

为了使强夯加固达到预期的效果，首先要根据建筑物对地基加固的要求，确定所需的夯击能量，然后根据被加固地基的土类，按其强夯的机理选择锤重、落高、夯击点的间距、排列、夯击的遍数、每遍夯击点的击数和每遍间歇的时间等，最后检验夯击的效果。

1) 单击夯击能与有效加固深度

单击夯击能为夯锤重 M 与落距 h 的乘积。单击夯击能与有效加固深度的关系可用经验公式估算：

$$H = \alpha\sqrt{Mh} \tag{11-1}$$

式中　H——加固区的影响深度，m；

M——夯锤的重量，kN；

h——夯锤的落高，m；

α——经验系数，它与地基土的性质及厚度有关，砂类土、碎石类土 $\alpha = 0.4 \sim 0.45$，粉土、黏性土及湿陷性黄土 $\alpha = 0.35 \sim 0.40$。

由于影响有效加固深度的因素除锤重和落距外，夯击次数、锤底单位压力、地基土的性质、不同土层的厚度和埋藏顺序，以及地下水位等都与有效加固深度有着密切的联系，所以《建筑地基处理技术规范》规定，有效加固深度由现场试夯或当地经验确定。在缺少经验或试验资料时，可按表11-5预估。

表 11-5　强夯的有效加固深度

单击夯击能(kN·m)	有效加固深度(m)	
	碎石土、砂土等粗颗粒土	粉土、黏性土、湿陷性黄土等细颗粒土
1 000	5.0 ~ 6.0	4.0 ~ 5.0
2 000	6.0 ~ 7.0	5.0 ~ 6.0
3 000	7.0 ~ 8.0	6.0 ~ 7.0
4 000	8.0 ~ 9.0	7.0 ~ 8.0
5 000	9.0 ~ 9.5	8.0 ~ 8.5
6 000	9.5 ~ 10.0	8.5 ~ 9.0
8 000	10.0 ~ 10.5	9.0 ~ 9.5

注:强夯的有效加固深度应从起夯面算起。

2)起夯面的设计

起夯面可设在基底,也可高于或低于基底。高于基底是预留压实高度,使夯实后表面与基底为同一标高;低于基底是当要求加固深度加大,能量级达不到所需加固深度时,降低起夯面,在满夯时再回填至基底以上,使满夯后与基底标高一致,这时满夯的加固深度加大,需增大满夯的单击夯击能。

3)夯锤和落距

在设计中,根据需要加固的深度初步确定采用的单击夯击能,然后根据机具条件因地制宜地确定锤重和落距。

夯锤材质最好用铸钢,也可用钢板为外壳内灌混凝土的锤。夯锤的平面一般为圆形,夯锤中设置若干个上下贯通的气孔,孔径可取 250 ~ 300 mm,它可减小起吊夯锤时的吸力(在上海金山石油化工厂的试验工程中测出,夯锤的吸力达 3 倍锤重),又可减小夯锤着地前的瞬时气垫的上托力。锤重有 100 kN、150 kN、200 kN、300 kN 等,锤底面积宜按土的性质确定,锤底静压力值可取 25 ~ 40 kPa,对于细颗粒土锤底静接地压力宜取较小值。对砂性土和碎石填土,一般锤底面积为 2 ~ 4 m^2;对一般第四纪黏性土建议用 3 ~ 4 m^2;对于淤泥质土建议采用 4 ~ 6 m^2;对于黄土建议采用 4.5 ~ 5.5 m^2。

夯锤确定后,根据要求的单点夯击能量,就能确定夯锤的落距。国内通常采用的落距是 8 ~ 25 m。对相同的夯击能量,常选用大落距的施工方案,这是因为增大落距可获得较大的接地速度,能将大部分能量有效地传到地下深处,增加深层夯实效果,减少消耗在地表土层塑性变形中的能量。

4)加固范围

由于建筑物的应力扩散作用,强夯处理的范围应大于建筑物基础范围,具体放大范围可根据建筑物类型和重要性等因素考虑决定。对一般建筑物,每边超出基础外缘的宽度宜为设计处理深度的 1/2 ~ 2/3,并不宜小于 3 m。

5)夯击点布置及间距

强夯夯击点位置可根据基底平面形状,采用等边三角形、等腰三角形或正方形布置。同时,夯击点布置时应考虑施工时吊机的行走通道。对独立基础或条形基础可根据基础形状与宽度相应布置。

强夯第一遍夯击点间距可取夯锤直径的 2.5 ~ 3.5 倍，第二遍夯击点位于第一遍夯击点之间。以后各遍夯击点间距可适当减小。对处理深度较深或单击夯击能较大的工程，第一遍夯击点间距宜适当增大。夯击点间距（夯距）的确定，一般根据地基土的性质和要求处理的深度而定，以保证使夯击能量传递到深处和保护邻近夯坑周围所产生的辐射向裂隙为基本原则。

6）夯击击数与遍数

强夯夯点的夯击击数应按现场试夯得到的夯击击数和夯沉量关系曲线确定，且应同时满足下列条件：

（1）最后两击的平均夯沉量不宜大于下列数值：当单击夯击能量小于 4 000 kN · m 时为 50 mm，当夯击能为 4 000 ~ 6 000 kN · m 时为 100 mm，当夯击能大于 6 000 kN · m 时为 200 mm。

（2）夯坑周围地面不应发生过大隆起。

（3）不因夯坑过深而发生起锤困难。

总之，各夯击点的夯击数，应以使土体竖向压缩最大，而侧向位移最小为原则，一般为 4 ~ 10 击。

夯击遍数应根据地基土的性质确定，可采用点夯 2 ~ 3 遍，对于渗透性较差的细颗粒土，必要时夯击遍数可适当增加。最后以低能量满夯 2 遍，满夯可采用轻锤或低落距锤多次夯击，锤印搭接。

7）间歇时间

对于需要分两遍或多遍夯击的工程，两遍夯击间应有一定的时间间隔。各遍间的间歇时间取决于加固土层中超静孔隙水压力消散所需要的时间。但土中超静孔隙水压力的消散速率与土的类别、夯点间距等因素有关，有条件时最好能在试夯前埋设孔隙水压力的传感器，通过试夯确定孔隙水压力的消散时间，从而确定两遍夯击之间的间歇时间。

大量工程实践表明：砂性土超静孔隙水压力的峰值出现在夯完后的瞬间，消散时间只有 2 ~ 4 min；黏性土超静孔隙水压力消散较慢，当夯击能逐渐增加时，孔隙水压力亦相应地叠加，超静孔隙水压力的消散一般需 2 ~ 4 周，因此《建筑地基处理技术规范》规定：当缺少实测资料时，对渗透性较差的黏性土地基，间歇时间不应少于 3 ~ 4 周，对渗透性好的地基可连续夯击。

8）垫层铺设

当场地表土软弱或地下水位较高时，施工前要求拟加固的场地必须具有一层稍硬的表层，使其能支承起重设备，并便于“夯击能”的扩散；同时也可加大地下水位与地表面的距离，以免夯击时夯坑积水。因此，有时铺设垫层是必需的，对场地地下水位在 −2 m 深度以下的砂砾石土层，可直接施行强夯，无需铺设垫层；对地下水位较高的饱和黏性土与易液化流动的饱和砂土，都需要铺设砂、砂砾或碎石垫层才能进行强夯，否则土体会发生流动。垫层厚度随场地的土质条件、夯锤重量及其形状等条件而定。当场地土质条件好，夯锤小或形状构造合理，起吊时吸力小者，也可减小垫层厚度，垫层厚度一般为 0.5 ~ 2.0 m。铺设的垫层不能含有黏土。

11.3.1.3　强夯法施工

强夯施工机具主要是起重机、夯锤和脱钩装置等。常采用辅以门架的履带式起重机，起重量为 15 ~ 50 t。我国强夯工程只具备小吨位起重机的施工条件，所以只能使用滑轮组起吊夯锤，利用自动脱钩装置，使锤形成自由落体。

强夯施工可按下列步骤进行：

(1)清理并平整施工场地。

(2)铺设垫层。

(3)标出第一遍夯击点的位置，并测量场地高程。

(4)起重机就位，使夯锤对准夯点位置。

(5)测量夯前锤顶高程。

(6)将夯锤起吊到预定高度，开启脱钩装置，待夯锤脱钩自由下落后，放下吊钩，测量锤顶高程，当发现因坑底倾斜而造成夯锤歪时，应及时将坑底整平。

(7)重复步骤(6)，按设计规定的夯击次数及控制标准，完成一个夯点的夯击。

(8)换夯点，重复步骤(4) ~ (7)，完成第一遍全部夯点的夯击。

(9)用推土机将夯坑填平，并测量场地高程。

(10)在规定的间隔时间后，按上述步骤逐次完成全部夯击遍数，最后用低能量满夯，将场地表层松土夯实，并测量夯后场地高程。

11.3.1.4　强夯质量检验

现场测试工作是强夯施工中的一个重要组成部分。为此，在大面积施工之前应选择面积不小于 20 m×20 m 的场地进行现场试验，其目的是检验强夯方案实施的效果，并分析能否满足方案的要求。若不符合方案的要求，则需修改方案。

检查施工过程中的各项测试数据和施工记录，不符合设计要求时应补夯或采取其他有效措施。强夯施工结束后应间隔一定时间方能对地基加固质量进行检验。对碎石土和砂土地基，其间隔时间可取 7 ~ 14 d；对粉土和黏性土地基，其间隔时间可取 14 ~ 28 d。

强夯法处理后的地基竣工验收时，承载力检验应采用原位测试和室内土工试验。竣工验收承载力检验的数量应根据场地复杂程度和建筑物的重要性确定。对简单场地上的一般建筑物，每个建筑物地基的检验点不应少于 3 处；对复杂场地或重要建筑物地基应增加检验点数。

11.3.2　砂石桩法

碎石桩、砂桩和砂石桩总称为砂石桩，采用振动、冲击或打入套管等方法在地基中成孔后，将砂或碎石挤压入已成的孔中，形成大直径的砂石所构成的密实桩体，从而加固地基的方法称砂石桩法。

砂石桩法适用于挤密松散砂土、粉土、黏性土、素填土、杂填土等地基，也可用于处理可液化地基。在饱和黏性土地基上对变形控制要求不严的工程也可采用砂石桩置换处理，但如果不预压，砂桩施工后的地基仍会有较大的沉降，因而对沉降要求严格的建筑物而言，就难以满足沉降的要求。所以，应按工程对象区别对待，最好能进行现场试验研究以后再确定。

11.3.2.1　加固机理

砂石桩法的加固机理主要有以下三个方面。

1)挤密作用

对沉管法或干振法形成的砂石桩,由于在成桩过程中桩管对周围砂层产生很大的横向挤压力,桩管中的砂挤向桩管周围的砂层,使桩管周围的砂层孔隙比减小,密实度增大,这就是挤密作用。

2)排水减压作用

对砂土液化机理的研究证明,当饱和松散砂土受到剪切循环荷载作用时,将发生体积的收缩和趋于密实,在砂土无排水条件时,体积的快速收缩将导致超静孔隙水压力来不及消散而急剧上升。当砂土中有效应力降低为零时,便形成了完全液化。碎石桩加固砂土时,桩孔内充填碎石(卵石、砾石)等反滤性好的粗颗粒料,在地基中形成渗透性能良好的人工竖向排水减压通道,可有效地消散超孔隙水压力和防止砂土产生液化,并可加快地基的排水固结。

3)砂基预震效应

美国 H. B. Seed 等(1975)的试验表明,相对密实度 $D_r=54\%$ 但受过预振影响的砂样,其抗液化能力相当于相对密实度 $D_r=80\%$ 的未受过预震的砂样。从而得出了砂土液化特性除与砂土的相对密实度有关外,还与其振动应变史有关的结论。国外报道中指出,只要小于 0.074 mm 的细颗粒含量不超过 10%,都可得到显著的挤密效应。根据经验数据,土中细颗粒含量超过 20% 时,振动挤密法不再有效。

对于松软黏性土,砂桩挤密效果不如在砂土中明显,但由于砂桩和土体共同组成复合地基,共同承担荷载,从而能提高整体地基的承载力和稳定性。

11.3.2.2　设计计算

砂石桩法的设计内容包括砂石桩加固的范围、桩位的布置、加固深度、桩长、桩径、桩间距和桩数等。

1)砂石桩加固的范围

砂石桩加固范围应根据建筑物的重要性和场地条件及基础型式而定,通常都应大于基底面积,处理宽度宜在基础外缘扩大 1 ~ 3 排桩;对可液化地基,在基础外缘扩大宽度不应小于可液化土层厚度的 0.5 倍,并不应小于 5 m。

2)桩位的布置

砂石桩的孔位布置宜采用等边三角形、等腰三角形、正方形和矩形。对于砂土地基,使用等边三角形较为有利;对于大面积满堂处理,宜用等边三角形布置;对独立或条形基础,宜用正方形、矩形或等腰三角形布置;对于圆形或环形基础,宜用放射形布置。

3)桩长

砂石桩桩长应按工程要求和工程地质条件计算确定:

(1)当相对硬层的埋藏深度不大时,应按相对硬层埋藏深度确定。

(2)当相对硬层的埋藏深度较大时,对按变形控制的工程,加固深度应满足碎石桩或砂桩复合地基变形不超过建筑物地基容许变形值的要求。

(3)对按稳定性控制的工程,桩长应不小于最危险滑动面以下 2 m 的深度。

(4)对可液化地基,桩长应按现行国家标准《建筑抗震设计规范》的有关规定采用。

(5)桩长不宜短于 4 m。

4)桩径

桩径应根据地基土质情况和成桩设备等因素确定,一般采用 300 ~ 800 mm,桩径太小则移动机具太频繁,施工效率低;桩径太大则需大型机具。对饱和黏性土地基宜选用较大的直径。

5)桩间距

桩的间距应通过现场试验确定。对粉土和砂土地基,不宜大于砂石桩直径的 4.5 倍,对黏性土地基不宜大于砂石桩直径的 3 倍。

初步设计时,碎(砂)石桩的间距也可按公式估算。

对松散粉土和砂土地基,可根据挤密后要求达到的孔隙比 e_1 来确定:

$$e_1 = e_{max} - D_{r1}(e_{max} - e_{min}) \tag{11-2}$$

式中　e_1——地基挤密后要求达到的孔隙比;

e_{max}、e_{min}——砂土的最大、最小孔隙比,可按现行国家标准《土工试验方法标准》(GB/T 50123)的有关规定确定;

D_{r1}——地基挤密后要求砂土达到的相对密实度,可取 0.70 ~ 0.85。

在图 11-2 中,$\triangle a'b'c'$为挤密前松砂,其面积为 A',被砂桩挤密后该面积内的松砂被挤压到阴影所示的部分,其面积为 A_2'。

在面积 A' 内砂桩的面积 A_1' 为:

$$A_1' = A' - A_2' = \frac{e_0 - e_1}{1 + e_0}A' \tag{11-3a}$$

砂桩面积 A_1' 为:

$$A_1' = 3 \times \left[\frac{1}{6} \times \left(\frac{\pi d^2}{4}\right)\right] \tag{11-3b}$$

$\triangle a'b'c'$的面积:

$$A' = \frac{1}{2}s \times 0.866s = \frac{1}{2} \times 0.866s^2 \tag{11-3c}$$

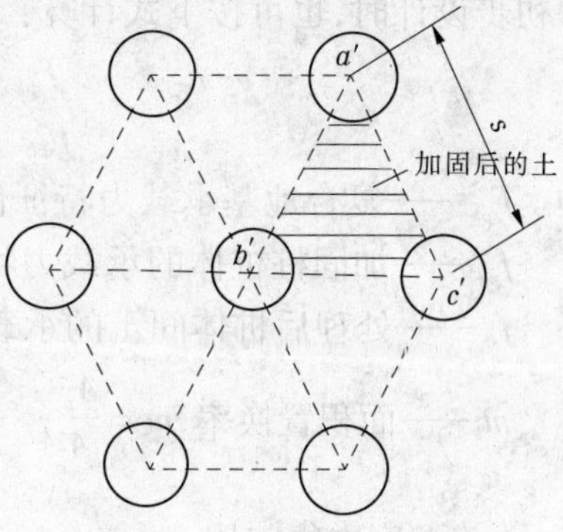

图 11-2　按梅花形布置砂桩

将式(11-3b)、式(11-3c)代入式(11-3a)解得:

$$s = 0.952d\sqrt{\frac{1 + e_0}{e_0 - e_1}} \tag{11-4a}$$

考虑振动下沉密实作用,对式(11-4a)进行修正得到式(11-4b)。

等边三角形布置:

$$s = 0.95\xi d\sqrt{\frac{1 + e_0}{e_0 - e_1}} \tag{11-4b}$$

同理,得正方形布置:

$$s = 0.89\xi d\sqrt{\frac{1 + e_0}{e_0 - e_1}} \tag{11-5}$$

式中　s——砂石桩间距,m;

d——砂石桩直径,m;

ξ——修正系数,当考虑振动下沉密实作用时,可取 1.1 ~ 1.2,不考虑振动下沉密实作用时,可取 1.0;

e_0——地基处理前砂土的孔隙比,可按原状土样试验确定,也可根据动力或静力触探等对比试验确定。

6)桩数

桩数可按下式估算:

$$n = \frac{A}{A_e} \tag{11-6}$$

7) 桩体材料选择与填料量

桩体材料可以就地取材,一般使用碎石、卵石、角砾、圆砾、砾砂、中砂、粗砂或石屑等硬质材料,含泥量不得大于 5%,最大粒径不得大于 50 mm。

砂石桩桩孔内的填料量应通过现场试验确定,估算时可按设计桩孔体积乘以充盈系数 β 确定,β 可取 1.2 ~ 1.4。如施工中地面有下沉或隆起现象,则填料数量应根据现场具体情况予以增减。

8)承载力计算

砂石桩复合地基承载力特征值,应通过复合地基现场载荷试验确定。

初步设计时,也可按下式计算:

$$f_{spk} = mf_{pk} + (1 - m)f_{sk} \tag{11-7a}$$

$$f_{spk} = [1 + m(n - 1)]f_{sk} \tag{11-7b}$$

式中　f_{spk}——复合地基承载力特征值,kPa;

f_{pk}——加固桩桩体的承载力特征值,kPa;

f_{sk}——处理后桩体间土的承载力特征值,kPa;

m——面积置换率,$m = \frac{A_p}{A}$;

n——应力集中比,$n = \frac{p_p}{p_s}$。

9)变形计算

砂石桩处理地基的变形计算按复合地基理论进行。复合地基沉降计算的实用方法是将其分为两部分:一部分为复合地基加固区内的压缩量,另一部分为加固区下卧层的压缩量。

当桩柱体较短,加固区小于压缩层深度时,用单向应力分层总和法简化计算地基沉降 s(m)为:

$$s = m\sum_{0}^{l} \frac{\alpha_i p}{E_{sp}}\Delta h_i + m_s \sum_{l}^{z} \frac{\alpha_i p}{E_{si}}\Delta h_i \tag{11-8a}$$

$$E_{sp} = [1 + m(n - 1)]E_s \tag{11-8b}$$

式中　E_{sp}——复合地基的压缩模量,kPa;

E_{si}——复合地基下，天然地基（下卧层）的压缩模量，kPa；

α_i——附加应力系数；

p——基底附加应力，kPa；

m、m_s——复合地基与其下天然地基的沉降经验系数，应按实际统计资料取得，现 m 暂取为 1，m_s 根据《建筑地基基础设计规范》规定选用；

Δh_i——计算分层厚度，m。

11.3.2.3　施工方法

砂石桩施工可采用沉管法和振冲法。沉管法包括振动成桩法和冲击成桩法，当用于消除粉细砂及粉土液化时，宜用振动沉管成桩法。

1）振动成桩法

振动成桩法包括一次拔管法、逐步拔管法和重复压拔管法。

a. 一次拔管法

（1）施工机具。主要有振动打桩机（见图 11-3），下端装有活瓣钢桩靴的桩管、移动式打桩机架、装碎（砂）石的料斗等。

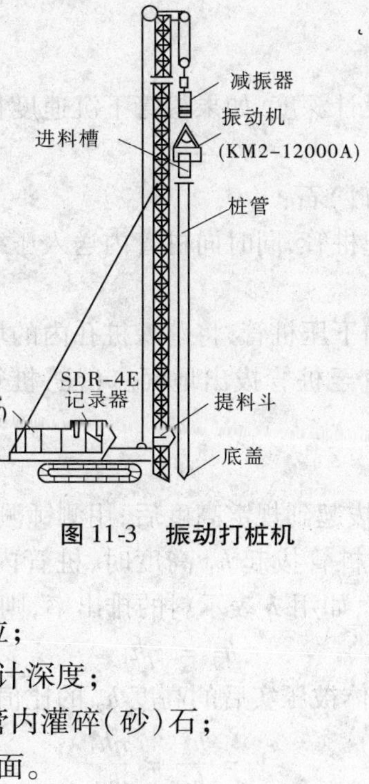

图 11-3　振动打桩机

（2）施工工艺。

①桩靴闭合，桩管垂直就位；

②将桩管沉入土层中到设计深度；

③将料斗插入桩管，向桩管内灌碎（砂）石；

④边振动边拔出桩管到地面。

（3）质量控制。

桩身连续性：用拔出桩管速度控制。拔管速度根据试验确定，在一般情况下拔管 1m 控制在 30 s 内。

桩直径：用灌碎（砂）石量控制。当实际灌碎（砂）石量未达到设计要求时，可在原位再沉下桩管灌碎（砂）石复打 1 次或在旁边补加 1 根桩。

b. 逐步拔管法

(1)施工机具。主要有振动打桩机,下端装有活瓣钢桩靴的桩管、移动式打桩机架、装碎(砂)石的料斗等。

(2)施工工艺。

①桩靴闭合,桩管垂直就位;

②将桩管沉入土层中到设计深度;

③将料斗插入桩管,向桩管内灌碎(砂)石;

④边振动边拔起桩管,每拔起一定长度,停拔继振若干秒,如此反复,直至桩管拔出地面。

(3)质量控制。根据试验,每次拔起桩管 0.5 m,停拔继振 20 s,可使桩身相对密实度达到 0.8 以上,桩间土相对密实度达到 0.7 以上。

c. 重复压拔管法

(1)施工机具。主要有振动打桩机,下端设计成特殊构造的桩管、移动式打桩机架、装碎(砂)石的料斗、辅助设备(空压机和送气管,喷嘴射水装置和送水管)等。

(2)施工工艺。

①桩管垂直就位;

②将桩管沉入土层中到设计深度,如果桩管下沉速度很慢,可以利用桩管下端喷嘴射水加快下沉速度;

③用料斗向桩管内灌碎(砂)石;

④按规定的拔起高度拔起桩管,同时向桩管内送入压缩空气使填料容易排出,桩管拔起后核定填料的排出情况;

⑤按规定的压下高度再向下压桩管,将落入桩孔内的填料压实;

⑥重复进行后三道工序直至桩管拔出地面。(注:桩管每次拔起和压下高度根据桩的直径要求,通过试验确定。)

(3)质量控制。

测定填料的排出率:桩管拔起到规定高度后,用测锤测定桩管内砂面位置。

用实际压入比控制施工:桩管拔起 h_1 高度时,桩管内有 h_0 高度的料从桩管下端排出。因为 h_1 与 h_0 不一定相等,如用 η 表示料的排出率,则:

$$h_0 = \eta h_1 \tag{11-9a}$$

桩管再次压下时,h_0 与桩体被压实后的高度 h_2 的比值称为压入比 V:

$$V = \frac{h_0}{h_2} = \frac{\eta h_1}{h_2} \tag{11-9b}$$

设桩体压实后的体积变化率为 R_v:

$$R_v = \frac{A'_p \eta h_1}{A_p h_2} = \frac{A'_p}{A_p} V \tag{11-9c}$$

式中 A'_p——桩管内径断面面积,m^2;

A_p——桩的断面面积,m^2。

由式(11-9c)求得:

$$V = \frac{A_p}{A'_p}R_v \tag{11-9d}$$

按要求的 V 值控制碎(砂)石桩的施工。

2)冲击成桩法

冲击成桩法包括单管法和双管法。

a. 单管法

(1)施工机具。主要有蒸汽打桩机或柴油打桩机,下端带有活瓣钢制桩靴的或预制钢筋混凝土锥形桩尖的(留在土中)桩管和装砂料斗等。

(2)成桩工艺。如图 11-4 所示。

①桩靴闭合,桩管垂直就位;

②将桩管打入土层中到规定深度;

③用料斗向桩管内灌砂(碎石),灌砂(碎石)量较大时,可分成两次灌入,第一次灌入 2/3,待桩管从土中拔起一半长度后再灌入剩余的 1/3;

④按规定的拔出速度从土层中拔出桩管。

(3)质量控制。

桩身连续性:以拔管速度控制桩身连续性。拔管速度可根据试验确定,在一般土质条件下,每分钟应拔出桩管 1.5 ~ 3.0 m。

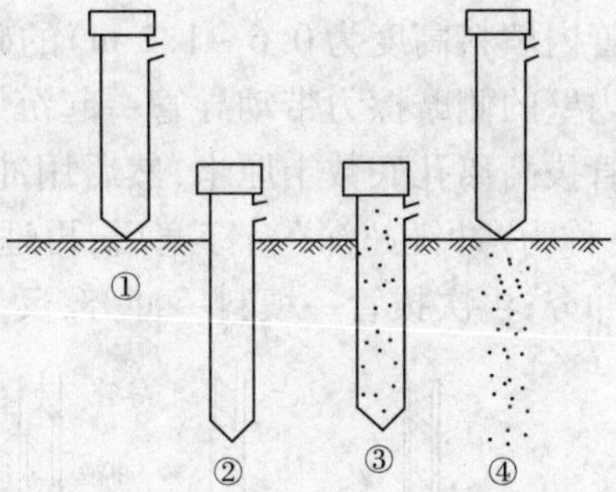

图 11-4　单管冲击成桩工艺

桩直径:以灌砂(碎石)量控制桩直径。当灌砂(碎石)量达不到设计要求时,应在原位再沉下桩管灌砂(碎石)进行复打一次,或在其旁补加一根砂(碎石)桩。

b. 双管法

(1)芯管密实法。

①施工机具。主要有蒸汽打桩机或柴油打桩机、履带式起重机、底端开口的外管(套管)和底端闭口的内管(芯管)以及装砂(碎石)料斗等。

②成桩工艺,如图 11-5 所示。桩管垂直就位;锤击内管和外管,下沉到规定的深度;拔起内管,向外管内灌砂(碎石);放下内管到外管内的砂(碎石)面上,拔起外管到与内管底面平齐;锤击内管和外管将砂(碎石)压实;拔起内管,向外管内灌砂(碎石);重复进行相关工序,直到桩管拔出地面。

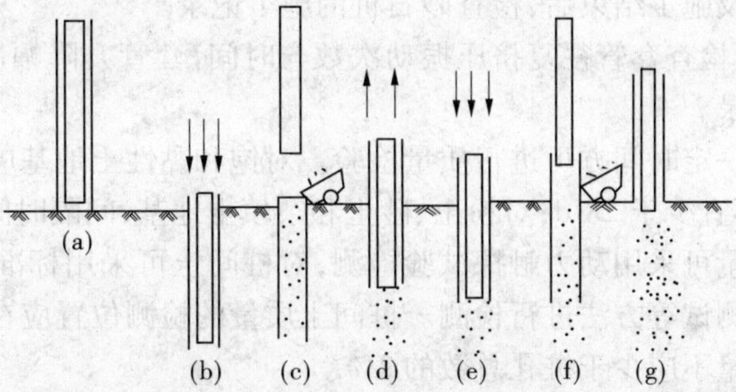

图 11-5　芯管密实法成桩工艺

③质量控制。一般按贯入度控制,可保证砂(碎石)桩体的连续性、密实性和其周围土层挤密后的均匀性。该工艺在有淤泥夹层中能保证成桩,不会发生缩颈和塌孔现象,成桩质量较好。

(2)内击成管法。

内击成管法与“福兰克桩”工艺相似,不同之处在于“福兰克桩”用料是混凝土,而内击成管法用料是碎石。

①施工机具。施工机具主要有两个卷扬机的简易打桩架,一根直径为300~400 mm的钢管,管内有一吊锤,重1.0~2.0 t。

②成桩工艺,如图11-6所示。移机将导管中心对准桩位;在导管内填入一定数量(一般管内填料高度为0.6~1.2 m)的碎石,形成“石塞”;冲锤冲击管内石塞,通过碎石与导管内壁的侧摩擦力带动导管一起沉入土中,到达预定深度为止;导管沉达预定深度后,将导管拔高离孔底数十厘米,然后用冲锤将石塞碎石击出管外,并使其冲入管下土中一定深度(称为“冲锤超深”);穿塞后,再适当拔起导管,向管内填入适当数量的碎石,用冲锤反复冲夯;再次拔管→填料→冲夯,反复循环至制桩完成。

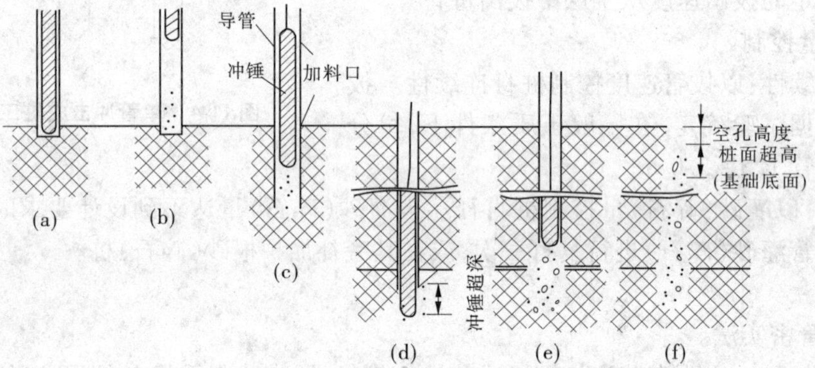

图11-6 内击沉管法成桩工艺

③特点。有明显的挤土效应,桩密实度高,可适用于地下水位以下的软弱地基;该法是干作业,设备简单,耗能低。缺点是工效较低,夯锤的钢丝绳易断。

11.3.2.4 质量检验

1)施工质量检测

应在施工期间及施工结束后,检查砂石桩的施工记录。

对沉管法,尚应检查套管往复挤压振动次数与时间、套管升降幅度和速度、每次填砂石料量等项施工记录。

施工后应间隔一定时间方可进行质量检验。对饱和黏性土地基应待孔隙水压力消散后进行,间隔时间不宜少于28 d;对粉土、砂土和杂填土地基,间隔时间不宜少于7 d。

对桩体施工质量可采用动力触探试验检测,对桩间土可采用标准贯入、静力触探、动力触探或其他原位测试等方法进行检测。桩间土质量的检测位置应在等边三角形或正方形的中心。检测数量不应少于桩孔总数的2%。

2)复合地基检测

砂石桩地基竣工验收时,承载力检验应采用复合地基载荷试验。

复合地基载荷试验数量不应少于总桩数的 0.5%,且每个单体建筑不应少于 3 点。

11.3.3　振冲法

振冲法是碎石桩的主要施工方法之一,它是以起重机吊起振冲器(见图 11-7),启动潜水电机带动偏心块,使振冲器产生高频振动,同时开动高压水泵,使高压水由喷嘴射出,在振冲作用下,将振冲器逐渐沉入土中的设计深度。清孔后即从地面向孔内逐段填入碎石。每一填石段为 30~50 cm,不停地投石振冲,经振挤密实达到设计要求后方可提升振冲器,再填筑另一桩段。如此重复填料和振密,直到地面,由此在地基中构成大直径的桩土共同工作的复合地基。

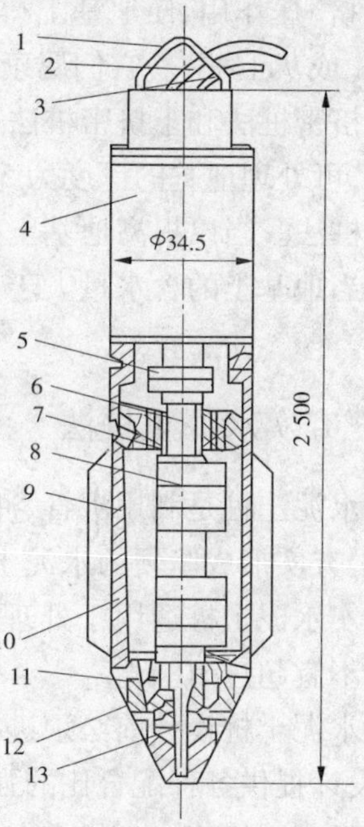

图 11-7　振冲器图　(单位:mm)

1—吊具;2—水管;3—电缆;4—电机;5—联轴器;6—轴;7—轴承;8—偏心块;9—壳体;10—翅片;11—轴承;12—头部;13—水管

根据工程经验,使用 30 kW 的振冲器,间距一般为 1.8~2.5 m,使用 75 kW 的振冲器的间距可增大至 2.5~3.5 m。平面布置的方式可用正三角形或正方形。打入深度,如砂土层不厚,应尽量贯穿,但不宜太深,除特殊要求加密外,一般不超过 8 m,因为砂层本身的密实度是随深度增大的。振冲加固的范围约向基础边缘放宽不得少于 5 m。如用加料振冲,所用的填料一般为粗砂、碎石和砾石等,使用 30 kW 的振冲器时,可用粒径不大于 50 mm 的砂砾石料,使用 75 kW 的振冲器则可用粒径不大于 100 mm 的砂砾石料。

振冲法适用于处理砂土、粉土、粉质黏土、素填土和杂填土等地基。在处理不排水抗剪强度不小于 20 kPa 的饱和黏性土和饱和黄土地基时,应在施工前通过现场试验确定其适用性。不加填料振冲加密适用于处理黏粒含量不大于 10% 的中砂、粗砂地基。

振冲法的水压、水量按下列原则选择:

(1)对强度较低的软土,水压要小些;对强度较高的土,水压宜大些。

(2)水压随深度适当增高,但接近加固深度 1 m 处应减低,以免底层土扰动。

(3)成孔过程中,水压和水量要尽可能大。

(4)加料振密过程中,水压和水量均宜小。

施工时检验质量的关键是填料量、密实电流和留振时间,这三者实际上是相互联系和保证的。只有在一定的填料量的情况下,才能把填料挤密振密。一般来说,在粉性较重的地基中制桩,密实电流容易达到规定值,这时要注意掌握好留振时间和填料量。反之,在软黏土地基中制桩,填料量和留振时间容易达到规定值,这时要注意掌握好密实电流。

11.3.4　灰土挤密桩法和土挤密桩法

灰土挤密桩法和土挤密桩法是利用打入钢套管(或振动沉管、炸药爆破)在地基中成孔,通过"挤"压作用,使地基土得到加"密",然后在孔中分层填入素土(或灰土)后夯实而成土桩(或灰土桩)。它们属于柔性桩,与桩间土共同组成复合地基。

灰土挤密桩法和土挤密桩法适用于处理地下水位以上的湿陷性黄土、素填土和杂填土等地基,可处理地基的深度为 5 ~ 15 m。当以消除地基土的湿陷性为主要目的时,宜选用土挤密桩法。当以提高地基土的承载力或增强其水稳性为主要目的时,宜选用灰土挤密桩法。当地基土的含水量大于 24%、饱和度大于 65% 时,不宜选用灰土挤密桩法或土挤密桩法。

11.3.5　夯实水泥土桩法

夯实水泥土桩是利用沉管、冲击、人工洛阳铲、螺旋钻等方法成孔,回填水泥和土的拌和料,分层夯实形成坚硬的水泥土柱体,并挤密桩间土,通过褥垫层与原地基土形成复合地基。夯实水泥土桩适用于处理地下水位以上的粉土、素填土、杂填土、黏性土等地基。处理深度不宜超过 10 m。

夯实水泥土桩设计前必须进行配合比试验,针对现场地基土的性质,选择合适的水泥品种,为设计提供各种配合比的强度参数。夯实水泥土桩体强度宜取 28 d 龄期试块的立方体抗压强度平均值。土料中有机质含量不得超过 5%,不得含有冻土或膨胀土,使用时应过 10 ~ 20 mm 筛,混合料含水量应满足土料的最优含水量 ω_{op},其允许偏差不得超过 ±2%。土料与水泥应拌和均匀,水泥用量不得少于按配合比试验确定的质量。

夯实水泥土桩复合地基承载力特征值应按现场复合地基载荷试验确定。初步设计时,也可按水泥土搅拌桩估算公式进行计算。地基处理后的变形计算可按复合地基理论进行。

夯实水泥土桩的施工,应按设计要求选用成孔工艺。挤土成孔可选用沉管、冲击等方法;非挤土成孔可选用洛阳铲、螺旋钻等方法。夯填桩孔时,宜选用机械夯实。分段夯填时,夯锤的落距和填料厚度应根据现场试验确定,混合料的压实系数 λ 不应小于 0.93。

11.4　地基处理的排水固结法

排水固结法(又称预压法)是先在地基中设置砂井等竖向排水体,然后利用建筑物本身重量分级逐渐加载,或在建筑物建造前在场地先行加载预压,使土体中的孔隙水排出,地基发生固结沉降,同时强度逐步提高的方法。排水固结法是由排水系统和加压系统两部分共同组合而成的。根据加压系统的不同,预压法分为堆载预压法、真空预压法、降水预压法和电渗排水法。根据排水系统的不同,预压法分为普通砂井法、袋装砂井法和塑料排水带法。

预压法适用于处理各类淤泥、淤泥质土及冲填土等饱和黏性土地基。砂井法特别适用于存在连续薄砂层的地基。但砂井只能加速主固结而不能减少次固结，对有机质土和泥炭等次固结土，不宜只采用砂井法；克服次固结可利用超载的方法。真空预压法适用于能在加固区形成稳定负压边界条件的软土地基。降低地下水位法、真空预压法和电渗法由于不增加剪应力，地基不会产生剪切破坏，所以它适用于很软弱的黏土地基。

11.4.1　堆载预压法

11.4.1.1　加固机理

堆载预压法是在建筑物建造以前，在建筑场地进行加载预压，使地基的固结沉降基本完成并提高地基土强度的方法。其加固地基的原理可用图 11-8 来说明，该图为土试样在固结和抗剪强度试验中，对不同固结状态下，施加荷载压力固结所获得的有效固结压力 σ'_c 与孔隙比 e 及抗剪强度 τ_f 之间的关系曲线，即 $\sigma'_c \sim e$ 和 $\sigma'_c \sim \tau_f$ 的关系曲线。它反映土在不同固结状态下加载固结的性状。

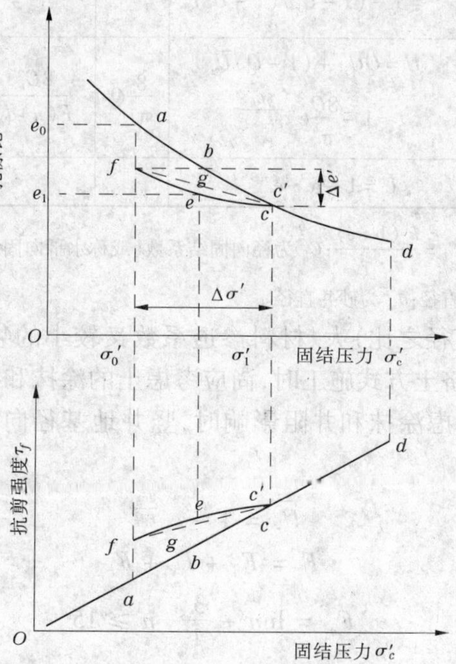

图 11-8　排水固结压缩与强度变化

根据固结理论，地基土层的排水固结效果与它的排水边界有关，在达到同一固结度时，固结所需的时间与排水距离的长度平方成正比。软黏土层越厚，一维固结所需的时间越长。如果淤泥质土层厚度大于 10 ~ 20 m，要达到较大固结度（$U > 80\%$），所需的时间要几年至几十年之久。为了加速固结，最为有效的方法是在天然土层中增加排水途径，缩短排水距离，在天然地基中设置垂向排水体。这时土层中的孔隙水主要通过砂井从竖向排出。所以，排水系统的作用就是增加排水条件。为此，缩短了预压工程的预压期，在短期内达到较好的固结效果，使沉降提前完成；加速地基土强度的增长，使地基承载力提高的速率始终大于施工荷载的速率，以保证地基的稳定性。

11.4.1.2　设计计算

1)地基的固结度计算

瞬时加荷条件下平均固结度计算公式见表 11-6。

表 11-6　不同条件下平均固结度计算公式

序号	条件	平均固结度计算公式	α	β	备注
1	竖向排水固结 ($\overline{U}_z > 30\%$)	$\overline{U}_z = 1 - \frac{8}{\pi^2} e^{-\frac{\pi^2 C_v}{4H^2}t}$	$\frac{8}{\pi^2}$	$\frac{\pi^2 C_v}{4H^2}$	Tezaghi 解
2	内径向排水固结	$\overline{U}_r = 1 - e^{-\frac{8C_h}{F(n) d_e^2}t}$	1	$\frac{8C_h}{F(n) d_e^2}$	Barron 解
3	竖向和内径向排水固结(砂井地基平均固结度)	$\overline{U}_{rz} = 1 - \frac{8}{\pi^2} \cdot e^{-\left(\frac{8C_h}{F(n) d_e^2} + \frac{\pi^2 C_v}{4H^2}\right)t}$ $= 1 - (1 - \overline{U}_r)(1 - \overline{U}_z)$	$\frac{8}{\pi^2}$	$\frac{\pi^2 C_v}{4H^2}$	$F(n) = \frac{n^2}{n^2 - 1}\ln(n) - \frac{3n^2 - 1}{4n^2}$ $n = \frac{d_e}{d_w}$
4	砂井未贯穿受压土层的平均固结度	$\overline{U} = Q\overline{U}_{rz} + (1 - Q)\overline{U}_z$ $\approx 1 - \frac{8Q}{\pi^2} e^{-\frac{8C_h}{F(n) d_e^2}t}$	$\frac{8}{\pi^2}Q$	$\frac{8C_h}{F(n) d_e^2}$	$Q = \frac{H_1}{H_1 + H_2}$
5	普遍表达式	$\overline{U} = 1 - \alpha \cdot e^{-\beta \cdot t}$			

注:表中 C_v 为竖向固结系数,$C_v = \frac{k_v(1 + e)}{a \cdot \gamma_w}$;$C_h$ 为径向固结系数(或称水平向固结系数),$C_h = \frac{k_h(1 + e)}{a \cdot \gamma_w}$;$d_e$ 为每一个砂井有效影响范围内的直径;d_w 为砂井直径。

对长径比(长度与直径之比)大、材料渗透系数又较小的袋装砂井或塑料排水带,应考虑井阻作用。当采用挤土方式施工时,尚应考虑土的涂抹和扰动影响。

瞬时加载条件下,考虑涂抹和井阻影响时,竖井地基径向排水平均固结度可按下式计算:

$$\overline{U_r} = 1 - e^{-\frac{8c_h}{Fd_e^2}t} \tag{11-10a}$$

$$F = F_n + F_s + F_r \tag{11-10b}$$

$$F_n = \ln n - \frac{3}{4} \quad n \geqslant 15 \tag{11-10c}$$

$$F_s = \left(\frac{k_h}{k_s} - 1\right)\ln s \tag{11-10d}$$

$$F_r = \frac{\pi^2 L^2}{4} \frac{k_h}{q_w} \tag{11-10e}$$

式中　$\overline{U_r}$——固结时间 t 时竖井地基径向排水平均固结度;

k_h——天然土层水平向渗透系数,cm/s;

k_s——涂抹区土的水平向渗透系数,可取 $k_s = \left(\frac{1}{5} \sim \frac{1}{3}\right)k_h$,cm/s;

s——涂抹区直径 d_s 与竖井直径 d_w 的比值,可取 $s = 2.0 \sim 3.0$,对中等灵敏黏性土取低值,对高灵敏黏性土取高值;

L——竖井深度,cm;

q_w——竖井纵向通水量,为单位水力梯度下单位时间的排水量,cm^3/s。

在一级或多级等速加载条件下,t 时间对应总荷载的地基平均固结度可按下式计算:

$$\overline{U}_{rz} = \sum \frac{q_n}{p_t}\left[(T_n - T_{n-1}) - \frac{8}{\beta_{rz}\pi^2}e^{-\beta_{rz}T_n}(e^{\beta_{rz}T_n} - e^{\beta\gamma_z T_{n-1}})\right] \tag{11-11}$$

式中　p_t——与多级加荷历时 t 对应的荷载,$p_t = \sum \Delta p$;

q_n——第 n 级荷载的加荷速率,$q_n = \dfrac{\Delta p_n}{T_n - T_{n-1}}$;

T_n、T_{n-1}——第 n 级荷载的加荷终点和始点的历时(从零点计起);

α、β——见表 11-6,考虑涂抹和井阻影响时,$\alpha = \dfrac{8}{\pi^2}$,$\beta = \dfrac{8C_h}{Fd_e^2} + \dfrac{\pi^2 C_v}{4H^2}$;

t——所求固结度的历时;

n——加荷的分级数。

2)地基土抗剪强度增长的预估

在预压荷载作用下,随着排水固结的进行,一方面,地基土的抗剪强度随着时间而增长;另一方面,剪应力随着荷载的增加而加大,而且剪应力在某种条件(剪切蠕动)下,还能导致强度的衰减。因此,地基中某一点在某一时刻的抗剪强度 τ_f 可表示为:

$$\tau_f = \tau_{f0} + \Delta\tau_{fc} - \Delta\tau_{f\tau} \tag{11-12}$$

式中　τ_{f0}——地基中某点在加荷之前的天然地基抗剪强度,用十字板或无侧限抗压强度试验、三轴不排水剪切试验测定;

$\Delta\tau_{fc}$——由于固结而增长的抗剪强度增量;

$\Delta\tau_{f\tau}$——由于剪切蠕动而引起的抗剪强度衰减量。

3)排水系统的设计

a. 砂井的直径

砂井直径主要取决于土的固结性和施工期限的要求。砂井分普通砂井和袋装砂井,普通砂井直径可取 300 ~ 500 mm,袋装砂井直径可取 70 ~ 100 mm。塑料排水带的作用及设计计算方法与砂井相同。塑料排水带的当量换算直径可按下式计算:

$$d_w = \alpha \frac{2(b + \delta)}{\pi} \tag{11-13}$$

式中　d_w——排水带的当量砂井直径;

b、δ——排水带截面的宽度与厚度;

α——系数,为 0.75 ~ 1,可用 $\alpha = 1$。

b. 砂井的间距

砂井或塑料排水带的间距可根据地基土的固结特性和预定时间内所要求达到的固结度确定。通常砂井的间距可按井径比 n($n = d_e/d_w$,d_e 为砂井的有效排水圆柱体直径,d_w 为砂井直径)确定。普通砂井的间距可按 $n = 6 \sim 8$ 选用,袋装砂井或塑料排水带的间距可按 $n = 15 \sim 20$ 选用。

c. 砂井的排列方式

一般砂井的平面布置有梅花形和正方形两种，如图 11-9 所示。

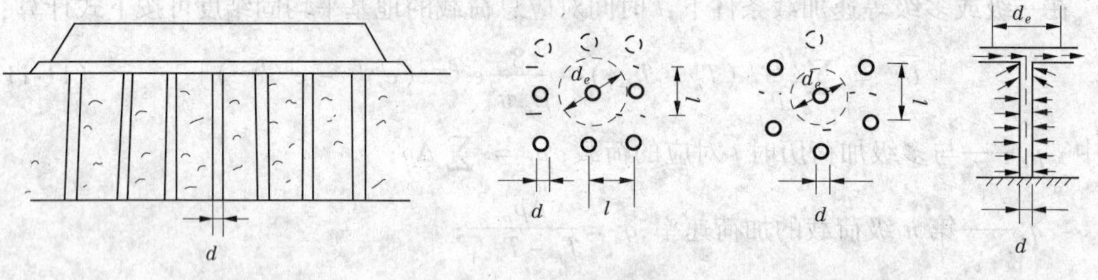

图 11-9　砂井布置图

在大面积荷载作用下，假设每根砂井（直径为 d）为一独立排水体系统（见图 11-9d），正方形布置时，每根砂井的影响范围为一正方形；而梅花形布置时，则为一正六边形（见图 11-9(b)和图 11-9(c)）。

为简化起见，每根砂井的影响范围以等面积圆代替，其等效影响直径为 d_e，梅花形布置时：

$$d_e = \sqrt{\frac{2\sqrt{3}}{\pi}}l = 1.05l \tag{11-14}$$

正方形布置时：

$$d_e = \sqrt{\frac{4}{\pi}}l = 1.128l \tag{11-15}$$

式中　d_e、l——砂井的等效影响直径、布置间距。

d. 砂井的深度

砂井的深度应根据建筑物对地基的稳定性和变形要求确定。对以地基抗滑稳定性控制的工程，砂井深度至少应超过最危险滑动面 2 m；对以沉降控制的建筑物，如压缩土层厚度不大，砂井宜贯穿压缩层，对深部的压缩土层，砂井深度应根据在限定的预压时间内消除的变形量确定，若施工设备条件达不到设计深度，则可采用超载预压等方法来满足工程要求；若软土层厚度不大或软土层含较多薄粉砂夹层，预计固结速率能满足工期要求，可不设置竖向排水体。

4）加压系统的设计

a. 加载数量

预压荷载的大小应根据设计要求确定，通常可与建筑物基底压力大小相同。对于沉降有严格限制的建筑，应采用超载预压法处理地基，超载数量应根据预定时间内要求消除的变形量通过计算确定，并宜使预压荷载下受压土层各点的有效竖向压力等于或大于建筑荷载所引起的相应点的附加压力。

b. 加载范围

加载范围不应小于建筑物基础外缘所包围的范围，以保证建筑物范围内地基得到均匀加固。

c. 加荷速率

加荷速率应与地基土增长的强度相适应,待地基在前一级荷载作用下达到一定的固结度后,再施加下一级荷载,特别是在加荷后期,更需严格控制加荷速率。加荷速率应通过对地基抗滑稳定计算来确定,以保证工程安全。但更为直接而可靠的方法是通过各种现场观测来控制,边桩位移速率应控制在 3 ~5 mm/d,地基竖向变形速率不宜超过 10 mm/d。

d. 制定初步加荷计划

由于软黏土地基抗剪强度低,堆载预压不可能快速加载,而必须分级逐渐加荷,待前期荷载下地基强度增加到足以加下一级荷载时方可加下一级荷载。具体计算步骤为:利用地基的天然地基土抗剪强度计算第一级容许施加的荷载 p_1,对长条梯形填土,可根据公式 $p_1 = 5.52c_u/K$ 估算;计算第一级荷载下地基强度增长值;计算 p_1 作用下达到所确定固结度与所需要的时间;根据第二步所得到的地基强度计算第二级所施加的荷载 p_2;按以上步骤确定的加荷计划进行每一级荷载下地基的稳定性验算。如稳定性不满足要求,则调整加荷计划。多级加荷进程如图 11-10 所示。

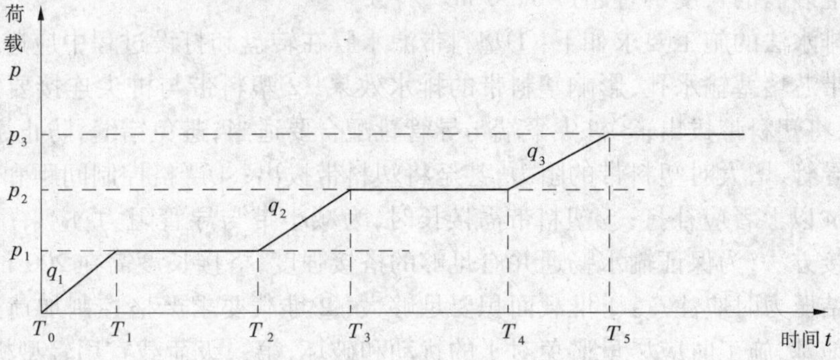

图 11-10 多级加荷进程图

5) 变形验算

施加建筑物荷载时,地基沉降是预压荷载卸去后的再压缩,此时预压产生的部分沉降已被消除,最终产生的沉降值相当于 $(s_f)_p - (s_t)_{p+\Delta p}$。$(s_f)_p$ 为设计荷载作用下基础的最终沉降值,可用常规分层总和法计算;$(s_t)_{p+\Delta p}$ 为预压荷载 $p+\Delta p$ 作用下历时 t 时引起的沉降值,可按式 $s_t = sU_t$ 计算,其中 U_t 可按多级等速加载条件下平均固结度的计算方法求解。

变形计算时,可取附加压力与自重压力的比值为 0.1 的深度作为受压层深度的界限。

还应指出:预压只能消除主固结沉降,不能消除次固结沉降。所以,在预压之后,在建筑物的荷载作用下仍继续发展次固结沉降。此外,还应注意预压过程中地基土的塑性蠕变,必须控制每级预压荷载的大小,宜小于强度增长后极限承载力的 0.7 倍(相当于安全系数 >1.3)。因为若分级施加的预压荷载过大,地基土将可能发生塑性蠕变,在建筑物的荷载作用下,沉降将随时间而逐渐增大,造成较大的工后沉降,使预压消除沉降的效果降低甚至失效,这是值得重视的问题。

11.4.1.3 施工方法

从施工角度分析，要保证排水固结法的加固效果，主要做好以下三个环节：铺设水平排水砂垫层，设置竖向排水体，施加固结压力。

水平排水砂垫层施工时，应避免对软土表层的过大扰动，以免造成砂和淤泥混合，影响垫层的排水效果。另外，在铺设砂垫层前，应清除干净砂井顶面的淤泥或其他杂物，以利砂井排水。

竖向排水体在工程中的应用有普通砂井、袋装砂井、塑料排水带。

普通砂井施工要求：①保持砂井连续和密实，并且不出现颈缩现象；②尽量减小对周围土的扰动；③砂井的长度、直径和间距应满足设计要求；④砂井的灌砂量不得小于计算值的95%；⑤砂井位置的允许偏差为该井的直径，垂直度的允许偏差为1.5%。

袋装砂井成孔的方法有锤击打入法、水冲法、静力压入法、钻孔法和振动贯入法五种。袋装砂井施工要求如下：①灌入砂袋的砂宜用干砂，并应灌制密实；②砂袋长度应较砂井孔长度长50 cm，使其放入井孔内后能露出地面，以便埋入排水砂垫层中；③袋装砂井施工时，所用钢管的内径宜略大于砂井直径，不宜过大，以减小施工过程中对地基土的扰动；④拔管后带上砂袋的长度不宜超过0.50 m。

塑料带排水法的施工要求如下：①塑料带滤水膜在转盘和打设过程中应避免损坏，防止淤泥进入带芯堵塞输水孔，影响塑料带的排水效果；②塑料带与桩尖连接要牢固，避免提管时脱开，将塑料带拔出；③桩尖平端与导管靴配合要适当，避免错缝，防止淤泥在打设过程中进入导管，增大对塑料带的阻力，甚至将塑料带拔出；④严格控制间距和深度，如塑料带拔起2 m以上者应补打；⑤塑料带需接长时，为减小带与导管阻力，应采用滤水膜内平搭接的连接方法，为保证输水畅通并有足够的搭接强度，搭接长度需在200 mm以上。

施加固结压力时应注意：①堆载面积要足够大；②堆载要求严格控制加荷速率；③对超软黏性土地基，施工时应尽量避免对土的扰动和破坏，第一级荷载宜用轻型机械或人工作业。

11.4.1.4 质量检验

预压法竣工验收检验应符合下列规定：

(1)排水竖井处理深度范围内和竖井底面以下受压土层，经预压所完成的竖向变形和平均固结度应满足设计要求。

(2)应对预压的地基土进行原位十字板剪切试验和室内土工试验。必要时，尚应进行现场载荷试验，试验数量不应少于3点。

11.4.2 真空预压法

真空预压法是利用大气压力作为预压荷载的一种排水固结法。其作用原理如图11-11所示。

在拟加固的软土地基场地上，先打设竖向排水体和铺设砂垫层，并在其上覆盖一层不透气的薄膜，四周埋入土中，形成密封。利用埋在垫层内的管道将薄膜与土体间的水抽出，形成真空的负压界面，使地基土体排水固结。在抽气之前，薄膜内外均受一个大气压的作用。抽真空之后，薄膜内的压力逐渐下降，稳定后的压力为p_v，薄膜内外形成一压力

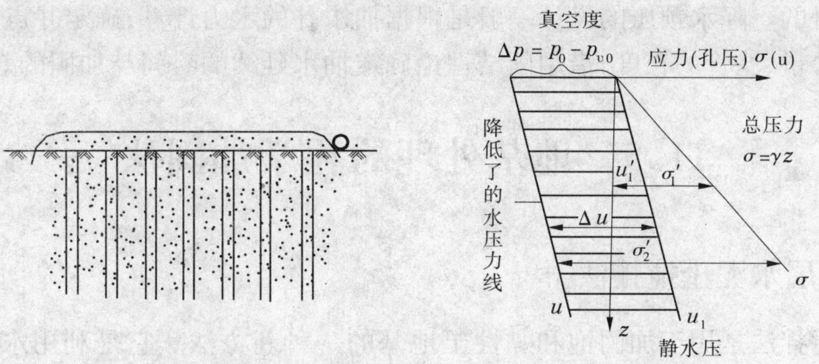

(a)预压布置图　　(b)预压原理

图 11-11　真空预压原理示意图

差 $\Delta p = p_0 - p_v$，称为真空度。此时，地基中形成负的超静孔隙水压力，使土体排水固结。在形成真空度的瞬间，设 $t=0$，超静孔隙水压力 $\Delta u = -\Delta p$，有效应力 $\Delta\sigma' = 0$；随着抽气的延续，设 $0<t<\infty$ 时，地基在负压作用下，超静孔隙水压力逐渐消散，有效应力逐渐增长；最后固结结束（$t\to\infty$）时，$\Delta u = 0$，$\Delta\sigma' = \Delta p$。这是真空预压的过程。由此可见，其固结的过程与堆载预压相似，相当于在真空度压力下的固结。因此，真空预压可借用砂井固结理论进行设计，但需注意采用负压固结试验的固结系数。目前，我国真空预压技术，真空度可达 600 ~ 700 mmHg，相当于施加 80 ~ 90 kPa 的预压荷载，每一次加固的面积可达1 300 m^2。它的优点是：不需笨重的堆载，不会由于加载使地基失稳，此外还可与堆载预压联合使用。这项技术的关键是：所用水泵要求抽水能力保持均匀和连续不断，并保持稳定的真空度，同时加固土体的边界必须始终保持密封。

11.4.3　降水预压法

降水预压的原理如图 11-12 所示。

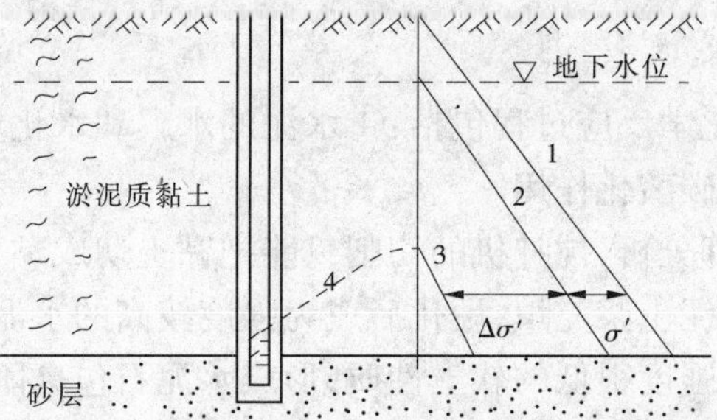

1—总应力线；2—孔隙水压力线；3—降水后的压力线；4—降水后的稳定水位线

图 11-12　降水预压原理图

在拟加固地基的场地内，设置井点或深井并抽水降低井中水位，使地基土中的水位与井的水位形成压差，产生排水固结。抽水前地基中的总应力和孔隙水压力沿深度的分布分别如图中的 1 和 2 线，有效应力为 σ'。由于降水井中水位降低，土体中的孔隙水向井中流动并被抽走，随着抽水的延续，土层产生排水固结，土体中的孔隙水压力由 2 线降低至 3 线，有效应力增大了 $\Delta\sigma'$，相应使土体产生压缩与固结和提高地基的强度，从而达到加固地基的目的。降水预压的设计一般是根据抽水井的水力计算,确定井点的布置、降水的深度与抽水量、滤管的长度,借用固结理论确定抽水延续的时间与加固的效果。

11.5　地基处理的化学加固法

11.5.1　深层水泥土搅拌法

水泥土搅拌法是用于加固饱和黏性土地基的一种新方法。它是利用水泥(或石灰)等材料作为固化剂,通过特制的搅拌机械,在地基深处就地将软土和固化剂(浆液或粉体)强制搅拌,由固化剂和软土间所产生的一系列物理、化学反应,使软土硬结成具有整体性、水稳定性和一定强度的水泥加固土,从而提高地基强度和增大变形模量。

根据施工方法的不同,水泥土搅拌法分为水泥浆搅拌法(简称湿法)和粉体喷射搅拌法(简称干法)两种。前者是用水泥浆和地基土搅拌,后者是用水泥粉或石灰粉和地基土搅拌。

水泥土搅拌法适用于处理正常固结的淤泥与淤泥质土、粉土、饱和黄土、素填土、黏性土以及无流动地下水的饱和松散砂土等地基。当地基土的天然含水量小于30%(黄土含水量小于25%)、大于70%或地下水的pH值小于4时不宜采用干法。冬季施工时,应注意负温对处理效果的影响。湿法的加固深度不宜大于20 m,干法的加固深度不宜大于15 m。水泥土搅拌桩的桩径不应小于500 mm。

水泥加固土的室内试验表明,有些软土的加固效果较好,而有的不够理想。一般认为,含有高岭石、多水高岭石、蒙脱石等黏土矿物的软土加固效果较好,而含有伊利石、氯化物和水铝英石等矿物的黏性土以及有机质含量高、酸碱度(pH值)较低的黏性土的加固效果较差。

11.5.1.1　加固机理

水泥加固土的物理化学反应过程包括:①水泥的水解和水化反应;②土颗粒与水泥水化物作用生成水泥土;③碳酸化作用。

从水泥土的加固机理分析,搅拌机的切削只能把黏土切成黏土团块与泥浆,水泥拌入后,土团块中的孔隙被水泥土浆充填,硬化后成为强度较高的水泥石。而黏土团块却没有与水泥发生作用,仍保持强度很低的软土性质,形成水泥石包裹团块的水泥土结构。如果搅拌越充分,土团块粉碎越细,水泥与土的相互作用越均匀,水泥土的强度越高,反之则成水泥浆包裹土团块结构的水泥土,其强度显得脆弱。可见,搅拌越充分,土块被粉碎得越小,水泥分布到土中越均匀,则水泥土结构强度的离散性越小,其宏观的总体强度也越高。

11.5.1.2　设计计算

深层水泥搅拌法加固地基的设计包括如下内容:①选择适用的水泥品种、外加剂及其掺合比等,即合理的配方;②制订可靠的搅拌工艺及其流程;③选择适合的水泥土型式(桩群、墙体、块体和格室体等)及其合理布置,并进行分析计算,检验其加固后地基的变形和承载力与稳定性能否满足设计工程的要求。

1）水泥土配方的确定

（1）根据工程设计荷载大小的要求，确定需用水泥土标准强度 q_{ud} 和相应的室内试验强度值 q_{ul}。

（2）根据地基土的性质，选用水泥土的配方。水泥系固化剂掺合量可参考表 11-7 选取。水泥土的强度由试验来确定，然后换算成设计的标准强度。水灰比一般用 0.5～0.6。

表 11-7　地基土含水量与掺合量的关系

地基土的含水量（%）	30	40	50	60	70
掺合量 a（kg/m^3）	150～200	200～250	250～275	275～300	300～350
无侧限抗压强度	由室内试验确定，并换算成标准值，一般为 1 000～40 000 kPa				

如果按上述配方不能满足设计强度的要求，可考虑使用增强剂。对于含水量大于 70% 或有机质含量较高的地基土，则应根据地基土对 $Ca(OH)_2$ 吸收量的不同，选择合适的水泥系固化剂。除水泥品种外，还要掺入一定含量的活性材料、碱性材料或磷石膏，但必须注意掺入量要适宜。

（3）最终确定水泥土的配方。由于配方与水泥土强度间的关系尚研究不够，最终确定的水泥土的配方应以室内试验和现场原位搅拌取样试验的结果为标准。

2）水泥土搅拌桩的地基加固设计计算

a. 水泥土加固型式及适用范围

水泥土加固型式应根据地基土性质及上部建筑对变形的要求进行选择，可采用桩柱状、壁状、格栅状和块状等不同型式，如图 11-13 所示。

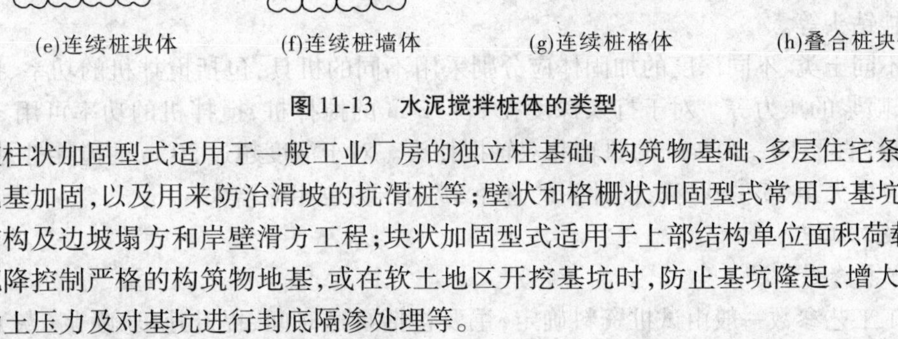

图 11-13　水泥搅拌桩体的类型

桩柱状加固型式适用于一般工业厂房的独立柱基础、构筑物基础、多层住宅条形基础下的地基加固，以及用来防治滑坡的抗滑桩等；壁状和格栅状加固型式常用于基坑开挖的围护结构及边坡塌方和岸壁滑方工程；块状加固型式适用于上部结构单位面积荷载大，不均匀沉降控制严格的构筑物地基，或在软土地区开挖基坑时，防止基坑隆起、增大坑底土的被动土压力及对基坑进行封底隔渗处理等。

b. 单桩竖向承载力的设计计算

单桩竖向承载力特征值应通过现场载荷试验确定。初步设计时也可按式（11-16a）估算，并应同时满足式（11-16b）的要求，应使由桩身材料强度确定的单桩承载力大于（或等于）由桩周土和桩端土的抗力所提供的单桩承载力：

$$R_a = u_p \sum_{i=1}^{n} q_{si} l_i + \alpha q_p A_p \tag{11-16a}$$

$$R_a = \eta f_{cu} A_p \tag{11-16b}$$

式中 f_{cu}——与搅拌桩桩身水泥土配比相同的室内加固土试块（边长为70.7 mm的立方体，也可采用边长为50 mm的立方体）在标准养护条件下90 d龄期的立方体抗压强度平均值，kPa；

η——桩身强度折减系数，干法可取0.20～0.30，湿法可取0.25～0.33；

u_p——桩的周长，m；

n——桩长范围内所划分的土层数；

q_{si}——桩周第 i 层土的侧阻力特征值，对淤泥可取4～7 kPa，对淤泥质土可取6～12 kPa，对软塑状态的黏性土可取10～15 kPa，对可塑状态的黏性土可取12～18 kPa；

l_i——桩长范围内第 i 层土的厚度，m；

q_p——桩端地基土未经修正的承载力特征值，kPa，可按现行国家标准《建筑地基基础设计规范》（GB 50007）的有关规定确定；

α——桩端天然地基土的承载力折减系数，可取0.4 ～ 0.6，承载力高时取低值。

c. 复合地基设计计算

加固后搅拌桩复合地基承载力特征值应通过现场复合地基载荷试验确定，也可按复合地基理论进行计算：

$$f_{spk} = m \frac{R_a}{A_p} + \beta (1 - m) f_{sk} \tag{11-17}$$

水泥土加固地基的沉降按复合地基进行验算。

11.5.1.3 施工工艺

1）施工设备

湿法和干法的施工设备不同，湿法施工设备包括深层搅拌机和配套设备（起吊设备、固化剂制备系统及电气控制装置）。干法施工设备包括粉喷桩机、粉体发送器、空气压缩机及搅拌钻头等。

对不同土类、不同深度的加固体应分别采用不同的机具，包括搅拌机的功率、搅拌头的类型、喷浆的压力等。对于打入深度在8～12 m的搅拌桩，搅拌机的功率可用35～45 kW和轴杆直径50～70 mm的单轴和双轴搅拌头。对于深度超过20 m的搅拌桩，搅拌机的功率应增大至55～60 kW，搅拌头的直径、喷射压力也相应增大。

2）施工工艺

a. 工艺参数

施工工艺参数一般由试桩资料确定，主要包括泵送时间、提升速度、喷浆（灰）量、喷浆（灰）压力、复搅次数、深度等。

b. 施工工艺流程

水泥土搅拌法施工步骤由于湿法和干法的施工设备不同而略有差异。一般采用的工艺流程如图 11-14 所示。如打入深度较大的搅拌体,应采取自上而下或自下而上分段搅拌,先贯入下沉喷浆搅拌第一段,再下沉提升搅拌第二段,这样有利于搅拌均匀。其中,要注意控制提升的速度和转速,一般每分钟提升 0.6 ~ 1.0 m,每分钟转速为 20 ~ 40 转。

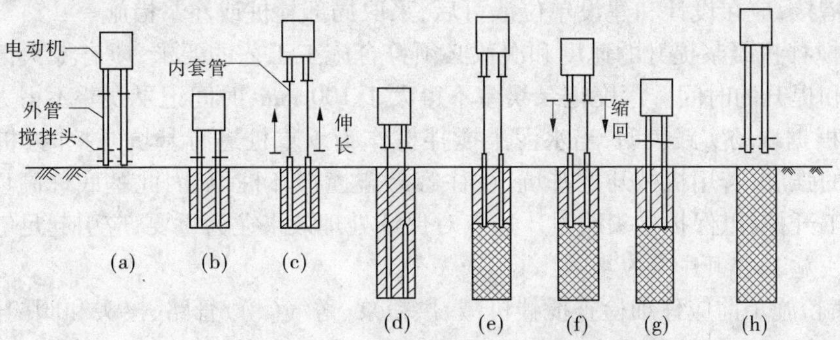

图 11-14　水泥土搅拌法施工工艺流程图

3)施工注意事项

a.湿法施工注意事项

(1)现场场地应予平整,必须清除地上和地下一切障碍物。明浜、暗塘及场地低洼时应抽水和清淤,分层夯实回填黏性土料,不得回填杂填土或生活垃圾。开机前必须调试,检查桩机运转和输浆管畅通情况。

(2)根据实际施工经验,水泥土搅拌法在施工到顶端 0.3 ~ 0.5 m 时,因上覆压力较小,搅拌质量较差。因此,其场地整平标高应比设计确定的基底标高高出 0.3 ~ 0.5 m,桩制作时仍施工到地面,待开挖基坑时,再将上部 0.3 ~ 0.5 m 的桩身质量较差的桩段挖去。而对于基础埋深较大时,取下限;反之,则取上限。

(3)搅拌桩的垂直度偏差不得超过 1%,桩位布置偏差不得大于 50 mm,桩径偏差不得人丁 4%。

(4)施工前应确定搅拌机械的灰浆泵输浆量、灰浆经输浆管到达搅拌机喷浆口的时间和起吊设备提升速度等施工参数,并根据设计要求通过成桩试验确定搅拌桩的配比等各项参数和施工工艺。宜用流量泵控制输浆速度,使注浆泵出口压力保持在 0.4 ~ 0.6 MPa,并应使搅拌提升速度与输浆速度同步。

(5)制备好的浆液不得离析,泵送必须连续。拌制浆液的罐数、固化剂和外掺剂的用量以及泵送浆液的时间等应有专人记录。

(6)为保证桩端施工质量,当浆液达到出浆口后,应喷浆座底 30 s,使浆液完全到达桩端,特别是设计中考虑桩端承载力时,该点尤为重要。

(7)预搅下沉时不宜冲水,当遇到较硬土层下沉太慢时,方可适量冲水,但应考虑冲水成桩对桩身强度的影响。

(8)可通过复喷的方法达到使桩身强度为变参数的目的。搅拌次数以 1 次喷浆 2 次搅拌或 2 次喷浆 3 次搅拌为宜,且最后 1 次提升搅拌宜采用慢速提升。当喷浆口到达桩顶标高时,宜停止提升,搅拌数秒,以保证桩头的均匀密实。

(9)施工时因故停浆,宜将搅拌机下沉至停浆点以下 0.5 m,待恢复供浆时再喷浆提升。若停机超过 3 h，为防止浆液硬结堵管，宜先拆卸输浆管路，妥为清洗。

(10)壁状加固时，桩与桩的搭接时间不应大于 24 h，如因特殊原因超过上述时间，应对最后一根桩先进行空钻留出榫头以待下一批桩搭接，如间歇时间太长(如停电等)与第二根无法搭接，应在设计和建设单位认可后，采取局部补桩或注浆措施。

(11)搅拌机凝浆提升的速度和次数必须符合施工工艺的要求，应有专人记录搅拌机每米下沉和提升的时间。深度记录误差不得大于 100 mm，时间记录误差不得大于 5 s。

(12)根据现场实践表明，当水泥土搅拌桩作为承重桩进行基坑开挖时，桩顶和桩身已有一定的强度，若用机械开挖基坑，往往容易碰撞损坏桩顶，因此基底标高以上 0.3 m 宜采用人工开挖，以保护桩头质量。这点对保证处理效果尤为重要，应引起足够的重视。

b. 干法施工中须注意的事项

(1)喷粉施工前应仔细检查搅拌机械、供粉泵、送气(粉)管路、接头和阀门的密封性、可靠性。送气(粉)管路的长度不宜大于 60 m。

(2)喷粉施工机械必须配置经国家计量部门确认的具有能瞬时检测并记录出粉量的粉体计量装置及搅拌深度自动记录仪。

(3)搅拌头每旋转一周，其提升高度不得超过 16 mm。

(4)施工机械、电气设备、仪表仪器及机具等，在确认完好后方准使用。

(5)在建筑物旧址或回填建筑垃圾地区施工时，应预先进行桩位探测，并清除已探明的障碍物。

(6)桩体施工中，若发现钻机不正常的振动、晃动、倾斜、移位等现象，应立即停钻检查，必要时应提钻重打。

(7)施工中应随时注意喷粉机、空压机的运转情况，压力表的显示变化，送灰情况。当送灰过程中出现压力连续上升，发送器负载过大，送灰管或阀门在轴具提升中途堵塞等异常情况时，应立即判明原因，停止提升，原地搅拌。为保证成桩质量，必要时应当复打。堵管的原因除漏气外，主要是水泥结块。施工时不允许用已结块的水泥，并要求管道系统保持干燥状态。

(8)在送灰过程中如发现压力突然下降、灰罐加不上压力等异常情况，应停止提升，原地搅拌，及时判明原因。若由于灰罐内水泥粉体已喷完或容器、管道漏气所致，应将钻具下沉到一定深度后，重新加灰复打，以保证成桩质量。有经验的施工监理人员往往从高压送粉胶管的颤动情况来判明送粉的正常与否。检查故障时，应尽可能不停止送风。

(9)设计上要求搭接的桩体须连续施工，一般相邻桩的施工间隔时间不超过 8 h。若因停电、机械故障而超过允许时间，应征得设计部门同意，采取适宜的补救措施。

(10)在 SP－1 型粉体发送器中有一个气水分离器，用于收集因压缩空气膨胀而降温所产生的凝结水。施工时应经常排除气水分离器中的积水，防范因水分进入钻杆而堵塞送粉通道。

(11)喷粉时灰罐内的气压比管道内的气压高 0.02～0.05 MPa，以确保正常送粉。

(12)对地下水位较深、基底标高较高的场地，或喷灰量较大、停灰面较高的场地，施工时应加水或在施工区及时对地面加水，以使桩头部分水泥充分水解水化反应，以防桩头呈疏松状态。

11.5.1.4　质量检验

1）施工质量检验

（1）水泥土搅拌桩的质量控制应贯穿在施工的全过程，并应坚持全程的施工监理。施工过程中必须随时检查施工记录和计量记录，并对照规定的施工工艺对每根桩进行质量评定。检查的重点是水泥用量、桩长、搅拌头转数和提升速度、复搅次数和复搅深度、停浆处理方法等。

（2）成桩 7 d 后，采用浅部开挖桩头（深度宜超过停浆（灰）面下 0.5 m），目测检查搅拌的均匀性，量测成桩直径。检查量为总桩数的 5%。

（3）成桩后 3 d 内，可用轻型动力触探（N_{10}）检查每米桩身的均匀性。检验数量为施工总桩数的 1%，且不少于 3 根。

2）单桩和复合地基检测

竖向承载水泥土搅拌桩地基竣工验收时，承载力检验应采用复合地基载荷试验和单桩载荷试验。载荷试验必须在桩身强度满足试验荷载条件下，并宜在成桩 28 d 后进行，检验数量为桩总数的 0.5% ~1%，且每项单体工程不应少于 3 点。对相邻桩搭接要求严格的工程，应在成桩 15 d 后，选取数根桩进行开挖，检查搭接情况。

经触探和载荷试验检验后对桩身质量有怀疑时，应在成桩 28 d 后，用双管单动取样器钻取芯样作抗压强度检验，检验数量为施工总桩数的 0.5%，且不少于 3 根。基槽开挖后，应检验桩位、桩数与桩顶质量，如不符合设计要求，应采取有效补强措施。

11.5.2　高压喷射注浆法

高压喷射注浆法是利用钻机把带有喷嘴的注浆管钻进至土层的预定位置后，以高压设备使浆液或水成为 20 ~40 MPa 的高压射流从喷嘴中喷射出来，冲击破坏土体，同时钻杆以一定速度渐渐向上提升，将浆液与土粒强制搅拌混合，浆液凝固后，在土中形成一个固结体。

11.5.2.1　高压喷射注浆法的类型

高压喷射注浆法可按喷射流移动方式、注浆管类型和置换程度进行分类，见表 11-8。

表 11-8　高压喷射注浆法分类

分类依据	类别	主要特点
喷射流的移动方式	定向喷射（定喷）	喷射时喷嘴只提升，喷射的方向固定不变，固结体呈板壁状
	摆动喷射（摆喷）	喷射时喷嘴边提升，喷射的方向呈较小角度来回摆动，固结体呈较厚墙状
	旋转喷射（旋喷）	喷射时喷嘴边旋转边提升，固结体呈圆柱状
注浆管类型	单管法（CCP 工法）	用单层注浆管，只喷射浆液
	二重管法（JSG 工法）	用双层注浆管，喷射浆、气同轴射流
	三重管法（CJP 工法）	用三层注浆管，喷射水、气同轴射流，同时注入浆液
	多重管法（SSS－MAN 工法）	用多层注浆管，喷射超高压水射流，被冲下的土全部抽出地面再用其他材料充填
置换的程度	半置换法	被冲下的土部分排出地表，余下的和浆液搅拌混合凝固
	全置换法	被冲下的土全部排出地表，形成的空间用其他材料充填

高压喷射注浆型式按喷射流移动方向可分为旋喷、定喷和摆喷，如图 11-15 所示。

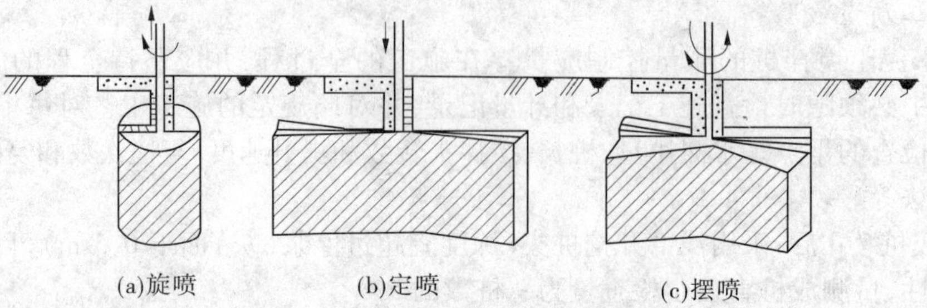

图 11-15　高压喷射注浆的三种型式

高压喷射注浆法适用于处理淤泥、淤泥质土、流塑或软塑或可塑黏性土、粉土、砂土、黄土、素填土和碎石土等地基。当土中含有较多的大粒径块石、大量植物根茎或有较多的有机质时，以及地下水流速过大和已涌水的工程，应根据现场试验结果确定其适用性。

11.5.2.2　加固机理

高压喷射流破坏土体结构强度的最主要因素是喷射动压，为了取得更大的破坏力，需要增加平均流速，也就是需要增加旋喷压力。一般要求高压脉冲泵的工作压力在 20 MPa 以上，这样就使射流像刚体一样，冲击破坏土体，使土与浆液搅拌混合，凝固成圆柱状的固结体。

高压喷射注浆所用的喷射流共有四种：单管喷射流为单一的高压水泥浆喷射流；二重管喷射流为高压浆液喷射流与其外部环绕的压缩空气喷射流，组成为复合式高压喷射流；三重管喷射流由高压水喷射流与其外部环绕的压缩空气喷射流组成，亦为复合式高压喷射流；多重管喷射流为高压水喷射流。四种喷射流破坏土体的效果不同，但其构造可划分为单液高压喷射流和水(浆)、气同轴喷射流两种类型。

当在喷嘴出口的高压水喷射流的周围加上圆筒状空气射流，进行水、气同轴喷射时，空气流使水或浆的高压喷射流从破坏的土体上将土粒迅速吹散，使高压喷射流的喷射破坏条件得到改善，阻力大大减小，能量消耗降低，因而增大了高压喷射流的破坏能力，形成的旋喷固结体的直径较大。

高压喷射流可由三个区域所组成，即保持出口压力 p_0 的初期区域 A、紊流发达的主要区域 B 和喷射水变成不连续喷射流的终期区域 C 等三部分。喷射流在终期区域，能量衰减很大，不能直接冲击土体使土颗粒剥落，但能对有效射程的边界土产生挤压力，对四周土有压密作用，并使部分浆液进入土粒之间的空隙里，使固结体与四周土紧密相依，不产生脱离现象。

11.5.2.3　设计计算

1) 室内配方与现场喷射试验

为了解喷射注浆固结体的性质和浆液的合理配方，必须取现场各层土样，在室内按不同的含水量和配合比进行试验，优选出最合理的浆液配方。

对规模较大及性质较重要的工程，设计完成之后，要在现场进行试验，查明喷射固结体的直径和强度，验证设计的可靠性和安全度。

2) 固结体尺寸

(1) 固结体尺寸主要取决于下列因素：土的类别及其密实程度，高压喷射注浆方法

(注浆管的类型),喷射技术参数(包括喷射压力与流量,喷嘴直径与个数,压缩空气的压力、流量与喷嘴间隙,注浆管的提升速度与旋转速度)。

(2)在无试验资料的情况下,对小型的或不太重要的工程,可根据经验查表。

(3)对于大型的或重要的工程,应通过现场喷射试验后开挖或钻孔采样确定。

3)承载力和变形计算

竖向承载旋喷桩复合地基宜在基础和桩顶之间设置褥垫层。褥垫层厚度可取 200 ~ 300 mm,其材料可选用中砂、粗砂、级配砂石等,最大粒径不宜大于 30 mm。

旋喷桩单桩竖向承载力特征值通过现场单桩载荷试验确定,复合地基承载力特征值应通过现场复合地基载荷试验确定。初步设计时,可按水泥搅拌桩的公式进行估算,取 $\alpha = 1$。

旋喷桩加固地基的沉降按复合地基进行验算。

4)防渗堵水设计

防渗堵水工程设计时,最好按双排或三排布孔形成帷幕(见图 11-16)。孔距应为 $1.73R_0$(R_0 为旋喷设计半径)、排距为 $1.5R_0$ 最经济。

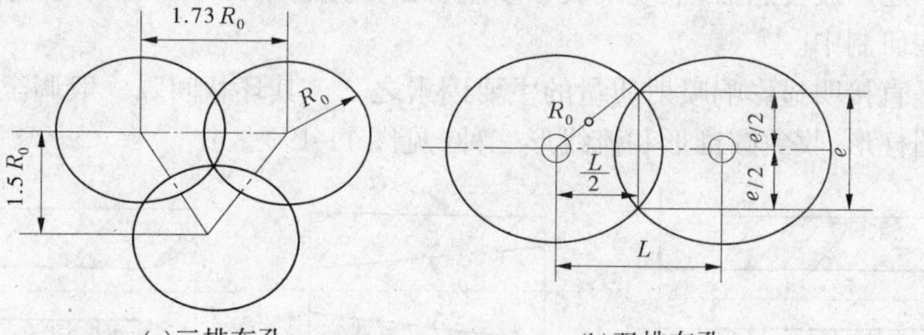

(a)三排布孔　　(b)双排布孔

图 11-16　布孔孔距和旋喷注浆固结体交联图

定喷和摆喷是一种常用的防渗堵水的方法,由于喷射出的板墙薄而长,不但成本较旋喷低,而且整体连续性亦高。相邻孔定喷连接形式见图 11-17,摆喷连接形式可按图 11-18 方式进行布置。

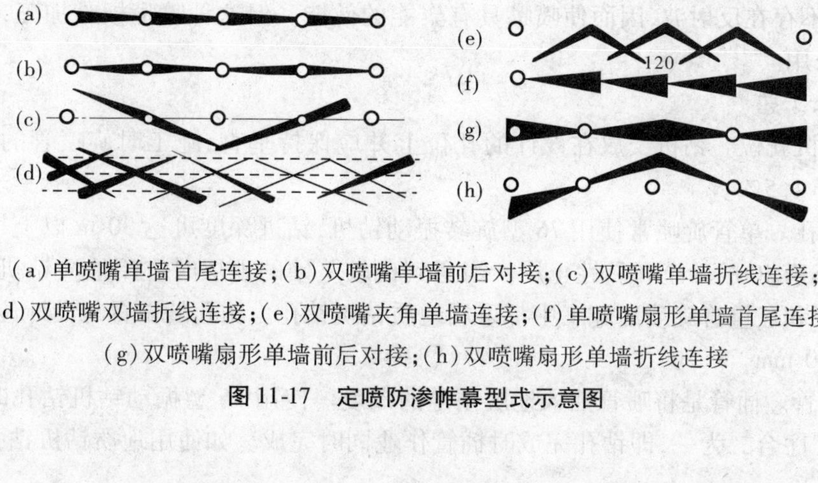

(a)单喷嘴单墙首尾连接;(b)双喷嘴单墙前后对接;(c)双喷嘴单墙折线连接;(d)双喷嘴双墙折线连接;(e)双喷嘴夹角单墙连接;(f)单喷嘴扇形单墙首尾连接;(g)双喷嘴扇形单墙前后对接;(h)双喷嘴扇形单墙折线连接

图 11-17　定喷防渗帷幕型式示意图

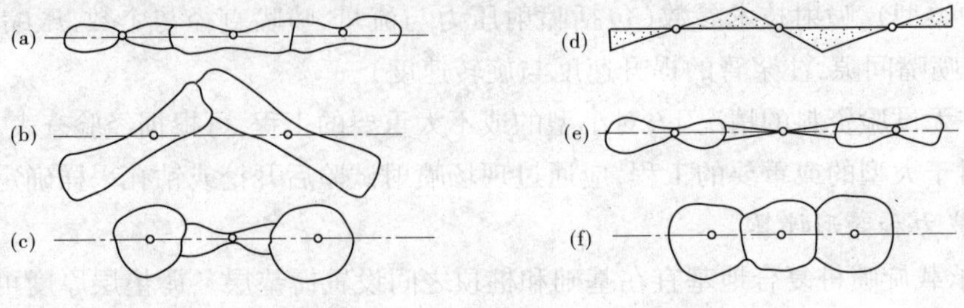

(a)直摆型(摆喷);(b)折摆型;(c)柱墙型;(d)微摆型;(e)摆定型;(f)柱列型

图 11-18　摆喷防渗帷幕型式示意图

11.5.2.4　施工方法

1)施工设备

施工机械主要由钻机和高压发生设备两大部分组成。由于喷射种类不同,所使用的机器设备和数量均不同。多重管不但可输送高压水,而且还同时将冲下来的土、石抽出地面。因此,管子的外径较大,达到 300 mm。它由导流器、钻杆和喷头组成。在喷嘴的上方设置了一个超声波传感器,电缆线装在多重管内。此管系日本的新研究成果,目前我国有关单位还在研制中。

喷嘴是直接明显影响喷射质量的主要因素之一。其环状间隙一般调至 1 ~2 mm。喷嘴通常有圆柱形、收敛圆锥形和流线形三种(见图 11-19)。

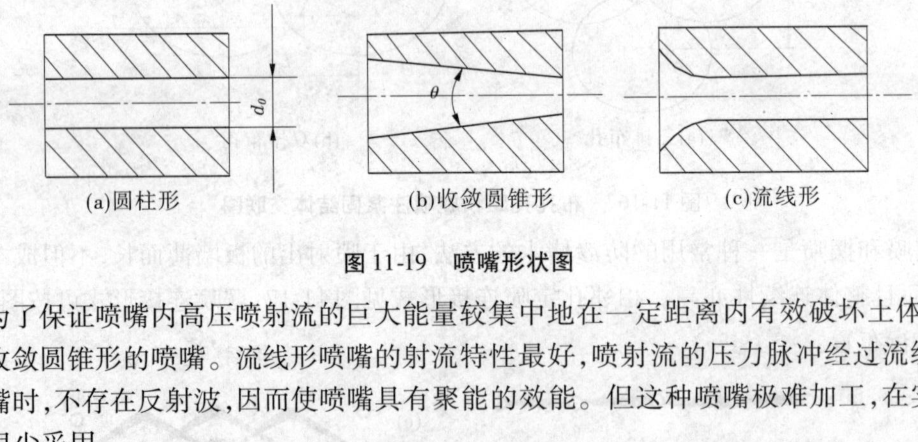

(a)圆柱形　　(b)收敛圆锥形　　(c)流线形

图 11-19　喷嘴形状图

为了保证喷嘴内高压喷射流的巨大能量较集中地在一定距离内有效破坏土体,一般都用收敛圆锥形的喷嘴。流线形喷嘴的射流特性最好,喷射流的压力脉冲经过流线形状的喷嘴时,不存在反射波,因而使喷嘴具有聚能的效能。但这种喷嘴极难加工,在实际工作中很少采用。

2)施工工艺

(1)钻机就位。钻机安放在设计的孔位上并应保持垂直,施工时旋喷管的允许倾斜度不得大于 1.5%。

(2)钻孔。单管旋喷常使用 76 型旋转振动钻机,钻进深度可达 30 m 以上,适用于标准贯入度小于 40 的砂土和黏性土层。当遇到比较坚硬的地层时宜用地质钻机钻孔。一般在二重管和三重管旋喷法施工中都采用地质钻机钻孔。钻孔的位置与设计位置的偏差不得大于 50 mm。

(3)插管。插管是将喷管插入地层预定的深度。使用 76 型振动钻机钻孔时,插管与钻孔两道工序合二为一,即钻孔完成时插管作业同时完成。如使用地质钻机钻孔完毕,必须拔出岩芯管,并换上旋喷管插入到预定深度。在插管过程中,为防止泥沙堵塞喷嘴,可边射水边插管,水压力一般不超过 1 MPa。若压力过高,则易将孔壁射塌。

(4)喷射作业。当喷管插入预定深度后,由下而上进行喷射作业,技术人员必须时刻注意检查浆液初凝时间、注浆流量、风量、压力、旋转提升速度等参数是否符合设计要求,并随时作好记录,绘制作业过程曲线。若浆液初凝时间超过 20 h,应及时停止使用该水泥浆液(正常水灰比 1∶1,初凝时间为 15 h 左右)。

(5)冲洗。喷射施工完毕后,应把注浆管等机具设备冲洗干净,管内、机内不得残存水泥浆。通常,把浆液换成水,在地面上喷射,以便把泥浆泵、注浆管和软管内的浆液全部排除。

(6)移动机具。将钻机等机具设备移到新孔位上。

3)施工注意事项

(1)钻机或旋喷机就位时机座要平稳,立轴或转盘要与孔位对正,倾角与设计误差一般不得大于 0.5°。

(2)喷射注浆前要检查高压设备和管路系统。设备的压力和排量必须满足设计要求。管路系统的密封圈必须良好,各通道和喷嘴内不得有杂物。

(3)喷射注浆作业后,由于浆液析水作用,一般均有不同程度的收缩,使固结体顶部出现凹穴,所以应及时用水灰比为 0.6 的水泥浆进行补灌,并要预防其他钻孔排出的泥土或杂物进入。

(4)为了加大固结体尺寸,或对深层硬土,为了避免固结体尺寸减小,可以采取提高喷射压力、泵量或降低回转与提升速度等措施,也可以采用复喷工艺:第一次喷射(初喷)时,不注水泥浆液;初喷完毕后,将注浆管边送水边下降至初喷开始的孔深,再抽送水泥浆,自下而上进行第二次喷射(复喷)。

(5)在喷射注浆过程中,应观察冒浆的情况,以及时了解土层情况、喷射注浆的大致效果和喷射参数是否合理。采用单管或二重管喷射注浆时,冒浆量小于注浆量 20% 为正常现象;超过 20% 或完全不冒浆时,应查明原因并采取相应的措施。若系地层中有较大空隙引起的不冒浆,可在浆液中掺加适量速凝剂或增大注浆量;如冒浆过大,可减少注浆量或加快提升和回转速度,也可缩小喷嘴直径,提高喷射压力。采用三重管喷射注浆时,冒浆量则应大于高压水的喷射量,但其超过量应小于注浆量的 20%。

(6)对冒浆应妥善处理,及时清除沉淀的泥渣。在砂层中用单管或二重管注浆旋喷时,可以利用冒浆补灌已施工过的桩孔。但在黏土层、淤泥层旋喷或用三重管注浆旋喷时,因冒浆中掺入黏土或清水,故不宜利用冒浆回灌。

(7)在软弱地层中旋喷时,固结体强度低。可以在旋喷后用砂浆泵注入 150# 砂浆来提高固结体的强度。

(8)在湿陷性地层中进行高压喷射注浆成孔时,如用清水或普通泥浆作冲洗液,会加剧沉降,此时宜用空气洗孔。

(9)在砂层尤其是干砂层中旋喷时,喷头的外径不宜大于注浆管,否则易夹钻。

11.5.2.5　质量检验

1)施工质量检测

地基注浆质量检验宜在高压喷射注浆结束 28 d 后进行。

检验点的数量为施工孔数的 1%，并不应少于 3 点。

高压喷射注浆可根据工程要求和当地经验采用开挖检查、取芯（常规取芯或软取芯）、标准贯入试验、载荷试验或围井注水试验等方法进行检验，并结合工程测试、观测资料及实际效果综合评价加固效果。

检验点应布置在下列部位：

(1)有代表性的桩位；

(2)施工中出现异常情况的部位；

(3)地基情况复杂，可能对高压喷射注浆质量产生影响的部位。

2)单桩和复合地基检测

竖向承载旋喷桩地基竣工验收时，承载力检验应采用复合地基载荷试验和单桩载荷试验。载荷试验必须在桩身强度满足试验条件时，并宜在成桩 28 d 后进行。检验数量为桩总数的 0.5% ~1%，且每项单体工程不应少于 3 点。

11.5.3　灌浆法

灌浆法是指利用液压、气压或电化学原理，通过注浆管把浆液均匀地注入地层中，浆液以填充、渗透和挤密等方式赶走土颗粒间或岩石裂隙中的水分和空气后占据其位置，经人工控制一定时间后，浆液将原来松散的土粒或裂隙胶结成一个整体，形成一个结构新、强度大、防水性能好和化学稳定性良好的“结石体”。

灌浆法的工程应用：①增加地基土的不透水性，防止流砂、钢板桩渗水、坝基漏水和隧道开挖时涌水，以及改善地下工程的开挖条件；②提高地基土的承载力，减少地基的沉降和不均匀沉降；③通过托换技术对古建筑的地基进行加固；④维护边坡稳定、桥墩防护、桥索支座加固、路基病害处理等。

11.5.3.1　加固机理

灌浆法按加固机理可分为渗透灌浆、劈裂灌浆、挤密灌浆和电动化学灌浆。

1)渗透灌浆

渗透灌浆是指在压力作用下使浆液充填土的孔隙和岩石的裂隙，排挤出孔隙中存在的自由水和气体，而基本上不改变原状土的结构和体积（砂性土灌浆的结构原理），所用灌浆压力相对较小。这类灌浆一般只适用于中砂以上的砂性土和有裂隙的岩石。代表性的渗透灌浆理论有球形扩散理论、柱形扩散理论和套管法理论。

2)劈裂灌浆

劈裂灌浆是指在压力作用下，浆液克服地层的初始应力和抗拉强度，引起岩石和土体结构的破坏与扰动，使其沿垂直于小主应力的平面上发生劈裂，使地层中原有的裂隙或孔隙张开，形成新的裂隙或孔隙，浆液的可灌性和扩散距离增大，而所用的灌浆压力相对较高。

对岩石地基，目前常用的灌浆压力尚不能使新鲜岩体产生劈裂，主要是使原有的隐裂隙或微裂隙产生扩张。

对于砂砾石地基，其透水性较大，浆液掺入将引起超静水压力，到一定程度后将引起砂砾石层的剪切破坏，土体产生劈裂。

对黏性土地基,在具有较高灌浆压力作用下,土体可能沿垂直于小主应力的平面产生劈裂,浆液沿劈裂面扩散,并使劈裂面延伸。在荷载作用下地基中各点小主应力方向是变化的,而且应力水平不同,在劈裂灌浆中,劈裂缝的发展走向较难估计。

3)挤密灌浆

挤密灌浆是指通过钻孔在土中灌入极浓的浆液,在注浆点使土体挤密,在注浆管端部附近形成“浆泡”。当浆泡的直径较小时,灌浆压力基本上沿钻孔的径向扩展。随着浆泡尺寸的逐渐增大,便产生较大的上抬力而使地面抬动。

经研究证明,向外扩张的浆泡将在土体中引起复杂的径向和切向应力体系。紧靠浆泡处的土体将遭受严重破坏和剪切,并形成塑性变形区,在此区内土体的密度可能因扰动而减小;离浆泡较远的土则基本上发生弹性变形,因而土的密度有明显的增加。

挤密灌浆常用于中砂地基,黏土地基中若有适宜的排水条件也可采用。如遇排水困难而可能在土体中引起高孔隙水压力时,这就必须采用很低的注浆速率。挤密灌浆可用于非饱和的土体,以调整不均匀沉降进行托换,以及在大开挖或隧道开挖时对邻近土进行及时加固。

4)电动化学灌浆

电动化学灌浆是指在施工时将带孔的注浆管作为阳极,滤水管作为阴极,将溶液由阳极压入土中,并通以直流电(两电极间电压梯度一般采用 0.3～1.0 V/cm)。在电渗作用下,孔隙水由阳极流向阴极,促使通电区域中土的含水量降低,并形成渗浆通路,化学浆液也随之流入土的孔隙中,并在土中硬结。因而,电动化学灌浆是在电渗排水和灌浆法的基础上发展起来的一种加固方法。但由于电渗排水作用,可能会引起邻近既有建筑物基础的附加下沉,这一情况应予慎重考虑。

11.5.3.2　设计计算

1)方案选择

根据土质和灌浆的目的选择浆液材料及浆液配方。

2)灌浆标准

所谓灌浆标准,是指设计者要求地基灌浆后应达到的质量指标。所用灌浆标准的高低,关系到工程量、进度、造价和建筑物的安全。根据灌浆的目的一般有防渗标准、强度和变形标准及施工控制标准等。

3)浆液扩散半径的确定

浆液扩散半径 r 是一个重要的参数,它对灌浆工程量及造价具有重要影响。r 值应通过现场灌浆试验来确定。在没有试验资料时,土的渗透系数可参照表 11-9 确定。

表 11-9　按渗透系数选择浆液扩散半径

砂土(双液硅化法)		粉砂(单液硅化法)		黄土(单液硅化法)	
渗透系数(m/d)	加固半径(m)	渗透系数(m/d)	加固半径(m)	渗透系数(m/d)	加固半径(m)
2～10	0.3～0.4	0.3～0.5	0.3～0.4	0.1～0.3	0.3～0.4
10～20	0.4～0.6	0.5～1.0	0.4～0.6	0.3～0.5	0.4～0.6
20～50	0.6～0.8	1.0～2.0	0.6～0.8	0.5～1.0	0.6～0.9
50～80	0.8～1.0	2.0～5.0	0.8～1.0	1.0～2.0	0.9～1.0

4）孔位布置

注浆孔的布置是根据浆液的注浆有效范围，且应相互重叠，使被加固土体在平面和深度范围内连成一个整体的原则决定的。

5）灌浆压力的确定

灌浆压力是指在不会使地表面产生变化和邻近建筑物受到影响前提下可能采用的最大压力。灌浆压力值与地层土的密度、强度和初始应力、钻孔深度、位置及灌浆次序等因素有关，而这些因素又难以准确地预知，因而宜通过现场灌浆试验来确定。

6）灌浆量

灌注所需的浆液总用量 Q 可参照下式计算：

$$Q = K \cdot V \cdot n \cdot 1\,000 \tag{11-18}$$

式中　Q——浆液总用量，L；

V——注浆对象的土量，m^3；

n——土的孔隙率；

K——经验系数。

软土、黏性土、细砂　$K=0.3 \sim 0.5$

中砂、粗砂　$K=0.5 \sim 0.7$

砾砂　$K=0.7 \sim 1.0$

湿陷性黄土　$K=0.5 \sim 0.8$

一般情况下，黏性土地基中的浆液注入率为15%～20%。

7）注浆顺序

注浆顺序必须采用适合于地基条件、现场环境及注浆目的的方法进行，一般不宜采用自注浆地带某一端单向推进压注方式，应按跳孔间隔注浆方式进行，以防止串浆，提高注浆孔内浆液的强度与时俱增的约束性。对有地下动水流的特殊情况，应考虑浆液在动水流下的迁移效应，从水头高的一端开始注浆。

对加固渗透系数相同的土层，首先应完成最上层封顶注浆，然后按由下而上的原则进行注浆，以防浆液上冒。如土层的渗透系数随深度而增大，则应自下而上进行注浆。

注浆时应采用先外围、后内部的注浆顺序；若注浆范围以外有边界约束条件（能阻挡浆液流动的障碍物），也可采用自内侧开始顺次往外侧的注浆方法。

11.5.3.3　施工方法

1）施工设备及方法分类

灌浆施工设备主要包括钻探机、注浆泵和水泥搅拌机等，其性能如表11-10所示。

表11-10　注浆机械的种类和性能

设备种类	型号	性能	质量(kg)	备注
钻探机	主轴旋转式 D-2型	340给油式 旋转速度：160 r/min、300 r/min、600 r/min、1 000 r/min 功率：5.5 kW(7.5马力) 钻杆外径：40.5 mm 轮周外径：41.0 mm	500	钻孔用

续表 11-10

设备种类	型号	性能	质量(kg)	备注
注浆泵	卧式二连单管 复活活塞式 BGW 型	容量:16～60 L/min 最大压力:3.62 MPa 功率:3.7 kW(5 马力)	350	注浆用
水泥 搅拌机	立式上、下 两槽式 MVM5 型	容量:上、下槽各 250 L 叶片旋转数:160 r/min 功率:2.2 kW(3 马力)		不含有水泥 的化学浆 液不用
化学浆液 混合器	立式上、下 两槽式	容量:上、下槽各 220 L 搅拌容量:20 L 手动式搅拌	80	化学浆液的 配制和混合
齿轮泵	KI－6 型 齿轮旋转式	排出量:40 L/min 排出压力:0.1 MPa 功率:2.2 kW(3 马力)	40	从化学浆液 槽往混合器 送入化学浆液
流量、压 力仪表	附自动记录仪 电磁式 浆液 EP	流量计测定范围:40 L/min 压力计:3 MPa(布尔登管式) 记录仪双色:流量—蓝色,压力—红色	120	

注浆施工的方法分类如表 11-11 所示。

表 11-11　注浆施工方法分类

<table>
<tr><th colspan="3">注浆管设置方法</th><th>凝胶时间</th><th>混合方法</th></tr>
<tr><td rowspan="2">单层管注浆法</td><td colspan="2">钻杆注浆法</td><td rowspan="2">中等</td><td rowspan="2">双液单系统</td></tr>
<tr><td colspan="2">过滤管(花管)注浆法</td></tr>
<tr><td rowspan="6">双层管注浆法</td><td rowspan="3">双栓塞注浆法</td><td>套管法</td><td rowspan="3">长</td><td rowspan="3">单液单系统</td></tr>
<tr><td>泥浆稳定土层法</td></tr>
<tr><td>双过滤器法</td></tr>
<tr><td rowspan="3">双层管钻杆法</td><td>DDS 法</td><td rowspan="3">短</td><td rowspan="3">双液双系统</td></tr>
<tr><td>LAG 法</td></tr>
<tr><td>MT 法</td></tr>
</table>

2)灌浆施工注意事项

(1)灌注浆的钻孔孔径一般为 70～110 mm,垂直偏差应小于 1%。注浆孔有设计角度时应预先调节钻杆角度,倾角偏差不得大于 20°。

(2)当钻孔钻至设计深度后,必须通过钻杆注入封闭泥浆,直到孔口溢出泥浆方可提杆。当提杆至中间深度时,应再次注入封闭泥浆,最后完全提出钻杆。封闭泥浆的 7 d 无侧限抗压强度宜为 0.3～0.5 MPa,浆液黏度 80～90。

(3)注浆压力一般与加固深度的覆盖压力、建筑物的荷载、浆液黏度、灌注速度和灌浆量等因素有关。注浆过程中压力是变化的,初始压力小,最终压力高,在一般情况下每深1 m压力强度宜增加20～50 kPa。

(4)若进行第二次注浆,化学浆液的黏度应较小,不宜采用自行密封式密封圈装置,宜采用两端用水加压的膨胀密封型注浆芯管。

(5)灌浆完后就要拔管,若不及时拔管,浆液会把管子凝住而增加拔管困难。拔管时宜使用拔管机。用塑料阀管注浆时,注浆芯管每次上拔高度应为330 mm;用花管注浆时,花管每次上拔或下钻高度宜为500 mm。拔出管后,及时刷洗注浆管等,以便保持通畅洁净。拔出管在土中留下的孔洞,应用水泥砂浆或土料填塞。

(6)灌浆的流量一般为7～10 L/min。对充填型灌浆,流量可适当加大,但也不宜大于20 L/min。

(7)在满足强度要求的前提下,可用磨细粉煤灰或粗灰部分地替代水泥,掺入量应通过试验确定,一般掺入量为水泥质量的20%～50%。

(8)为了改善浆液性能,可在水泥浆液拌制时加外加剂。

(9)浆体必须经过搅拌机充分搅拌均匀后,才能开始压注,并应在注浆过程中不停地缓慢搅拌,浆体在泵送前应经过筛网过滤。

(10)冒浆处理。土层的上部压力小,下部压力大,浆液就有向上抬高的趋势。灌注深度深,浅液上抬不明显;而灌注深度浅,浆液上抬较多,甚至会溢到地面上来,此时可采用间歇灌注法,即让一定数量的浆液灌注入上层孔隙大的土中后,暂停工作,让浆液凝固,几次反复,就可把上抬的通道堵死,或者加快浆液的凝固时间,使浆液流出注浆管就凝固。工作实践证明,需加固的土层之上,应有不少于2 m厚的土层,否则应采取措施防止浆液上冒。

11.5.3.4 质量检验

灌浆效果的检验,通常在注浆结束后28 d才可进行,检验方法如下:

(1)统计计算灌浆量。

(2)利用静力触探测试加固前后土体的力学指标的变化。

(3)利用现场抽水试验测定加固体的渗透系数。

(4)现场静载荷试验测定加固体的承载力和变形模量。

(5)钻孔弹性波试验测定加固土体的动弹性模量和剪切模量。

(6)通过室内物理力学试验、γ射线密度法、电阻率法对比加固前后土体指标,判定加固效果。

11.5.4 石灰桩法

石灰桩法是指用生石灰作为主要固化剂与粉煤灰或火山灰、炉渣、黏性土等掺合料按一定比例均匀混合后,在桩孔中经机械或人工分层振压或夯实所形成的密实桩体。为提高桩身强度,还可掺加石膏、水泥等外加剂。

石灰桩主要适用于杂填土、素填土、一般黏性土、淤泥质土、淤泥及透水性小的粉土。对于透水性大的砂土和砂质粉土,以及超高含水量的软土则不适用。石灰桩法可用于地下水位以下的土层；用于地下水位以上的土层时，如果土中含水量过低，则生石灰水化反应不充分，桩身强度降低，甚至不硬化。此时采用减少生石灰的用量，增加掺合料含水量的办法，经实践证明是有效的。石灰桩法不适用于地下水位以下的砂类土。

11.6　地基的加筋处理法

加筋处理法泛指在地基土体中设置强度高、模量大的筋材，使土体与筋材一起形成加筋复合体，以达到提高地基承载力、改善变形性能或维持构筑物稳定的目的的一类地基处理方法的总称。加筋法中所用的筋材可以是土工合成材料，也可以是在地基中设置的土钉、锚杆等。加筋挡土结构类型示意如图 11-20 所示。

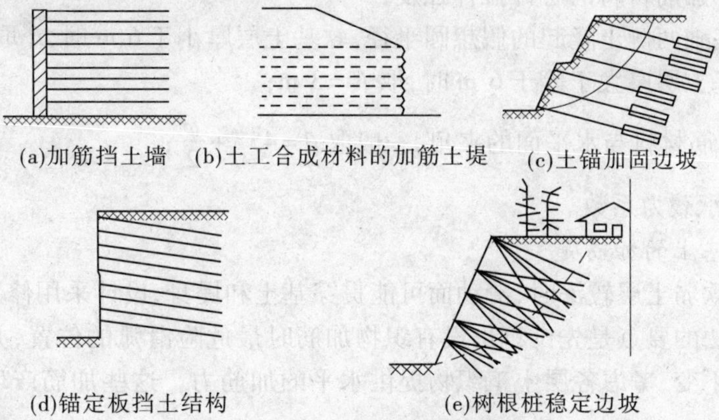

图 11-20　加筋挡土结构类型

11.6.1　加筋土结构

用于加筋土结构的加筋材料主要是土工合成材料，如土工织物、土工条带、土工格栅、土工格室、土工网等。在土工格栅加筋土垫层中，土工格栅具有的网孔和土嵌锁在一起，表现出较高的筋土界面摩阻力，因此土工格栅作为加筋材料比土工织物效果更好。

目前，加筋土结构已广泛应用于挡土墙、陡坡、路堤和浅基础地基的处理。

11.6.1.1　加筋土结构设计计算

采用加筋土结构加固软弱土的破坏形式具有四种类型：①滑弧破坏；②加筋体绷断破坏；③地基塑性滑动破坏；④薄层挤出。具体工程的主控破坏类型与工程地质条件、加筋材料性质、受力情况以及边界条件等影响因素有关，而且在一定条件下破坏类型可能发生变化，可能从一种形式向另一种形式过渡转化，这主要由土的强度发挥和加筋体强度发挥的相互关系决定。结构破坏的类型不同，加筋设计的方法也不一样，下面分别叙述加筋挡土墙、加筋土陡坡、软基上的加筋堤和浅基础地基加筋的设计方法。

1) 浅基础软基加筋土垫层

理论分析和实践观察都表明，在基础下面的土中存在着一个拉伸变形的区域，如果将土工合成材料布置在这个区域，将产生拉力，所起的作用主要有三个方面：①约束软土的侧向变形；②扩散应力，使压缩应力分布均匀；③增强砂垫层的整体性和刚度，减小不均匀沉降。总的作用表现在可提高浅基础的承载力。一层加筋材料的地基承载力设计值的增量 Δf_{v1} 为：

$$\Delta f_{v1} = (\gamma D + \frac{[T]}{2R})M_d + 2[T]\sin\theta/B \tag{11-19}$$

加筋材料的层数 n 为：

$$n = \frac{\Delta f_{v1} - (\gamma D + \frac{[T]}{2R})M_d}{2[T]\sin\theta/B} \tag{11-20}$$

式中 B——基础宽度；

D——容许沉降量；

$[T]$——加筋材料的容许拉伸强度；

R——基础两侧土隆起的假想圆半径，软基土层厚小于 6 m 时，R 取层厚的一半，软基土层厚大于等于 6 m 时，取 $R=3$ m；

θ——加筋材料与水平面的夹角，一般取 $\theta=45°+\frac{\varphi}{2}$；

M_d——承载力系数。

2）软弱地基上的加筋堤

当堤基下软弱土层较深时，滑动面可能贯穿基土和堤身，设计采用修正的圆弧滑动条分法。这个方法的要点是先试算出没有织物加筋时最危险滑弧的位置，并假设织物加筋后滑弧的位置不变，考虑各层土工织物提供水平的加筋力。这些加筋产生附加的抗滑力矩 $\Delta M = \sum T_i y_i$（T_i 为容许拉伸强度，一般取拉伸强度的 40%），则抗滑动的安全系数变为 $K=\frac{M_r+\Delta M}{M_s}$。所得安全系数应不小于 1.3，如达不到此要求，可采用更高强度的织物或适当增加从堤基向上的加筋层数。此外，还要校核滑弧后面土工织物的长度，使其满足抗拔出的要求。

3）加筋挡土墙

加筋材料的间距由材料的容许抗拉强度和土压力的大小确定，对加筋材料为条带的情况，条的宽度为 b，厚度为 δ。为施工方便，常采用等间距布置，即垂直间距 h_y 和水平间距 h_x 分别为常数。根据最下层的受力分析得，$h_x h_y \leqslant \frac{[T]}{K_a\gamma H}$，$[T]$ 为条带的容许拉力，H 为挡墙高度，K_a 为主动土压力系数。

加筋条带在被动区的长度由抗拔出摩擦力确定。土工织物的总长度等于在主动区的长度 l_a 与在被动区的长度 l_e 之和，即

$$l = l_a + l_e = 0.3H + \frac{K_a h_x h_y}{b\tan\varphi_{sf}} \tag{11-21}$$

式中 φ_{sf}——条带与土的摩擦角，由条带与土的界面摩擦试验确定，也可取 $\varphi_{sf}=0.8\varphi$。

4）加筋土陡坡

土工织物加筋层的间距 h，由织物的容许拉伸强度和最低层的水平侧压力确定：$h\leqslant$

$\frac{[T]}{k_0\gamma H}$，其中 k_0 为静止土压力系数，H 为陡坡高度。

土工织物的层数由式 $N \geqslant \frac{H}{h}$ 确定并取整数，再由层数和坡高重新计算层距 h。

土工织物的长度等于在主动区长度与在被动区长度之和，即 $l = l_a + l_e = l_a + \frac{Kh}{\tan\varphi_{sf}}$，当采用等间距布置时，织物长度与织物层距坡顶的距离无关，即各层长度相等。

为了防止坡面附近的土滑动，并进一步发挥土工织物的拉力，在坡面处应借助模板或袋装土翻卷织物，翻卷长度可近似取被动区长度，且不应小于每层织物沿坡面的长度 $h/\sin\beta$，故每层土工织物下料长度为 $L = l + h/\sin\beta$。坡面翻卷的织物应加以保护，以免与大气接触引起老化。

11.6.1.2　加筋土结构施工

1）铺设要点

（1）铺设土工合成材料时，应注意均匀和底面平整，仔细去除尖锐的石子和树根；水面以下的基底面，要先抛一层砂，将凹凸不平的基底面予以平整，再由潜水员下水检查其平整度。

（2）在斜坡上施工时，土工合成材料要保持一定松紧度，并修建土埂或开挖齿槽，以避免土工合成材料滑动。

（3）在护岸工程上铺设时，上坡段土工合成材料应搭接在下坡段土工合成材料之上。

（4）局部地方的土工合成材料应避免拉得太紧。

（5）土工合成材料用于反滤层作用时，要求保证连续性，不出现扭曲、折皱和重叠现象。

（6）土工合成材料的端部要先铺填，中间后填，端部锚固必须精心施工。

（7）第一层铺垫厚度应在 0.5 m 以下，但不要使推土机的刮土板损坏所铺填的土工合成材料。

（8）当土工合成材料受到损坏时，应立即修补。

（9）在存放和铺设过程中，应尽量避免长时间的暴晒而使材料劣化。

2）接缝连接

土工合成材料是按一定规格的面积和长度在工厂进行定型生产的，因此这些材料运到现场后必须进行连接。接缝的方法包括搭接、缝接和粘接等。

采用搭接方法时，必须保证足够的搭接长度，一般为 0.3 ~ 1.0 m。坚固和水平的路基一般为 0.3 m，软弱和不平的路基则需 1 m。在搭接处应尽量避免受力，以防土工合成材料移动。若设计时土工织物上铺有一层砂土，最好不采用搭接法，因砂土极易挤入两层织物间而将织物抬起。搭接法施工简便，但用料较多，为了减少搭接量，可用塑料扣或 U 形钉连接搭接处。

缝接是一种线的构造单元，将线以一定间隔反复穿过织物的接头。接头方式有肘接、蝴蝶接、叠接和帽接等，而蝴蝶接和帽接多用于无布边的织物。接头强度与针脚间距和缝线强度有关，肘接可达织物强度的 25% ~75%，叠接用于工厂预制的接头，一般可达 90%

的织物强度,且持砂性能较好。缝接法节省材料,但施工费时。

粘接法是指使用合适的黏合剂将两块土工合成材料粘接在一起,最小搭接长度为100 mm,黏结在一起的接头应停放2 h,以便增强接缝强度。用黏合剂一般可得到较高的接头强度,特别适用于不透水膜的粘接,但成本较高,应谨慎地通过试验确定。热粘接也常常是很有效的方法,例如直接用喷灯在较低温度下距织物20 cm进行熔接,或用电烙铁进行熔接。

3)保护措施

土工合成材料必须防止与大气直接接触,坡面可能暴露部位应加以防护。如挡土墙面板常制成十字形或六角形,也可直接用L形预制混凝土板兼作保护层和施工模板。当在土工织物上倾倒砂砾或块石时,应提前铺一层细砂,不容许将块石直接抛落在织物上,或沿织物坡面滚下。

11.6.2 土钉墙技术

土钉墙由被加固土体、放置在土中的土钉体和面板组成。土钉是将拉筋插入土体内部,常用钢筋做拉筋,尺寸小,全长度与土黏结,并在坡面上铺设混凝土,从而形成土体加固区带。其结构类似于重力式挡土墙,用以弥补土体自身强度的不足,它不仅提高了土体整体刚度,又弥补了土体的抗拉强度和抗剪强度低的弱点,提高整个边坡的稳定性。土钉墙融合了锚杆挡土墙和加筋挡土墙的长处,应用于基坑开挖支护和挖方边坡稳定,是一项实用的原位岩土加筋技术。

土钉适用于地下水位低于土坡开挖段或经过降水使地下水位低于开挖层的情况。为了保证土钉的施工,土层在分段开挖时,应能保持自立稳定,土钉适用于有一定黏性的杂填土、黏性土、粉性土、黄土类土及弱胶结的砂土边坡。此外,当采用喷射混凝土面层或坡面浅层注浆等稳定坡面措施能够保证每一层坡台阶的自立稳定时,也可采用土钉支挡体系作为稳定边坡的方法。

对标准贯入击数低于10或相对密实度低于0.3的砂土边坡,采用土钉法是不经济的;对于不均匀系数小于2的级配不良的砂土,土钉法不可采用。对塑性指数大于20的黏性土,必须仔细评价其徐变特性后,方可用土钉作永久性支挡结构。土钉法不适用于软土边坡和侵蚀性土边坡。

对支护系统整体效能最主要的观测是对墙体或斜坡在施工期间和竣工后的变形观测。最为直观或最为重要的监测是土钉墙顶面的水平位移和垂直位移;对土体内部变形的监测,可在坡面后不同距离的位置布置测斜管进行观测。

思考题

11-1 工程中常采用的地基处理方法分几类?概述各类地基处理方法的特点、适用条件和优缺点。

11-2 换土垫层法适用于什么情况?它是如何达到处理软弱地基土要求的?

11-3 强夯法的加固机理是什么?

11-4　请说明挤密桩法和振冲法加固地基土的原理，它们的适用条件和适用范围如何？

11-5　挤密砂桩和排水砂井的作用有何不同？

11-6　深层水泥搅拌法主要应用于什么工程的地基处理？在设计中主要应分析什么问题？如何检验它的施工质量？

11-7　高压喷射注浆法有何特点？主要应用于处理何种工程？在工程事故处理中有何特长？

习　题

11-1　某 5 层砖石混合结构的住宅建筑，墙下为条形基础，宽 1.2 m，埋深 1 m，上部建筑物作用于基础上的荷载为 150 kN/m。地基土表层为粉质黏土，厚 1 m，重度 $\gamma = 17.8$ kN/m^3；第二层为淤泥质黏土，厚 15 m，重度 $\gamma = 17.5\ kN/m^3$，地基承载力 $f_{ak} = 50$ kPa；第三层为密实砂砾石。地下水距地表面为 1 m。因地基土比较软弱，不能承受上部建筑荷载，试设计砂垫层的厚度和宽度。

11-2　某桩基面积为 $4.5\ m \times 3\ m = 13.5\ m^2$，地基土属于滨海相沉积的粉质黏土，现场十字板剪切强度 $c_u = 22$ kPa，天然地基的承载力特征值为 75 kPa。要求地基处理后地基承载力特征值为 120 kPa。经过方案比较后，拟采用振冲置换碎石桩处理地基，加固土的强度达到 25 kPa。若布置 6 根碎石桩，桩长 8 m，正方形布置，间距 1.5 m，碎石桩平均直径为 800 mm，试求加固后的地基承载力是否能满足要求？计算时，碎石桩的内摩擦角 $\varphi = 38°$，桩土应力比 $n = 3$，安全系数 $K_s = 2$。

参考文献

[1] 陈希哲.土力学地基基础[M].北京:清华大学出版社,2006.

[2] 钱家欢.土力学[M].南京:河海大学出版社,1988.

[3] 赵明华.土力学与基础工程[M].武汉:武汉理工大学出版社,2004.

[4] 肖仁成,俞晓.土力学[M].北京:北京大学出版社,2006.

[5] 卢廷浩.土力学[M].南京:河海大学出版社,2002.

[6] 唐芬,唐德兰.土力学与地基基础[M].北京:人民交通出版社,2009.

[7] 杨进良.土力学[M].天津:天津大学出版社,2004.

[8] 张向东,李章珍,李萍.土力学[M].北京:人民交通出版社,2006.

[9] 陈晓平,陈书申.土力学与地基基础[M].武汉:武汉工业大学出版社,1997.

[10] 李艳春.土质学与土力学[M].北京:中国建材工业出版社,2005.

[11] 陈希哲.土力学及基础工程[M].北京:中央广播电视大学出版社,1995.

[12] 顾晓鲁,钱鸿络,刘惠珊,等.地基与基础[M].北京:中国建筑工业出版社,1993.

[13] 黄文熙.土的工程性质[M].北京:水利电力出版社,1983.

[14] 郭继武.建筑地基基础[M].北京:高等教育出版社,1990.

[15] 陈希哲.土力学地基基础工程实例[M].北京:清华大学出版社,1982.

[16] 上海市建设和管理委员会.GB 50202—2002 地基基础工程施工质量验收规范[S].北京:中国计划出版社,2002.

[17] 中华人民共和国水利部.GB/T 50145—2007 土的工程分类标准[S].北京:中国计划出版社,2008.

[18] 中华人民共和国水利部.GB/T 50123—1999 土工试验方法标准[S].北京:中国计划出版社,2007.

[19] 中华人民共和国建设部.GB 50007—2011 建筑地基基础设计规范[S].北京:中国建筑工业出版社,2012.

[20] 北京市勘察院,北京市建筑设计研究院.DB J01—501—92.北京地区建筑地基基础勘察设计规范[S].北京:北京市勘察设计管理处,1992.

[21] 中国建筑工业出版社.建筑地基基础规范选编(上海、天津、浙江、福建、深圳)[M].北京:中国建筑工业出版社,1993.

[22]《地基处理手册》编写委员会.地基处理手册[M].北京:中国建筑工业出版社,2000.

[23] 中华人民共和国建设部.GB 50021—2001 岩土工程勘察规范(2009 年版)[S].北京:中国建筑工业出版社,2009.

[24] 中华人民共和国建设部.GB 50011—2010 建筑抗震设计规范[S].北京:中国建筑工业出版社,2010.

[25] 中华人民共和国建设部.GB 50010—2010 混凝土结构设计规范[S].北京:中国建筑工业出版社,2010.

[26] 中国建筑科学研究院.JGJ 6—2011 高层建筑筏形与箱形基础技术规范[S].北京:中国建筑工业出版社,2011.

[27] 机械电子工业部勘察研究院.JGJ 72—2004 高层建筑岩土工程勘察规程[S].北京:中国建筑工业出版社,2004.

[28] 中国建筑科学研究院.JGJ 94—2008 建筑桩基技术规范[S].北京:中国建筑工业出版社,2008.

[29] 中国建筑科学研究院.JGJ 79—2012 建筑地基处理技术规范[S].北京:中国建筑工业出版社,

2012.

[30] 叶书麟,韩杰,叶观宝. 地基处理与托换技术[M]. 北京:中国建筑工业出版社,1994.

[31] 陕西省建筑科学研究设计院. GB 50025—2004 湿陷性黄土地区建筑规范[S]. 北京:中国计划出版社,2004.

[32] 中国建筑科学研究院. GB 50112—2013 膨胀土地区建筑技术规范[S]. 北京:中国计划出版社,2013.

[33] 童长江,管枫年. 土的冻胀与建筑物冻害防治[M]. 北京:水利电力出版社,1985.

[34] 林宗元. 岩土工程勘察设计手册[M]. 沈阳:辽宁科学技术出版社,1996.

[35] 中华人民共和国建设部. GB 50003—2011 砌体结构设计规范[S]. 北京:中国建筑工业出版社,2011.

[36] 郭继武. 建筑抗震设计(按新规范 GB 50011—2001)[S]. 北京:中国建筑工业出版社,2002.

[37] 中国建筑科学研究院. JGJ 6—2011 高层建筑箱形与筏形基础技术规范[S]. 北京:中国建筑工业出版社,2011.

[38] 中国建筑科学研究院. 建筑桩基技术规范(JGJ 94—2008). 北京:中国建筑工业出版社,2008.